海洋公共管理评论

（2015卷）

Marine Public Management Review
（Volume 2015）

主　编　王　琪
副主编　王　刚

U0318862

中国海洋大学出版社
·青岛·

图书在版编目(CIP)数据

海洋公共管理评论.2015卷 / 王琪主编.—青岛：
中国海洋大学出版社,2015.4
ISBN 978-7-5670-0902-8

Ⅰ.①海… Ⅱ.①王… Ⅲ.①海洋－公共管理－文集
Ⅳ.①P7-53

中国版本图书馆 CIP 数据核字(2015)第 094586 号

出版发行	中国海洋大学出版社
社　　址	青岛市香港东路 23 号　　　　　　邮政编码 266071
出 版 人	杨立敏
网　　址	http://www.ouc-press.com
电子信箱	dengzhike@sohu.com
订购电话	0532－82032573（传真）
责任编辑	由元春　　　　　　　　　　　　电　　话 0532－85902495
印　　制	日照报业印刷有限公司
版　　次	2015 年 10 月第 1 版
印　　次	2015 年 10 月第 1 次印刷
成品尺寸	170 mm × 230 mm
印　　张	22.25
字　　数	399 千
定　　价	40.00 元

Contents 目录

海洋强国与海洋权益维护 >>>

海洋资源与环境管理 >>>

首届海洋公共管理论坛会议综述

许 阳 *

　　由中国海洋大学主办,中国海洋大学法政学院、中国海洋大学 MPA 教育中心、青岛市公共管理研究会共同承办的首届海洋公共管理论坛于 2014 年 11 月 22 日在山东省青岛市成功召开。本次会议得到了全国 MPA 教指委、教育部公共管理教指委、中国行政管理学会、山东行政管理学会、国家海洋局的大力支持,也获得了大连海事大学、上海海洋大学、浙江海洋学院、广东海洋大学等涉海高校以及复旦大学、厦门大学等国内其他高校、科研院所 70 余位专家、学者的热烈响应。

　　围绕"海洋强国建设与海洋公共管理创新"这一主题,本届会议设置了 4 场主题报告,2 个分会场,2 个分论坛,共接收论文稿件百余篇。同时,会议邀请了来自全国涉海高校、著名学府、涉海政府管理部门及海洋专业研究机构的领导及学者代表参会,并做了精彩的学术报告。此次论坛可谓一场关于海洋公共管理的学术盛宴。

　　全国 MPA 教指委秘书长董克用教授,教育部公共管理教指委主任娄成武教授,中国行政管理学会副秘书长兼《中国行政管理》杂志社社长、主编鲍静,山东行政管理学会常务副会长张俊,国家海洋局北海分局副局长陈立群,中国海洋大学副校长董双林等出席大会并了做了重要讲话。

　　整场会议为期一天,学者们围绕海洋行政管理体制与机制创新、海洋强国与海洋权益维护、海洋资源与环境管理等具体问题展开了深入讨论。

---

* 许阳(1986—),女,黑龙江佳木斯人,中国海洋大学法政学院讲师,博士后,研究方向为海洋政策。

一、海洋行政管理体制与机制创新

关于海洋行政管理体制与机制创新话题,学者们主要围绕以下四个问题做了交流探讨:海洋行政管理中政府职能定位及国际借鉴,海洋行政执法体制,海洋政策研究,海洋经济发展问题。

(一)海洋行政管理中的政府职能定位及国际借鉴

中国海洋大学法政学院王印红副教授在大会发言中指出,基于中国海洋管理的现实,我国的海洋管理需要实行"强政府"管理模式,倡导"海洋治理"、打破部门界限、提升海洋管理在政府行政管理中的分量和作用。同样针对海洋行政管理体制的弊病,浙江海洋学院讲师左红娟以府际治理理论为切入点,深入分析海洋区域管理中存在的问题及成因。她倡导扩大府际合作,构建网络型的府际关系,以此为路径,妥善处理海洋区域管理中复杂的利益问题。

以政府职能为出发点,中国海洋大学法政学院教授郑敬高,从海洋管理的客体出发,通过对交易成本的分析以及政府对海洋管理的历史回顾和梳理,对政府的海洋管理职能进行了重新界定。他提出需要政府与市场合作进行海洋管理,在具有比较优势的领域,即海洋准公共产品的提供上加强自身职能,减少无效率的海洋管理职能。还有学者采取定量分析方法对我国沿海省份的海洋公共服务效率进行了实证分析,如浙江海洋学院的叶芳,利用数据包络分析(DEA)方法对政府提供海洋公共服务的效率进行了测算,并进行了评价。

(二)海洋行政执法体制

海上执法问题是海洋行政体制改革的重要方面,直接影响国家海洋权益的维护和海洋秩序的维持。中南财经政法大学副教授江河从国家主权的视角对海洋管理的双重属性进行了法理解读,他认为海洋管理是国家对内和对外行使国家主权的活动,国家主权对内的权力属性使海洋管理具有行政机关的管理属性,同时,海洋管理活动也是一国对外追求国家主权的权利属性的体现。中国海洋大学法政学院副教授王刚认为,针对海上执法的性质问题,目前存在两个层次的理论问题需要深入思考:一是重构后的海洋行政执法应该属于行政执法还是军事力量;二是重构后的海洋执法是否应该具有警察执法权。同时,他提出了自己的观点:国家战略及海洋权益维护的方式,避免中国海警局面临"多头领导"的局面都决定了中国海警局不应该具有军事力量的性质,而重构后的中国海警局应该具有警察权是肯定的。就海上执法体制设置来说,中国海洋大学法政学院夏厚杨认为,影响海上执法体制有效运行的因素主要是管理部门间的沟通协调、法律政策体系的运行、海上执法能力和地方海上执法体制改革等。在对这些因素分析后,他提出我国应该从建构沟通协调机制、完善海上执法法律体系、加强海上综合行政执法能力和深化地方海上执法体制改革等多个方面来保障我国现行海上执法体制的有效运行。

此外,还有一些学者从国际视角对海洋行政管理体制进行了分析,如大连海事大学的姜秀敏和高玉分别对美、英、日、俄的海疆行政管理体制的设置给予阐述,并提出了对我国的启示。

(三)海洋政策研究

海洋政策是国家治理海洋问题的最直接手段和工具,当前,越来越多的学者致力于对海洋政策体系及海洋决策机制的研究。上海海洋学院的副教授金龙从战略意义的角度上将海洋政策界定为综合性的国家政策,并从政策学的视角深入解读了海洋政策的起因、属性、特点、特殊作用等问题。浙江海洋学院的王建友副教授以舟山的"小岛迁,大岛建"小岛移民政策为例,探讨舟山地方政府与小岛居民在海洋社会变迁中的互动功能与政策变迁,审视海洋社会变迁的漂移性特质,以期完善海洋性移民的公共政策体系。

(四)海洋经济发展问题

针对海洋经济领域,鲁东大学的李凤霞、赵兴以山东半岛蓝色经济区为研究对象,提出了蓝色经济区经济一体化指标体系,引入模糊综合评价模型,定量分析了山东半岛蓝色经济区经济一体化动态发展水平,发现一体化水平总体趋势上升,但基础社会、产业、市场一体化水平还有待提高,最后针对问题提出相关政策。中国海洋大学副教授孙凯,结合"中国梦"的大背景,为青岛构建了蓝色梦想。他指出,发展海洋经济的背景下建设蓝色经济区、蓝色硅谷等重大举措,可以有力推动"蓝色经济"的发展。而在社会文化、教育和管理等方面,也需要积极跟进,采取一系列配套措施,加强蔚蓝青岛的建设,实现青岛的蓝色梦想,进而为中华民族伟大复兴"中国梦"的实现而努力。北京石油化工学院副教授邓俊英从社会组织的角度,以美国海洋信托基金为例,分析了美国海洋信托基金的设立对海洋开发管理,维护海洋可持续发展的显著作用。相比之下,海洋金融业是我国海洋事业发展的迫切需要,因此,美国海洋信托基金经验对我们发展本国海洋金融业具有重要的借鉴作用。

二、海洋强国与海洋权益维护

"海权"与"陆权"共同构成了国家的整体利益集合，维护我国的海上权益是实现海洋强国战略的必然要求，也是实现伟大中国梦的必经之路。上海海洋大学的徐纬光，从海权的形成、海军战略、地缘政治中的陆权与海权等三个方面，分别探讨了马汉的海权论思想。徐纬光将马汉的"海权论"与亨廷顿的"文明冲突论"进行了简单对比，解释了马汉的海权论作为一种战略思想的框架，能够在非西方世界获得广泛关注的原因。同样关注"海权"概念的还有中国海洋大学法政学院王琪教授，她不仅对马汉的"海权论"进行了深入分析，同时对中外"海权"概念进行了系统梳理。她认为西方学者往往更侧重于阐释海权的军事属性，认为海权就是海军或海上军事力量；而我国学者主要在海洋权力、海洋权利及两者的关系上对海权的概念进行界定，我国在海权概念解析上形成了两个显著的特点，"就海论海、定焦海上"和"区分中外，定焦中国"。

在"中国梦"的大背景下，建设海洋强国是国家战略实现的根本要求和保障。因此，"海洋强国"战略的实现机制必然成为学者讨论的焦点。中国海洋大学法政学院教授曹文振，阐述了我国海洋强国战略地位的重要性，强调了时代与国情要求下的我国海洋强国战略的中国特色。他认为实现我国海洋强国战略的关键是妥善应对海洋争端，海洋权益的维护必须从长计议，服从中国和平发展的大战略。大连大连海事大学公共管理与人文学院的李晓蕙和韩园园也是从国家战略的高度，基于国家形象的角度对中国在北极航线开发活动中的做法提出了建议。其核心观点是中国既要维护国家权益，又要维护全体人类共同利益，准确定位自我发展与集体发展的平衡点，以塑造大国形象为目的，通过自身实践，积极维护全球共同利益，为自身发展赢得更多机遇。

还有学者针对海洋权益维护方面展开了案例分析，对南海维权、历史沉船的所有权进行了探讨。中南财经政法大学的於佳以保护水下文化遗产为视角，论述了国际法中沉船的所有权问题，并以"奥德赛"案和"泰坦尼克"号案的和平解决为例，提出了在沉船所有权发生冲突难以认定的场合，国家应采取平等协商的办法而非武力手段来解决国际争端，共同开发、保护和管理历史沉船。

三、海洋资源与环境管理

改革开放以来，随着我国海洋资源的不断开发及海洋经济的飞速发展，海洋为国家带来经济效益的同时也面临着资源与环境的严重威胁。海洋资源枯竭与海洋环境恶化是世界各国共同面临的严峻问题,因此,海洋资源与海洋环境问题是当前国内外学者研究的焦点问题之一。此次参会学者主要从海洋渔业资源保护和海洋环境政策与法律两方面进行了交流。

（一）海洋渔业资源保护及政策完善

上海海洋大学人文学院的张继平、王芳玺、顾湘以海洋渔业环境保护机构为研究对象,表示我国现行的海洋渔业环境保护协调机制还存在着管理机构混乱、职能交叉、部门间合作意识不强、应急协调机制不完善等诸多问题。需通过建立我国海洋渔业环境保护综合管理机构,加强有关海洋渔业环境保护协调机制政策的制定及执行,加强管理中的监督、考核,完善海洋渔业环境保护管理中的应急协调机制等方面,促进我国海洋渔业环境保护协调机制的构建。

厦门大学环境与生态学院张珞平教授,遵循生态系统管理的理念以及资源定位原则等,创建了多维决策法,构建了基于多维决策分析的海岸带主体功能区划技术方法,并应用于海湾海岸带地区。该技术路线以多维决策法为主,辅以公众参与、专题偏好以及 SWOT 战略分析法,综合制定海岸带主体功能区划决策。案例研究表明,所创建的基于 MDDM 法的海岸带主体功能区划技术路线和方法可揭示复杂系统的客观综合状况,尤其适用于必须综合考虑社会、经济、生态环境等错综复杂的区域性和综合性战略决策,可避免 MCDM 法的一系列问题。基于 MDDM 法的主体功能区划明确得出了海岸带地区的主体功能,给出地区与区域非常明确的社会属性和发展方向。

中国海洋大学法政学院教授同春芬认为海洋生态系统的复杂性决定了应当从更广阔的视角,既考虑社会因素又要考虑生态因素,将基于社会-生态系统的诊断分析框架（social-ecological system,简称 SES）应用于海洋渔业政策的改革和创新之中。对现有的管理政策进行优化改革,必须寻求一种全新的分析视角,构建一种多样化的制度体系框架。即以生态优先、人海和谐及增加福利为理念;以社会系统和生态系统为基本方面;以治理系统、使用者系统、生态系统为基本维度;以能力建设、制度建设及市场网络为制度层次;以自主治理、适应性治理及恢复力为治理路径的制度改革框架。

广东海洋大学政治与行政学院的高法成教授指出海洋渔民在"双转"政策的安排下,放弃捕捞转向养殖与加工产业,甚至置地为民,这为海洋生态保护、渔业资源的恢复起到了重要作用。但政策在实施后，并没有从渔民的视角来审视政策的效果。因此，其主要是从风险社会的理论认识下，采用实证分析的方法对渔民在"双转"前后收入、社会保障的调查，以及渔民对"双转"政策的评价，凸显出渔民的风险社会特点，从政策本身和渔民的视角分别提出了消减风险社会的建议。

中国海洋大学法政学院汪连杰，以风险社会理论为分析框架探究我国海洋渔民养老风险的复合治理机制。他认为无论从风险载体上，还是从退休风险和疾病风险上看，我国渔民都比农民遭受更大的养老风险。由于风险影响因素的多样性，使得单个主体难以有效解决渔民的养老风险，基于风险社会理论以及风险的复合治理，他构建了一个包括国家主体、社会主体、社区主体和市场主体的四维复合治理模型，各主体之间进行有效的沟通和协作，有利于解决我国渔民的养老风险。

上海海洋大学公共管理研究所副教授郑建明，应用经济学理论分析海洋渔业资源产权开发利用的有效性，并以两个渔场之间捕捞力量分配为例说明产权对于资源经济效率提高的重要性。在分析我国海洋渔业资源产权运行现状及其存在问题的基础上，提出要有效开发我国海洋渔业资源产权的建议：其一，政府要明晰海洋渔业资源的产权关系；其二，根据不同的海洋渔业资源问题，政府要制定不同的产权制度和政府政策；其三，政府要不断推进海洋渔业资源所有权的多元化。

（二）海洋环境政策与法律

上海海洋大学人文学院的顾湘认为公众参与程度已经成为衡量一个国家或者地区海洋环境事业发达程度和海洋环境管理水平高低的一个重要标志，因此其主要是将美国公众参与政策制定的现实与特点同中国的现实相对比。她认为目前我国公众参与海洋环境政策制定的意识不强，参与的途径不多，方式也比较单一，流于形式。美国公众参与海洋环境政策制定早于我国，有诸多值得借鉴的经验，通过比较可以发现加强海洋环境教育、拓宽参与途径、公开信息、完善法律等方面是提高我国公众参与力度与有效性的关键，在比较的基础上借鉴美国经验，对完善我国公众参与海洋环境制度建设具有重要的作用和意义。

关于海洋环境污染的治理方面，有学者从刑法学的角度进行了法理阐述，也有学者从社会组织的独特作用方面进行了论证。例如，浙江海洋学院的全永波、周鹏认为,在海洋环境污染形势日益严峻的今天,海洋环境污染的治理手段具有多样化,其中用刑法措施完善污染的治理结构,达到海洋环境的保护目的,是当前研究环境治理的重要路径。从刑法学视角关注污染治理需要考量当前海洋环境污染治理的刑法规范的不足,借鉴先进治理国家的规范,突破刑法学的传统立法观念、调整刑罚结构、增设海洋污染罪等,完善我国海洋环境污染的刑法制度。

而中国海洋大学的吕建华副教授主要从海洋环境治理中社会组织的重要地位方面谈起,表明了环保 NGO 能够协助政府监督沿海企业的排污,而且还能够以其自身优势,监督政府切实担负起海洋环境防治的职责。由于环保 NGO 的"合法"地位受到限制、角色目标设置不当及一系列激励手段的缺失,环保 NGO 所存在的不足。针对环保 NGO 目前的发展现状,其试图以激励方式入手,探讨如何利用一定的激励手段,推动环保 NGO 积极主动并高效地投身于海洋环境治理中,保护海洋环境,维护海洋生态系统平衡,进而完善海洋环境多元主体参与的网络治理模式。

海洋行政管理体制与机制创新

海洋管理双重属性的法理解读：
以国家主权为视角

江　河 *

（中南财经政法大学法学院　湖北武汉　430073）

摘　要：海洋管理在依法治国和依法行政的框架下被视为海洋执法，海洋在地域上合为一体以及在法域上的内外两分使海洋管理具有内在的权力属性和外在的权利属性。国家主权的内外相对化为认识海洋管理的发展趋势提供了理论路径，而现代海权的双重属性及其强化战略也为中国提高海洋执法能力和国际海洋维权能力揭示了实践方案。

关键词：海洋管理　海洋执法　国家主权　主权权利　海权

党的十八大制定了建设海洋强国的战略目标，这不仅是世界历史上大国兴衰的经验总结，而且也是中国和平崛起与中华民族伟大复兴的必经之路。在建设社会主义法治国家的框架下，海洋管理对内必须在依法行政的逻辑下不断地向海洋执法转变。同时，在经济全球化以及中国相关海洋争端此起彼伏的背景下，海洋管理对外必须通过软实力的加强来提高海洋维权能力。由于海洋问题的跨学科性，海洋管理在不同学术领域表述有所不同，有的也界定为"海洋行政"或"海洋公共管理"，而法律领域的学者经常将其表述为"海洋执法"。也就是说，海洋管理、海洋执法和海洋行政等基本范畴在不同的学科

———————————

* 江河（1973—），男，湖北浠水人，法学博士，中南财经政法大学法学院副教授，研究方向为国际法基础理论和国际海洋法。

　　资助基金：国家社会科学基金项目"我国南海权益维护及其两岸合作机制的法律研究"（编号：13BFX163）。

都体现了相同的研究对象，这些术语分别适用于海洋问题相关的不同领域，甚至在同一学科的不同语境之中。然而，如果对海洋管理进行横向的跨学科的综合性研究，或者沿着发展论的逻辑对海洋管理的过去、现在和未来进行历时研究，这些表达法将会根据其上下文交替使用，这在一定程度上也反映了海洋管理研究的交叉性和综合性。

一、海洋执法的概述

执法，也叫法律的执行，顾名思义，即依照法律行事，从而实现法律的目的。在日常生活中，人们习惯于在广义和狭义两种含义上使用执法的概念。广义的执法，是指所有国家行政机关、司法机关及其公职人员依法定职权和程序实施法律的活动。如经常提到的社会主义法制的基本要求"有法可依、有法必依、执法必严、违法必究"，其"执法"就是广义的执法。[①]狭义的执法，较为完善的定义是："行政机关为了执行法律、法规、规章和其他具有普遍约束力的决定、命令，直接对特定的相对人和行政事务采取措施，影响相对人的权利义务，实现行政管理职能的活动。"[②]这里仅指国家行政机关及其公职人员依法行使管理职权、履行职责、实施法律的活动。广义的执法主体包括行政机关和司法机关，所以执法也就包括了行政执法和法院的司法活动。在这种逻辑的影响下，有人还将行政执法分为行政立法、行政执法和行政司法三个环节。由此可见，学术界有关执法概念的界定引起了其外延的混乱现象。

如果坚持广义的执法概念而使其涵盖行政立法、行政执法和行政司法三个环节，这在理论上违背了三权分立的逻辑。詹宁斯认为，政治机构通常分为立法、执法或行政、司法三部分。所谓执行即执行法律。[③]广义的执法概念将其外延扩大到立法和司法环节，它在内部逻辑上实践了三权分立的理论，在外部却违背了国家机关的三权分立制度，因为国家的行政机关只是执法机构而非立法机构和司法机构。广义的执法概念在法律实践中将会导致行政权力之膨胀，其所建立的"大政府"必然威胁到它与立法权和司法权之间的权力制衡。而且，在国家的政治实践中，行政机关或执法机关往往是国家暴力机器的掌控者，坚持广义的执法概念在惯性上容易导致行政机构的强势，从而危及真

---

① 沈宗灵.《法理学》. 北京大学出版社，2001年，第312页，第313页。
② 应松年主编.《行政行为法》. 人民出版社，1993年，第319页。
③ [英]詹宁斯. 龚祥瑞、侯健译.《法与宪法》. 生活·读书·新知三联书店，1997年，第7页。

的政策,将海洋首次作为"新东部经济区",同东部、中西部并列进入国家高层决策者的视野。海洋是中华民族实现全面复兴的战略前沿,东海的有效开发将会为中国的发展提供必要的能源和资源。① 在 2012 年,党的十八大制定了建设海洋强国的战略目标。② 在 2013 年,中国提出了建设海上丝绸之路。③ 海洋在中国的经济发展中将发挥着越来越重要的战略作用,为此改革传统的海洋执法体制势在必行。

20 世纪起我国海洋行政执法的职能由海事、海监、渔政、边防海警和海关共同行使,这就是俗称的"五龙治水"或"五龙闹海",这些具体的职能部门分别隶属于交通部、国土资源部、农业部、公安部和海关总署,它们在整体上以陆地执法体制为基础,并分属于各个部委,不利于有效的综合性管理。2013 年在十八大后将中国海监、渔政渔港监督、海关缉私、边防海警部队等部门整合统一为一个综合执法组织——中国海警局。该组织由中国海洋局直接领导,并接受公安部的业务指导。传统海上执法权力分散于诸多部门,在这种条块分割的执法体制下,海上行政执法主体之间职责不清,海上执法领域的执法主体众多,这些主体之间缺乏协调,加之立法不完善,交叉执法、委托执法与重复处罚屡见不鲜。同时,海洋管理各自为政,自成体系,力量分散,缺乏一个统一的、强有力的海上执法力量,导致执法效率低、成本高的问题,海上国际交流与合作更是少之又少。海警局的建立代表着海上执法程序的规范和统一,职责较之以往更为清晰,尤其是对海洋综合管理、生态环境保护和科技创新制度机制建设的强化,不仅有利于完善海洋事务统筹规划,更是与当今国际社会所关注

---

① 2003 年 5 月,国务院印发了《全国海洋经济发展规划纲要》。在 2004 年举行的全国政协十届二次会议上,国家海洋局建议进行"新东部"经济区划,大力开发海洋资源。随后,"新东部"的概念得到国家领导人的支持。2005 年 6 月国家海洋局向有关方面提交了比较详细的海洋发展纲要,"新东部经济区"构想基本形成。

② 建设海洋强国是由胡锦涛于 2012 年 11 月 8 日,代表中共十七届中央委员会在十八大报告中提出的,他明确表示应当提高海洋资源开发能力,发展海洋经济,保护海洋生态环境,坚决维护国家海洋权益,建设海洋强国。参见 http://www.gov.cn/jrzg/2012-11/10/content_2261970.htm.

③ 建设 21 世纪海上丝绸之路是 2013 年 10 月习近平总书记访问东盟国家时所提出的,他表示东南亚自古以来就是"海上丝绸之路"的重要枢纽,中国愿同东盟国家加强海上合作,使用好中国政府设立的中国—东盟海上合作基金,发展好海洋合作伙伴关系,共同建设 21 世纪"海上丝绸之路"。参见 http://www.gov.cn/jrzg/2013-10/13/content_2505967.htm.

正的法治。尽管在现实中存在行政立法行为和法律适用行为，但这种立法行为只能被理解为立法机关的委托立法，行政机关只是立法机关的代理者而已，而行政司法在术语表达上违背了行政与司法自然意义之并列性和异质性，在行政实践中有可能剥夺了司法机构的审判权力。所以，广义的执法概念不但造成理论逻辑的混乱，在法律的运行机制中势必危及三权分立制度，在我国的法律实践中会削弱各级人大的立法权和各级法院的审判权，这必然会危及社会主义法治国家的建立。所以，狭义的执法就是指行政执法，而且不涉及任何立法和司法活动。

海洋执法，亦称海上执法，就是指海洋行政机关依照有关的法律、法规对相对人做出的具体行政行为。执法活动的一般分类与政府的各种职能部门相对应，例如公安执法、教育执法和环境执法等，海洋执法最大的特性在于它是以执法的场所来命名的，它与外延广泛的或一般意义下的陆地执法相对应。换句话说，陆地执法所涉及到大多职能领域也同样为海洋执法所涵盖，这样便导致了海洋执法的多领域性或跨部门性，为此，许多国家在实践中适用了综合海洋执法的概念。在陆地统治海洋的观念中，或者说，对于大陆文化而言，海洋处于大陆的附属地位，有关海洋开发、利用及其管理行为都依附于陆地执法部门。但是，陆地自然资源的日益枯竭和海洋勘测技术的迅猛发展，使21世纪的"蓝色圈地运动"在世界各大海域风起云涌。同时，经济全球化也使海洋污染以及国际犯罪成为海洋执法的重要领域。历史上，先后兴起的世界霸权国，包括西班牙、荷兰、英国、美国，都依赖于其强大的海权。所以，各个沿海国日益重视海洋执法问题，为此也设立了独立于陆地执法部门的海洋综合执法部门。① 对于中国而言，在郑和下西洋600周年之际，中国提出了开发"新东部"

---

① 美国海洋执法主要由4支执法队伍负责：海岸警备队，负责海上国土、交通、治安管理，进行海滩救助，防止海洋灾害，保护海洋环境，隶属国土安全部；海关与边境保护局，打击非法入境、毒品和违禁品，检验检疫，隶属国土安全部；移民与海关执行局，打击移民诈骗、偷渡、非法武器买卖、洗钱、恐怖融资，实施驱逐出境等，是国土安全部下辖的最大的调查机构；国家海洋渔业局，进行海洋生物的生态环境并进行渔业资源管理，隶属商务部下设的国家海洋与大气管理局。英国海洋执法主要由4支执法队伍负责：海事和海岸警备局，负责制定海上安全与防污染标准，商船、渔船及海上平台设施与船员管理，海上联合搜寻救助等，隶属运输部；海上事故调查局，负责调查调查任何传船舶在英国水域发生的以及英国籍船舶在任何水域发生的海上事故，隶属运输部；边境局，保护英国边境和国家利益，处理边界骗税、走私和移民犯罪，隶属内政部；海洋和渔业管理局，全面负责共同渔业政策及相关规则的执行，隶属环境、食物和农村事务部。参见阎铁毅：《论海洋管理体制与海洋执法体制中的隐性要素》，《中国海洋法学会2014年学术年会论文集》，2014年8月，第73～75页。

的海洋与生态问题接轨。人员配备也更为专业，建立专门的海警队伍，规范执法行为，优化执法流程，提高海上维权能力。

海洋的地理特性决定了海洋执法的重要特性。海是靠近大陆的水体，它是大洋与大陆的相交带，洋是海洋的中心，是地球水体的主体，在地理特性上，海和洋是不可分的，海洋统一组成地球上的水体。海洋的地理特性和在边界上的地位决定了海洋执法的基本特性。海洋在某种意义上是一种活动场域，或者是各种社会关系得以形成的空间范围，因此，海洋法的调整范围较为广泛，海洋执法行动涉及多个职能领域，例如环境、交通、资源和安全等。

有的学者将海洋执法的范围分为维护国家海洋权益，保障海洋资源开发利用的科学性、合理性和永续性，保护海洋环境，维护海上安全和海洋公益活动等四个方面。① 在海洋执法所涉及的各个职能领域，陆上执法都设有专门的行政执法主体，这也是陆上行政执法与海洋行政执法的区别所在。

尽管地理上的海洋是互为一体的，但是随着国内海洋法和国际海洋法的发展，海洋在法律上被划分为不同的海域，每个海域的法律地位和法律制度都有所不同，总体上，可以概括为领海界限以内的海域和领海以外的海域。在自领海沿着公海方向延伸的各种海域，各种主体的行为都受到国际海洋法的规制，因此，海洋执法具有一定的涉外性或国际性。海洋执法的涉外性主要包括三个方面：执法空间区域的涉外性，执法相对人的涉外性，执法行为的法律依据的涉外性。海洋执法的涉外性是以法律意义下各种海域的地理联系为基础的，各种海域的法律制度是以本海域与沿海国的空间距离为自然标准的，它们与领海基线的距离决定了执法相对人的涉外性程度及其行动范围，同时，法律依据及其具体规定也有所不同。在历史上，国家的海洋执法行为或海洋管理行为，也被视为一种对外的主权宣示行为，这在某种意义上也体现了海洋执法的涉外性。

二、国家主权的双重属性

海洋执法，在行政主导的国家权力运作机制中，有的学者也称之为海洋管理，他们也将执法机关称为行政机关，因此海洋管理是行使国家权力的一种活动，这便使海洋管理与国家主权发生了联系。同时，海洋水体在地理上的天然

---

① 沈晓春.《我国现行海上执法体制理论分析及对策研究》. 同济大学硕士学位论文，2006。

联系和不可分的特性，也使海洋管理职能部门所执行的法律在特定海域包括国际法之规则，而国际法是国际关系参与者（主要指主权国家）之间意志协调的产物。因此，无论是对内还是对外，海洋管理是国家主权行为的下位概念，国家主权的发展变化必然对海洋管理产生重要的影响，国家主权的视角有利于认识海洋管理的合法性、运行制度及其发展趋势。

国家主权理论是适应资本主义发展和民族国家形成的产物。让·博丹在《国家论》（六卷）中最早对国家主权理论进行了系统的阐释。他把主权定义为"不受法律约束的、对公民和臣民进行统治的最高权力"，[①]并分析了其内在特征，即它是最高的、绝对的、永久的、不可分割的。博丹阐述了国家主权的对内属性，而"国际法之父"格劳秀斯则从国际关系的角度对国家主权进行了界定。格劳秀斯在《战争与和平法》中指出："所谓主权，就是说它的行为不受另外一个权力的限制，所以它的行为不是其他任何人类意志可以任意视为无效的。"[②]国家主权的实践源于《威斯特伐利亚和约》，它不仅在国际关系中确认了国家无论大小都一律平等，而且还承认新旧两教享有同等的权利，打破了罗马教会的世界主权论，使国际法脱离了神权的束缚。[③]真正意义上的国际法渊源于威斯特伐利亚和会，随后的国际体系至今被称为威斯特伐利亚体系，其基本支柱为国家主权原则。从理论形成和实践发展来看，国家主权自始就具有对内和对外的属性，这种双重属性得到了法律主体演进史的证实，在现实中也与国际法的社会基础相一致。

根据社会契约论，权力来自于权利之让渡。权利与个体公民的自由主义相联系，它以"自然状态"为逻辑起点；[④]权力则与政治共同体的集体主义相联系，其目的在于实现个体的基本权利。权利的形成在理论上具有横向性，权力的行使在实践中具有纵向性。国家具有国内法和国际法上的双重法律人格，

---

① ［美］乔治·霍兰·萨拜因.《政治学说史》（下册）. 商务印书馆，1986年，第462页。

② 叶立煊.《西方政治思想史》. 福建人民出版社，1992年，第173页。

③ 参见王绳祖.《国际关系史》（上册）. 武汉大学出版社，1983年，第6～8页。

④ "自然状态"是社会契约论的逻辑前提。在自然状态下，人在身心两个方面都十分相等，"因为就体力而论，最弱的人运用密谋或者与其他处在同一种危险下的人联合起来，就能具有足够的力量来杀死最强的人"。因而，为了免于暴死，人们不断争夺生存资源，并防止他人对自己造成伤害，于是人与人之间必然充满竞争、猜忌，甚至兵刃相见。这种自然状态只能是战争状态。参见［英］汤姆斯·霍布斯. 黎思复，黎廷弼译.《利维坦》. 商务印书馆，2010年版，第92～97页。

它使国内法和国际法发生联系并相互作用。国际法与国内法的二元论在某种意义上是社会契约论和宪政逻辑在不同法域之间的断裂，①而欧盟宪法性条约及其所确立的欧洲公民身份，则使欧盟法发展为"自成一类的法律"，②从而不断缩小了这种断裂所造成的鸿沟。因此，国家具有双重的法律地位，在国内社会中，它是高高在上的权力共同体；在国际社会中，它是最基本的国际法主体。这种身份的双重性导致了国家主权具有双重属性。国家主权对内具有最高权力的属性。在国际社会中，理论上，独立者之间是平等的，平等者之间无管辖权；实践上，国家是国际法最基本的主体，它享有完全的国际法上的权利能力和行为能力。③国家是天生的国际法主体，国际组织是派生的国际法主体。④格劳秀斯学派认为国家和个人在本质上是一致的。⑤著名的国际法学家沃尔夫认为个人和国家之间都存在着自然法支配下的自然状态，他还在自然状态的前提下论证了国家的天赋权利。⑥所以，主权国家是国际法律秩序中的"天赋"主体，它类似于社会契约论中的自然人，主权因此而具有天赋权利的属性。简而言之，国家主权对内具有权力属性，对外具有权利属性。国家主权的双重属性都具有历史性，其历史演进决定了国家在国内社会和国际社会中的法律地位，并最终促进了国内海洋法和国际海洋法的辩证互动。

三、海洋管理的双重属性及其演变

海洋管理是国家对内和对外行使国家主权的活动。国家主权对内的权力

---

① 国内法在理论上是社会契约论的必然逻辑，其目的在于实现公民的基本权利，宪法对公民权利的保障和对国家权力的限制是宪政的根本目标；国际法的合法性事实上决定于主权国家的意志，准确说来是行政机关的意志，整体上与公民的基本权利无关。尽管非主流的议会外交和欧盟法的双重特性使国际法和国内法的合法性和理论逻辑具有统一的发展趋势，但这并不符合当前国际法的普遍性实践。

② 参见曾令良.《欧洲联盟法总论：以〈欧洲宪法条约〉为新视角》. 武汉大学出版社，2007年，第80页。

③ 李浩培.《国际法的概念和渊源》. 贵州人民出版社，1994年，第7页。

④ ［德］英戈·冯·闵希. 林荣远、莫晓慧译.《国际法教程》. 世界知识出版社，1997年，第8页。

⑤ 作为"国际法之父"的格劳秀斯最先提出国家和个人在本质上的一致性，主张能适用于个人的原则和规则应该也能适用于国家。参见杨泽伟.《国际法史论》. 高等教育出版社，2011年，第107页。

⑥ 参见杨泽伟.《国际法史论》. 高等教育出版社，2011年，第108页。

属性使海洋管理具有行政机关的管理属性,同时,海洋管理活动也是一国对外追求国家主权的权利属性的体现。在国内社会中,海洋管理的行动主体行使的是三权分立中的行政权,其行动只是代表了国家行政机关的意志,尽管这种意志体现为法律的实施。在国际社会,海洋管理对外代表了国家的有效行为,它是国家作为整体而在国家上享有的天赋权利的体现。对内和对外的海洋管理都具有不同的属性,其合法性的基础也有所不同。国家主权对内具有权力属性,对外具有权利属性,而国家主权的相对化体现了这两种属性的必然发展趋势。

(一)国家主权的相对化

按照马克思主义的国家观,国家本身有一个产生、发展以至消亡的过程,这种过程在一定的历史时期体现为国家主权逐步削弱的发展规律,从而使国家主权的绝对性向相对性演进。生产力所决定的社会关系和特定社会共同体的法治化,是推动国家主权相对化的两大因素。无论民主和法治的存在与否以及实现状态如何,国家是生产力发展到一定水平的历史产物。在民族国家形成以后,国家主权的相对性体现在其双重属性的理性化和合法化。[①] 在国内社会,主权的权力属性在实践上沿着宪政的逻辑和公民权利的限制而不断合法化,在理论上国家权力的合法性也基于对天赋权利的保护。继让·博丹之后对国家主权理论进一步深化的法国政治思想家阿尔色修斯从社会契约论和自然法理论出发,认为主权必须来自于作为法人团体的人民,进而成为最早关于人民主权的明确阐述,[②]随后卢梭等政治思想家则釜底抽薪地提出了人民主权论,从而彻底限制国家的公共权力。因此,以民主和法治为基石的宪政主义无疑代表着这种公民权利限制国家权力的发展逻辑。

在国际社会中,国家是天赋的原始的国际法主体,国家之间的无政府状态实质上就是社会契约论中的自然状态,其类比分析有利于深刻认识国家主权权利属性的相对化趋势。国家及其法律的诞生就是为了避免“一切人对一切人的战争”,而国际法的发展史表明,国际法的产生在很大程度上是为了避免一切国家对一切国家的战争。因为具有权利属性,国家主权也不是绝对的,在平等的法律主体之间,一国的权利意味着他国的义务,没有无义务之对应的权

---

① 理性可以分为经济理性和制度理性,前者为理性的初步发展阶段,后者为高级发展阶段,当市场的盲目性和“公地悲剧”日益严重时,制度理性开始发展并超越经济理性。

② [美]乔治·霍兰·萨拜因.《政治学说史》(下册). 商务印书馆,1986 年,第 475 页。

利。绝对的国家主权必然导致国家间的"自然状态",科技发展所导致的"自然状态"的恐惧性则推动了国家主权的相对化。人的社会性决定了人是政治的动物,而国家作为国际社会的基本行为主体,其社会性程度决定了其权利的公共属性。国家之间的相互依赖越高,其社会性程度也就越高,相应地,某种规制权力之存在的可能性也就越大,这种权力依赖于特定的国际制度。自然人是所有法律秩序的最终主体,各国民众在国际交往中所形成的国际公共领域和国际公民社会也决定了国家主权的公共属性。在经济全球化时代,国家发动战争的天赋权利已基本上为现代国际法所禁止,在复合相互依赖中形成的经济理性使国家对其主权进行积极的限制;[①] 随着全球气候变化等公地悲剧的出现,制度理性将代替经济理性成为限制国家主权的主导因素。国际间的相互依赖不但限制了国家的军事主权,而且其非对称性也阐释了大国的主权权利是如何在国际社会中嬗变为国际决策权力或潜在的影响力。

(二)海洋行政行为的内在权力属性及其演变

在国内社会中,海洋管理是国家行使其行政权力的活动,它是国家主权在属地管辖的基础上行使于海洋领域的结果。国家主权在国内法律秩序中的演变规律,为认识海洋管理的发展趋势提供了理论框架,有利于认识海洋管理的合法性渊源。在国家形成的早期阶段,或者说,在君主专制时代,国家主权的合法性最初体现于君权神授,亦即,君主为国家主权的所有者,而且君主集立法、行政和司法大权于一身。后来,随着资产阶级革命的胜利,人权和国家主权的"联盟"削弱了神权在国家政治中的地位,君权神授缺乏合法性基础,同时,三权分立也成为资本主义国家的政治组织制度,君主或政府的行政权力受到了立法权和司法权的制约,依法治国也就成了历史发展的必然。三权分立也是以法律为核心的,即人民代表所组成的国家意志表达机关为立法机关,原

---

① 相互依赖理论的代表人物罗伯特·基欧汉和约瑟夫·奈认为,"所谓依赖指的是为外力所支配或受其巨大影响的一种状态,而相互依赖即彼此相依赖。世界政治中的相互依赖,指的是以国家之间或不同国家的行为体之间相互影响为特征的情形"。他们对"权力政治"和"相互依赖"进行综合研究的基础上首次提出了"复合相互依赖"(complex interdependence)的概念。按照基欧汉和·奈的观点,复合相互依赖具有以下三个特征:各社会之间存在多渠道联系,行为体多种多样,并不限于国家;国家间关系的议题包括许多没有明确或固定等级之分的问题;当国家之间普遍存在复合相互依赖时,它们之间就无须动用武力。参见[美]罗伯特·基欧汉,约瑟夫·奈. 门洪华译.《权力与相互依赖》. 北京大学出版社,2012年,第9页,第23~24页。

来的行政机关即政府也被称之为执法机关，而法院则成为司法机关或法律适用机关。所以，在西方资产阶级革命以前，行政通常指国家整个政务管理，是指管理整个国家事务。而在西方资产阶级革命以后，立法、行政、司法三权分立，行政则仅指除立法、司法以外的国家管理。行政权力与法律的关系主要体现在宪政之上，宪政主义揭示了以宪法为核心的法律和以行政为核心的政治权力之间的相互关系，这种理论在英国的宪政制度的历史发展中得到了最好的体现。尽管没有成文宪法，英国还是被誉为"宪政的摇篮"。1215年的英国的《大宪章》确立了"王在法下"的基本原则，这是宪政精神的历史渊源。在资产阶级革命之后，宪政成了西方国家的根本政治制度，在英国，立法机关被界定为国家主权的最终所有者。

在中国政治与法律的发展史中，封建社会的皇帝也集立法、行政和司法大权于一身，在家国一体的基础上，中国形成了等级化的政治制度，皇帝和各级官吏为社会和国家的管理者，而不同的民众为被管理者。无论就其词源还是实践来看，儒家政治传统下的行政具有强烈的专制和权力之属性。长期以来，人们将行政等同于管理。我国古书中所谓"召公、周公行政"，即指国家政务管理。[①]《汉语大词典》对行政的释义有二：其一为"执掌国家政权，管理国家事务"；其二谓"机关、企业、团体等内部的管理工作"。[②]原苏联的行政法学者不仅将行政等同于管理，而且将行政法定义为"管理法"。[③]德国学者平纳特在其所著《德国普通行政法》一书中说："行政"一词常用于超出公法的其他地方，例如"家务管理"、"财产管理"等形式。这里提到的行政（作为行政法依归的行政），乃是国家机器及其组织的"公共行政"（公共管理）。[④]在儒家的政治传统中，行政之概念包括执行与管理。执行体现了人治、礼治和法治混同下广泛的客体，即执行法律、政策、命令、决议以及中国古代的"律"、"令"、"格"、"式"等各种法律渊源；所谓管理，可包括组织、指挥、发布命令、禁令、实施许可、征收、进行监督、检查、对违规者给予处罚、强制，等等。由此可见，中国传统的行政外延较为广泛，其执行的对象无所不包，不但包括法律，也包括政策

---

① 参见夏书章主编.《行政管理学》.山西人民出版社，1985年，第1页。

② 参见罗竹风主编.《汉语大词典》.汉语大词典出版社，2000年，第915页。

③ 参见[俄]瓦西林科夫主编.姜明安等译.《苏维埃行政法总论》.北京大学出版社，1985年，第1～4页；[俄]波巴瓦伊.《苏维埃行政法总论》.法律文献出版社，1982年，第1页。

④ 参见[德]平纳特.朱林译.《德国普通行政法》.中国政法大学出版社，1999年，第15页。

和礼治之下的道德规则；其管理的职能不但包括强制性管制，而且也包括制定行政法规等立法行为。

国家主权在国内社会的相对化，是国家法治发展的必然要求，它体现为依法治国和依法行政，也就是说，随着法治目标的确立和进一步实践，政府的行政权力或管理行为将不断地被动地受到人民意志或立法机构制定的法律的限制，就立法主权而言，政府只是在执行法律。这种国家主权对内的权力属性的相对化对海洋管理的属性演进产生了重要影响。政府可以界定为执行机构，也可界定为执法机构，而两者是存在本质上区别，国家主权的内部相对化导致了政府从执行机构逐渐向执法机构转变。"执行"和"执法"有所区别，前者的外延大于后者的外延，因为后者的内涵较多。执行的对象是多样化的，它可以是广义上的包括政党或国家的政策以及政府的宏观决策，执法的对象只能是法律，而且随着国家主权的相对化，国王或行政机构的命令、指示逐渐失去其"法律"地位，而成为前者的执行对象，政府所执行的法律不断地向人民的意志或立法机构制定的法律演进。在行政权力的发展过程中，执法在执行中的比重决定了整个行政权力的合法性和国家的民主和法治水平。在封建社会的中国，没有专门的立法机关，皇帝和特权阶级之意志即为法律，国家的暴力机关或行政机关更多地执行的是最高统治者以及封建政治等级制度中上级的命令和指示，而不是执行人民之法律，尽管有些行政行为（例如杀人偿命之法律的执行）含有执法因素，但不能决定古代行政的专制性，因此，只能称之为行政管理，而不是"行政执法"。

在三权分立的框架下，行政机关的执行应该是执行法律，其管理主要是依法行政。尽管行政的职能和任务是多方面的，除了法律以外，行政还要执行中央政府和上级政府制定的政策，执行本级行政机关所做的决议、决定，执行行政首长的命令、指示等，但是执法应该是现代行政的首要的和核心的职能和任务。由于各国国情不同，民主法治水平不同，海洋执法在各国海洋行政中所占的比重存在较大差异。有的国家重视法治，在海洋行政领域都制定了比较完善的法律，因此这些国家的海洋行政主要是执法，其海洋管理实质是行政执法。在另外一些国家，大部分的海洋行政行为缺乏法律基础，这些国家的海洋行政主要不是海洋执法，而是执行政府的海洋政策、领导人的指示、上级的命令等，执行执政党的海洋战略，其行政依据主要是红头文件和行政长官的指示、命令。行政的实质是依领导人、执政党的意志进行管理，这样在海洋行政往往导致反复无常的管理社会、管理相对人，而不可能是依法行政和依法治海。在一定的历史时期，在缺乏基本的海洋法律框架的情况下，中国的"海洋管理"的表达及其理念是与人治和行政主导的权力运行机制为基础的。而"海洋执法"的措辞及其理念是与法治和立法主导的权利实现机制为基础的，作为两种海洋行政模式，它们具有一定的对立性和矛盾性。由海洋管理到海洋执法的转变是国家主权相对化的一种结果。依法治国或依法行政必然导致国家主权特别是国家统治权力的相对化，在政治上它是"人民当家做主"的体现，在法律上它是人民基本权利的实现。所以，政府的海洋行政行为不应以"主人"的身份"管理"人民，而根据人民的意志办理国家内政外交事务。在民主制度下，行政的实质是执行人民的意志，而人民意志的集中体现是法律，故民主制度下的行政的实质是执法。

（三）海洋管理的外在权利属性及其演变

以国家的领土边界为标准，国家的海洋管理存在不同的法律依据，或者国家的海洋行政行为存在于不同的法域之中。国家海洋管理的双重属性是以海洋的地理联系和领土的外部界限为前提的，前者使法律意义上的不同海域的行政行为难以区分而统称为海洋管理，而后者则使海洋行政行为对内对外具有不同的属性。对于沿海国而言，其领土界限在海上是以领海的外部界限为准的，领海以内（包括领海）的立体空间是国家的领土，领海界限以外不属于国家的领土。在领土范围内，国家依其属地管辖而行使国家权力，这种管辖权包括立法管辖、执法管辖和司法管辖。在领土之外的海域，国家的立法行为、行政行为和司法行为在合法性上都渊源于国际法，也可理解为国家对外所拥有的天赋权利，这与国家主权的对外属性是一致的。自国际社会形成以来，国家曾经是国际法的唯一主体，特别是在无政府状态下，国际关系的原始行为主体为国家，国家在其领土之外的行为被视为一种天赋权利，这等同于"自然状态"下自然人所拥有的天赋权利。就国家的外交行为而言，其主体多为政府机关，即外交部门，而国家在其领土之外的海洋管理无疑也是一种行政行为，但是它不同领域之内的行政行为，在其领土之内的行政行为对于行政相对人而言是受三权分立支配的，而其对外的海洋管理行为是代表整个国家，其行为的结果就其相对人而言涉及的是国家之间的关系，其最终救济可能会导致国家之间的外交保护。

领海之外的海洋管理对外不存在三权分立之逻辑，对于整个国家来说，海洋管理对外具有权利行使和实现之属性。沿海国在毗连区、大陆架和专属经济区的管辖权只能被视为主权权利，而不是领土主权。所有沿海国在毗连区、大陆架和专属经济区只享有主权权利，沿海国在领海外部界限内外的海洋行政行为存在天壤之别，一个是基于主权，一个是基于主权权利，而主权和主权权利之区别已为多数国际法学者所认同。① 换句话说，沿海国在领海外部界限以外的海洋行政行为与国家权力的属地管辖没有关系。主权和主权权利在海洋法上的根本区别，充分证明了沿海国在领海外部界限以外的行政行为的权利属性。在国际社会不存在超国家的政府或政治共同体，在国际性海域，也不可能存在针对他国及其国民或法人的权力，其中包括管辖权力。权力是公共政治的产物，而权利和义务则有可能脱离政治权力而存在，在原始社会，如果互惠和精神强制是可能的，以权利和义务为基本内容的法律规则是存在的，这种观点得到了法律人类学的支持，② 它可以适用于政治权力真空的无政府状态，包括国家属地管辖之外的海域。事实说明，国际海洋法在相应的海域体现了沿海国和非沿海国之间的权利和义务关系，总体上说来，越靠近领海基线，沿海国的权利越多，义务越少，越靠近公海，非沿海国的权利越多，义务越少。在国际海洋法所对应的海域，不存在公民政治或宪政主义路径下的国家权力和公民权利的辩证关系之实践，只存在国家前状态下权利与义务之对应的法律制度。总而言之，在国际海洋法的法域中，国家的海洋行政具有权利之属性。

只有天赋权利之概念，而没有天赋权力之概念。在特定的海域，那些没有竞争性或冲突性的海洋管理行为，对当事国来说都有可能产生对抗他国的天

① 根据国际法理论以及现有的"大陆架"、"专属经济区"方面的海上国际法规则，主权与主权权利存在明显的区别：其一，主权以一国领土（含浮动领土或拟制领土）范围为界限，而主权权利系国家所享有的具体，意在为公益而去执行特定职能，该权利的实施并未局限于领土界限内。其二，主权是抽象的，除受到国际强行法和主权者缔结的国际条约等国际法规制外，主权不受约束，无须具体体明；而主权权利则是具体的、列明的、有限的。其三，主权与主权权利是不同层次的概念，主权是主权权利的最高归属，而主权权利则是主权的体现。参见周新.《海法视角下的专属经济区主权权利》，《中国海商法研究》.2012年第4期，第91页。

② 马林诺夫斯基在研究特罗布里安岛居民时注意到，在这个美拉尼西亚社会中，每个成员都因为一种复杂的经济上的互惠义务而与其他人相关联，这种义务关系最简单的一种是把在礁湖上分享小船的渔民群体绑在一起，每个人在管理小船和渔网方面都有特定的义务，通过执行该义务，他就会获得分享所捕获的鱼的权利。这种维持秩序的手段通过文字、手势和交谈得以明确表述，从而成为被认可的规则得到遵守的强大机制。参见[英]西蒙·罗伯茨.沈伟、张铮译.《秩序与争议：法律人类学导论》.上海交通大学出版社，2012年，第23页。

赋权利。在国际海洋争端特别是海洋划界争端中，一国的海洋管理行为可能会构成其获取其他海洋权利的有力证据。这在某种程度上也体现了海洋行政行为对外的权利属性。海洋行政的权利属性与国家的对外权利属性也是一致的。在无政府状态下，当国家是国际关系最基本的行为主体时，国家主权平等构成了国际法的首要原则，国家主权在法律上对外只能体现为一种权利，而不能理解为权力。当然，在特定的历史时期或特定的区域，霸权之存在有可能获取不正当的权力，或者说，在恶法亦法的视角下，不正当的权力又为特定国家创设了某些权利，而为他国设定了某些义务。

国际性海域的海洋行政行为，在其内部来说具有行政权力之属性，但是对外在国际法上它是国家作为国际法主体而行使权利的行为。国家主权的相对化对外也体现为国家的主权权利不断地受到了国际法的规范，相应地，国家的海洋管理也不断地受到了国际海洋法的规范。在传统的海洋法中，特别是在不存在毗连区、专属经济区、大陆架以及海底区域等法律制度时，国家在领海之外的公海上完全享有天赋之权利，即在公海上享有一切自由。尽管在国际海洋法的历史发展中存在过国家实践上的海洋分割和理论上的闭海论，[①]但从主流的实践和理论而言，在古罗马，海洋被视为共有之物，随后国际法之父格劳秀斯也主张海洋自由论，各国在公海上事实上享有天赋权利或各种行动自由。在这种背景下，国家在公海上的公共管理行为，主要是基于属人管辖而对本国人行使管辖，这种管辖主要是针对本国人所享有的海洋自由，即捕鱼和海洋航行等行为。当然，在普遍性管辖的情况下，基于人类共同利益的保护，其行为相对人也可能为外国船只及其公民。在某种意义上说，这些享有海洋自由之行为者是按照国家的意志或法律来对外行事的，那些追求海洋自由或实

---

① 15～16世纪，西班牙和葡萄牙在各自势力范围内分别向外延伸到除澳洲大陆以外的世界其他四大洲，并因此引发了全球性的海洋争夺。1493年，教皇亚历山大六世颁布教谕，全世界的海洋分给西班牙和葡萄牙两国管辖，并指定大西洋上通过亚速尔群岛和佛得角群岛以西和以南100里格的地方，划一条子午线作为西、葡之间行使权利的分界线。1494年，西、葡签订《托尔德西拉斯条约》，规定在大西洋的佛得角群岛以西185千米处划一条南北线，此线以西归西班牙，以东归葡萄牙。1592年两国又签订《萨拉戈萨条约》，在太平洋中再画一条线，以马鲁古群岛以东17度线为界，划分两国在太平洋的势力范围。1609年，格劳秀斯发表了《海洋自由论》，在理论上奠定了"公海自由"的原则，但实际上，这一理论并没有立即被接受。1635年，英国学者约翰·塞尔登所著《闭海论》出版，作者反对格劳秀斯的理论，认为海洋并不到处都是共有的，海洋应该为国家所使用。参见屈广清主编.《海洋法》. 中国人民大学出版社，2005年，第25页，第163页。

现其天赋海权的行为也在一定程度上实践了国家主权的外在权利属性。

四、海权的演变及其对海洋管理的影响

海权对外的合法性在于维护国际海洋法中的权利；领水之内的海洋管理是一种权力行使行为，尽管这种权力的合法性来自于国家的意志或人们的基本权利，但就海洋管理本身而言，它体现出权力之属性。在近代社会，国家主权和海权在国际关系中都体现出较强的权力属性。海权概念的正式提出源于美国海军历史学家马汉创立的"海权论"。马汉在其代表作《海权对历史的影响》中将"海权"表述为 Sea Power，由此可以看出传统海权具有内在的权力属性。马汉认为海权主要有两种含义：一是狭义上的海权，是指通过各种优势力量来实现对海洋的控制；另一种是广义上的海权，它既包括那些以武力方式统治海洋的海上军事力量，也包括那些与维持国家的经济繁荣密切相关的其他海洋要素。[①] 作为"20 世纪的马汉"，苏联海军元帅戈尔什科夫则认为，"国家的海上威力就是合理地结合起来的，保障对世界大洋进行科学、经济开发和保卫国家利益的各种物质手段的总和。海权决定了各国为本国利用海洋的军事和经济潜力的能力"。[②] 可见，传统意义的海权，是指国家控制、利用和开发海洋的能力，或者是指通过海洋确保其国家经济与安全利益的各种力量的总和。

传统的海权概念以资本主义的兴起为社会基础，而资本主义在全球的进一步发展也在国际关系的实践中推动海权内涵和外延发生了变化。近代以来世界霸权国崛起范式的历史实践便体现了这种趋势。[③] 在世界霸权国的历史更替的过程中，体现和平价值的要素在不断超越以武力为基础的要素。与这些崛起范式及其构成要素的历史变更相适应，海权的内涵和构成在历史实践中也发生了相应的变化，海权中的权利要素开始萌芽，而传统海权中内在的权力属性逐渐体现出其历史局限性。国家主权的内在相对化使海洋管理向海洋

---

① ［美］A. T. 马汉．安常容、成忠勤译．《海权对历史的影响》．中国解放军出版社，2006年，第 1 页，第 55 页。

② ［苏联］谢•格•戈尔什科夫．房方译．《国家海上威力》．海洋出版社，1985 年，第 2 页。

③ 世界主要海权国家崛起的模式依次为：西班牙＝海权（海军＋海洋法律）＋殖民扩张；荷兰＝海权（海军＋海洋法律）＋殖民扩张＋暴利的商业贸易；英国＝海权（海军＋海洋法律）＋殖民扩张＋暴利的商业贸易＋工业革命；美国＝海权（海军＋海洋法＋海洋秩序）＋殖民扩张＋暴利的商业贸易＋工业革命＋技术革新＋软实力。参见辛向阳．《霸权国家与挑战国家范式分析》，载于《当代世界与社会主义》，2004 年第 4 期。

执法转变,行政相对人或公民、法人在海洋开发和利用中的权利更多地通过实体法和程序法来予以界定,海洋行政机构的权利和义务也随之具体化。外交是内政的延续,国家对外的海洋管理行为实质上是维护国家公民及其法人的海洋权益。而海权沿着国家主权的双重属性及其相对化的路径不断得以强化,这也意味着海洋执法和国际海洋维权能力的逐步提高。宪政逻辑下的海权强化说明,国内海洋法的运行机制的民主参与和权利设置都将提高海洋管理的合法性和有效性。而海洋文化和海洋意识的培育则有利于增强中国在海权中软实力,从而在国际海洋秩序中创设更多的权利,并通过海权的权力维度来提高海洋维权能力。

国家主权的相对化揭示了传统海权的局限性,国家主权的双重属性赋予海权以新的内涵和构成,它们为现代海权的强化展示了双重路径,同时也预示了未来海权的发展趋势。国家主权相对化主要体现在积极的一体化进程之中或者是国际法对国家主权的消极的强制性规范之中,前者是宪政逻辑下的法律内在化,后者则与法律的外在化观点相对应。① 国家主权相对化的两种路径揭示了现代海权内在构成要素发生演变的过程。在国家主权的绝对化时代,国内的政治专制和国际社会中的无政府状态使得海权完全依赖于内部的君主的绝对权力和对外的海军实力,而且海权的强大与否并不取决于民主立法以及海洋经济活动。与积极的国家主权相对化相对应,宪政的实践在某种意义上也能强化一国的海权,它是海权强化的重要内在条件。民族凝聚力和创造力构成了国家综合实力的重要构成要素。同理,海权的强化也是以民族凝聚力和创造力为重要条件的。按照马汉的海权理论,影响海权能力的六大要素

---

① 哈特曾认为,人们对法律的看法有两种,即"内在的观点"和"外在的观点"。参见[英]哈特(H. L. A. Hart). 张文显等译.《法律的概念》. 中国大百科全书出版社1995年版,90～92页。持外在观点的人指的是那些本人并不接受法律规则的观察者,而持内在观点的人则是接受这些规则并以此作为指导的一个群体。前者通过观察发现了偏离规则将遭受敌视反应、谴责或惩罚的规律性,对他们来说,服从法律是为了避免违反规则所带来的不愉快的或惩罚性后果;后者则视自己为行为规则所调整的社会群体的一员,他们对法律的服从态度并不是来自于作为外在的观察者俯视社会全貌而得出的结论,而是视其为游戏的参与者,认为自己应当遵守社会的游戏规则。有关法律内在化和外在化的论述,参见江河.《欧盟法的内在化与外在化及其对国际法的启示》. 湖北人民出版社,2009年,20～24页。整体而言,法律的内在观点或内在化与内在或天赋的权利的特性相对应,而法律的外在观点或外在化与外在的权力的特性相对应。

分别是：地理位置、自然构造、领土范围、人口数量、民族特点和政府特性。① 后三项为主观的人为要素，它们构成了海权强化的主体要素。对内，宪政意义下的国民对海洋立法的参与以及执法主体的海洋意识，都会促使更多的人从事海洋职业或者使海洋立法更为科学、执法更为有效，无法体现民意的立法或者执法者缺乏海洋意识，都将影响海洋法的实效和海洋政策的执行力，这必然会削弱国家的海权。对外，国际海洋法的宪政化之趋向在某种程度上也从权利维度展示了海权的强化路径。

国际人道法、战争法和国际环境法使传统海权之下的战争行为面临着合法性的考量，国家在其管辖权之外的各种海域的权益和行动自由将由国际海洋法进行创设。所以，国际海洋法将积极或消极地影响国家行为能力，并在国际法律秩序中为其创设各种权利，这也预示着现代海权将沿着两种路径得以强化，一是加强国家在各个海域的行动能力和对各种海洋国际关系的控制力或影响力；二是国际海洋法将为其创设更多的权利，而且这些权利在现有的国际争端解决机制中能得到有效地保护。海权得以强化的权利与权力路径之并存根源于平等主权和大国政治在国际法中的支配作用，② 这也使大国海权的强化深刻地影响了国际海洋法的发展。在一般情况下，海权的权力向度包括传统的海军实力和经济实力以及软实力，而海权的权利向度则包括国家在现存海洋法所享有的权利以及利用其实力来创设和维护的权利。从海军实力、经济实力再到软实力，大国不断地将海权的权力转化为权利。相应地，小国因海权所含权力之虚弱，其应有的权利也随之遭到大国政治的侵蚀，小国海权之权利的蚕食意味着大国海权之权力的强化。大国政治对国际法的影响除了传统的军事战略威慑以外，还主要取决于国家的软实力，而且随着国际人权法的发展以及跨国民间活动的频繁化，软实力在大国强化其海权中发挥着越来越重要的作用。软实力决定了大国塑造海洋权利和维护海洋权益的能力，而国家的软实力主要表现在民族文化的内聚力和吸引力、国际话语权以及国际制度

---

① See Alfred T. Mahan. The Influence of Sea Power upon History. 1660—1783, Boston Little Brown, 1890, p29～89.

② 自威斯特伐利亚和会之后，具有体系性的国际法才得以形成，这主要是因为主权国家之存在及其相互交往为近代国际法的发展提供了社会基础，而在现代国际法中，国家主权原则构成了国际法的基石和最重要的法律原则，同时它也构成威斯特伐利亚体系的支柱。大国政治的支配作用主要体现在以条约为基础的实证国际法的实践之中，更为重要的是，大国政治往往决定了造法性公约的实施机制，从而影响了国际法的效率和实效。

和规则的塑造能力。①

民族文化的特性与国家海权的发展存在一定的因果关系。海洋文化较之之大陆文化更能使国民关注海洋问题，使国家制定有效的海洋立法和海洋战略，使更多的执业者或学者去实践或研究海洋问题，这必然会增强其在国际关系中的话语权，使其在国际海洋法领域塑造更为有利的制度与规则。所以，大国要想强化其海权，首先，应大力发展海洋文化，培养公民的海洋意识；其次，大国应在国际海洋事务中增强其话语权，通过国际话语权的控制，大国可以将体现其文化特性和政治观念的事件和问题设置为国际社会共同关注的问题，也可以使其政治观念和法律价值嵌入国际海洋法的大量软法之中；最后，国家的软实力对于国际海洋法规则的形成及其运行机制产生了重要影响，因为国际法是一个较为原始的法律体系，其规则可以分为硬法和软法两大部分，② 而国际软实力通过大国政治和国际法的互动影响了国际硬法的实效和国际软法的形成及其向硬法的转化。相对于国内法而言，国际法是一种"弱法"，从法律的有效到实效，软实力发挥着决定性作用。在国际海洋法领域，国际议题的设置、条约的谈判能力以及利用国际争端解决机制来维护其海洋权益都依赖于国家的软实力，特别是公民的海洋意识、海洋领域的执业者和研究者的人数，因为这深刻地影响了它在海洋法上应享有的权利以及实际享有的权利。

五、结 语

加强海洋管理及其执法能力有利于实践中国的海洋战略。国家主权双

---

① 约瑟夫•奈所说的软实力包含文化吸引力、意识形态或政治价值观念的吸引力以及塑造国际规则和决定政治议题的能力。参见张小明.《约瑟夫•奈的"软权力"思想分析》，载于《美国研究》，2005年第1期。其实，国家文化对外吸引力也必须以其文化的内在凝聚力为前提，没有内聚力的文化是不可能对外产生吸引力。实际上，意识形态或政治价值观念是广义文化的重要组成部分，因此也可以把它们列入文化的范畴之中。而在全球化的过程中，国际话语权发挥着日益重要的作用，它决定了人们所知道的"真相"以及国际社会应关注的问题和各种政府应重视的议题，同时它也使哪些国际法规则为人们所了解，哪些法律规则被实际上遵守和违反。所以国际话语权的强化对于海权的强化至关重要。

② 在国际法的语境中，硬法是指具有法律约束力的国际条约和国际习惯法，而软法是指不具有法律约束力但被国际法主体，尤其是国际经济法主体所广泛遵守的行为规则，它包括非条约义务和国际组织决议等，例如《巴塞尔协议》虽不具有国际法律约束力，但它是目前关于跨国银行管制的最重要法律文件。参见王海峰.《论国际软法与国家"软实力"》，载于《政治与法律》，2007年第4期。

重属性的嬗变为强化海权和对外维护海洋权益提供了理论支持和实践的方法论。在现代国际社会,国际权力与国际法产生于国际关系中主权国家之间现实的依赖与意志协调关系。尽管近代国家法学者一般认为主权国家在国际法上都是天赋权利的享有者,但事实上,少数大国在国际关系中享有支配性的权力,它们主导着国际海洋法实证规则的形成并影响了国际海洋法的实效。在不同的历史时期,特定的国际社会条件使得不同的要素促成一些海洋大国将其主权的平等权利属性嬗变为国际政治中的现实权力。在传统社会,军事实力是国家主权和海权在国际秩序中嬗变为国际权力的决定性要素,对外的战争权被认为是国家的天赋权利,因此海军实力的强大是称为海洋强国的前提条件。当这种海军实力远远超越于其他普通国家时,它就嬗变为国际海洋秩序中的支配性权力,从而在事实上拥有一定霸权性的或者是"恶法亦法"逻辑下的海洋管理权力,这种权力已经不是自然法意义下的绝对平等的国家主权。随着经济全球化的迅猛发展,国家之间的复合相互依赖日益加强,海军力量在主权的权利属性向国际权力嬗变中的地位相对减弱,经济实力的影响力上升。但是完全复合的、绝对的相互依赖在现实中并不存在,非对称的经济依赖使经济大国的海洋强国战略具有雄厚的经济基础,同时,海上贸易航线及其安全也为经济实力的提高提供环境保障,两者之间的互动使海洋管理更多地追求经济利益和国际法上的权益。

随着国际市民社会的逐步形成和主权国家复合相互依赖的不断加强,以文化为核心的软实力在国家主权的嬗变中的作用越来越大。软实力包括对他国产生的文化吸引力,它使得国家在外交上具有道德权威和合法化优势。军事与经济实力固然重要,然而,由于国际秩序生态的变化,虽然国际社会仍然不存在超越国家主权的政府,但主权国家离自然状态相对于近代已经越来越远了。仅仅有军事与经济实力仍然难以获得国家软实力,从而难以获得国际权力。因而,发展文化软实力成为大国谋求国际权力的必然之路。因此,在国际社会中,军事、经济和软实力依次成为大国主权国际权力化的决定性因素。在国际关系中,大国主权权利属性的权力化必然对应着小国主权权利的相对化;而国际法对国际政治的渐进式超越在于使大国主权的权力化和小国权利的相对化更加依附于国际组织及其法律制度。对中国而言,我国应在继续追求经济强大的基础上,继续提升与我国国际政治与经济大国相应的海上军事力量;同时,借助全球化深入发展的国际大环境,积极发展中国优秀的传统文化,对其核心价值进行现代性创新。在海洋战略上,努力构建 21 世纪海上丝绸之路,在已有的国际机制上扩展中国的文化软实力,并通过经济上的和平崛起和文化上的现代性转向来促进主权的权力嬗变和强化中国的海权,只有这样,才能提高中国在海洋法领域的权利创设能力和海洋权益的维护能力。

基于 DEA 方法的我国海洋公共
服务效率评价

叶 芳[*]

（浙江海洋学院地方合作处 浙江舟山 316022）

摘要：根据 2008～2011 年的海洋统计数据，利用数据包络分析（DEA）方法对我国沿海省份的海洋公共服务效率进行实证分析，对其变异系数进行了测算，并给出了政策建议。从测算结果看，我国海洋公共服务投入和产出资源十分有限，尤其是海洋教育经费投入和海洋科技活动人员数稀缺；海洋公共服务平均效率水平逐年提高，地区间平均效率的差异在逐年缩小；山东、广东两个沿海地区海洋公共服务效率水平相对较高且各年间的效率水平比较稳定，河北、海南、广西的海洋公共服务效率相对较低；各地区海洋公共服务效率的变动情况与其总的平均效率得分之间具有关联性。

关键词：海洋公共服务 效率评价 DEA 模型

一、引言

随着我国海洋事业的发展以及海洋强国建设的进一步推进，海洋治理体系与治理方式的现代化成为我国海洋管理的新课题和新任务。海洋公共服务

* 作者简介：叶芳（1983—），男，浙江绍兴人，助理研究员，主要研究方向为海洋产业、公共经济与管理。

基金项目：国家社会科学基金项目"我国政府海洋管理体制创新研究"（编号：12BZZ035）和国家海洋公益行业科研专项"海洋强国建设的评价体系研究及应用——东海区域海洋强省（市、县）建设评价研究与应用"（编号：201405029）

是海洋治理方式创新的一个重要方向，也是服务型政府建设的关键所在。国家海洋局《国家海洋事业"十二五"规划》中指出，"十二五"期间"海洋公共服务能力明显优化"，同时要"推进海洋调查与测绘、海洋信息化和海洋标准计量工作，强化海洋渔业和海上交通的服务保障能力，提升海洋公共服务质量和水平"。国家海洋事业"十二五"规划显示出了政府提升海洋管理水平、加强海洋公共服务的决心。

但从中国实际情况来看，一方面，长期以来我国海洋事业处于较为落后的局面，政府对海洋公共服务的投入明显不足；另一方面，海洋强国的建设推进，特别是陆域经济的发展受限，开发海洋成为新的发展点，然而目前海洋公共服务资源还有待进一步完善，海洋公共服务资源的不足与海洋事业的发展步伐极不对称。因此，在海洋公共服务资源投入有限的情况下，改善海洋公共服务效率，在既定资源投入条件下实现公共服务效率产出的最大化，优化我国海洋公共服务的效率，对我国当前海洋事业发展而言显得尤为重要。

优化并提升我国海洋公共服务提供的效率，需要对海洋公共服务及其现状做出系统、科学、客观的评价。目前，国内学者对海洋公共服务及其现状已有了初步研究。崔旺来、叶芳、张帅等人对海洋公共服务的概念及其内容进行了界定。他们认为海洋公共服务是指"为沿海居民所共同享用，满足海洋发展、海洋生产和公众海洋权利需要的具有非排他性和非竞争性的有形产品或无形服务"。[1]海洋公共服务应该包括纯海洋公共服务（公共政策类海洋公共服务、公共安全类海洋公共服务、基础服务类海洋公共服务）、近乎纯公共服务的准公共产品（如海洋环境、海洋产业相关的公共设施等）、中间性准公共服务（如国民海洋教育、海洋信息服务、海洋生态修复、海上交通安全等）、近乎私人产品的准公共服务品（如海上通信、有线电视、海水淡化等）。[2]叶芳等人对海洋公共服务的现状作了理论性探索，认为"当前我国海洋公共服务存在供给方式单一，供给数量严重不足，供给水平偏低"，[3]并提出了完善性措施。

目前有关海洋公共服务的研究大多还停留在宏观层面上，微观层面

① 叶芳.《"海洋公共服务"概念厘定》,《浙江海洋学院学报（人文社科版）》,2012年第29期,第21~25页。

② 崔旺来,李百齐.《政府在海洋公共产品供给中的角色定位》,《经济社会体制比较》,2009年第146期第6卷,第108~113页。

③ 叶芳.《海洋公共服务供给体系的构建》,《中共浙江省委党校学报》,2013年第151卷第3期,第92~96页。

上的相关研究很少,主要集中在概念、特征、范围和实现模式等方面,而关于海洋公共服务效率评价问题的研究尚无。本文将运用数据包络分析(data envelopment analysis,简称为 DEA)方法,以《中国海洋统计年鉴》(2008～2011)数据为依据,对我国海洋公共服务的效率进行尝试性的评价。数据包络分析是一种评价具有多种输入、多种输出指标的同类型部门间相对有效性的理想方法。在本文的分析过程中,我们把海洋公共服务假设为一个多投入、多产出的生产系统,其所涉及的效率评价指标较多,所以运用 DEA 方法可以对我国不同地区的海洋公共服务进行准确而有效的评价和比较。

二、模型与数据

(一)海洋公共服务效率评价的 DEA 模型

数据包络分析(DEA)由美国著名运筹学家 A. Charnes 等人在 1978 年以相对效率概念为基础发展起来的一种新的绩效评价方法。这种方法是以决策单元(Decision Making Unit,简称 DMU)的投入、产出指标的权重系数为变量,借助于数学规划模型将决策单元投影到 DEA 生产前沿面上,通过比较决策单元偏离 DEA 生产前沿面的程度来对被评价决策单元的相对有效性进行综合绩效评价[1]。就 DEA 方法本身而言,可分为投入导向模型和产出导向模型两种效率评价方法,还可依据是否引入可变规模报酬的假定分为不变规模报酬(CRS)方法和可变规模报酬(VRS)方法[2]。鉴于我国现阶段海洋公共服务提供规模不足的现状以及公共服务受制于财政预算约束,本研究选取基于产出导向下的 VRS 方法来评价海洋公共服务的效率。

被评价的沿海省份(自治区、直辖市)被看作不同的决策单元,每个单元都有 M 种投入和 S 种产出,其中 $X_j = (x_{1j}, x_2, \cdots, X_{mj})^T$, $Y_j = (y_{1j}, y_{2j}, \cdots, y_{sj})^T$, $j = 1, 2, \cdots, n$,其中: x_{ij} 为第 j 个决策单元对第 i 种类型输入的投入总量, y_{rj} 为第 j 个决策单元对第 r 种类型输出的产出总量,且 $x_{ij}, y_{rj} > 0$; v_i 为第 i 种输入指标的权重系数, u_r 为第 r 种产出指标的权重系数,且 $v_i, u_r \geqslant 0$。则 $X = K * N$ 为投入矩阵, $Y = M * N$ 为产出矩阵。此时我们可以定义我们要考察决策单元的

---

[1] 杜栋,庞庆华.《现代综合评价方法与案例精选》,北京:清华大学出版社,2005 年 9 月,第 62 页。

[2] 王伟同.《公共服务绩效优化与民生改善机制研究——模型构建与经验分析》,东北财经大学博士学位论文,2012 年。

效率值为：

$$\theta_i = u^T y_i / v^T x_i, \ i = 1, 2, \cdots, n$$

其中 u^T 和 v^T 分别是投入向量和产出向量的权重向量。为了获得效率值 θ，我们需要求解如下的线性规划问题：

$$\begin{cases} \max\mu, v(\mu^T y_i), \\ st \quad v^T x_i = 1, \\ \mu^T y_j - v^T x_j \leqslant 0, j = 1, 2, \cdots, n, \\ N1^T \lambda = 1 \\ \mu, v \geqslant 0 \end{cases} \qquad (1)$$

利用线性规划的对偶性质，将（1）进行转换可获得等价的对偶规划：

$$\begin{cases} \min_{\theta\lambda}, \theta, \\ st \quad -y_i \geqslant 0, \\ \theta x_j - x\lambda \leqslant 0, \\ N1^T \lambda = 1 \\ \lambda \geqslant 0, \end{cases}$$

其中 θ 为一个标量，λ 为一个 $N*1$ 阶常数向量。而 θ_i 值为第 i 个决策单元的效率得分，满足 $\theta_i \leqslant 1$，当得分为 1 时表明该单元处于生产前沿之上，其投入产出是有效率的，反之亦然。$N1$ 是一个 N 维单位向量，$N1^T\lambda = 1$ 是给生产前沿施加了凸性限制，表明规模报酬可变，这将增大有效决策单元的个数，使得原来不在规模报酬不变产出前沿，但处于规模报酬可变产出前沿上的决策单元也变得有效率。

（二）数据选取和变量选择

本文选取 2008～2011 年全国 11 个沿海省（自治区、直辖市）的海洋公共服务投入产出数据来测算海洋公共服务技术有效性。本文所用数据来源于《中国统计年鉴》（2008～2012）和《中国海洋统计年鉴》（2008～2012）。在变量选择上，本研究选择的效率分析指标分为两类：投入指标和产出指标。投入指标有 4 个，包括：沿海地区人均社会固定资产投资额（$X1$，元），海洋教育经费占地区财政支出的比重（$X2$，%），海洋科技服务支出占地区财政支出的比重（$X3$，%），沿海地区社会保障支出占地区财政支出的比重（$X4$，%）。产出指标有 4 个，包括：人均海洋生产总值（$Y1$，元），海洋专业大专以上学历毕业人数占地区高校毕业人数的比重（$Y2$，%），海洋科技活动人员数占地区涉海就业人员数的比重($Y3$，%)，年末参加渔农村社会养老保险的人数($Y4$，万人)。其中"海洋教育经费投入"尚未进入统计范畴，本研究采取"人均地区教育经费 * 海洋专业中专以上学历人数"来代替；"海洋科技服务支出"用"海洋科研机构经费投入"代替。在研究过程中，本文采用 DEAP2.1 软件进行计算。

（三）指标的统计性描述分析

表 1、表 2 分别给出了海洋公共服务投入和产出的基本情况。从表 1 中可知，沿海地区人均社会固定资产投资额呈上升趋势，从 2008 年的人均 16 973.2 元增加到 2011 年的 27 833.41 元，年均增长 2 715 元。投入最少的是广西壮族自治区，最多的是天津市，但最多与最少的地区差距不大，年间差距也不大。沿海地区社会保障支出占财政支出的比重呈现缓慢增加，从 2008 年的 11.8% 增加到 12.1%，然而在体现海洋公共服务资源投入的海洋教育经费投入和海洋科技服务投入两项上却表现出不稳定性。从绝对数上看，2008～2011 年年均海洋教育经费投入量，山东省和江苏省投入排在前两位，分别为 0.541 475 亿元和 0.536 575 亿元；海洋科技服务投入年均排在前两位的是上海和山东，分别为 20.75 亿元和 19.57 亿元。从相对数上看，海洋教育经费占地区教育经费的比重和海洋科技服务占财政支出的比重增长趋势不稳，表明我国海洋教育经费和海洋科技服务经费缺乏固定投入。

从表 2 中可知，沿海地区人均海洋生产总值呈稳步上升趋势，从 2008 年的 7 393.70 元增加到 10 286.98 元。海洋专业大专以上学历毕业生人数占地区高校毕业生人数的比重呈上升趋势，但 2011 年相对 2010 年短暂下降。海洋科技活动人员数占地区涉海就业人员数的比重变化不明显。年末参加渔海洋社会养老保险的人数变化不稳，表明在城镇化的进程中，渔农村社会养老保险的人数变化较大。

从整体上看，2008～2011 年我国海洋公共服务无论经费，还是人员在规模和数量都很稀缺，资源非常有限，尤其是海洋教育经费投入和海洋科技活动人员数，不论是绝对数还是相对数都相对不足。

表 1　海洋公共服务投入指标描述性统计一览表（2008～2011）

	统计量	沿海地区人均社会固定资产投资额（$X1$，元）	海洋教育经费占地区教育经费的比重（$X2$，%）	海洋科技服务支出占财政支出的比重（$X3$，%）	沿海地区社会保障支出占财政支出的比重（$X4$，%）
2008	X	16 973.20	0.000 31	0.003 3	0.118

	统计量	沿海地区人均社会固定资产投资额（X1，元）	海洋教育经费占地区教育经费的比重（X2，%）	海洋科技服务支出占财政支出的比重（X3，%）	沿海地区社会保障支出占财政支出的比重（X4，%）
2008	SD	9 972. 17	0. 000 21	0. 003 4	0. 121
	min	7 799. 83	0. 000 05	0. 000 2	0. 064
	max	28 824. 83	0. 000 68	0. 010 5	0. 218
	CV	0. 59	0. 68	1. 03	1. 03
2009	X	20 813. 73	0. 000 55	0. 003 5	0. 119
	SD	19 824. 41	0. 000 72	0. 003 1	0. 110
	min	10 785. 01	0. 000 11	0. 000 3	0. 058
	max	38 584. 69	0. 001 02	0. 011 5	0. 193
	CV	0. 95	1. 31	0. 89	0. 92
2010	X	23 683. 06	0. 000 47	0. 003 4	0. 120
	SD	23 789. 81	0. 000 51	0. 002 1	0. 092
	min	14 963. 80	0. 000 11	0. 000 3	0. 064
	max	48 330. 25	0. 000 84	0. 011 6	0. 193
	CV	1. 00	1. 09	0. 62	0. 77
2011	X	27 833. 41	0. 000 46	0. 003 2	0. 121
	SD	28 143. 10	0. 000 42	0. 002 9	0. 114
	min	16 933. 04	0. 000 16	0. 000 3	0. 076
	max	48 330. 25	1. 310 00	0. 890 0	0. 94
	CV	1. 01	0. 91	0. 91	1. 01
2008-2011	X	23 373. 72	0. 000 48	0. 003 3	0. 119
	SD	17 340. 79	0. 000 39	0. 002 9	0. 086
	min	12 706. 80	0. 000 17	0. 000 34	0. 066
	max	39 298. 14	0. 000 79	0. 010 62	0. 190
	CV	0. 74	0. 81	0. 88	0. 72

三、我国海洋公共服务效率实证结果分析

（一）沿海地区海洋公共服务效率总体分析

表 3 给出了 2008～2011 年全国 11 个沿海省（自治区、直辖市）海洋公共服务投入产出效率的测度结果。从表 3 中可知，2008～2011 年每年达到相对有效的地区都不相同，但数量在不断增加。从图 1 可以看出，2008～2011 年全国各地区的海洋公共服务平均效率呈缓慢上升趋势，各地区的海洋公共服务平均效率由 2008 年的 0.793 提高到了 2011 年的 0.970，证明我国海洋公共服务的效率水平在不断地提高，这也是海洋公共服务 DEA 有效得分沿海省（自治区、直辖市）不断增加的结果。同时，海洋公共服务的变异系数也由 2008 年的 0.42 下降至 2011 年的 0.23，说明地区海洋公共服务效率的差异性逐渐缩小。

（二）各年份海洋公共服务效率的情况分析

从表 3 的数据看出，2008 年我国海洋公共服务提供有效率的沿海省共有2 个，平均效率得分为 0.795，变异系数为 0.42，这表明省际海洋公共服务效率水平差异不大。

2009 年，海洋公共服务提供有效率的沿海省（自治区、直辖市）增加了上海和辽宁，共有 4 个沿海省（自治区、直辖市）海洋公共服务效率水平达到有效。这一年的平均效率为 0.878，与 2008 年相比海洋公共服务效率水平有所提高；而各地区的效率得分的变异系数为 0.35，表明地区间海洋公共服务的效率的差异程度在不断缩小。

2010 年，辽宁省被移出了海洋公共服务提供有效率省份，天津进入了海洋公共服务提供有效率的行列，共计 4 个沿海省（自治区、直辖市）达到了 DEA得分有效。这年的平均效率得分为 0.876，比前两年均有增加，各地区间的效率差异也在逐步缩小，地区效率变异系数为 0.29。

2011 年，海洋公共服务效率达到有效的沿海省（自治区、直辖市）增至 7个，辽宁、浙江、福建进入有效率沿海省（自治区、直辖市）行列。2011 年平均效率得分明显高于前 3 年，达到了 0.970，说明海洋公共服务效率水平随时间的变化在不断提高。地区变异系数为 0.230，明显低于前 3 年，表明地区间的海洋公共服务效率水平差异在不断缩小。

表2　海洋公共服务产出指标描述性统计一览表（2008～2011）

	统计量	人均海洋生产总值（Y1，元）	海洋专业大专以上学历毕业人数占地区高校毕业人数的比重（Y2，%）	海洋科技活动人员数占地区涉海就业人员数的比重（Y3，%）	年末参加渔农村社会养老保险的人数（Y4，万人）
2008	X	7 393.70	0.005 42	0.000 5	323.89
	SD	6 836.34	0.003 17	0.000 4	359.64
	min	827.24	0.000 32	0.000 1	20.08
	max	25 384.00	0.010 94	0.001 2	1 133.71
	CV	0.92	0.58	0.80	1.11
2009	X	7 673.54	0.014 04	0.000 6	318.16
	SD	6 175.85	0.008 91	0.000 4	300.82
	min	913.92	0.004 04	0.000 1	38.97
	max	21 887.04	0.032 70	0.001 5	1 057.90
	CV	0.80	0.63	0.67	0.95
2010	X	8 824.77	0.026 92	0.000 6	291.43
	SD	7 129.81	0.027 07	0.000 4	257.18
	min	1 190.24	0.004 04	0.000 1	28.89
	max	23 260.20	0.106 58	0.001 4	919.21
	CV	0.81	1.01	0.67	0.88
2011	X	10 286.98	0.021 66	0.000 6	1 110.46
	SD	7 583.40	0.020 22	0.000 4	1 034.96
	min	1 300.70	0.004 44	0.000 1	75.86
	max	28 607.43	0.081 00	0.001 5	3 545.97
	CV	0.74	0.93	0.67	0.93
2008～2011	X	8 496.69	0.017 92	0.000 6	565.77
	SD	6 872.23	0.012 85	0.000 4	483.46
	min	1 058.03	0.004 147	0.000 1	47.41
	max	24 641.03	0.055 457	0.001 4	1 664.20
	CV	0.81	0.72	0.67	0.85

表3 沿海地区海洋公共服务效率综合情况一览表(2008～2011)

	2008 年	2009 年	2010 年	2011 年	地区平均效率	地区平均效率排名	地区效益变异系数
山东	1.000	1.000	1.000	1.000	1.000	1	0.00
广东	1.000	1.000	1.000	1.000	1.000	1	0.00
上海	0.937	1.000	1.000	1.000	0.984	3	0.01
天津	0.878	0.978	1.000	1.000	0.964	4	0.06
辽宁	0.932	1.000	0.824	1.000	0.939	5	0.08
江苏	0.937	0.935	0.914	0.972	0.939	5	0.08
浙江	0.821	0.952	0.917	1.000	0.923	7	0.07
福建	0.812	0.942	0.879	1.000	0.908	8	0.11
河北	0.654	0.824	0.795	0.917	0.798	9	0.20
海南	0.568	0.672	0.824	0.988	0.763	10	0.29
广西	0.207	0.350	0.485	0.793	0.459	11	0.32
年度平均效益	0.795	0.878	0.876	0.970			
年度效益变异系数	0.42	0.35	0.29	0.23			

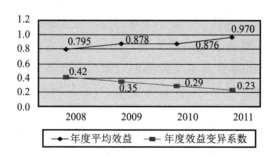

图1 2008～2011 年我国各地区海洋公共服务效率平均得分及效率变异系数示意图

(三)各地区海洋公共服务效率的情况分析

从表3可以看出,2008～2011 年海洋公共服务效率 DEA 得分一直保持有效状态的沿海省(自治区、直辖市)有山东、广东,这两个省一直处于高效率水平行列。这两个省份为传统海洋大省和海洋强省,同时,其海洋教育和海洋科技水平较其他省份发达,可以看出海洋教育强省的海洋公共服务的效率水平总体优于海洋教育差的地区。初步可以测出,地区海洋教育发展水平与海洋科技发展水平对海洋公共服务效率有一定影响。

从各地区效率得分变异系数看,广西、海南、河北地区效率得分变异系数较大,说明这3个省份(自治区)在2008～2011年间海洋公共服务效率的得分差异较大。天津、海南、广西3个省的海洋公共服务效率经历了由低到高的转变,其中变化最大的是海南,变异系数为0.29,效率得分由2008年的0.568上升到了0.988。辽宁、江苏、浙江、福建、河北的海洋公共服务效率水平呈曲线变化,其中辽宁、浙江、福建达到1。各地区海洋公共服务效率的变动情况与其总的平均效率得分之间具有关联,各地区历年平均效率得分较高的地区效率得分波动较小,而平均效率得分低的沿海省(自治区、直辖市)波动相对较大,海洋公共服务效率保持稳定的省份其效率水平都比较高。

四、结论与政策建议

本文运用2008～2011年的统计数据,采用数据包络分析(DEA)方法对11个沿海省(自治区、直辖市)的海洋公共服务效率进行了实证研究。通过非参数方法测算了海洋公共服务效率及其变异系数,可以得到如下结论:

(1)2008～2011年全国各地区的海洋公共服务平均效率呈缓慢上升趋势,证明我国海洋公共服务的效率水平在不断地提高;海洋公共服务的变异系数也在下降,说明地区海洋公共服务效率的差异性逐渐缩小。

(2)海洋公共服务效率达到有效的沿海省份(自治区、直辖市)逐步增加,说明海洋公共服务效率水平随时间的变化在不断提高。地区变异系数2008～2011年间逐步降低,说明地区间的海洋公共服务效率水平差异在逐年缩小。

(3)海洋公共服务效率DEA有效得分与海洋教育发展水平、海洋科技发展水平相关;地区效率得分变异系数较大的沿海省份(自治区、直辖市)的海洋公共服务效率得分差异较大;各地区海洋公共服务效率的变动情况与其总的平均效率得分之间具有关联性。

海洋公共服务效率水平是一个系统问题,它不仅与资源的投入水平有关,还与国家政策有关。从已有的文献及本研究的统计中可知,目前我国海洋公共服务存在供给不足、结构不合理、投入乏力,地区差异明显等问题,并已成为影响海洋强国建设的一个重要因素。DEA是基于投入与产出效率的综合评价,这种评价具有客观性,能够在为政府制定宏观经济政策时提供科学依据。政府在制定海洋公共服务发展政策时,可以依据 DEA 方法的分析结果:不同地区海洋公共服务效率的有效性及其发展速度的相对快慢程度,得出各地区在效率方面的差距,从而清晰地勾画出本地区海洋公共服务的现状及发展瓶颈,明确政府的行为方向以及海洋公共服务的投资方向。因此,在政策层面上,政府可以以改善要素投入状况为切入点,改善海洋公共服务的财政投入结构及其绩效,促进海洋教育、海洋科技、海洋社会保障等海洋公共服务的投资绩效,提高海洋公共服务资源配置效率和资金有效利用率。

本研究只从宏观层面对海洋公共服务效率及变异系数进行了粗略测算,未能从微观层面更为准确地确定影响海洋公共服务效率的主要因素及其影响程度,解释海洋公共服务投资的相对效率(或测算出总体技术效率、纯技术效率和规模效率)。由于 DEA 方法自身的不足,本研究也未引入其他模型对效益进行分解测算,以得出海洋公共服务的相对效率。上述不足之处有待于在今后的研究中进一步完善。

对小岛移民政策的分析与思考

——以舟山"小岛迁，大岛建"政策为例

王建友*

（浙江海洋学院社科部　浙江舟山　316022）

摘要：小岛移民是沿海地区经济社会发展的现象之一，和过去自然、分散迁移不同，现在的小岛移民是地方政府强力干预、采用规划性公共政策的结果。本文以舟山的"小岛迁，大岛建"小岛移民政策为例，探讨舟山地方政府与小岛居民在海洋社会变迁中的互动功能与政策变迁，审视海洋社会变迁的漂移性特质，以期完善海洋性移民的公共政策。

关键词：小岛移民　规划性迁移　政策演进　完善

移民问题是国内外持续关注的问题之一，国内外学术界对工程移民、生态移民、灾害移民、扶贫移民、环境移民、经济移民关注比较多，也有很多的研究成果。对于海洋性移民研究来说，学术界对洲际移民研究比较系统，如欧洲白人、非洲黑人移民美洲的移民史研究，而小岛移民现象属于岛际移民范畴，一般以特定海域为界，学术界对其关注少，几乎无人进行系统研究，难以比肩三峡移民、南水北调工程移民、下山移民。但是在海洋开发过程中又需要小岛移民，以达到促进海洋产业项目落户、保护海洋生态、改善生存环境等目的，所以

---

* 王建友，男，汉族，山东莒南县人，浙江海洋学院社会科学部经济学副教授、硕士、硕士生导师。

沿海地区的小岛移民现象是沿海地区海洋开发不断变迁的突出现象之一①，它也是一个沿海渔村社会日益被卷入、被裹挟，进入一个更加开放、现代社会的过程，该过程受到一系列的外生变量影响，尤其是一系列公共政策的影响，具有自愿和非自愿、经济、生态、扶贫等多重复合性。

一、小岛移民政策的概念及其特点

舟山群岛共有大小岛屿 1 300 多个，有人居住的岛屿近百个。舟山地方政府以改善边远小岛渔农民生活条件为目的，对居住条件恶劣的悬水岛屿，进行异地跨区域集中建设移民小区，以安置迁移渔、农民。对偏僻村落或规划中需搬迁的村庄、有条件的整村整体搬迁，缺乏条件的在规划指导和控制下逐步集聚搬迁。

（一）小岛移民政策的概念及其发展阶段

小岛移民"小岛迁，大岛建"政策就是在沿海地方政府统一规划的前提下，结合加快机构改革步伐，进行的部分小岛乡镇机构"撤、扩、并"，引导资源短缺、缺乏基本生产和生活条件的海岛居民向大岛迁移，彻底改变小岛居民的生活环境和生产环境的政策措施。

移民小岛的选择。在政策执行初期，是指对陆地面积小于 1 平方千米、人口不足 1 000 人，居民饮水、就医、子女受教育都十分困难的小岛渔村，经政府引导和帮助，在村党支部和村民委员会表决后，陆续迁往本县区范围的大岛，或在本岛另建渔民新村，或与当地渔村合并。后来是指非乡镇所在地中常住人口少于 3 000 人、资源匮乏、生产和生活基础条件差、渔民转产转业难度大、就业困难、交通不便的悬水小岛。在 2010 年，浙江省政府《关于舟山市各县区小岛迁大岛建工程项目的批复》中明确"小岛迁，大岛建"实施的对象为：生产生活条件较差、发展潜力有限的悬水小岛渔、农民的整村整户搬迁，并将"小岛迁，大岛建"工程纳入浙江省的"下山脱贫"项目。

小岛移民政策实施有两个基本方式。第一，以项目落户引发的搬迁为主。根据项目落地需要，实施小洋山岛搬迁、白泉浪西、长峙峧山、街山鼠浪湖、朱家尖东沙、六横凉潭、石柱头等渔农村整体搬迁，既保证了项目用地征收，又实现了人口的有序集聚，改善了渔农民宜居宜业的环境。第二，以地方政府改

---

① 在本文中"小岛移民"、"小岛居民"的概念内涵范围与"渔民"范围略有差异，但基本一致，因为小岛移民的主体是渔民。

善小岛居民生活质量而实施整岛为辅的方式进行，还有一部分群众自发搬迁。对于没有项目落户的小岛搬迁，如舟山市普陀区政府成立了新农村建设开发投资有限公司，注册资本3000万，计划实施渔、农村住宅换购城镇住房项目，让进城渔民通过退出在渔、农村住宅用地来换购城镇的产权住房，以解决进城渔、农民的居住困难，减轻生活压力。

小岛移民政策发展的两个阶段。

（1）自发迁移阶段。从20世纪80年代末到90年代初，舟山市提出"小岛迁，大岛建"渔民移民政策后，为了就业、子女就学或改善生活条件，一部分小岛居民自发地向大岛或城市迁移。这些早期搬迁到的小岛居民，按照"宅基地退还集体、原住房拆除或统一由集体统一处置"的原则进行搬迁，但是还有很大一部分渔村居民并没有按照此原则进行搬迁，他们在原来小岛还拥有宅基地和房产，还有一小部分居民拥有承包地。

（2）政府主导阶段。为了加速人口聚集、提高城市化水平，在舟山市政府领导下，从2000年开始，定海区的外钓山、中钓山、里钓山、富翅山、大鹏山、刺山、小盘峙、大盘峙、西蟹峙、东巨山、摘箬山、大五奎山、大王脚山、大猫岛等全区约18个住人小岛居民以及大沙、马目等本岛区域内的偏远渔村、山村居民，在基层政府的引导和帮助下自发向城镇和大岛迁移。普陀区的走马塘、凉潭岛、对面山、西白莲山等16个住人岛屿搬迁2/3人口，目前这些小岛留守人口只有约7 790人。岱山县的官山、大峧山、江南山、黄泽山、小衢山、鼠浪湖岛、大长涂山、大渔山等8个中小岛屿，有48.8%的居民迁往大岛。嵊泗县的北鼎星、徐工、洋东、张其、柱住、马迹、小洋、绿华（西绿华、东绿华、东库山）、壁下（壁下和安基、大盘山）、滩浒等小岛有65%的居民迁往大岛。

到2008年，已有22 638户、76 449人迁往城镇和周边经济大岛。2009年到2011年又搬迁了9 390人，涉及13个岛，其中定海2个小岛，375人；普陀6个小岛，2 582人；临城新城2个小岛，1 533人；岱山县3个小岛，4 900人。

（二）小岛移民政策的特点

小岛移民政策是一个民众求发展、求生活质量提升与政府顺应民众需求、积极作为的政策互动过程，其政策演进过程体现了公共政策的政治性、公共性、回应性等特征，但是小岛移民的"小岛迁、大岛建"政策作为一项调整人海关系的公共政策又具有以下特点：

第一，自愿性。渔业是世界公认的最危险的行业之一，由于自身素质因素，传统渔民转产转业困难，但是他们强烈希望自己的子女不要子承父业，而受教育和到城市就业则是改变现状的重要手段。而小岛以及大岛边缘地区的交通、教育、商业服务等各种资源与城镇差距较大,为了享有更好的生活和子女就学的环境和医疗条件,渔民在内心情感上自愿移民。同时沿海地区大部分渔村本身就是渔民移民的结果,渔业生产本身具有游移性,渔民本身就具有浓厚漂移的文化因子。因此,在改善自身生产生活条件方面大部分渔民移民有强烈的搬迁动力。从小岛渔民自愿移民看,有必要优惠政策的引导,小岛渔民移民工作就可以有效开展,从而达到渔民变成市民、实现渔区现代化以及减轻对海洋环境利用压力的复合目标。

第二,发展性。一些小岛陆域面积小(大多都在 1 平方千米以下),生存空间狭小,淡水资源缺乏,交通、通信、用电、医疗、教育等公共事业难以配套,无法享有现代文明生活。一方面,偏僻小岛生产方式单一,就业市场狭窄,对捕捞渔业等第一产业存在着过度依赖性,随着沿海近海渔业资源的衰竭,很多小岛已经丧失了继续发展的比较优势;另一方面,小岛移民则可以帮助渔民实现异地市民化的需求,在安置地可以实现第二、三产业重新就业。因此,小岛移民给渔民带来了重新就业、进行市民化转型的契机,促进了海洋渔区人口、资源、环境和经济社会的可持续协调发展。

第三,规划性。随着时代的变迁,小岛居民不断地被外部性因素整合和施加巨大影响,尤其是国家自上而下地对渔农村进行渗透和整合,而以"小岛迁,大岛建"为公共政策工具的小岛移民政策则鲜明地体现了这种外部力量的巨大作用,即小岛移民的规划性迁移①。政府主导的小岛移民是一个典型的政府规划干预过程,相应的移民安置规划与安置模式都折射出了政府视角的发展欲望,期望渔区渔民在政府的引导下发生生活、生产方式的转变。小岛渔民移民尽管作为一种经济行为出现,但是其内涵与外延不仅局限于经济行为,是小岛居民的生存伦理与地方政府发展愿望的结合。小岛渔民移民的实质是人与环境的关系调整问题,而人与环境关系的重新调整,必然牵扯到民众的当前经济利益和长远的可持续发展。小岛渔民移民问题是复杂的人口、资源、生态、环境、社会、经济等复合系统问题,涉及社会公正、公平、贫困、利益冲突、权益、文化环境"破碎化"、生态环境恶化问题等一系列有关经济社会发展中的重大

---

① 规划性迁移主要是考虑国家在乡村社会变迁与发展中的影响和作用日益增强,但也并不是全智全能、"力大无边"的,在强调国家规划作用和力量的同时,更多强调社会的需求以及民众的主动性和创造精神。参见许远旺.《规划性变迁:机制与限度——中国农村社区建设的路径分析》,中国社会科学出版社,2012 年,第 35~36 页。

问题。

二、小岛移民政策实施体系

舟山地方政府根据不同小岛移民的特点以及当地的社会经济情况,制定了一整套的"小岛迁,大岛建"的实施政策,相继出台了在大岛集中安排建设保障性安置住房、建立小岛居民迁移专项补助资金、强化迁移居民的基本公共服务、开发利用小岛资源补偿原居民等办法,完成了若干小岛整岛、整村搬迁工作。

（一）安置区选定政策

针对小岛居民住房困难、居住分散的实际情况,地方政府为加快农房集聚建设,选取地理位置优越的大岛地块作为小岛移民"小岛迁,大岛建"的集聚点,通过移民搬迁安置项目及农房改造集聚项目的实施,异地集中建设安置,逐步形成了移民小区住房统一集聚、公共设施统一建设、城乡资源共享的新格局。

项目搬迁根据群众意愿,结合安置地区地理状况以及经济发展潜力、交通便利情况、发展第二、三产业的可行性,提倡梯度转移,对安置区和安置方式进行了选择,实现安置方式人性化、多样化。首先,鉴于移民意愿倾向于集中安置,确定外迁小岛移民就近在大岛某个安置点安置的方案,这些项目都集中在中心村、中心镇或县城所在地。其次,对3个较适宜安置地区的资源承载力及其他方面进行分析比较,选定集中安置区,关于该安置区的优缺点分析见表1。移民对搬迁至该地区普遍能接受,积极性较高,因为安置点离城镇中心距离近,有利于渔民向第二、三产业转产转业,有利于城乡一体化的发展。但是小岛移民的主体是渔民,这些渔民整体搬迁到大岛或城市后,除需要购置房屋住房外,还需要码头、网厂、淡水补给、灯塔等生产配套措施,投资大、成本较高,估计每户渔民需要30万元,所以如果没有大项目落户小岛开发,靠当地地方财政难以支撑。

表1　舟山市普陀区渔民安置小区优缺点分析

位置
① 位于中心城镇的,如六横镇台门安置小区(安置凉潭岛、对面山岛搬迁居民),沈家门街道中沙头地块安置小区(安置小干岛、马峙岛搬迁居民)。
② 位于大岛的,如蚂蚁岛的长沙塘村安置小区(安置大兴岙岛搬迁居民),虾峙镇沙蛟村安置小区(安置东北连村、西白莲村等小岛搬迁居民)。

安置项目	优　点	缺　点
生产设施	靠近中心渔港，渔业生产设施齐备	初始投资较大
住　房	分大小公寓式、小多层建筑、连排多层公寓，居住条件改善。	安置小区土地成本高、配套设施资金投入大
社区融合	附近都为渔农民社区	需要重建社会关系网络

（二）安置区基础设施建设政策

为避免渔民移民生活孤岛化、居住边缘化，舟山基层政府以规划为第一导向，将搬迁工程与土地利用规划、城区发展规划和村庄布点规划等重点规划有效衔接，统筹构建移民新区的道路、水电、环卫、公共服务网络等，形成建设合力。对迁移渔民安排专用的渔船停泊码头和渔业生产后勤保障基地。

在异地集中安置中会出现诸如安置小区选址、安置房分配、原住房处理等各种问题，迁入地政府彰显人文关怀，体恤小岛移民背井离乡、告别故土的复杂心情，耐心细致地做好移民当事人的工作，在尊重他们居住习惯的基础上，融合周边居住小区建筑风格，统一规划，建造多层的居民小区。同时，安置小区周边建设教育、文化娱乐、休闲活动、商贸服务、医疗卫生等配套公共设施，为移民带来更为便捷的生活条件。

（三）生产安置政策

小岛移民在迁入地报入户口后，原在小岛和山村承包的山林、土地可继续经营，也可依法转包给他人经营，但应承担相应的义务。在迁移户自愿的基础上，原居住地村集体收回其承包的山林、土地经营权的，集体应给予合理的补偿。承包的山林、土地涉及项目开发时，按2002年9月颁布的《中华人民共和国农村土地承包法》办理。小岛居民迁移后，原村级集体经济没有撤销的，其原土地、山林、仍由村委会组织管理；已经撤销的，原山林、土地由所在地乡镇（街道）管理。

对愿意外迁的村民，安置地街道和行政村提供安置房宅基地的，原搬迁居民居住宅基地需归还集体，安置房建设将由乡镇（街道）统一组建农房建造公司全面实施，并以成本价提供给搬迁村民。

（四）扶助支持政策措施

浙江省级层面的扶助措施。目前，浙江省政府已下达《关于舟山市各县（区）小岛迁大岛建工程项目的批复》（浙政函[2010]44号），同意对舟山市整村整户搬迁工作按人均5 600元予以补助，根据实施进度分年审核拨付，包干使用。对搬迁的渔（农）民，要求以户为单位，必须坚持宅基地退还集体、原住房拆除或由集体统一处置经营发展"渔（农）家乐"等，省补助金主要用于搬迁渔农民的建房、购房补助，经认可，也可以用于搬迁安置小区的基础设施建设。在户籍政策上，小岛渔民移民户口按居住地登记原则，全部迁入迁居地。

舟山地方政府的配套辅助措施。第一，在再就业上，通过改善创业环境，增加就业岗位，开展多层次、多领域、多形式的免费职业技能培训，提供各类就业信息，为移民增强自身"造血"功能。第二，给予小岛移民多种优惠措施。如小岛移民办厂、经商，在收费、信贷、工商登记注册等方面给予优惠和方便。对接纳移民就业的企业，可享受有关接纳城区下岗工人、接纳渔民移民的优惠政策。第三，在子女入学政策上，小岛渔民移民的学龄儿童按就近原则，在迁入居住地指定的学校入学，一律免收借读费，与当地居民同等待遇。第四，在社会保障方面，户口性质没有变化的，继续享受渔农民应有的社会保障；户口农转非的，纳入城市统一的社会保障体系，符合低保条件的享受城镇居民的低保政策。

加快开发利用小岛资源弥补搬迁成本。舟山市政府将移民工程与项目开发紧密结合，加紧推介具有丰富资源的小岛和部分山村，加大招商引资力度，出台开发的优惠政策，通过项目开发带动移民工程的正常开展。

三、"小岛迁，大岛建"小岛移民政策的效果

"小岛迁，大岛建"小岛移民政策的效果是综合的、多方面的。具体体现为以下几个方面：

（一）经济效果

从沿海经济社会发展中宏观全局看，它大大改善了偏僻小岛区域居民的生产生活环境，有利于小岛居民实现现代化转型，共享沿海经济发展成果。

第一，精简机构、降低行政管理成本。伴随小岛移民的开展，偏远小岛乡镇机构开始实施"撤、扩、并"，乡镇机关人员和干部数量相对减少，一些偏远的孤立小岛变成了渔农村新社区，减轻了人员开支负担，节约了政府行政经费。

第二，优化了基础设施投资。过去的海岛基础建设项目，投资分散，共享性差，"好钢不能用在刀刃上"，基本建设项目像"摊大饼"，重复建设项目多，

效率低。而现在由于渔农村居民集中移民安居，建设资金投入趋向更加集中、合理，提高了投入效率，较好地破解了海岛地区基础设施共享性差等难题。

第三，有利于实现渔农村劳动力资源的合理配置。由于小岛移民生存环境的变化，其生产方式由单纯的渔业生产向多业并举转变，并使移民的就业意识也发生了蜕变。劳动力开始向船舶运输业、海洋装备制造业转产转业，尤其是传统渔村妇女开始就业，从事二、三产业，如水产品加工、家政服务业等。

（二）社会效果

小岛移民的社会效果是多方面的，既有因移民所带来的社会环境变化对思想、行为的影响，也有经济的发展对渔民观念上的影响；既有社区的变化所带来的新的适应问题的影响，又有新的生产方式、生活理念所带来的区域社会变革，以及渔村整体发展的期待。

第一，提高了基础教育质量。在撤校、并校的过程中，优质的基础教育资源相对集中，师资力量得到加强，渔农村学生与城镇学生一同享受均等化基础教育，教学质量明显提高，渔农村子弟的高考升学率大幅度提高。

第二，提升了小岛移民的现代文明意识，促进了基本公共服务的均等化水平。小岛渔民移民使封闭的传统渔村自然经济社会系统逐步向开放的市场经济社会系统转化，必然带动移民的思想观念发生深刻变化。如移民的科技意识增强，对先进的养殖渔业技术，从过去的排斥到现在的主动找政府要科技人员。同时，渔民的生活方式发生了改变，搬迁前渔民很难享受到现代化的生活设施，通过小岛迁移定居，渔民在子女就学、求医、水电设施服务、社会治安、就业服务等方面都更加便利了。

（三）市民化效果

实行"小岛迁、大岛建"政策后，减少了边远小岛人口，加快了海洋渔区人口的集中、聚集，促进了沿海地区城市化建设进程，避免了过去海岛地区城乡发展的"城市孤立发展，小岛长期不变"的脱节和不协调状况，缩小了城乡差别，加速了城乡一体化。

第一，改善了渔农民的生活质量。近年来，舟山市相继出台了在大岛集中安排建设保障性安置住房、建立小岛居民迁移专项补助资金、强化迁移居民的基本公共服务、开发利用小岛资源补偿原居民等办法，完成了若干小岛整岛、整村搬迁工作，并培育了一批中心城镇，如岱山县鼠浪湖岛村民的整体搬迁便是一个较为成功的案例。该岛村民整体搬迁到衢山镇新城规划区后，住房面积扩大，村民就学、就医、就业以及交通较以往更加方便。社区还建造了2 200平方米的活动广场、749平方米的村民活动中心，以及长达千米的大众室外健身长廊。通过小岛整体搬迁彻底改变了过去交通不便、看病难、购物难的困境，使小岛村民变成了城镇居民。据舟山市政府统计，到目前为止，全市已有2万多户、7.6万人迁往城镇和周边经济大岛。多数小岛迁移居民在大岛中心村、中心镇和县城市区购建房、租房、就学、就业，实现了安居乐业，生活质量普遍提高。

第二，有效地推进了海岛城镇化建设。统计数据显示，2012年舟山市城乡居民收入差距为1.96∶1，为浙江省最低，城镇化水平达到61.9%，城市与农村趋向于协调发展，城乡差别不断缩小。

四、小岛移民政策推进过程中需要注意的问题

在肯定小岛移民政策重要意义与作用的同时，政策论证需要更科学、合理，政策设计要站得更高、看得远，实施步骤要稳妥，尽量做到趋利避害，能够达到小岛移民"搬得出稳得住、逐步能够致富"的政策效果。

（一）在小岛移民过程需要处理好的几个关系

第一，处理好迁移与保护的关系。提出"小岛迁、大岛建"的初衷，是要集中优势，综合开发，以人为本，加快海岛建设，整合海洋经济的复合资源优势，加快并确保海洋经济的资源利用和整体发展。但是小岛与大岛相比，虽然具有若干不足和条件受限之处，但其多年开发经营的经济基础和原有资源优势是客观存在和不容忽视的，决不能弃之不用，一走了之。

海岛的自然资源（如土地、山林、岸线、滩涂、海洋等）都是弥足珍贵的国土资源，具有独特的开发利用价值。如舟山市定海区的大猫岛，原是个建制乡，有7个村，10多年前一度人丁兴旺。后来随着"大岛建、小岛迁"战略实施和乡镇撤、扩、并政策，现在缩为一个村，人口不到500人。该岛原来以荞头闻名，当地村民种的荞头特产质量上乘，但因近年来种的人越来越少，使这一特产渐渐退出了舟山人的餐桌。

在有些小岛资源准备有偿转让给国内外商家开发利用时，就应慎重对待，权衡利弊，防止资源贬值流失和有损国家综合开发的整体利益，还要着眼经济、社会和战略意义。因此，小岛开发利用和资源转让，要经过充分科学论证，并应制定相关政策和规定，经过一定审批手续，以免造成不必要的经济损失和工作被动。

第二,引导与自愿的关系。"小岛迁,大岛建"是一条从整体上改变渔民生存、发展环境的社会政策,是海洋社会资源及社会关系的再分配,是有利于国家,也有利于提升渔农民生活质量、激发渔农民发展潜力的重要举措。虽然在这个政策的推动过程中,地方政府起了主导作用,但也要防止完全由政府包办的缺陷,这就需要决策者协同其他利益相关者进行客观调研,权衡利弊,进行调研论证,寻求最佳方案,做到效率与公平的平衡,尽量获得大多数群众的拥护。

加强引导工作。由于岛上部分老年人传统观念根深蒂固,他们习惯了海岛本乡本土的生活条件和人文环境,不愿意"背井离乡"到城市或大的乡镇集中居住生活。对这部分老年人应该加强思想引导,不能靠强制实现搬迁。尤其政策制定不能以牺牲这部分岛民利益为主线,需要进行换位思考,要理解渔民的"恋家不离乡"的思想观念。关注、关心、补偿这些受损无助的群体,不能打着"自愿"的幌子,行变相强迫搬迁之实。

第三,解决好部分小岛渔民迁移与小岛再生的关系。"小岛迁、大岛建"在舟山已有20多年的历史,很大一部分渔民通过小岛移民改善了整个家庭的生存发展环境,拥有了较优越的公共服务,提升了人居环境质量。但是在"小岛迁"后,仍需保护好这些移民小岛的海岛资源,根据区域发展功能规划进行整体发展谋划,按照"因地制宜,合理保护,适当开发"的原则,充分发挥原有小岛资源禀赋优势,合理利用原有的开发基础,对不同的小岛进行功能、类型分类,进行选择性开发,做到物尽其用。

表2 居人小岛类型、资源条件与功能定位

居人小岛类型	资源条件	功能定位
无法再生型小岛	人居环境较差,不具备发展潜力的空心岛,考虑整体搬迁。	对于具备发展临港工业条件或具备开发旅游项目的空心岛,均可考虑整体搬迁。
产业再生型小岛	一些小岛原来的开发基础较好,但是苦于没有外来大规模投资,当地人口逐渐外流。	在引进大型工业项目后,此类小岛不但吸引外来人口,而且也吸引原住民回流,不仅彻底解决了该岛空心化现象,而且随着该岛经济社会的发展,人居环境也将大大改善,从而使小岛重生。
休闲旅游催生型小岛	具有无法替代的海洋旅游资源,如沙滩、怪石等。	在休闲旅游市场兴起的大趋势面前,此类小岛居民利用原有的房屋,发展家庭旅馆或渔家客栈。

着眼再生潜力，避免片面弃小奔大。在"小岛迁、大岛建"过程中，有些岛相对较大且有一定发展前途和开发建设前景，如岱山县大鱼山岛，原是一个建制乡，常住人口 3 200 余人。其港湾条件优越，海水养殖潜力较大，远洋渔业基础较好，群众住房实现砖混楼房化，在"小岛迁、大岛建"工作中值得多加关注。

（二）需要注意的问题

第一，注意部分渔民的"半市民化"现象。渔民迁移的目的是变成市民，享有城镇完善的公共服务，使下一代拥有更好的发展环境，能够在城镇安居乐业，特别是拥有自己的住房，过上市民生活。但是一部分渔民由于种种原因并没有真正融入城镇，没有完成市民化转型，出现"半市民化"现象。这些渔民的半市民化主要表现为人户分离及不能实现有效完全就业。

人户分离。随着海岛经济社会发展水平的提高，一部分家庭经济条件相对比较好的居民搬离了小岛，一些小岛上的居住人口大大减少，有些小岛名义上有几百上千人，实际居住在小岛上的居民连一半都不到。一部分小岛居民虽然迁往大岛，但是又怀有小岛开发可得到经济补偿的期权想法，不愿放弃在小岛的户籍。因此，产生了小岛居民已经迁出但户籍仍在小岛上的人户分离现象，这种现象给基层政府社会管理服务带来了新的挑战。

渔民移民不能实现完全就业。迁移渔民村中劳力在外能找到适当工作还好，否则弃渔待业，经济难以长久维持。何况"小岛迁"与水电移民、生态移民不同，后者国家支持力度大，且是整体安置性质，中央政府有宏观政策作为指导，接受省份就像安置部队转业干部那样作为政治任务来完成，而"小岛迁"的渔农民，多是自寻就业机会，享受不到那么多优惠政策。

第二，重视迁移小岛渔村的公共服务持续供给问题。由于种种原因，小岛居民的搬迁速度还不快，目前仍然有相当数量的家庭经济条件比较差和有年老体弱病残的居民，居住生活在环境比较差、基础设施简陋，尤其是交通、医疗、就学、生活必需的供给等都很难得到保障的小岛上。目前由于原本比较简陋的基础设施缺乏维修更新，小岛原有的基础设施更加残缺不全，居民的交通、用电、医疗、子女就学、购物等需求更难以得到满足。部分小岛由于已经没有学校，子女就学只能借读大岛学校，房租费、生活费等费用又增加了他们的负担，使得这部分居民生活更加困难。有的小岛居住的居民少，电力线路损耗量大大高于居民用电量；有的小岛的岛际交通不便，企业长期亏本经营，虽然政府给予了一定补贴，也难以弥补亏损，能否继续维持是个未知数。

第三，重视小岛移民的社会适应问题。在移民迁移的过程中需要舒缓中国人留恋故土的心理情结，尤其在搬迁后随着移民生产生活环境的改变和未来生存条件难以确定预期时，要关注小岛移民的适应性心理。社会适应是一个综合的社会转变过程，其不仅仅是居住地的改变，还存在人力资本的提升、社会关系的重塑以及思想意识的变迁等问题。面对小岛移民在社会适应过程中面临的诸多困境，需要从政府层面、主体层面、社区层面和社会层面采取措施，突破其社会适应的困境，让其在迁入地"落地生根"。

第四，关注移民回流现象。与水利水电工程建设移民不同，小岛上的住房没有拆除，特别是在没有将宅基地使用权和集体土地承包权交回集体的情况下，在移民个体面临对安置区不适应、无法承担城区日益增加的居住成本、无法实现有效就业等情况下，在部分小岛即将整体开发时，就会出现较大的回流可能性。一些小岛渔民迁移后遭遇重新就业问题，由于没有固定工作，以致生活没有着落。而各类费用如房租费、子女入学借读费等各种费用又增加了他们的负担，加之渔业生产不景气，一部分移民成了新的弱势群体。这些迁移后未实现安居乐业的部分渔民，已开始出现回流小岛的现象。一些老年渔民出于生活成本及生活习惯的考虑，不愿意生活在城市里，他们重回已经搬迁的渔村，导致政府重新恢复原来公共服务，保证公共设施重新运行。老年渔民一月只有 90 元的补贴，无法在城市生活，不愿意住楼房，回原来的渔村居住，生活成本大大下降，还可以通过一些生产活动贴补生活，种菜、钓鱼卖，重新拾起原有的渔村生活。

五、完善小岛移民政策的若干建议

作为中国东部沿海地区为提升区域发展水平的一项民生政策，为了顺利完成小岛移民政策，需要从移民个体、社会、市场、政府这一政策的承担者的需求角度，提出一些建议。

（一）制度体系建设

目前我国尚无针对小岛移民的统一的专项法律法规政策，建议制定小岛移民实施条例，依靠完善的小岛移民法律法规政策体系，对小岛移民的权益加以保证，对政府的责任加以明确，最终达到社会公正、和谐。一方面，政府建立专门的渔民移民主管机构或指定现有机构负责渔民移民政策制定和管理，解决目前"多头管理，多头不管"的局面；另一方面，完善渔民移民的政策体系，尤其是安置规划编制、组织机构安排、移民身份认定、安置地选择、移民的补偿与安置、安置地的补偿与安置、后期扶持、监测评估、社会整合与干预政策、环境保护等。

（二）加强小岛移民规划工作

小岛移民工作是一项系统工程，时间长、空间跨度大、涉及面广，需要在动态中进行缜密而周到的规划设计。一是要科学制订小岛渔民搬迁规划。需要按照沿海地区的产业集聚、服务集聚、居住集聚的原则，加强村镇建设规划、经济社会发展规划、土地利用总体规划，并结合新渔农村建设的总体规划，明确目标、任务与政策措施，特别是资金与土地保障。二是要在规划的范围上突破，搬迁投入范围不仅是修路、盖房、通水、通电这些基础建设，还应扩展到搬迁户技能培训、观念引导、市场组织、生产信贷等方面。安置区的文化教育、医疗卫生、商业网点、邮电通讯公路交通等社会公益事业的建设也应在规划中充分考虑。① 三是扩大渔民移民规划时间跨度。规划设计上应充分考虑到搬迁移民经济适应能力差、生产方式转变后增收缓慢等问题，规划的期间不仅包括搬迁基础设施建设期，还应包括搬迁后多年的扶持发展期，基础设施建设期需要早于移民的搬迁期。

（三）重视海岛海洋文化的持续性

海岛海洋文化的形成和发展与海岛特殊的自然地理环境、社会经济发展条件以及不同的生产方式、生活方式密切相关。小岛搬迁不仅仅是移民生产、生活场所在空间位置上发生变化，而且也是渔民生产方式、生活方式、思维方式以及与此相关的社会结构和文化习俗的变化。这意味着移民将改变自己生存发展的环境，抛弃原有的生产方式而采用新的生产方式，原有的社会组织结构和社会关系将被破坏，需要建立新的社会组织机构和社会关系。当他们搬迁到一个新的环境中时，面临着与现代化大生产、城市化、工业化之间的碰撞与融合，使得一些传统海岛海洋文化消亡，一些渔村传统文化在适应、顺应与调试过程中发生了变异。因此，在渔民小岛移民和城镇化建设中，要重点考虑海洋传统文化的传承问题。

（四）重视渔民的社会网络的重建

对于我国广大的渔民而言，他们在渔业社会结构中扮演的角色以及因社

---

① 杜瑛，施国庆.《不同安置模式的水库移民社会适应与整合》,《水利经济》,2003 年第 1 期。

会角色所发生的各类互动主体间的关系，构成了渔民日常生活的社会关系网络。例如，亲缘关系、地缘关系、乡缘关系等初级群体网络以及朋友关系、船东协会、渔民协会等非正式社会关系网络等。这些关系网络相互之间存在一些直接和间接的纽带，将渔民群体维系在一起，共同构成了渔民社会互动关系网络，并成为渔民流动得以实现的中介，是非常重要的社会资源，是渔民获得群体资源的基础，是渔村流动群体生存和发展的很重要的社会资本。①

在小岛移民政策实施初期，对小岛移民没有整体安置，靠渔民自己买商品房，导致一个渔村整体文化消失，渔民之间的传统联系被切割，同村渔民靠血缘、地缘、业缘搭建起来的社会网络被消解。而渔民的这些初级社会网络，或者在迁入地新形成的扩展型的社会网络，都对迁居渔民融入当地的经济社会环境具有重要的作用，特别是在以陌生人为特征的城市市民社会中，渔民要想重新就业、实现市民化，就必须维持、维护已有的社会网络，并且在新的城市环境里互通就业，并且在保有传统社会网络、提供整体群体认同安全的同时，建立新的适应城市生活的新社会网络。

需要继续研究的问题。小岛移民是由于地方政府对小岛居民进行系统搬迁而引起生产、生活在时间和空间维度上变化调整的受影响人群。在新环境下该人群在异地移民后而产生的就业、收入恢复、后期扶持、补偿问题、权益保护、文化生活、遗留问题等移民公共问题，以及对小岛移民个体来说新的社会交往与参与问题，对于新身份的认同、心理调适及社区归属感的问题，都需要进一步系统研究。

---

① 同春芬，王香梅.《我国渔民社会流动中的社会关系网络初探》,《农业科技管理》,2012年第3期。

美英日俄海疆行政管理体制设置
及对我国的启示

姜秀敏　高　玉[*]

（大连海事大学公共管理与人文学院　辽宁大连　116026）

摘要：海疆行政管理体制是国家管理海洋事业的根本组织制度，是发挥海洋资源成效有无、效果大小的重要因素。近年来，随着经济的发展、科技的进步，海洋开发涉及国民生活的方方面面，海洋进一步成为国民经济发展的动脉和纽带，各国对海洋的管理也提到战略角度上来。面对各自不同的国情，沿海国家形成了各具特色的海洋行政管理体制。从全球范围来看，美、英、日、俄从海洋战略的制定、行政机构的设置、海上力量的配备等多个方面都处于领先地位，因此，对其海疆行政管理体制的研究对我国具有重要的借鉴意义。本文分别对美、英、日、俄的海疆行政管理体制的设置给予阐述，并在此基础上，提出对我国的启示。

关键词：海疆　海疆行政管理体制　行政管理体制

在全球政治多极化和经济全球化的历史进程中，海洋已成为国际政治、经

---

* 姜秀敏，（1975—），女，吉林公主岭人，大连海事大学公共管理与人文学院教授、法学博士、大连理工大学博士后研究人员，主要从事政府治理与改革、公共危机管理、文化问题研究；高玉，（1992—），女，山西临汾人，大连海事大学公共管理与人文学院研究生。

基金资助：国家社科基金项目"事业单位分类改革推进中的文化协同效应研究"（项目号 13BGL129）；"中央高校基本科研业务费专项资金资助"；国家社科基金重大招标项目"中国北极航线战略及海洋强国建设研究"；辽宁省教育厅哲学社会科学重大基础理论课题"海洋强国战略下中华民族海洋精神培育与构建研究"；国家社科基金项目"应对西方文化霸权的多方位长效防范机制研究"。

济和军事斗争的战场,而在这场战斗中如何制定海洋战略显得尤为重要,国家海洋战略逐渐成为国家发展战略的重要组成部分。依据不同的战略思想,各国对海洋战略的制定也不同。

一、美国海疆行政管理体制

(一)美国全球海洋战略体系

与其他国家相比,美国的海洋战略是全方位的,涵盖了政治、经济、军事以及软实力四大层面。政治上包括国家海洋发展战略和发展规划的颁布与实施以及政府海洋管理体制的建立;经济上主要是海洋经济的发展以及海洋经济与海洋环境保护的协调;军事上美国海军和海岸警卫队在内的海上力量建设维护了美国海洋安全;海洋软实力上美国海洋科技、海洋教育、海洋文化和海洋意识等方面的注重与投入为美国作为世界上的海洋强国奠定了基础[1]。

美国海洋战略的制定以国家利益为中心,依据不同的时代背景其侧重点随之变化[2]。从美国建国初期到19世纪末,由于当时的经济发展水平相当的落后,再加上国家成立不久,美国海洋领土战略的制定都是紧紧围绕着国家的独立、国内的经济发展及在北美大陆领土的扩张等方面而制定的。从19世纪末到20世纪末,这100年中,美国奉行争夺海上霸权的战略,帮助其走出南北美洲、迈向世界。进入21世纪,美国将称霸海洋作为国家发展的长期国策,国家海洋安全战略作为全球海洋经营战略的重中之重。2005年9月《国家海上安全战略》白皮书的提出是美国在国家安全层面上提出的第一个海洋安全战略。据此美国海上安全战略态势发生了变化:全球海洋战略重点东移,大洋战略调整为近海战略,海军战略也向地区性近岸战略转变,应付各种地区性冲突的战争。通过控制全球海上咽喉要道、控制重要岛屿、压制其他海洋强国、遏制中国走向海洋的多方策略,最终达到控制海洋的目的。

此外,美国全球海洋战略还包括海洋科技战略和战略性海洋资源储备战略两个方面。美国推行海洋科技强国战略,尤其重视近海和大洋信息获取能力、海洋环境监测与预报能力以及海洋信息服务能力。美国战略性海洋资源储备战略体现在三个方面:建立完善的战略资源储备制度;石油储备以消费别

---

[1] 季晓丹,王维.《美国海洋安全战略:历史演变及发展特点》,《世界经济与政治论坛》,2011年第2期,第69~84页。

[2] 原田.《美国的海洋战略及其对国家发展的影响》,外交学院,2012年。

国石油、封存自己的资源为宗旨；海洋固体矿产资源实施只探不采的战略。

（二）美国政府海洋管理体制

美国的政府海洋管理可以分为国家海洋政策、海洋综合管理体制以及服务于这个体制的海洋科技和文化软实力等。

近年来，随着对海洋资源的重视程度加深，美国的国家海洋政策也不断完善。2004年年底，美国海洋政策委员会向美国国会提交了名为《21世纪海洋蓝图》的海洋政策正式报告。奥巴马于2010年7月公布了新的《国家海洋政策》，增加了加强对土地的保护和可持续利用；保护海洋遗产；在全国开始沿海和海洋空间规划；加强海洋环境的恢复力，应对气候变化影响，加强北极环境的保护与管理等新的内容。

美国的海洋管理是集权制和分权制相结合的管理体制，立法、行政、司法各司其职。美国国家海洋和大气管理局（NOAH）作为联邦政府海洋管理及科研的职能部门，隶属于商务部，现阶段主要任务是：认识和预报地球环境的变化，保护和管理海洋资源，在经济、社会和环境方面满足国家的需求。[1]美国还设有海洋咨询体制，发挥着智囊团的作用。自20世纪60年代以来，美国政府一直将争夺和保持海洋科学技术的世界领先地位作为基本国策。海军研究署、国家科学基金会、商务部、内政部、能源部等部门负责组织全国海洋科学技术研发。

（三）美国海岸警卫队

美国海洋管理的基础则是强大的海上力量，美国的海岸警卫队承担了这项责任。美国海岸警卫队，隶属于美国国土安全部，致力于保护公众、环境和国家经济利益，以及辖区海域内的国家安全。它的工作范围包括美国海岸、港口、内陆水域和国际水域，负责沿海水域、航道的执法、水上安全、遇难船只及飞机的救助、污染控制等任务的武装部队。在国家发生紧急情况时，海岸警卫队的指挥控制权归海军掌握[2]。

海岸警卫队拥有36 000名军官和征募人员12 000人，还配备有8 000名预备队，34 000名全部由志愿者组成的辅助海岸警卫队[3]。队员一开始要进行

---

① http://baike. baidu. com/view/482462. htm?fr = aladdin

② http://baike. baidu. com/view/135140. htm

③ http://baike. baidu. com/link?url=lezbob5FymnYD-9t79vUWyWzRxDHeosmN_kU3QYYUqTLwbZ97vfBtr-_mjLRPgpc

为期八周的基本训练。基本训练包括交通、消防、急救、枪炮操作、军事训练、体育和航海技能等课程,教师由经过专门训练的士官生担任,鼓励队员选定某一领域进行专攻是这些课程的目的。辅助海岸警卫队是由几千名志愿者组成的非军事性自愿组织,帮助人们提高小型船只操作的安全性与效率,负责检查轮船上的安全设施,协助救援工作,开展小船驾驶安全方面的课程。海岸警卫队有一支庞大的舰队,具体包括破冰船、巡逻艇、航标敷设船、货船、内河船和各种拖船。此外还有掌管飞机和直升机的飞行部门。

海岸警卫队负责美国海岸线、公海和国内航道的安全、联邦执法和监督条约义务的执行情况。海岸警卫队的主要目的是保证安全。它在世界范围内广泛活动,以控制海上交通、渔业和游船引起的人员伤亡和财产损失。

二、俄罗斯海疆行政管理体制

(一)俄罗斯世界海洋大国战略

俄罗斯政府海疆管理战略主要是俄海洋战略发展规划。1997年俄罗斯《世界大洋》联邦目标纲要及其一系列子纲要出台,俄罗斯开始实行建设海洋强国的战略与策略,海洋战略重新布局。俄海洋战略发展规划是"三步走"战略,初定实施时间为1998～2013年,以3～5年为一个发展周期。第一步(1998～2002年),主要解决法律问题、军事战略利益界定问题、渔业资源问题和海上交通线这四个方面的问题,目的是通过建立相应法律基础保证俄罗斯实现海洋权利,调解同邻国的海上争端,巩固国家安全、地区安全和全球安全,为接下来的海洋科技研究工作准备基础。第二步(2003～2007年),主要解决海洋环境研究包括北极和南极在内的海洋矿产资源、人文关切、北极开发和南极研究这五个方面的问题,目的是获得可开发的工业级矿产资源,满足沿海地区的能源保障,对沿海地区进行综合开发,监测并预测气候和天气变化。第三步是完成阶段,2008年开始,预计到2013年结束,但最后完结时间仍需视国内发展情况而定,主要解决海上经贸问题、开发利用海洋及其资源的技术问题和建立国家统一海情信息系统的问题,目的是通过加强俄经济活力巩固俄罗斯在世界商品和服务市场中的地位,通过使用全新技术强化深水能力,拓展国家空间和能力,保证自然界的平衡,保持国家经济、生态和社会协调有序稳定发展[1]。

（二）俄联邦政府海洋委员会

2001 年 9 月 1 日，俄罗斯第 662 号政府决议批准成立联邦政府海洋委员会，设主席 1 人，副主席 3 人，委员 29 人，其中，主席由联邦副总理担任，副主席由运输部部长、工业贸易部部长、海军舰队总司令分别担任，委员主要由各涉海部门的高层领导、沿海地区州长、相关科研机构及行业协会主席组成。作为海上维权力量的行动协调机构，委员会承担着充分协调各部门对海洋进行开发管理，最大程度确保俄罗斯的海洋权益和国家利益的任务。

根据《俄罗斯联邦海洋委员会条例》第 4 条的规定，海洋委员会的基本职责是：协调联邦各涉海部门、海上维权力量和其他相关部门之间的活动；研究国外海洋的发展和利用情况；解决海洋活动中遇到的其他问题；提供国际合作的法律保障，维护俄罗斯联邦在涉海领域谈判的利益；制定和执行海上维权活动的目标规划；审核其他机构为保障俄罗斯联邦在世界大洋、南北极的国家利益而使用的外交、经济、税务、金融、信息政策及建议；研究分析以保障海洋活动为目的的军事保障船舶的发展建议；为保护和发展科技及生产潜力创造条件并制定措施，以保障联邦的海洋工作等。海洋委员会还在以下问题上发挥作用：开展海洋活动合作领域，执行国际条约；制定海洋活动法律行为规范；解决在实施海洋活动过程中遇到的综合问题；确定联邦海洋活动经费；发展、管理和保障海洋活动；组织和实施与海洋活动、现代化的船舶修理以及民用海洋技术领域有关的国家采购。

（二）俄罗斯世界海洋大国战略的支持力量

海军和海洋运输业是俄罗斯的海洋发展战略规划的重要支持力量。

俄罗斯重视发展海军，保持海上战略威慑力量。俄罗斯海军计划在 2007～2015 年间建造和装备 8 艘北风之神战略核潜艇；还将组建两支航母战斗群，每支拥有 3 艘航母，预计新型航母在 2015 年后开工建造，20 年后将实现整个航母建造计划，从而摆脱苏联解体后俄罗斯的形象，逐渐恢复其世界海洋大国的地位。

此外，俄罗斯历来十分重视发展海洋运输业。近年来，俄罗斯采取了多种措施发展海洋运输业。第一，加快发展船舶工业，为成为海上强国造新船。俄

---

① 胡德坤，高云．《论俄罗斯海洋强国战略》,《武汉大学学报（人文科学版）》,2013 年第 6 期，第 41～48 页。

罗斯船舶工业发展基础较好,俄罗斯在船舶开发、设计和制造方面达到相当高的发展水平。目前俄罗斯在军船设计和建造方面拥有众多核心技术和生产工艺,能够建造各种类型的军舰和潜艇,俄罗斯军舰和潜艇的设计和建造能力居世界先进水平,设计独特、工艺先进、性能可靠、国际竞争力强,能够建造排水量 10 万吨以下的各类军舰。除美国外,俄罗斯是世界上唯一能够生产所有类型军舰的国家。第二,为了适应俄罗斯经济发展的需要,俄罗斯计划打造世界油轮运输业的超大型公司。俄罗斯总统普京签署了组建新型的俄罗斯国有航运公司的命令,计划将现有的两家公司俄罗斯现代商船公司和新罗西斯克航运公司合并,组建大型的俄罗斯国有航运公司,争取尽快打入世界油轮运输前 5 强的行列,并以此为契机大力发展俄罗斯的海洋运输业。第三,重组渔业资源,重振远洋渔业。俄罗斯渔业在苏联时期曾经十分发达,苏联渔船队在世界各大洋和本国海域进行大规模的工业化捕鱼作业,捕鱼量最高年份曾经达到世界第一。为了扭转俄罗斯渔业生产大为落后的局面,俄罗斯政府近期采取了一系列的宏观调控措施:恢复俄罗斯国家渔业委员会的设置,加强对俄罗斯渔业生产的宏观管理;重新修改了俄罗斯渔业法规,对俄罗斯捕鱼配额进行了重新分配,加强俄罗斯渔业法制建设;建立渔业交易所,俄罗斯大部分鱼品贸易都将通过渔业交易所进行交易,从而有助于杜绝俄罗斯渔业的非法捕捞。

三、英国海疆行政管理体制

(一)英国海洋战略的定位

虽然二战中英国海军的力量得到了壮大,主力战舰由战前的 400 艘增加到 900 艘,海军兵力也由战前的 12.9 万人到中期的 86.35 万人,建立了一套崭新的培训体系以适应空中打击和海岸防卫的海战形式,但战争给英国本土带来了重创,有资料表明二战中英国海军损失了 1 525 艘各型战舰,总吨位达 200 万吨,超过 5 万名海军士兵阵亡[①],为医治战争创伤恢复国家经济,大规模裁军势在必行,英国海上力量大减,难以维持庞大的殖民帝国与全球霸权,在二战后英国的海上霸主地位让位于美国。

从大航海时代开始,葡萄牙、西班牙、荷兰、英国和美国是各个时代的海洋霸主。和前几次海权的争夺都是通过战争的形式不同,二战后的海权是由英

---

① 史平.《英国海军在两次世界大战中的发展状况及其衰落》,《西安文理学院学报(社会科学版)》,2011 年第 14 卷第 3 期。

国主动交给美国的,这是英国人的无奈之举也是聪明之处。二战后英国寻求英美合作的战略与机会,充当美国的重要盟友。1952年英国参谋委员会出台了一份题为全球战略的文件,开始将英国皇家海军定位为美国海军最坚定和最具实力的盟友,以及北约组织的中坚力量。

以海洋战略为主导,综合运用军事、经济与外交手段维持欧洲均势是英国的传统战略。英国的这种传统战略来源于自身的地理位置,作为一个独立于欧洲大陆的海岛国家,海洋战略决定了国家的决策机制。英国的海洋战略包括了战时和和平时期两套战略,和平时期主要研究战争爆发时如何进行海上战争,战时主要确定海洋战略的具体实行办法。二战后英国的海洋战略继承了传统,英国海洋战略的决策者主要考虑如何使用威慑手段组织战争以及参战后英国扮演怎样的角色。

(二)英国海事和海岸警备局

英国海事执法由海事和海岸警备局负责。英国海事和海岸警备局(MCA,Maritime Coastguard Agency)成立于1998年4月1日,隶属于英国交通部,其历史可追溯到1698年建立的海岸骑兵巡逻[①]。MCA由英国海事局(Marine Safety Agency,简称MSA)和皇家海岸警卫队(HM Coastguard)合并而成,为运输部下属的执行机构,主要负责执行海事安全政策和国际海事公约;提供24小时的海上搜寻救助服务;为英国和到港的外国籍船舶提供安全管理;防止水域污染;英国船舶和船员注册;为海员提供服务等职权。MCA总部设在南安普敦的商业街,在全国设有19个海岸警卫队协调中心和18个海事办公室。

2010年英国出台的《战略防务与安全评估报告》指出了21世纪英国国家利益和对外关系的重新定位,报告指出盟友和伙伴是英国防务与安全的基础。英国未来的国家安全合作对象依次是美国、盟友与伙伴、联合国、北约和欧盟。报告中明确提出深化和加强英美防务和战略合作,在新时期,英美海洋联盟不仅不会有所削弱反而会不断加强。

总之,二战后的英国在丧失了海权优势后,审时度势、顺应潮流,主动承认了美国的海上霸主地位,并积极寻求英美海军合作关系以挽救衰落的命运,减少冲击,并将这种战略延续到了今天,不断加入了新的内容。

---

① 李莹.《英国海事管理机制对中国的启示》,《中共浙江省委党校学报》,2009年第4期,第50～55页。

四、日本海疆行政管理体制

日本的海疆行政管理经验很丰富，首先是海洋立法比较健全；其次是海洋综合管理体制的改革起步较早，议事协调机构健全；最后还有强大的海上自卫队维护日本的海上权益。

（一）日本海洋立法

2007年4月20日，日本参众两院高票通过《海洋基本法》。《海洋基本法》明确了日本海洋政策的6大基本理念，即：开发利用海洋与保护海洋环境相结合；确保海洋安全；充实海洋科学知识；健全发展海洋产业；综合管理海洋；国际合作[①]。日本海洋基本法规定设置海洋政策担当大臣，增设由内阁总理大臣担任部长、海洋政策担当大臣为副部长的综合海洋政策本部，以持续有效地对海洋进行综合管理和调查、审议、制定海洋基本计划。2007年7月20日，日本政府正式实施海洋基本法，同时成立以首相为负责人的海洋政策本部。海洋政策本部由国土交通省、经济产业省等8个省厅的工作人员组成，具体负责策划、拟定、调查、审议、推进日本的中长期海洋政策和海洋基本计划，并协调与各省厅以及与海洋有关的行政事务。日本海洋基本法的正式实施以及海洋政策本部的成立，说明日本已经基本完成了向海洋大国进军的立法机构设置和人员配置等基础工作。

（二）日本海疆行政管理职能部门

日本政府与海洋有关的中央职能部门主要有内阁官房、国土交通省、文部科学省、农林水产省、经济产业省、环境省、外务省、防卫省等8个行政部门。

内阁官房职能类似于我国的国务院，下设大陆架调查对策室，专门进行大陆架调查。国土交通省下设国土规划局总务课海洋室、海事局造船课和舶用工业课、港湾局、开发课和环境技术课以及河川局海岸室等海洋管理部门，主要负责海洋测量、海上保安、海洋利用、海上交通安全、海岸管理、海洋及海岸带管理等。

文部科学省下设科学技术、学术政策局，研究振兴局，研究开发局3个局，负责规划、制定与海洋科学技术等有关的研究开发政策等，掌管海洋科学技术中心和海洋研究所。农林水产省水产厅设有增殖推进部渔场资源课、渔政部港湾渔场整备课等4部15课，主要负责渔业和水产资源的管理与产业振兴。

---

① 姜雅.《日本的海洋管理体制及其发展趋势》,《资源管理》,2010年第2期,第9～11页。

经济产业省省属的资源能源厅下设节能与新能源部、资源燃料部与电力煤气事业部 3 个与海洋有关的部门，负责与联合国海洋法公约深海底矿业暂定措施法等有关的法律法规业务和与海洋资源海洋产业相关的业务。环境省下设的地球环境局环保对策课审查室和计划室负责与海洋污染法相关的国际业务。

外务省下设的经济局有海洋室和渔业室，负责与海洋渔业相关的政府涉外业务；综合外交政策局国际社会合作部联合国行政课的专门机构行政室承担与国际海事机构（IMO）相关的业务。防卫省下设海上保安厅，拥有海上自卫队，主要进行海洋安全技术相关研究，海上防灾对策研究，海洋信息通信技术开发及海上安保活动。

（三）日本海疆行政管理议事协调机制

1. 海洋权益相关阁僚会

为了解决各海洋管理部门间的协调问题，2004 年日本政府设立了海洋权益相关阁僚会，由首相负责，相关省厅大臣参与，下设专门的干事会，通过共享信息、共同制定政策的方式实现各部门间顺畅的沟通和协调，加强日本对海洋的管理，更加有效地应对与海洋问题有关的紧急事态。

2. 海洋开发审议会

为了把发展海洋科学技术与建立新兴的海洋产业和发展海洋经济更紧密地结合起来，20 世纪 70 年代初，日本把之前的海洋科学技术审议会改组为海洋开发审议会，负责调查、审议有关海洋开发的综合性事项，制定海洋开发规划和政策措施。该审议会先后提出日本海洋开发远景规划构想和基本推进方针咨询报告，明确 1990 年海洋开发的目标，并提出 21 世纪海洋开发远景规划构想。

3. 大陆架调查及海洋资源协议会

为推动日本大陆架调查工作，2002 年 6 月日本内阁成立了由内阁官房、外务省、国土交通省、文部科学省、农林水产省、环境省、防卫省、资源能源厅、海上保安厅等组成的省厅大陆架调查联络会。2004 年 8 月，大陆架调查联络会改组，扩大为以官房副长官为议长的有关省厅大陆架调查海洋资源等联络会议，并制定了划定大陆架界限的基本构想，以分阶段、按步骤地实施大陆架延伸战略。日本在 2007 年 12 月完成了大陆架地理数据勘测，2008 年对调查数据资料进行分类整理，2009 年 5 月向联合国递交了详细的日本大陆架调查书面资料,为日本扩大其大陆架范围及开展周边海域的资源能源开发做了大量的工作。

(四)日本海上自卫队

日本海上自卫队是日本自卫队的海上部分,成立于1954年7月1日。日本1945年战败投降后,军队被解散,军事机构被撤销[①]。1950年朝鲜战争爆发后,美国基于其自身需要指令日本1952年成立"海上警备队",并提供军备支援。1954年新建防卫厅,将海上警备队改称为海上自卫队。其主要任务是防卫日本领海,以"质重于量"为建军方针。日本海上自卫队目前兵力约44 000人左右,拥有各式舰艇152艘。海上自卫队非常重视反潜与扫雷,训练也集中在这两项,这两项是日本海上自卫队的长处。弱点则是空中武力显得脆弱,必须依赖航空自卫队,而航空自卫队的主要任务是防卫日本岛屿。

近几年来,日本自卫队一方面不断突破和平宪法的约束,向海外派兵参加联合国维和行动,以提高日本自卫队的实际作战能力,在国际上重新塑造日本的军事形象。另一方面在内阁部分成员的支持下,积极推进自卫队军队化。从战略上,将自卫队作为国家军事力量的核心,参与美国导弹防御计划等;从战术上,大量采购高技术装备,推行军队士官化,打造一支具有一定规模、在战争期间可以快速扩充的国防力量。据英国《简氏防务周刊》的评估,在海上力量方面,日本有三个"世界第一",分别是反潜能力、扫雷能力和常规潜艇战斗力。

五、发达国家海疆行政管理体制设置对我国的启示与借鉴

美国、俄罗斯、英国和日本作为世界海洋先进国家,它们的海疆管理体制对我国海疆管理体制的完善,具有重要的参考价值和借鉴意义。

(一)制定符合国情的海洋战略,并制定相应的战略管理规划

美俄英日四国的战略定位不同,美国是全球战略,俄罗斯是重回世界海洋大国,英国是加强和深化英美同盟,日本是以海洋兴国。而中国如何定位本国的海洋战略呢?本文认为中国的战略定位应该是和平发展的海洋强国战略。中国要寻求和平的崛起环境,避免区域冲突乃至战争。从英国在二战时的损失和伊拉克战争可见,战争对一个国家的伤害是巨大的,战争会使一个国家的

---

① 张绅.《日本海上自卫队发展概况》,《现代舰船》2004年第1期,第6～8页。

国力短时间内迅速降低，失去原有国际地位。因此，中国必须保证和平的发展环境，在和平发展的环境里推动海洋强国战略。

制定了海疆战略，就要进行战略管理，不断细化战略的规划。海疆战略管理就是在决定自身战略的前提下，面向未来动态地、连续地完成从海疆战略决策到实现战略目的的过程。本文认为中国的海疆战略目标可以分为近期（10年）、中期（20年）和远期目标（50年）。近期战略目标为避免海疆争端的升级或爆发，基本稳定现状，减少海洋问题对我国的威胁或损害。中期战略目标是积攒力量，设法解决个别重要海洋问题（例如南海岛礁问题），实现区域海洋大国目标，具体可以逐步收复和开发被他国抢占的岛礁。远期战略目标是在我国具备较强的综合实力后，全面处置和解决海洋问题，完成统一大业，实现世界海洋强国目标。

同时可以引入管理学中的战略竞争和战略同盟概念，分析我国在海疆权益上的竞争者与同盟，从亚太地区来看我国的主要竞争者是美国、日本、越南、马来西亚和菲律宾，盟友或者潜在盟友主要是就是俄罗斯。对待竞争者可以采取不同手段，比如越南、马来西亚、菲律宾我们以外交谈判为主、军事力量为辅，而对日本则应以军事力量为主、外交为辅。

（二）我国需要不断壮大海洋力量，建立专业化的海岸警卫队

海上力量是一个国家维护本国海疆利益的基础。海军是一个国家海上防卫的最大也是最后屏障，而海岸警卫队作为海军的补充力量，是一国处理海洋争端、维护本国海疆的中坚力量，同时也是一种战略缓冲力量，是避免甲午海战和抗战时期海军覆灭就丧失制海权形势的有效手段。因此我国要重视发展海岸警卫队建设。

（三）清晰界定海洋管理部门职能，制定科学的行政管理机制

郑和曾说："国家欲富强，不可置海洋于不顾，财富取之于海，危险亦来自海上。"随着海洋科学技术的发展，海洋开发的深入，对外合作交流的增加，外国船只进入我国海域的方式越来越容易，活动越来越频繁，而现代高科技探测手段的使用已经使从海上获取沿岸国具有重要军事价值的海洋信息变得容易。因此，我国要对活动在我管辖海域的外国舰船实施有效监管，这是维护我国海洋权益，保卫国家海上安全的重要举措。

我们要学习日本的管理体制，明确涉海各部门职责分工，用法律严格界定各部职能和运行规则。此外，我国可以探索自己的海疆行政管理制度，例如可以按照海疆划分的区域来进行分工,例如内水范围内由地方海洋管理部门管理,领海范围内由海岛地方政权管理,专属经济区由三大分局管理,辅以海警局的海洋执法。

（四）强化综合性海洋立法,完善海洋法律法规体系

美国的《21世纪海洋蓝图》对我国的海洋工作具有重要的参考价值和借鉴意义,尤其是在加强海洋管理,调整海洋管理体制,增设高层次的国家海洋委员会,加强海洋行政主观部门的职能等方面;建立海洋政策信托基金,大幅度增加对海洋的资金投入;以及加强政府人员和公众及学校里的海洋意识教育等方面,特别值得我国参考借鉴。

而日本《海洋基本法》明确了海洋政策的6大基本理念,开发利用海洋与保护海洋环境相结合,确保海洋安全,综合管理海洋等,增强了我国海疆管理体制改革的紧迫性。我国需要一部海洋基本法,为国家整个海洋活动和其他海洋立法提供基本准则,有机协调海洋法律体系,为维护海洋权益、促进海洋经济发展提供强有力的支撑。

我国海洋行政执法的性质定位研究

王 刚[*]

（中国海洋大学法政学院 中国海洋大学海洋发展研究院
山东青岛 266100）

摘要：2013 年国务院机构改革方案，对我国的海洋行政执法体制进行了大刀阔斧的改革。这一改革整合了海洋执法队伍，从而向集中执法迈开了重要一步。随着海洋行政执法改革实践的不断推进，一系列理论问题也随之需要思考并加以探讨。目前存在两个层次的理论问题需要深入思考：一是重构后的海洋行政执法应该属于行政执法抑或军事力量；二是重构后的海洋执法是否应该具有警察执法权。对这两个问题的探讨，将为进一步理顺重构后的海洋行政执法体制，从而深化改革，具有重大意义。

关键词：海洋行政执法 军事力量 警察权

2013 年 3 月 14 日，第十二届全国人民代表大会第一次会议通过《国务院机构改革和职能转变方案》，其中机构改革的重要内容之一就是将国家海洋局的中国海监总队、农业部的多个海域的渔政局、公安部的边防局、海关总署的缉私局进行整合，统一成立中华人民共和国海警局（China Coast Guard）。海警局接受公安部业务指导。至此，广受学术界诟病的"五龙闹海"执法体制，除

---

* 王刚（1979—），男，汉族，山东即墨人，博士、硕士生导师、中国海洋大学法政学院副教授，方向为海洋行政管理、海洋环境管理。

资助基金：中国海监总队项目"海洋行政执法体制改革与公共政策"（CMSW2013009）；教育部人文社会科学研究规划基金"生态文明建设中的沿海滩涂使用与补偿制度研究"（14YJA810008）；2014 年度青岛市社会科学规划研究项目（QDSKL1401003）。

了隶属于交通运输部的海事执法之外,其他四支执法队伍终于迎来了实质性的改革。海洋执法体制的改革大幕终于拉开。

基于我国分散的海洋执法模式的现实弊端,海洋管理学界近十余年来集中探讨集中与分散的行政执法模式的利弊以及背后的法理依据。经过学界较为充分的讨论,中国应该实行集中执法模式的结论,几乎取得学界的一致认同。《国务院机构改革和职能转变方案》对海洋行政执法队伍的整合,预示着学术界呼吁多年的集中执法模式开始在实践中推进。

但是,有关"集中抑或分散"执法模式的探讨,只是海洋行政执法研究的第一步。随着海洋行政执法改革实践的不断推进,一系列理论问题也随之需要思考并加以探讨。我们认为,目前存在两个层次的理论问题需要深入思考:一是重构后的海洋行政执法性质定位问题,即海洋执法队伍应该属于行政执法还是军事力量?二是重构后的海洋执法权属性问题,即海洋执法是否应该具有警察执法权?这两个理论问题的探讨与回答,是深入认知重构后的海洋行政执法性质定位的关键,也是我国进一步深化海洋行政执法需要面对的现实选择。我们试图对这两个理论问题加以探讨,并给出自己的回答,以此推进我国海洋行政执法研究与改革的深入。尽管我国目前的海洋执法体制还是"二元"执法,但是可以预见,集中执法将是未来改革的趋势和方向。因此,我们所探讨的重构的海洋行政执法性质,主要以中国海警局为主要线索展开,而对还没有纳入统一执法的中国渔政暂且不加论述。

一、重构后的海洋行政执法性质定位

在 2013 年的《国务院机构改革和职能转变方案》公布之前,我国的海洋执法是典型的"五龙闹海"分散执法体制。[①] 五支执法队伍分别隶属国家海洋局、公安部、农业部、海关总署以及交通运输部。2013 年机构改革后的海洋行政执法队伍变为"二元"执法,即由中国海警局与中国渔政承担我国的海洋执法任务。目前,《国务院机构改革和职能转变方案》还是将中国海警局作为纯粹的行政执法机关,而不具备军事性质。对于新成立后的中国海警局的性质定位,学界鲜有研究。当然,有部分研究者对这一问题进行了论述,例如郭倩、张继平认为我们现在对中国海警局的这种性质定位只是暂时的,应该在条件

---

① 徐祥民,李冰强.《渤海管理法的体制问题研究》,北京:人民出版社,2012 年,1～4 页。

成熟时赋予中国海警局军事属性，以增加执法效率，达到最优资源配置。[①]但是他们没有对为何需要增加中国海警局以军事属性展开系统和深入的探讨，对中国海警局应该增加军事属性的论断只是简单参考美国海岸警备队的性质定位。我们认为深入辨析中国海洋行政执法队伍的性质定位，即应该是纯粹的行政执法还是兼具军事属性，是我们深入认知海洋行政执法的基础，也是进一步推进海洋行政执法改革的关键之一。

军事力量，亦称之为武装力量，是国家或政治集团可以直接用于战争的力量，它集中体现了国家的对外保卫职能。中国的军事力量由中国人民解放军现役和预备役部队、中国人民武装警察部队及民兵组成。其中，现役部队是国家的常备军，也是军事力量的主体，主要由陆军、空军、海军以及第二炮兵组成。我国军事力量的最高领导机构是中央军事委员会，中央军事委员会通过中央军委下设的四总部实施对包括中国人民解放军在内的一切国家武装力量的领导。同时，国务院设立国防部，一切需要由政府负责的军事工作，由国务院及国防部做出相应的决定并组织实施，国防部接受国务院和中央军委的双重领导。在我国的军事力量中，武装警察是较为特殊的组成部分。武装警察（简称武警）的主要职责是对内维护社会秩序和稳定，其领导机关是武警总队。武警总队接受国务院和中央军委双重领导。武装警察既是我国军事力量的组成部分，同时也是承担协助行政执法的职责。因此，武警警察下设的机构除了接受武警总队的领导外，同时也接受公安部以及各级公安部门的领导。例如隶属武警的边防部队需要接受公安部门的领导。整合之前的"中国海警"属于公安边防部队，因此接受公安部的领导。

那么，整合之后的中国海警局是否也应该具备军事力量的属性，成为自陆军、海军、空军、第二炮兵以及武警之外的又一支武装力量呢？抑或扩大武警的范畴，将中国海警局纳入武警部队的组成部分呢？我们的答案是否定的。换言之，我们认为重构后的中国海警局以及中国海事都不应该成为军事力量的组成部分，它们应该定位为单纯的行政执法力量。将中国海警局定位为单纯的行政执法力量，不仅符合我国整体的国家发展战略，而且也更容易理顺当前的领导体制。下面，我们将从"国家战略"及"内部体制"两个方面阐述这一观点：

[①] 郭倩，张继平.《中美海洋管理机构的比较分析》，《上海行政学院学报》，2014年第1期。

（一）国家战略及海洋权益维护的方式决定了中国海警局不应该具备军事力量的性质

西方的海洋强国之路是一条依靠海洋武力的霸权之路。早在 19 世纪末，美国海军上校阿尔弗雷德·塞耶·马汉（Alfred T. Mahan, 1840～1914）就提出"海权"理论，提出必须依靠海洋硬实力进行海洋争夺的观点。马汉于 1890 年首次出版的《海权对历史的影响 1660～1783》一书中提出这一观点，此书奠定了马汉作为现代史上著名的海军史学家和战略思想家的地位。在 1890～1905 年间，马汉先后出版了"海权的影响"四部曲，[①] 在这四部著作中，马汉通过对英国海洋扩张的历史实证分析，让人们认识到海权的重要性。马汉的海权理论在西方引起了巨大的反响，其理论直接影响了历史进程。尤其是马汉对欧洲局势的分析，促成了欧洲海军在 19 世纪 90 年代的强烈复苏，德国因此改变了其一度奉行的"大陆政策"。德国在 1898 年、1900 年、1906 年国会相继通过了三个海军法案，1908 年国会又制定了"海军法令补充条例"。通过这一系列的法案、法规和条例，使德国扩充海军合法化。[②] 德国对海权的无限向往终于引发了其和英国的冲突，促使英国调整其和法国、俄罗斯等国的关系，进行联合，以便遏制德国。英、德两大集团的形成，最终引发了第一次世界大战。鉴于马汉对于海权的精辟论述，在 19 世纪末 20 世纪初，美国也开始从大陆扩张主义转向海洋扩张主义。1900 年，美国成立了"海军将领委员会"，其成员基本上都是马汉的信徒。他们根据马汉的"海权论"思想，提出美国"大海军主义"的发展战略。[③] 尤其是对"海权"情有独钟的西奥多·罗斯福成为美国总统后，美国"大海军主义"更是蓬勃发展。美国对于海权的热衷，使其有了丰厚的回报。美国控制了夏威夷，使得古巴成为其保护国，菲律宾成为其

---

① 马汉著作中对后世影响最大的就是他撰写的"海权的影响"系列四部曲，即：Alfred T. Mahan, The Influence of Sea Power upon History, 1660～1783, Boston: Little, Brown, 1890; The Influence of Sea Power upon the French Revolution and Empire, 1783—1812, Boston: Little, Brown, 1892; The Life of Nelson: The Embodiment of the Sea Power of Great Britain, Boston: Little, Brown, 1897; Sea Power in Its Relations to the War of 1812, Boston: Little, Brown, 1905.

② 王生荣.《金黄与蔚蓝的支点：中国地缘战略论》. 北京：国防大学出版社，2001 年，第 224 页。

③ 刘中民，黎兴亚.《地缘政治理论中的海权问题研究》.《太平洋学报》，2006 年第 7 期，第 38 页。

最远的殖民地,并使开通后的巴拿马运河主权归属美国。

　　海权对于近代历史进程的巨大影响,使得众多学者对海权推崇倍加。如美国学者莫德尔斯基和汤普森就认为,自 16 世纪以来,在为期约 100 年的每个长周期内都会出现一个海上霸权国,其存在对维持国际秩序起了决定性的作用。如 16 世纪的葡萄牙,17 世纪的荷兰,18 和 19 世纪的英国,20 世纪的美国。① 莫德尔斯基甚至将海军力量的大小作为区别地区大国与世界大国的重要标尺。他指出:"海军占据优势,不仅能够确保海上交通线,还能够保持过去通过战争而确立的优势地位。要想拥有全球性的强国地位,海军虽然不是充分条件,但却是必要条件。"② 法国人文地理学家维达尔•白兰也表现出对海洋及其海权的认同。他认为海洋国家通过海上势力的不断扩展,海洋世界的秩序和价值就有可能建立起来,从而实现世界统一。他以英国为佐证,认为海洋世界的统一性和海上交通的便利性是其最大的优势,而英国也正是充分利用此优势,获得制海权,开拓创立了海洋帝国。③ 与海权理论一脉相承地的历史现实,就是西方大国走的都是一条依靠武力争夺海洋霸权的发展之路。这样突出海洋武力的国家发展战略,很容易将海洋执法机构也赋予军事力量色彩,美国的海洋警备队具有军事力量性质就是明证之一。

　　与西方国家诉求武力的海洋霸权不同的是,中国提出了不依靠武力,依靠"权利"与"软实力"来捍卫海洋权益的主张与实现路径。与马汉将海权界定为"海洋权力"不同,中国的很多学者认为海权中包含着"海洋权利"的内涵。张文木就撰文指出,海权应是国家"海洋权利"（sea right）与"海上力量"（sea power）的统　　,是国家土权概念的自然延伸。④ 徐杏在《海洋经济理论的发展与我国的对策》一文中秉承了张文木对海权内涵的界定,认为海权是国家主权的重要组成部分,它包含领土主权、领海主权、海域管辖主权和海洋权益等,直接关系着国家的安全利益和发展利益等。⑤ 尹年长将《海洋法公约》框架下的

① 刘中民.《海权发展的历史动力及其对大国兴衰的影响》.载《太平洋学报》,2008 年第 5 期。

② George Modelski and William R. Thompson, Seapower in Global Politics, 1949～1993, Seattle: University of Washington Press, 1988, P3～26.

③ 杰弗里•帕克.李亦鸣,徐小杰,张荣忠译.《二十世纪的西方地理政治思想》,北京:解放军出版社,1992 年,P35。

④ 张文木.《论中国海权》,《世界经济与政治》,2003 年第 10 期。

⑤ 徐杏.《海洋经济理论的发展与我国的对策》,《海洋开发与管理》,2002 年第 2 期。

"海权"界定为三方面的内容:"是一种具有权利义务内容的法权;是国家在海洋中享有的安全权和自卫权;是主权国家的发展权。"①

除了主张"海洋权利"之外,我国部分学者还提出了通过"海洋软实力"来实现海洋权益维护的主张。② 所谓海洋软实力,即一国在国际国内海洋事务中通过非强制的方式实现和维护海洋权益的一种能力③。海洋软实力的提出,意味着我国的海洋权益维护,走上了一条不同于西方海洋强国的海洋霸权之路。

实际上,不管是将"海权"理解为"海洋权利",抑或提出"海洋软实力",都代表了中国在国家海洋权益维护方面,不会仅仅依靠海洋武力,而更希望在海洋武力的基础上,通过合法合理的途径来实现。这种主张与我国和平崛起的国家战略是一脉相承的。中国海警局作为我国海洋权益维护的常备力量这一特点,其海洋行政执法的定位,将使得我国的海洋权益维护是从"权利"而非"权力"的途径进行。相反,如果也赋予了中国海警局军事力量的性质,它的日常海洋巡逻及执法,就具有了军事性质,其在海洋权益维护方面,与他国的冲突就容易定性为军事冲突。而军事冲突的定性,则意味着中国的海洋权益维护要上升为依靠海洋武力。显然,这与中国和平崛起的国家战略以及依靠"海洋权利"和"海洋软实力"的海洋权益维护方式相左。实际上,如上所述,中国的军事力量已经足够强大,其数量也名列世界前列。中国的军事力量已经涵盖了陆军、海军、空军、第二炮兵以及武警等各种兵种。将中国海警局定性为单纯的行政执法力量,并不会削弱中国的军事力量。相反,如果也中国海警局也定性为军事力量的组成部分,则会大大降低我国海洋行政执法的力量。

(二)避免中国海警局面临"多头领导"的局面也决定了中国海警局不应该具有军事力量的性质

中国海警局的成立,其实质是对分散的海洋执法弊端的回应。有学者总

---

① 尹年长,程涛.《海权的国际法释义——以〈联合国海洋法公约〉的相关规定为中心》,《广东海洋大学学报》,2008 年第 5 期。

② 王琪,季晨雪.《提升海洋软实力的战略意义》,《山东社会科学》,2012 年第 6 期;王琪,王爱华.《海岛权益维护中的海洋软实力资源作用分析》,《中国海洋大学学报》,2014 年第 1 期。

③ 王琪,刘建山.《海洋软实力:概念界定与阐释》,《济南大学学报》,2013 年第 2 期。

结了分散海洋执法的五大弊端：不利于我国海洋立法的综合化进程；违反科学划分管理的规律，造成职能重叠和职能空白；导致重海洋资源开发、轻海洋环境保护的局面；增加了海洋执法的协调难度，降低了海洋执法的效率；提高了海洋执法的成本。[①] 分散的海洋执法衍生的种种弊端，促使中央下决心进行海洋执法队伍的整合。尽管还有隶属于交通运输部的中国海事没有纳入新成立的中国海警局，但是集中执法已然获得广泛认同，并且可以预见，这将成为中国海洋执法的改革方向和趋势。

与集中执法相呼应的是，海洋执法同样也需要统一领导和统一管理，避免多头领导、多头管理。多头领导和管理存在众多弊端：各自为政，缺乏统筹，影响长远发展；多头对外，行政资源内耗，降低行政效率，影响政府权威。[②] 即使在金融业发达的美国，在一段实行多头管理的金融管理体制之后，也产生了重重弊端，不得不改弦易张，实行统一管理。[③] 因此，走向集中的海洋执法也需要实行统一领导和统一管理。如果集中执法的中国海警局没有实现统一领导，将使得集中执法的效果大打折扣，甚至是一种倒退。

在以往的五支海洋执法队伍内部，大部分实行了统一领导和统一管理。只有其中的中国海警，具有"双头领导"的特性。整合之前的中国海警，属于公安边防部队，在性质上是武警的组成部分。如上所述，我国的武警管理体制具有"双头领导"特性。即武警部队既接受国务院的领导，同时又是我国武装力量的组成部分，也要接受中央军委的领导。武警下属的中国海警同样具有这种"双头领导"的属性，即既接受国务院组成部门公安部的领导，同时也接受海军的领导。多头领导相对于统一领导，也具有某种程度上的弊端，但是由于只是两个领导，如果两个领导建立了某种合理的权力划分机制和沟通协调机制，还不至于产生很大的推诿和扯皮现象。在我国现行的行政管理体制中，公安部门、国家安全部门等都实行"双头领导"，或称之为"双重领导"。但是领导的数目一旦突破两个，达到三个或者更多，则它们之间的权力关系就会呈现几何数的增长，其复杂程度也非双头领导所能比拟。"多头领导"难免会使

---

① 徐祥民，李冰强.《渤海管理法的体制问题研究》，北京：人民出版社，2012年，第8～12页。

② 宋刚，等.《多头管理：现状、弊端与建议》，《国际经济合作》，2005年第1期。

③ 周志成.《美国金融管理体制最大的弊端——多头管理》，《外国经济与管理》，1985年第12期。

得领导之间面临权力比例划分的不协调,沟通机制的不通畅,也使得协调的成本大大提高,沟通的效果大打折扣。

显然,"双头领导"是我们保证管理有效的所能接受的最大限度。如果中国海警局也纳入军事力量的范畴之内,也需要接受军事委员会的领导。诚然,在《国务院机构改革和职能转变方案》中,设定中国海警局接受国家海洋局领导,公安部指导。但是一旦将中国海警局赋予军事力量的属性,这一权力设立的模式将发生根本性的改变。如果中国海警局具备了军事力量的属性,它将必然接受海军的领导。而中国海警局如果接受了海军的领导,它也就不可能只是接受公安部的指导,而必然会改为也接受公安部的领导,即将中国海警局纳入中国武警的范畴之内。如此,在具体领导体制中,中国海警局需要接受国家海洋局、公安部及海军的多头领导。尽管我国在新中国成立后的某些历史阶段也出现过这种接受三方领导的多头领导局面,例如武警下属的水电部队,其前身为中国人民解放军基本建设工程兵,在军事行政上受军区领导,业务上主要接受国家建委和水利电力部领导,但是这种多头领导体制很快就被淹没在历史的洪流之中。实践证明,多头领导难以实现执法的有效实施。

因此,为了避免集中后的海洋执法出现"多头领导"的局面,不应该赋予中国海警局以军事力量的属性。

二、重构后的海洋行政执法权属性

所谓重构后的海洋行政执法权属性,是指组建的中国海警局是否应该具备行政执法的警察权。在 2013 年的大部制改革之前,上述的执法主体中除了公安边防海警、海关缉私警察等拥有海洋强制权(即海洋警察权)外,其他机关都没有海洋警察权。重构后的中国海警局纳入国家海洋局的领导之下,只是接受公安部的业务指导。在这种领导体制之下,中国海警局的海洋行政执法权属性探讨,即是否应该拥有警察权,就成为我们认知重构后的海洋行政执法性质的重要内容之一。

警察权,亦称警察权力,是指国家依法授予警察机关以及人民警察履行维护国家安全和公共秩序的职能所必需的各种权力的总称。[1] 警察权本质是行政权,它具有一切行政权力的性质和特点。除此之外,由于国家警察职能实现

---

① 吕雪梅,吴纪奎.《论我国警察权权能结构整合及运行优化》,《中国人民公安大学学报(社会科学版)》,2005 年第 3 期。

手段上的必需，又为警察权赋予了武装的性质。所以，警察权较其他行政权而言，具有更浓烈的强制性色彩。[①] 学界一般以权力属性的不同为标准来划分警察权及其执法行为，一般将警察执法行为分为警察刑事执法行为与警察行政执法行为两部分，警察行政执法行为包括警察行政管理行为、警察行政处罚行为、警察行政强制行为和警察行政执行行为等，警察刑事执法行为包括警察刑事侦查行为、警察刑事强制行为、警察刑事执行行为等。[②] 此外，还有的研究者以执法内容的不同为标准，将警察执法行为分为警察管理行为、警察调查行为、警察处分行为和警察执行行为。[③]

目前，在我国拥有警察权的国家机构包括公安机关、国家安全机关、监狱、劳动教养管理机关，以及人民法院、人民检察院等。重构后的中国海警局作为国家海洋局的下属机构，并没有纳入拥有警察权的国家机构序列之中。重构后的中国海警局是否应该具有行政强制权，即警察权呢？具体而言，是否应该拥有海洋警察权呢？我们认为尽管国家海洋局没有纳入拥有警察权的国家机构序列之中，但是这并不能成为中国海警局没有警察权的阻力或者理由。恰恰相反，新成立的中国海警局应该赋予其海洋警察权。我们之所以秉持这样的观点，可以从以下几个方面加以论述。

第一，拥有海洋警察权是保障我国海洋执法效果、提高执法效率的基础。我国的海洋执法任务主要有三项：一是维护国家主权、海洋权益；二是监督管理海洋环境、资源、海域使用和海洋交通安全；三是依法制裁涉海违法犯罪行为。[④] 重构之前的海洋行政执法队伍中，部分执法机构具有不完整的海洋警察权。例如公安边防海警、海关缉私警察等针对上面三项海洋执法任务中的第三项"依法制裁涉海治安违法和刑事犯罪行为"拥有强制权，对涉及第二项"监督管理海洋环境、资源、海域使用和海洋交通安全"等方面的秩序维护、违法和犯罪行为无权管理，更谈不上使用强制权。除了公安边防海警、海关缉私警察拥有不完整的海洋警察权之外，其他的海洋执法队伍不具有警察权。这种状况大大限制了海洋执法的效果，也降低了海洋执法的效率。

---

① 金光明.《警察行政强制研究》，成都：四川大学出版社，2005年，第16页。

② 毛志斌.《警察法》，郑州：河南人民出版社，2005年，第73页。

③ 孙卫华.《警察执法行为体系的审视与重构》，《中国人民公安大学学报（社会科学版）》，2013年第3期。

④ 阎铁毅，夏元军.《建立中国海洋警察法律制度思考》，《社会科学辑刊》，2012年第1期。

海洋执法还具有自己独特的特点。海洋不同于陆地,海洋执法很多情况下都在远离大陆和人群的情况下进行。海洋执法相对于陆地执法,其执法的难度加大:第一个原因在于海洋相对于陆地,空间更大。执法人员遇到违法人员的概率和机会降低,这就大大鼓励被执法人员的违法行为。例如在海洋中进行污染物的倾废,在海洋中的非法捕鱼,由于海洋空间的广袤性,他们的违法行为被执法人员发现的概率,相对于陆地要小得多。发现违法概率的降低,要想提高法律的威慑作用,就必须提高执法的力度。不然,违法的行为将放大。从某种程度上而言,也将鼓励他们违法。第二个原因在于海洋交通相对于陆地而言,被执法者更有优势。在海洋的被执法者,都会乘坐船舶等海上交通工具。船舶相对于陆地上的徒步逃跑、驾车逃逸而言,更有利于被执法者。在陆地上,不管是徒步逃跑,还是驾车逃逸,都会受限于陆地上道路规划的限制。而在海洋中,船舶可以四散逃逸,尤其是一些拥有雄厚财力的违法集团,其乘坐的船舶速度要远远高于执法船舶。被执法人员在浩瀚的海洋中,很容易摆脱海洋执法人员的控制。它们可以无视海洋执法人员的喊话,驾驶船舶逃离违法现场。

在这种状况下,赋予海洋执法队员以武力的行政强制权是必需的,也是保障海洋执法效果的基础。我们可以想象,一个没有警察权的海洋执法人员,在面对企图摆脱执法的被执法人时,会处于何种无奈的境地。他们及时驾船追到企图驾船逃逸的被执法人员,由于没有警察权,也无法实施人身强制的权力,而降低了海洋执法的效率和效果。因此,要保障海洋执法取得理想的效果,提高执法效率,赋予中国海警局以海洋警察权是应有之举。实际上,在海洋行政执法体制改革之前,就有学者指出,应该建立一支具有警察强制权的海洋执法队伍。[①]

第二,我国现有的法律及其管理实践也证明,警察权并非一定要赋予拥有警察权的国家机构。警察权的设定和赋予,可以灵活多样,视具体需要而定。我国的部分机构及人员,所隶属的机关不拥有警察权,但是相关法律法规却设定他们可以拥有警察权。例如我国《海商法》第36条规定,"为保障在船人员和船舶的安全,船长有权对在船上进行违法、犯罪活动的人采取禁闭或者其他必要措施,并防止其隐匿、毁灭、伪造证据。船长采取前款措施,应当制作案情报告书,由船长和两名以上在船人员签字,连同人犯送交有关当局处理"。由

---

① 阎铁毅,夏元军.《建立中国海洋警察法律制度思考》,《社会科学辑刊》,2012年第1期。

此可见，我国的法律赋予了船长以警察权。船长的警察权，是指为了保障船上人员和船舶的安全，制止违法犯罪行为、防止证据损毁、避免危害发生、控制危险扩大等情形，由法律规定的，船长对船上的违法行为人、犯罪嫌疑人的人身实施禁闭等暂时性限制其人身自由的强制措施的权力。有研究者也指出。从比较法之视角观之，我国远洋船舶的船长在法定条件下行使警察权均具有正当性、合理性。①

因此，下属机构及其部分人员警察权的拥有，并不以隶属的机关或机构拥有警察权为必要条件。相反，警察权的拥有，是以执法的具体情况而设定的。由于船长职责的特殊性，需要设定其警察权以便行事。从某种程度上而言，船长的执法职责非常类似于海洋执法。我国赋予船长以警察权，可以从两个方面佐证中国海警局同样可以拥有警察权：第一个方面，它证明了上述的观点，即隶属的机构不拥有警察权，但是不妨碍下属的机构拥有警察权。交通运输部作为一个机构，显然不拥有警察权，但是它不妨碍船长拥有警察权。第二个方面，船长职责与海洋执法的相近性，也从另一个侧面说明海洋行政执法应该拥有警察权。试想，在海洋中，为了保障一艘船舶的安全性，我们都赋予了船长以警察权，那么，拥有全部海域执法任务的中国海警局怎能不拥有海洋警察权？

第三，"中国海警局"的执法队伍名称也暗含着应该拥有海洋警察权。实现机构名称与机构职权的一致性，是保障行政管理有效实施的基础。这方面的理论经过后现代主义及语言哲学的研究，已经非常深入。在 20 世纪 50 年代以前，占据哲学主导地位的是分析哲学。以罗素、弗雷格为代表的分析哲学者，注重分析的内容及其数理，其分析的工具是演绎逻辑。但是在 20 世纪中期，语言哲学诞生，将分析哲学打下地狱的正是分析哲学的集大成者维特根斯坦。维特根斯坦在后期中完全否定了自己前期的思想，他在 1945 年出版的《哲学研究》一书前言中反思了早期《逻辑哲学论》的思想："因为自从我于十六年前重新开始研究哲学以来，我不得不认识到在我写的第一本著作中有严重错误。"② 他甚至将分析哲学扛鼎之作的《逻辑哲学论》评价为"每一句话都是一种病态"。由维特根斯坦创立的语言哲学对逻辑认知的推进功不可没，在它的

---

① 王应富.《论远洋船舶船长的警察权之法律规制》,《中国人民公安大学学报（社会科学版）》,2013 年第 6 期。

② ［奥］维特根斯坦. 李步楼译.《哲学研究》,北京:商务印书馆,2012 年,前言第 2 页。

基础上,心智哲学打破了人们将心理(感性认识)与逻辑(理性认识)截然分开的传统观念。人们认识到,逻辑认知与人们的心理、文化、具体情景密不可分。逻辑学中非常知名的沃森"纸牌实验"很好地说明,"逻辑认知不是抽象的而是具体的;逻辑认知不是心理无关的而是心理相关的"。[①] 与之相呼应的是,以德里达、福柯等人为代表的后现代主义也对传统的认知提出了挑战。

与传统认知不同的是,语言哲学及后现代主义认识到符号对人类认知的重要影响。名称以及外在的形式,具有我们意想不到的重要影响。我们对一个事物的认知,可能首先从名称入手。概念会将我们对这一事物的认知限定或者指引到特定的方向。一旦概念或者符号出现与内容不相符合的情况出现,可以引发我们认知的混乱,或者使得我们无法实现对事物的深层认知。从另一个方面而言,名称以及概念的使用至关重要。在哲学的深层分析之后,我们再将视角拉回到中国海警局。"中国海警局"的名称,暗含了这是一个具有"警"的特性的机构,这一概念给予我们认知的第一反应,就是它应该具有警察的特性。如果没有赋予中国海警局以警察权,将使得人们在认知这一机构职能定位及其性质上,产生混乱和错误。毫无疑问,名称(或者概念)对人们认知的第一印象至关重要。它的表征作用,在于促使人们突出某些特性,或者屏蔽某些特性。而"海警局"的符号特性非常明显,它强烈刺激人们的认知感官,这是一个具有警察权的机构。

综上所述,重构后的中国海警局应该具有警察权。那么,应该按照何种标准,以何种手段如何赋予中国海警局以警察权呢?我们认为,基于重构后的中国海洋执法队伍的改革现状,可以按照"层层推进"的原则和步骤实施。换言之,就是渐进式地赋予中国海警局以警察权。当前的中国海警局由四支执法队伍构成:隶属公安部的中国海警,隶属国家海洋局的中国海监,隶属农业部的中国渔政,隶属海关总署的海上缉私队伍。它们的隶属关系不同,其拥有的职权也存在差异。原来的中国海警属于公安边防部队,是武警的组成部分,拥有警察权。而其他的四支执法队伍则不具有非常明显的警察权限。重构后的中国海洋执法队伍,在隶属关系上发生变化:接受国家海洋局领导,公安部指导。因此,要实现中国海警局警察权的全面赋予,对现实的操作及中国的领导管理体制都将有不小的挑战。最好的实现途径,就是分时间分部分地实施。

---

① 蔡曙山.《认知科学框架下心理学、逻辑学的交叉融合与发展》,《中国社会科学)》,2009 年第 2 期。

可以设定中国海警局具有警察权的时间段,比如自成立后 1 至 3 年,拥有何种权力;自成立 4 至 6 年拥有何种权力。其次,根据时间节点,分部分地赋予警察权。比如首先可以赋予海洋执法船的船长及部分武装人员具有警察权。其他人员根据执法情况以及形势变化,而相应地赋予警察权。当然,这种渐进式地赋予中国海警局以警察权,也就意味着并非所有的中国海警局执法人员都会获得警察权。其警察权的获得范围是不确定的,可以只有部分人员拥有警察权,可能整个执法机构都拥有警察权。

对重构后的中国海洋行政执法进行性质认知,是进一步推进和完善海洋行政执法的基础。毫无疑问,2013 年的海洋行政执法体制改革是海洋执法以及海洋管理体制改革的阶段性成果之一。在将来,我们必须不断完善海洋行政执法体制,提高执法效果,实现国家海洋权益的维护和海洋秩序的维持。而进行海洋行政执法的性质认知,可以进一步明确下一步改革的方向,凝聚改革共识,也是为改革奠定理论基础的重要一步。我们希望课题组在这两个方面的深层思考,能够为我国的进一步改革提供理论支撑;也希望其研究能够引起学界的进一步思考,共同推进我国的海洋行政执法体制改革。

海洋政策：作为综合性国家政策

金 龙[*]

（上海海洋大学人文学院　上海　201306）

摘要：本文通过分析海洋政策的起因、属性、特性和特殊作用及其作用对象，为海洋政策下一个功能性定义：海洋政策是指政府为解决社会公众的海洋活动引发的社会问题，实现海洋管理目标而制定和实施的，用以维护海洋资源与环境，引导和规范各种涉海社会行为，保护和传承涉海精神财富的一系列综合性国家政策。

关键词：海洋政策　综合性　国家政策　海洋问题　功能性定义

一、引言

随着我国海洋事业的快速发展和海洋强国建设战略的确立，海洋政策日益受到学术界和实务界的重视。目前，海洋政策研究重点已从关注国际海洋法对国家海洋政策的影响转移到新海洋法制度下国家海洋政策在海洋管理中的功能及其发挥问题上，海洋政策结构体系、海洋政策制定、执行、评估等各个环节的基础理论研究，开始受到应有的重视。

概念是理论研究的出发点和基础。明确把握海洋政策概念的定义，既是解读当代中国海洋政策的逻辑起点，也是深入研究中国海洋政策理论与实践创新的基点。但是，我们不难发现，在本土化理论创新的努力中，学术界对海洋政策概念的界定存在一些局限性。大多数研究者所采取的方法是在主流的

---

[*] 金龙（1969—），男，朝鲜族，吉林和龙人，上海海洋大学人文学院副教授、副院长、博士，主要从事公共政策与组织理论研究。

公共政策概念定义的基础上，更换相关概念构成要素如政策主体、政策目标、政策对象等，来描述海洋政策的概念定义，结果没有能够科学地把握其概念外延上的周延性，不能理清海洋政策的边界和范围，同时因以静止的、片面的思维方式去界定海洋政策，没有以辩证思维的方式从整体上去把握当代中国海洋政策的动态发展性。这些局限性阻碍了中国海洋政策的理论体系的构建，也不利于对海洋管理实践的理论指导。这些局限性表明，有关海洋政策概念界定的困境，主要来自海洋政策概念内涵的不同理解，这是由对海洋及海洋问题认识上的差异导致的。

本文拟以海洋政策要解决的问题即海洋问题为主线，采取逻辑学上的"属加种差定义"的概念界定方法，通过分析海洋政策的属性、特征、特殊功能，尝试给海洋政策概念下一个"功能性定义"。

二、海洋政策的起因：解决海洋领域社会问题的需要

随着科技的发达，人类对海洋的认识水平也日益提高，海洋越来越对人类生存和发展具有重要的价值：海洋是海上运输的天然通道，是具有丰富食品、能源、矿产、原材料、水资源等自然资源的宝库，是人类生产和生活的空间，是人类生活环境特别是气候变化的调节器，是国家安全的天然屏障。海洋的价值在于海洋以其特有的功能影响着人们的经济、政治和文化生活，为经济、社会的发展创设广阔的空间和发展平台，海洋具有多要素、多层次、多结构、多功能等特点[①]。

海洋本身是一种自然环境，但是为了增进人类的福祉而开展的开发、利用海洋，保护海洋环境的活动关系到人类社会的生存和发展，因此就成为社会现象。海洋具有的重要价值，使海洋成为人类竞争性开发利用的对象，在海洋活动中的各种矛盾冲突也随之增加，产生了一系列社会问题，阻碍海洋事业的持续发展。在这种背景下，国家基于海洋管理的需要，制定用以规范海洋开发利用的活动，调节竞争性海洋利益关系，增进公共利益的政策——海洋政策。可以说，海洋政策是一开始就作为国家对海洋开发利用活动中产生的社会问题的对策性回应而产生的，而这些海洋领域的社会问题，构成通过海洋政策解决的海洋问题。

---

① 王琪.《关于海洋价值的理性思考》,《中国海洋大学学报（社会科学版）》,2004年第5期,第8页。

按照马奇和西蒙的说法,所谓问题就是要达到的状态与观察到的状态之间的距离①。从这个意义上讲,社会问题就是理想的社会状态与现实的社会状态之间的差距,而这种差距的产生是由诸多因素造成的。作为人类制定的规则体系,政策关注的是人的社会活动引发的社会问题。据此,海洋政策意义上的海洋问题,就是指一定历史时期因人类开发利用和保护海洋的社会活动引发的海洋事业发展目标(理想状态)与现实状态之间的差距,这种差距来自于人类对海洋价值的竞争性追求活动。在此,海洋的价值是海洋问题产生的内在前提,人类追求海洋价值的竞争性社会活动是海洋问题产生的直接原因。

作为一类社会问题,海洋政策要解决的海洋问题,是由人类的海洋活动引发的,换句话讲,只有人类海洋活动所造成的社会问题才构成需要用海洋政策来加以解决的海洋问题。由海洋问题的社会属性决定,在海洋领域发生的自然灾害等是自然现象而不属于海洋政策意义上的海洋问题范畴。海洋政策正是通过规范人类海洋活动,来达到解决这种社会活动引发的社会问题即海洋问题的目的。这就形成了海洋问题——海洋活动(行为)——海洋政策的逻辑分析路径,海洋问题贯穿和影响着整个海洋政策活动过程,成为包括海洋政策概念界定在内的海洋政策研究的主线和基础。

海洋问题可以归类为五大类:一是海洋交通运输问题,包括海运问题、海上安全与救助问题、海上走私问题等;二是海洋食物的获取问题,包括海洋捕捞、海水养殖问题等;三是海洋资源的开发利用问题,包括"海洋生物资源、海洋矿产资源、海水化学资源、海洋能资源、海洋(自然)环境资源、海洋空间资源、海洋旅游资源等"②的开发利用问题;四是海洋环境保护和治理问题,包括海洋环境监测与修复、污染防治等问题;五是海上国家主权安全问题,包括国家海洋主权维护、海洋领土保护、海上治安等问题。

海洋问题的实质就是海洋利益的矛盾或冲突。海洋利益是一个复合性概念,它既包括全社会共享的公共利益、又包括参与海洋活动的特定社会组织(共同体)分享性的共同利益、也包括具有参与海洋活动的私人独享性的合法私人利益。各种利益之间的复杂关系及其矛盾冲突使海洋问题呈现出多样化特征,涉及的利益主体多元化,这就是海洋政策研究中出现海洋政策概念定义多样化的主要原因。

归纳起来，海洋问题是海洋政策制定的逻辑起点，解决海洋问题的需要是海洋政策产生的直接原因，海洋问题的性质、特征、发生原因决定着相关海洋政策的内容和价值取向。

三、海洋政策的属性：国家政策

首先，从制定主体上看，海洋政策由国家制定和认可。

在一国主权范围内，海洋具有公共财产属性，即一国海域属于公共领域。在我国，《宪法》第九条明确规定，"矿藏、水流、森林、山岭、草原、荒地、滩涂等自然资源，都属于国家所有，即全民所有"；《海域使用法》第三条进一步明确规定："海域属于国家所有，国务院代表国家行使海域所有权。"在此，海域是一国管辖之海洋领域的称谓，是国家主权管辖之海洋资源的载体。简言之，海洋是国家所有。

从国际关系角度上看，《联合国海洋法公约》第 136 条规定，"区域及其资源是人类的共同继承财产"。这里所谓的"区域"就是国际海底区域，是指国家管辖范围以外的海床和洋底及其底土。这一规定表明，国际海底区域及其资源（不包括国家管辖范围以外的海床和洋底的上覆水域以及这种水域的上空）是人类的共同继承财产[1]。

在海域共同财产的特性下，一个国家或个人取用海洋环境资源后，将会减损他国或他人取用的机会与品质，且此种取用机会是对所有国家或个人开放的[2]。也就是说，海洋环境资源的开发利用是竞争性社会活动，竞争容易引发社会矛盾和冲突，这就需要相应的活动规范——海洋政策来加以规范和管理。在一国海域范围内，需要由国家制定实施海洋政策来规范竞争性海洋开发利用活动，在国际海洋领域，国际公海、国际海底区域的资源开发利用，需要用国际海洋政策来加以规范和调整。而国际海洋法、国际条约等国际海洋政策的制定，由国家认可和批准适用。这就说，无论是一国管辖范围内，还是国际海洋领域，海洋政策的制定和实施主体只能是国家，海洋政策制定权力只能属于国家权力范畴，海洋政策的执行也需要国家权力的运用和支持。国家权力，就

---

① 华敬炘.《海洋法学教程》，中国海洋大学出版社，2008 年，第 285 页。
② ［台］胡念祖.《海洋政策：理论与实务研究》，台北五南图书出版有限公司，1986 年，第 10 页。

是制定和执行海洋政策的合法性来源。因此,海洋政策是属于国家政策范畴,是国家总政策在海洋领域的延伸和具体体现,反映在海洋事务上的国家意志。

无论如何强调海洋问题的重要性和解决的必要性,如果海洋问题没有通过政策来定性,那么海洋问题就得不到实际的解决方案。建设海洋国家,需要的是将海洋问题上升到国家政策决定的优先地位,通过优先实施海洋政策来加以解决。在此,将海洋问题化为政策问题,通过制定和实施海洋政策加以解决,就成为国家政治、行政范畴的问题,中央政府(在此应理解为由立法、行政、司法、军事等国家机关组成的广义的政府)代表国家行使国家权力,具体制定和实施全局性、涉外性海洋政策。沿海地方政府,可以依照国家法律授权或中央政府的委托,制定和实施其管辖海区内的地方性海洋政策,但是由于海域的国家所有性和中央政府代表国家行使海洋管理权的体制决定,地方政府海洋政策,仍属于国家海洋政策范畴。从这个意义上讲,海洋政策,实际上就是国家海洋政策,或曰"海洋国策"①。

其次,从本质上看,海洋政策是国家海洋管理的手段。

海洋政策是国家在管理海洋事务中,制定实施的对海洋开发利用活动中产生的社会问题的回应性对策,从本质上讲,海洋政策国家海洋管理的重要手段。海洋政策作为手段的本质规定性,是海洋政策的外部表现形态的根据。

海洋政策的外部表现形态——规范竞争性海洋开发利用活动的行为准则、行动方案。如前所述,海洋问题的实质就是海洋利益矛盾或冲突,这种矛盾或冲突是由人类竞争性海洋开发利用的社会活动引发的,也就是说海洋政策要解决的海洋问题是由人类不受规范约束的涉海社会行为引发的,当海洋政策明确规范人类的海洋活动、合理约束海洋活动方式时,海洋问题就得到缓解或解决。

所谓行动准则是行为所服从的约束条件。政策是行为准则,意味着政策为社会行为提供指导性和原则性要求。作为海洋活动的行为准则,海洋政策通过规定可为(可以做什么)、应为(应当做什么)、勿为(禁止做什么)三种行为模式,来规范与海洋问题相关的社会行为方式。所谓行动方案,包含行为所要遵循的路径、方式与措施、责任等。政策是行动方案,意味着政策所具有的具体性和可操作性。海洋政策为实现国家海洋管理目标,给社会公众的海洋活

---

① 高之国.《拥抱蓝色的海洋(代序),海洋国策研究文集》,北京:海洋出版社,2007 年,第 3 页。

动明确主体资格,活动手段与措施、责任等。

归纳起来,海洋政策是国家制定和认可的,规范海洋活动的行为准则、行动方案,是国家治理海洋的重要手段,同其他行为规范,共同为国家海洋管理服务。

四、海洋政策的特性

海洋政策关注的是海洋问题相关的开发利用海洋的活动,由海洋管理和海洋问题所特有的"海洋"特性,决定着海洋政策有别于一般公共政策的特性。海洋政策的特性,具体体现在以下几个方面:

首先,海洋政策具有科学技术标准的内涵。

海洋环境包含水体上面的空气、水体本身、水体之下的底土,是气体、液体、固体三相俱全;在空气、水体、底土与陆地之间,则存在有空气与水体间的海表面、水体与底土之间的海床、水体与陆地间的海岸等三个界面①。这就意味着,人类开发利用海洋环境资源是全方位的,由此决定,海洋领域是多学科、科技密集型事业领域。较之一般的公共政策,海洋政策的决定和执行,尤为依赖于海洋科学和海洋技术的发达程度。作为海洋活动的行为准则和行动方案,海洋政策在规范海洋开发利用活动中,必须遵循海洋科学技术标准。

其次,海洋政策以海洋产业的培育和发展作为重要任务。

从海洋经济管理视角上看,国家通过海洋政策推进海洋产业的培育和发展。一方面,通过海洋政策不断提升海洋渔业、海水增养殖业、海水制盐及盐化工业、海洋石油工业、海洋娱乐和旅游业、海洋交通运输业和滨海砂矿开采业等海洋传统产业;另一方面,通过海洋政策积极培育和发展以海洋高技术为支撑的海洋战略性新兴产业。如我国正在通过一系列海洋政策推进海洋能发电、海水提取稀有金属等高新技术新兴产业的发展,同时大力支持邮轮、海洋游艇、海洋休闲渔业、海洋文化、涉海金融及航运服务业等一批新型服务业的快速发展。

第三,海洋政策具有与对外政策的关联性。

海洋作为人类共有的资源,带有公共物品的属性,不允许任何国家和地区单独享有海洋价值所带来的利益。因此,在海洋事业发展中,开展和深化海洋

---

① [台湾]胡念祖.《海洋政策:理论与实务研究》,台北五南图书出版有限公司,1986 年,第 9 页。

领域的国际合作越来越急迫。尤其在海洋环保、海底资源开发技术、渔业资源管理、海事与救助等领域国际合作日益频繁。沿海国家积极参与联合国相关海洋事务，积极参与国际海洋规则制定和海洋事务磋商活动。在此，海洋政策要积极推进相关国家及国际组织合作，提升我国对国际海洋事务的影响力，在国际合作中争取更多的利益。另一方面，1994 年《联合国海洋法公约》正式生效以来，海洋资源争夺和岛礁主权、海域划界、航道安全等方面的国际争端进一步加剧。从国家发展战略和安全战略角度来看，维护海洋空间安全，维护国家主权和领土完整，适应国家发展战略和安全战略的新要求，是当前海洋政策的重要任务。

第四，从内容上看，海洋政策具有突出的综合性特征。

由海洋的一体化和流动性的物理特性、海洋空间的连接性等特征决定，在海洋领域发生的各种活动，都具有密切的关联性和相互影响性，进而使海洋问题具有复杂性、多域多元因素的关联性，这就要求在考察海洋问题时需要综合管理的视角，进而决定作为海洋问题解决方案的海洋政策的综合性特征。在陆地上，包括资源开发利用在内的各种社会活动，可以由政府主管部门通过单项公共政策（行业性政策）——如水产、工业、能源、航空、运输、海关、治安、文化、旅游政策等——来加以规范，但是以海洋资源开发利用活动为核心的海洋活动，却需要通过综合性政策来加以规范。在针对某一类海洋活动而制定一项海洋政策时，必须（或者至少要）充分地考虑该类海洋活动与其他海洋活动之间的相互影响，提出综合性的对策方案，不然会造成对其他类海洋活动的不利影响。因此，海洋政策具有尤为明显的综合性特征，海洋政策是一种有关海洋事务的综合性政策。海洋政策的综合性特征，需要国家成立统一的海洋政策机构来负责海洋政策的决定。

当然，作为特定领域的国家公共政策，海洋政策也具有公共政策的一般性特征，如阶级性、权威性、实践性、科学性、目的性、整体性、动态性等特征[①]。在此，相对于一般公共政策，海洋政策的综合性特征尤其明显。虽然由于公共问题的复杂性和与其他问题的交织性特征，决定了一般公共政策也具有一定的综合性特征，但没有像海洋政策那样明显。海洋政策的这种明显的综合性特征来自于由海洋的特点决定的海洋问题的整体性。

---

① 刘雪明.《政策运行过程研究》，江西人民出版社，2005 年，第 13～18 页。

五、海洋政策的特殊作用

作为适用于海洋这一特殊社会领域的国家政策，海洋政策当然也具有公共政策的一般功能，诸如对社会行为的导向与管制、对利益冲突的调控、对公共利益的分配功能等。但是在解决海洋问题这一特殊社会问题上，海洋政策的功能又具有区别于一般公共政策的特殊性。海洋政策的特殊功能可归类为以下三个层面。

首先，通过促进海洋认识活动，发展海洋科技，创新海洋知识，推进海洋文化繁荣。

在早期的利用海洋的活动中，人类对海洋的认识，仅仅局限于海上捕捞、养殖和海运层面。但是随着海洋科学技术和人类文明程度的提高，人类对海洋的利用日益丰富多彩，同时对保护海洋环境重要性的认知也不断得以提高。但是，人类文明的进步毕竟具有历史条件的局限性和阶段性，因而海洋的价值还不可能完全被人类所认知，需要人类不断地探索。当前，由海洋科学技术发展的局限性决定，海洋认知水平相对低下与对海洋价值需求之间的矛盾，成为海洋社会面临的主要矛盾。在此，海洋政策的功能具体表现在：规范和促进有利于人类社会发展的各种海洋研究活动、开展旨在普及海洋科技知识的各种海洋教育活动、继承和创新传统海洋文化的各种海洋交流活动等。海洋科技政策、海洋教育政策、海洋文化政策等都是促进海洋认识活动的具体海洋政策的表象。

其次，规范海洋开发利用活动，建立和谐的海洋秩序。

围绕着巨大的海洋价值，不同的利益主体纷纷加入海洋价值开发利用的行列中，进而引发海洋开发利用上的激烈竞争。在此，规范海洋开发利用的各种行为主体使之采取合理的行为方式，是确保海洋开发利用之和谐秩序、确保国家海洋事务之可持续的关键所在。海洋政策的重要功能，就在于通过规范海洋开发利用活动，构建各种利益主体之间的和谐关系、人与海洋的和谐关系，进而建立和谐的海洋秩序。

海洋政策通过提供行为规范、价值目标，为公众的涉海行为提供导向和管制作用；通过提供针对各种海洋利益冲突的调控原则与方式，保证各种海洋利益关系之平衡，进而保障国家海洋事务发展的持续有序；通过合理规范用以海洋开发利用的社会公共资源分配方式，保证国家对公众海洋开发利用活动的有效公共服务，进而保障海洋社会的良性运行和稳定发展。概括起来，海洋政策通过规范海洋开发利用活动的行为方式和管理方式,推进和谐海洋秩序的建立。在此,变革传统的大陆型政策思维,树立海陆统筹型政策思维,是当前亟待解决的关键问题。

第三,保护海洋资源与环境,维护国家海洋权益。

沿海地区是人类活动最频繁的地带,沿海地带的生态系极易受人为污染和海洋灾害的破坏。生态系统一旦受到破坏便难以恢复。海洋生态环境遭到破坏,将直接影响海洋资源的可持续开发利用,进而影响国家海洋利益。在此,海洋政策通过提供防治海水污染、保全和修复海洋生态环境方面的行为准则和行动方案,来达到维护海洋生态环境的目的。另一方面,维护国家海洋安全是维护国家海洋权益,推进国家海洋事务可持续发展的重要保障。海洋领土观念的形成,使各国重视海洋安全环境的维护问题。在此,维护国家海洋安全环境是海洋政策应有的重要功能。

六、海洋政策的作用对象

海洋政策的作用对象,概括起来有以下三种基本类型,这三类海洋政策对象,分别与海洋政策的特殊功能发生关联。

首先,作为人类海洋活动对象的海洋资源与环境。

多样性海洋资源,对人类的生活和生产活动具有各自不同的重要功能。海洋资源与环境的管理、保护,关系到能否可持续开发与利用海洋的重大社会问题。因此,明确规定海洋资源与环境的开发、利用、保护等方面的具体行动方案,是海洋政策的重要任务,海洋资源与环境也就成为海洋政策的作用对象。

其次,人类的涉海行为。

海洋政策解决的海洋问题,是人类不受约束的涉海活动引发的,海洋政策要解决海洋问题,就要先规范人类的涉海活动。由此人类的涉海行为,就成为海洋政策的作用对象。按照涉海行为的目的和海洋管理中的角色,可将人类的涉海行为分为两种:一是能够引发海洋问题的直接涉海行为,即海洋管理对象的开发、利用海洋资源与环境的行为,其目的就是改造、利用海洋世界;二是间接涉海行为,即海洋管理主体的海洋管理行为和海洋科技的开发、普知教育行为,其目的就是为人类改造、利用海洋世界的活动提供服务。

第三,人类创造的涉海精神财富。

精神财富是指人们从事智力活动所形成或创造出来的，无法被商品化的，但确实能使人们得到满足的非物质的东西。按照苏豫和龚立新的观点[①]，这种精神财富具有非物质性、社会性、免费性、稳定性、不可储存性、主观性和客观性的统一等特性。在人类的海洋活动中，涌现出大量的与海洋有关的学术研究成果、技术发明与专利、海洋文化、海洋文学作品等精神财富，这些精神财富直接影响人类的海洋认识水平、涉海行为方式、海洋环境保护，也影响着海洋综合国力的提升。而由精神财富的上述特征决定了精神财富是社会公共财富，需要公共政策来加以维护，以此加以传承和创新。在此，如何积极推进涉海精神财富的维护和传承，如何保护和开发适合时代发展的涉海精神财富、如何开发普及和提升涉海精神财富，就成为海洋政策所要承担的重要责任。由此，涉海精神财富就成为海洋政策的作用对象。

七、结 语

至此，我们已经分析了海洋政策的起因、属性、特性和特殊作用及其作用对象。海洋政策是国家为解决海洋开发利用活动中产生的社会问题而采取的对策，因海洋的特性带来的海洋问题的复杂性和整体性，决定了海洋政策的国家政策属性和作为国家海洋管理手段的本质属性。海洋政策具有科学技术、外交、经济（产业）、综合性等特性，并具有促进海洋认识活动、规范海洋开发利用活动、保护海洋资源与环境等三个层面的有别于一般公共政策的特殊作用，这些特殊作用是针对海洋资源与环境、涉海行为、涉海精神财富三个对象发挥出来的。

通过上述分析，现在我们可以为海洋政策下一个功能性定义：海洋政策是指政府为解决社会公众的海洋活动引发的社会问题，实现海洋管理目标而制定和实施的，用以维护海洋资源与环境，引导和规范各种涉海社会行为，保护和传承涉海精神财富的一系列综合性国家政策。

---

① 苏豫，龚立新.《"精神财富论——精神财富的经济学分析"》，《江苏社会科学》，2001年第3期，第45页。

山东半岛蓝色经济区经济一体化
程度动态分析

李凤霞[*]　赵　兴

（鲁东大学商学院　山东烟台　264000）

摘要：经济一体化是提升山东半岛蓝色经济区发展的重要途径。本文首先分析了山东半岛蓝色经济区发展的优势，并提出其在经济一体化方面的不足。然后建立了评价蓝色经济区经济一体化指标体系，引入模糊综合评价模型，定量分析了山东半岛蓝色经济区经济一体化动态发展水平，发现一体化水平总体趋势上升，但基础社会、产业、市场一体化水平还有待提高；最后针对问题提出相关政策。

关键词：山东半岛蓝色经济区　经济一体化　模糊综合评价　核心城市　产业结构

在全球经济一体化的背景下，区域经济一体化已成为今天的经济趋势，是经济全球化的重要内容，是一个国家甚至世界经济繁荣的首要前提，是区域经济发展的必由之路。

改革开放之后，随着我国经济战略的调整，继续加强区域经济的独立性，促进了我国经济与世界经济的发展与联系。区域经济一体化把我国现有经济

---

* 李凤霞（1978—），女，汉族，黑龙江讷河人，区域经济学硕士，鲁东大学商学院讲师，研究方向为区域经济。

资助基金：本文是中国行政体制改革研究课题"环渤海经济区协调发展机制和对策研究"及山东省社会科学规划研究项目"基于产业和谐视角的山东半岛蓝色经济发展研究"阶段成果之一。

发展不均衡的格局打破,为经济发展提供了新的增长点。展望未来,该地区的经济繁荣和发展将成为推动中国经济发展的重要支柱,促进中国经济融入国际舞台。

山东半岛蓝色经济区是从国家战略的高度给山东的战略定位,为山东提供了新的发展战略机遇,2011年国务院批复了《山东半岛蓝色经济区发展规划》,该规划指明了山东半岛蓝色经济区是作为一个整体来发展的。因此,在这样的背景下,研究山东半岛蓝色经济区经济一体化的目前水平,就能更好地知道经济发展的现在的状况,更有利于经济问题的解决。

区域经济专家认为,今后一段时期,中国城市群的真正含义将出现在山东半岛、辽中南、闽东南三个区域。山东半岛是山东省资源和生产力的主要优势所在地[①]。但是,当前山东各城市间协调机制较弱,各自为政,缺乏强有力的协调管理机构,各城市经济中心地位偏低,辐射力不强,互不认同,存在恶性竞争,还尚未形成成型的区域经济一体化机制。所以山东半岛蓝色经济区这个战略的提出,确定了山东在国内和全球一体化中的地位。因此,对于山东半岛蓝色经济区经济一体化的研究具有强烈的急切性和现实意义。

一、山东半岛蓝色经济区经济一体化的现状分析

(一)山东半岛蓝色经济区经济发展情况

1. 区位优势优越

山东半岛蓝色经济区内的几个主要城市都是沿海城市,并且与日本和韩国这两个国家隔海相望,有利了山东与日本和韩国之间的产业进行转移。山东半岛蓝色经济区容易受到北部的渤海湾和辽东半岛这两大经济区的辐射;南部地区依托长江三角洲这个发达的地区。依靠本身独特的地理优势,山东半岛蓝色经济区的经济和周边城市内部能够进行密切联系,拥有自己的工业体系从而使其经济比较独立;积极对外开展与多个国家的沟通与协作,经济区在参与国际合作竞争方面,成为东北亚地区全方位的领先者。

2. 经济实力较强

蓝色经济区的中心城市具有雄厚的经济实力,据此可以吸引周围城市的经济并且其产业素质方面居于全国前几位,其农产品、农业经济和农产品出口层面居全国之最,在工业发展这一方面也达到了一个相当高的水平,工业经济

---

① 蔡文琴.《山东半岛城市群区域经济一体化分析》,青岛:青岛社科院科研处,2007年,第56页。

已经有了很强的竞争实力,在我国北方地区基本确立区域辐射中心的重要角色。

3. 教育科研条件较好

教育技术是经济发展的动力,更是实现一个地区经济不断发展的关键性因素。山东半岛蓝色经济区具有很强的科技文化氛围,一些高等学校、科学技术研究所和人才都在此汇集,如表1所示。

表1 教育科学研究在山东半岛蓝色经济区的成果

地区/指标	普通高等学校数(所)	专利申请(件)	专利授予(件)	登记科技成果(项)
青岛市	22	27 009	12 689	304
烟台市	10	9 571	5 801	216
东营市	8	3 434	2 576	134
潍坊市	13	11 115	7 386	450
威海市	7	4 982	2 990	184
日照市	6	2 157	1 638	93

数据来源:《山东统计年鉴2013》

通过以上数字可以看出,半岛蓝色经济区拥有良好的教育和科学研究能力。本地区通过经济一体化过程可以更好地整合区域研究教育资源,为本地区经济的持续增长提供动力,进一步提高经济发展的质量。

从山东半岛蓝色经济区发展的现状来看,整体经济发展是比较高的,这一区域作为国家级发展战略实现的地方,未来有更多的发展机遇和空间,这些都为蓝色经济区经济一体化水平的提高奠定了基础。

(二)山东半岛蓝色经济区经济一体化存在的不足

1. 经济实力差异较大

从综合情况看,山东半岛蓝色经济区所包括的几个城市在全省都处于靠前的地位,但是城市之间的发展不同步,主要是因为区域位置、人口环境这些因素导致其仍存在一定的差距。如表2所示。

表2 山东半岛蓝色经济区城市的GDP(亿元)

青岛市	烟台市	东营市	潍坊市	威海市	日照市
7 302.11	5 281.38	3 000.66	4 012.43	2 337.86	1 352.57

数据来源:《山东统计年鉴2013》

从蓝色经济区 2012 年的 GDP 数据看，各个城市的 GDP 排序是青岛排在第一位，接着是烟台、潍坊、东营、威海和日照这几个城市。由此可以看出在半岛蓝色经济区中，青岛市是经济实力最强的市，其次是烟台市，排在最后的是日照。

2. 核心城市带动能力不强

作为半岛蓝色经济区核心城市的青岛，在地位方面是靠前的，但是与上海等城市相比，其实际能力和经济发展水平之间还存在着特别大的差距。观察2012 年的 GDP 数据，青岛市的大部分指标都比上海低了数倍，上海市 2012 年 GDP 的总值是 20 181.72 亿元，地方财政收入为 3 743.71 亿元。观察城市综合竞争力排名可以看出，上海市排在第四位，青岛排在第九位，烟台排在第 32 位，这就表明青岛作为一个地区的核心城市还是相对较弱①。从对青岛的产业结构分析来看，其产业的改变还是显得缓慢。

3. 城市间分工不协调

山东半岛蓝色经济区的这几个城市在研究未来在哪方面对各自进行功能定位这个问题时都还是停留在自己的想法中，缺乏协调与沟通的整体程度，有一定的盲目性和严重的产业结构趋同。

在纺织和服装行业方面，青岛与潍坊的产能差不多，青岛有时还不如潍坊；在汽车行业这一方面，烟台与青岛的水平是差不多的。这种产业结构类似的现象，使地区之间的经济交流与分工受到了严重影响，阻碍了区域经济的发展和健康分工体系的形成，在一定程度上削弱了城市产业之间的横向联系，使基于核心产业的整体优势不利实现。重复在一个地区进行投资的行为导致难以形成区域经济力量。

4. 一体化协调机制缺乏

山东半岛蓝色经济区的经济分散式管理大于一体化管理，阻碍和限制了地区间商品和生产要素的自由流动和资源优化配置，区域经济协调机制不完善，难以促进区域经济一体化、规范化发展，山东半岛蓝色经济区城市间协调机制实际上没有真正承担起协调作用，仍然流于形式，发展得不完善。山东半岛区域经济一体化仍然处于自然发展阶段，一些不合理的原有计划经济体制，尤其是城市群体内部之间形成的不平等因素仍然在发挥作用，并不断强化，这

---

① 中国社科院.《2012 年中国城市竞争力蓝皮书：中国城市竞争力报告》，城市竞争力百强。http://www.masok.cn/thread-1023027-1-1.html.

导致了区域经济发展过程中的诸多不足。

二、山东半岛蓝色经济区经济一体化水平分析

（一）一体化水平分析方法

对所要研究问题的指标进行计算分析，对每一层级指标分别计算，对不同层次评价对象的状态进行指标分析，这些指标将分配和确定权重系数，然后进行最后的评估排序，这要根据综合评价值得出[①]。

（二）指标体系的构建

本文按照数据的整体性、可行性和方便查找的原则，从产业一体化、市场一体化、环境一体化、基础设施一体化这四个方面，对一体化发展指标进行构建，综合得出综合评价的指标体系，如表 3 所示。

表 3　区域经济一体化水平评价指标体系

目标层	准则层	指标层
蓝色经济区经济一体化	产业一体化	第二产业比重 X1
		第三产业比重 X2
		第二产业产值区位商 X3
		第三产业产值区位商 X4
	市场一体化	平均社会消费品零售额 X5
		平均在职工人工资 X6
		平均固定资产投资额 X7
	环境一体化	建成区绿化覆盖率 X8
		平均生活垃圾清运量 X9
		工业固体废物利用率 X10
		天然气普及率 X11
	基础设施一体化	公路密度 X12
		平均公路里程数 X13
		平均邮电业务量 X14
		平均固定电话用户数 X15

---

① 郑慧，高艳.《山东半岛蓝色经济区金融生态模糊综合评价研究——以可持续发展为视角》,《中国渔业经济》,2011 年第 2 期,第 6 页。

(三)一体化评价

1.单因素评价

通过 2009～2013 年的《山东省统计年鉴》上获取的指标原始数据并对其进行相关计算,然后采用模糊分析方法对这些数据进行分析,首先得出的是单因素得分及排名,如表 4 所示。

表 4　单因素得分及排名

年　份	产业一体化	排　名	市场一体化	排　名	环境一体化	排　名	基础设施一体化	排　名
2008	0.292	5	0.000	5	0.068	5	0.587	3
2009	0.362	4	0.395	4	0.271	4	0.654	2
2010	0.420	3	0.469	3	0.435	3	0.760	1
2011	0.450	2	0.753	2	0.491	2	0.084	5
2012	0.746	1	1.000	1	0.917	1	0.252	4

根据各单因素得分画出折线图,进而观察各单因素一体化水平趋势,如图 1 所示。

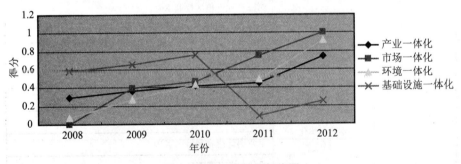

图 1　各单因素得分折线图

从图 1 可以看出,从 2008 年到 2012 年这五年内,产业一体化、市场一体化、环境一体化这三个因素总体的趋势都是上升的,基础设施一体化这个因素是先上升的趋势,然后在 2011 年迅速下降。

产业一体化水平虽然总体是上升的,但是其上升趋势比较缓慢。主要原因是山东半岛蓝色经济区各市在计划经济体制下制定了较为完整的产业体系,但是各个地区的产业都自成体系,区域内产业结构水平落后、产业结构类似现象也比较严重,行业间的合作与分工明显不足。据图1看出,从2011年到2012年,产业一体化水平大幅度上升,主要是因为2011年到2012年第三产业区位商数值增加的幅度大,如表5所示,说明在山东半岛蓝色经济区内第三产业的集中化程度提高,产业结构层次水平提高,使一体化水平增加。

表5 蓝色经济区近五年第三产业产值区位商

指标 / 年份	2008	2009	2010	2011	2012
第三产业产值区位商	0.954	0.952	0.951	0.943	0.995

市场一体化从整体看来,增长趋势都是比较快的,根据数据可以看出,平均社会消费品零售额、平均在职工人工资、平均固定资产投资额这三项指标值几乎每年都是在大幅度增加,如表6所示,这就引领了市场一体化的向前发展。这主要是因为,随着经济水平发展进步,人们的消费水平提高,引起社会消费品销售量增加。同时,企业经营效益良好,投资水平增高,更加注重对员工的工资水平、福利待遇的提高。这些使得需求和投资状况比以前有了很大的改善,由需求拉动和供给推动的市场一体化程度也不断提高。

表6 2008～2012年蓝色经济区市场一体化指标的数据

年份 / 指标	平均社会消费品零售额 (亿元)	平均在职工人工资 (亿元)	平均固定资产投资额 (亿元)
2008	711.516	169.276	1 302.428
2009	842.608	279.716	1 577.427
2010	1 001.030	229.233	1 891.983
2011	1 173.653	282.633	2 131.035
2012	1 318.867	315.183	2 448.591

对于环境一体化这个因素来说,从2008年到2012年,其总体水平是呈现上升趋势,山东半岛蓝色经济区的这几个沿海城市的海域都是比较清洁的,并且也一直不断地在为海洋环境做贡献。从2011年到2012年增加幅度比较大,根据数据可以看出,平均生活垃圾清运量从2011年的46.585万吨增加到2012年的52.08万吨,使得城市环境更加整洁,生态越来越好。

基础设施一体化这个因素从2008年到2010年水平都是上升的,说明山东半岛蓝色经济区的基础设施已经相当完善。主要原因是山东省拥有青岛港、日照港、烟台港这三个运输量能达到上亿吨的大港。并且,最近这些年,公路、铁路、河运等运输管道网络的构建仍在不断加强。然而从 2010 年到 2011 年水平大幅度下降,根据数据可以看出 2011 年平均邮电业务量(138.983 亿元)相比较 2010 年(50.850 亿元)下降很多,这样就导致了基础设施一体化整体水平的下降。

2. 综合一体化水平评价

计算出山东半岛蓝色经济区各年份的综合得分及排名,就是反映一体化水平在山东半岛蓝色经济区的动态结果,见表 7 所示。

表 7　山东半岛蓝色经济区近五年一体化水平的综合得分及排名

年　份	得　分	排　名
2008	0.253	5
2009	0.482	3
2010	0.573	2
2011	0.449	4
2012	0.678	1

根据山东半岛蓝色经济区经济一体化水平综合得分画出折线图反应一体化水平总体趋势,如图 2 所示。

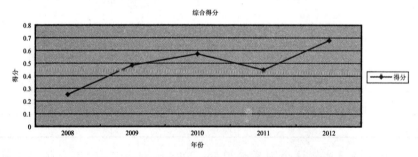

图 2　蓝色经济区一体化水平综合得分折线图

从山东半岛蓝色经济区各年份的整体得分观察其趋势发现,整体的经济一体化水平已经取得了非常大的成就,总体趋势是不断增加的。各城市不断加强产业、基础设施、生态环境这些方面的工作,以此来强化区域经济一体化,使地方的经济表现出迅猛发展的势头。从 2008 年到 2009 年,总体一体化水平增长幅度大,这是因为从 2008 年到 2009 年各个单因素水平都在增长,尤其是市场一体化水平增加幅度最大,从 2010 年到 2011 年总体一体化水平出现下降趋势,这主要是由于基础设施一体化水平下降严重而导致的。但总体趋势仍是上升,这代表着山东半岛蓝色经济区一体化水平在不断提高,但提高的幅度并不大,而且呈现不稳定波动。

所有这些说明一体化水平并不是很高,还需要大力推进一体化进程,尤其基础设施一体化水平还跟不上经济发展的步伐,必须加快发展,否则会阻碍一体化的水平。产业一体化和市场一体化都是经济一体化水平的重要组成部分,他们也都呈现增长的趋势,不过增长的幅度也不是很高,所以对于这些方面的建设也是需要加强的。

三、山东半岛蓝色经济区经济一体化的对策分析

(一)确定经济区一体化的核心

青岛和烟台这两个主要城市综合能力的提高能够带动山东半岛蓝色经济区经济一体化的建设。从目前来看,青岛具备成为核心潜力。青岛所处的位置很好,是中国沿海的经济中心城市,还是中国北部一些地区的物流中心和制造基地。山东半岛蓝色经济区应该尽快地确定青岛代表这一区域的领先地位,并且对这个城市进行培养,要在所有方面提升青岛的综合竞争力,以青岛为中心城市,把它旁边的城市当成基地,大力发展高新技术产业。

1. 促进现代服务业在青岛的发展

经济增长的速度会受到服务业发展情况的影响,青岛应把传统产业向烟台、威海两市转移,以现代服务业为发展重点,加快调整经济结构。在对服务业进行分配发展时,对于商业、医院医疗机构、就业培训和各种银行等这些基础性服务业,应该对其适时进行发展,对于一些比较高等的服务业如飞机场、大型的金融机构、文体设施和科研中心等,应该更重视其发展。发展现代金融业就要做到对融集资金的方式和渠道进行创新,依托青岛铁路集装箱中心站,打造新亚欧大陆桥沿线区域重要的货物中转与分拨中心,是发展现代物流业的良好方式[①]。

2. 提高青岛的国际化程度

提高青岛在国际上的地位,增大人口规模密度,强化中心城市的功能,使以青岛为龙头的现代化港口体系更加完善,加强核心竞争能力,以港兴区。为

---

① 张逍.《胶东半岛经济一体化研究》,青岛:青岛大学硕士学位论,2008 年,第 31 页。

了培育青岛国际综合竞争力,应该实施国际化战略,对于有实力的企业应该鼓励其到海外融资,把外部引进的资金用到对先进技术和理念的学习上,通过对外出口提高产业的竞争力,通过外资经济规模扩张带来经济运行机制和政府管理体制的转换。

(二)突破障碍,加强政府间合作

1.进一步消除区域行政分割

山东半岛蓝色经济区对待区域经济一体化,应该做到使各地方政府消除行政分割,打破行政区划的界线,消除区域合作的各种障碍,消除市场壁垒和体制障碍,协调地区间利益,建立开放、规范有利于市场竞争的环境和条件。在经济资源的分配中应该充分发挥市场的基础性作用,把利润分配平均化以调节资本在各个生产部门中的分布,对资源的分配和商品的供给和需求自由地进行调整。

2.推进政府间合作进程

通过一种制度性的规则建立一系列的程序和决策机制,把山东半岛蓝色经济区各个城市建成一个有机化的整合体。政府间定期进行访问,就是指定期进行高层交流和思想领导对接。在旅游、基础设施、咨询投资这些发展问题上进行协商一致,处理好"市际"利益关系,确保形成生产要素能在区域内自由流通并且共赢的城市。要让各个城市的政府通过一系列正式的规则制度对全体进行制度整合,这样就能够使机制维持一致的协调性,并且会让社会上许多人的意识形态都能达成统一。

(三)优化产业结构,避免产业同化

要提高蓝色经济区产业一体化水平,各区域必须首先优化自身的产业结构;再者,区域之间产业分工合理,避免产业同化。

1.优化自身产业结构

烟台应该充分发挥次中心城市的功能,以现代制造业为主导,重点提升食品、纺织、橡胶制造等传统行业,促进其他先进的工业服务业等产业的发展。威海市应充分利用自己的地域优势,利用其良好的环境,大力发展旅游业,促进其造船行业和其他制造业的发展。潍坊市首先要对传统工业进行一些改造,其次要发展现代新兴的制造业和高科技的技术产业。加强日照税收物流核心的建设,重点对待现代物流业在港口的发展,对日照钢铁精品基地进一步加大建设。东营原油在上游和下游产业链进行延伸,发展和石油相关的机械、加

工等行业,现有的活塞和石油机械制造行业应被扩大,培育占领市场的主导产品,使东营成为向多个方面发展的专业性的机械化、石油化的工业大城市[①]。

2. 区域产业合理分工

合理配置三次产业结构和一些大型项目的开发,从整体角度去研究,使各个地市之间协调一致地进行发展。各地市间应该依据自己的优势,充分发展适合自己的主导产业,不能盲目从众。各个地市之间在独立地进行发展自身产业的同时,还必须要注意依据相同的优势进行合作发展。青岛和日照是我国两个最大的铁矿石接卸港,可依靠青岛、日照港建立国家铁矿石储备基地,促进相关物流业的发展;在烟台、威海、日照海洋渔业和水产品加工业比较发达的地区,可建立具有鲜明特色、享受一定优惠政策的水产品加工基地。把青岛市和烟台市这两个核心城市重点发展为以现代制造业为主的地域,并且对于现代服务业的发展要大力加强,使他们能够承担起综合性城市的地位。

(四)继续强化市场机制

半岛蓝色经济区这些一体化内容相比较之下比较完善的方面是市场一体化,但是这点与长江三角洲和珠江三角洲珠相比,市场一体化的水平还是不高,所以应该继续加强。各城市应当明确区域经济发展目标、各个地区的产业分工和功能定位。在完善市场经济的条件下,应当解放思想,坚决地改变束缚区域发展的一切法规和政策,努力突破制度和观念上的障碍来加快经济一体化进程[②]。其次以市场调控为主体,优化产业结构、商品市场结构,统一市场监管规则,促进区域商品市场健康发展。再次对市场内生产要素进行有效配置,以市场为主导,结合政府指导,完善市场法规政策。

(五)加强基础设施建设

只有先把区域内的交通、邮政和电子网络信息一体化等基础设施建设好,才能做到使山东半岛蓝色经济区向着好的方向发展。

在交通方面,要打破山东半岛蓝色经济区城市间的行政边界,协调各级政府,建立区域内的综合基础设施网络系统,渐渐取消整个地域内城市间的各种级别的道路收费问题,实现区域内"无障碍通道"。对青岛港、烟台港、日照港

---

① 周静华.《基于生态文明的山东半岛城市群制造业发展研究》,山东大学硕士学位论文,2013年,第35页。

② 赵毅.《环渤海经济圈区域经济一体化研究》,山东财经大学硕士论文,2012年,第35~36页。

和威海港这几个大港口的资源进行综合,完善港口服务的功能。要加大对深水泊位集装箱建设的力度,扩大沿海和远洋运输的规模,从而形成由青岛港、日照港和烟台港组成的大型港口集团和具有深水、专业化的中转运输系统。

在邮政和电信网络方面,应该积极推动山东半岛蓝色经济区的信息网络基础设施建设,促进信息服务体系一体化的发展。实现网络资源整合、网络集成和积极推进信息服务平台的发展。

（六）优化环境,利用可再生能源

在建设半岛蓝色经济区时,将生态文明建设和经济结构调整紧密集成,达到水环境、大气环境和城市防灾的标准,并建立良好的整体区域规划[1]。山东半岛蓝色经济区的城市之间应该共同采取措施,商讨对于生活垃圾、工业污染排放的处理办法,比如把垃圾分类,对垃圾进行回收处理。以青岛为核心建立环境稽查队,定时对各个城市进行环境检查,并把结果量化公布,促进各市之间的互相监督与进步。建立覆盖所有半岛经济区的三维环境监测以监控海岸海水,建立预测网络来促进海洋环境监测网络系统建设,积极建设和加强公民海洋污染事故的监测小组,加强海洋环境的监督和保护[2]。

确保不中断的利用可再生的能源,通过人为技术调节资源。以青岛为中心,以潍坊市、烟台市、东营市、威海市和日照市为辅助,以产学研结合为基础,共同推进资源的研究和利用。

---

[1] 韩立民,李大海,于会娟.《加快推进山东半岛蓝色经济区建设的对策研究》,2011年第1期,第119页。

[2] 曹文振,吴美颖.《山东省打造半岛蓝色经济区的SWOT战略分析》,《山东行政学院学报》,2011年第2期,第112页。

美国海洋信托基金对我国海洋事业发展的启示

邓俊英[①]　柯　昶[②]　潘新春[②]

（①北京石油化工学院　北京　102617；②国家海洋局　北京　100860）

摘要：美国是世界上基金会最发达的国家。表现为发展早、数量多、规模大、涉及领域广、国内外影响深远、制度建设规范。各种类型的基金会对美国教育、自然科学、人文社会科学、慈善和社会服务、环境保护等公共事业起到了重要作用。美国海洋信托基金的设立对海洋开发管理，维护海洋可持续发展作用显著。海洋信托制度建设是我国海洋事业发展的迫切需要，因此，美国海洋信托基金经验对我们具有借鉴作用。

关键词：海洋信托基金　海洋事业　可持续发展

一、美国海洋信托基金的制度基础

美国慈善基金的发展为海洋信托基金积累了经验，奠定了制度基础。慈善基金的发展源于三个方面：

---

* 邓俊英（1961—），女，山东人，中国人民大学哲学博士、北京石油化工学院人文社科学院公共管理系副教授、中国人民大学管理哲学研究中心客座研究员，研究方向：管理哲学、公共事业管理。

柯昶（1969—），男，湖北人。国家海洋局海洋咨询中心党组书记、中国海洋工程协会副秘书长、高级工程师、硕士，研究方向：海洋环境管理。

潘新春（1957—），男，湖南人。中国海洋工程协会秘书长、国家海洋局海洋综合管理司司长、管理学博士、教授级高工，研究方向：海洋管理和规划。

（一）宗教文化形成捐助观念。基督教主张，"人离开世界时，如果手里还有财富没有贡献给社会是不道德的"。许多欧洲人正是在慈善捐助的支持下成功移居美国。美国早期的学校、图书馆等公共设施也是由慈善捐助而建。

（二）经济发展提供了慈善捐助的物质基础。19世纪末20世纪初，美国教育改革推动下的科学技术进步和在泰罗节约资源提高效益的科学管理影响下，社会财富迅速增长，产生了众多百万富翁和垄断资本家。1913年，洛克菲勒家族资产超过9亿美元[①]。

（三）平衡阶级利益缓解社会矛盾的政治需要。社会财富分配严重不公和资源配置失衡，导致贫富差距悬殊，阶级矛盾尖锐。政府开始进行行政管理改革：（1）从法律上规定慈善捐助实体可以减免税收。（2）提倡社会公平正义，形成了"富人用财富回馈社会是应尽的道德义务"的观念。（3）现实社会秩序对富人更加有利，他们希望社会稳定。卡耐基提出，富人应该把财富看成是大众的信托基金，不仅用它解决现实困难，还应该前瞻性地着眼于未来解决社会公共问题。（4）基金会在关注国内问题的同时，还应关注国外，并且不应被投资者左右。"据2008年的一项统计显示，美国共有11.2万个私人基金会，拥有6 270亿美元资金。这些基金会不但在国内政治与社会事务中呼风唤雨，在国际舞台上也无处不在。"[②]20世纪70年代之前，各类基金主要以直接救助为主。福特基金出现后，基金开始转向更多地解决社会问题的根源，向政策制定、科研、教育、慈善、环保等方面发展，并出现了更多国际性资助。

20世纪70年代后，慈善基金逐渐制度化、法制化、规范化。表现在：（1）组织化、制度化。基金会按照法律和章程形成具有一定约束性的规章制度。（2）独立性。即使在政府资助的情况下也独立于政府。（3）非营利性。产生的任何收益都不能据为己有。（4）自治性。根据内部章程进行管理，不受外界干涉。（5）自愿性质，有志愿者参与其活动。（6）公益性。具备为公众服务的使命。（7）受法律约束。基金会成立必须向有关政府部门登记注册，并且接受相关法律规章的管辖。（8）受优待性。其经营可以享受免除政府税收的优待。美国慈善基金从发展理念到制度设计逐渐成熟，为海洋信托基金提供了参考和依据。

---

① 李韬．《慈善基金会为何兴盛于美国》，《美国研究》，2005年第3期，第144页。

② 马秋莎．《美国大亨引领慈善业私人基金会数量超11万》，《环球时报》，2013年4月23日。

二、美国海洋信托基金的产生

（一）美国海洋信托基金是在慈善基金基础上，基于公共信托原则建立起来的

"公共信托原则"的法理渊源是古罗马的《查士丁尼法典》，该法典规定"按照自然法，空气、流动的水、大海及海岸诸物，属于共同所有"。[①]1842 年，美国最高法院司法解释认为，空气、流动的水、海洋（包括水下土地）及海岸附着物属于公共资源，全体国民对此具有所有权。政府只是源于国民的信用委托，依法履行保护和保全这些公共资源的义务。公共信托原则无论在管理层面还是法律层面，都对政府行为进行了界定和规范。如：信托财产不能出售，必须保留其特定用途，信托财产作为公共产品要满足一般公众的使用需求。随着人们对海洋认识的不断提高，保护海洋环境、科学利用海洋、有效管理海洋、保证海洋可持续发展成为人们的普遍共识。海洋产业投资多、风险大、成本收回慢的特点，决定了私人资本不愿意大规模投入，公共财政的有限性又缺少足够资金全面投资于涉海产业。因此，广泛动员社会资本参与海洋事业发展，不仅有利于海洋经济，也是盘活社会闲散资金实现金融资本创新的客观需要。

（二）进入 21 世纪，美国政府从法律和政策层面更加重视海洋事业发展，寻找资金投入的多种渠道和海洋环境保护的具体措施

2000 年 8 月通过的《2000 年海洋法》提出成立"美国海洋政策委员会"和建立"国家海洋信托基金"的建议。2004 年 4 月，美国海洋政策委员会建议美国政府建立"海洋政策信托基金"，加大对海洋管理和资源保护的资金投入，在白宫内增设国家海洋委员会，以保护美国海洋资源免遭海洋开发及工业污染带来的危害，保持可持续发展。2004 年底，在《21 世纪海洋蓝图》、《美国海洋行动计划》中，"对实施新的国家海洋政策的资金需求和可能的来源进行分析，提议建立海洋政策信托基金的具体措施，加大资金投入力度。主要投资项目包括国家海洋政策框架、海洋教育、海洋科学与调查、海洋监测、观测与制图，以及其他海洋与沿岸项目；要认识到非政府组织的重要作用；要把从海洋利用收取的税收用于海洋和沿岸管理上"。[②] 2005 年 9 月，出于对海洋管理必

---

① 张爱妮.《渔业公共信托原则在美国的发展及其对中国的借鉴》,《时代法学》,2013 年第 11 期,第 106 页。

② 《美国海洋战略》,2008 年 10 月 21 日。

要性和重要意义的认识，美国"海洋政策委员会"与民间非营利组织"皮尤海洋委员会"合并，成立了"联合海洋委员会"。皮尤慈善信托基金也成为海洋信托基金的一部分。

（三）建立"海洋信托基金"的目的：保护海洋免遭海洋资源开发以及工业污染带来的危害，加强基于生态系统保护的海洋综合管理，使海洋得到可持续利用

海洋信托基金的资金来源，是美国财政部征收的沿海石油和天然气开采税以及在联邦水域从事海洋商业活动所交的各项费用。基金的用途是专门用于改进海洋资源开发、海洋环境保护等海洋管理工作。美国海洋政策委员会计划："海洋信托基金每年有 50 亿美元的资金，其中 30 亿用于联邦政府海洋保护政策制定及实施的项目，10 亿用于各州有关海洋资源保护政策的项目，10 亿用于土地和水资源保护及历史遗产的保护。"[1]

（四）20 世纪 80 年代"新公共管理运动"影响，政府管理开始引入竞争机制、成本核算和市场模式，鼓励非政府组织参与社会公共管理（包括海洋管理）

二战以后，传统政府管理对社会生活进行全面干预，出现了机构膨胀、人员超编、财政支出日益扩大、管理效率和质量低下等问题，政府面临财政危机、管理危机和信任危机。公共选择理论认为，政府部门和市场中活动的个人本质一样，都追求利益的最大化。要消除政府管理的垄断和低效率，就必须引入市场和竞争机制，允许非政府组织和个人参与社会公共物品和公共服务的生产和提供，保证公共性和多样性。政府可以采用赠予、补助、外包、授予经营特许权、发行购买债券等技术，让介于个人和政府之间的"第三者"参与公共管理。市场模式重视成本核算，这无疑对传统政府管理不计成本的投入是一个限制，避免管理效率低下。但市场调节存在滞后和信息不对称现象，这就使公共产品生产者和消费者处在不平等的交易地位，导致"非等价交换"、"契约失效"。可见，完全依赖政府和过分信赖市场，都有一定局限性，而信托基金可以弥补二者的不足。信托基金是以信用委托的形式，由政府特定行动建立的基金，体现政府对民众做出的服务承诺。政府不能随意支出财政收入，也不能随意征税。信托基金纳入联邦政府统一预算管理，通过立法强制性地要求政府必须将资金用于特定目的。如果需要改变信托基金用途，必须由政府出面通

---

[1] 青泽.《美国加强海洋资源保护》,《中国环境报》,2004 年 04 月 30 日。http://www.sina.com.cn.

过修改现行法律来改变信托基金项目的税率、待遇水平或者使用目的。

三、美国海洋信托基金的作用及启示

美国基金会的作用在于，执行政府委托的公共事务；承担政府和营利组织不愿做或无法做的项目；影响政府部门、企业、社会组织决策方向。

（一）美国海洋信托基金在海洋环境及不可再生资源保护和海洋管理方面作用显著

以石油泄漏责任信托基金为例：1989 年 3 月 24 日，美国埃克森公司一艘油轮在威廉王子湾触礁，造成 1 100 万加仑原油泄漏，成为当时美国历史上最大的海洋溢油污染案。1990 年美国国会通过了《油污法》，并根据该法设立了石油泄漏责任信托基金。基金设立的目的是：防止和处理未来可能发生的海上溢油事件，加强海洋环境保护，维护沿岸民众利益。基金来源于对在美国进行海洋油气勘探企业强征的税（石油税、转让收入、利息收入、成本回收、处罚），基金专门用于支持美国海岸警备队、美国海洋和大气管理局、国家应急系统、石油污染研究和开发项目的运行（油污清理成本、申请人索赔、相关机构的管理费用等）。基金的组成有：紧急基金、常设基金。紧急基金需总统批准，每年最高限额 5 000 万美元，用于清污、自然资源损害评估、清污机构管理协调。常设基金则用于清污、损害赔偿、管理行政机构运行和科学研究开发项目（主要用于前三者）。

（二）石油泄漏责任信托基金被纳入赔偿框架

石油泄漏责任信托基金还被纳入赔偿框架，"即如果石油泄漏责任方赔偿范围超出法律规定的上限，石油泄漏责任信托基金负责赔偿其余部分，并且规定了单个事件赔偿额度以 10 亿美元为限。在 BP 公司（英国石油集团公司）墨西哥湾石油泄漏事件短短几个月中，石油泄漏信托基金为此支付了 6.9 亿美元。与石油泄漏近期和长远的巨大损失相比，石油泄漏信托基金规模和赔偿能力显得远远不够。为此，参众两院税收制定委员会联合提案，将税收提高 4 倍，即由 8 美分提高到 32 美分，提案获得通过并生效。"[①] 该基金作用体现出：第一，增强了政府职能部门海洋管理的经济手段和能力，能更好地履行信托责任。第二，体现"谁纳税谁受益，谁污染谁补偿"的市场经济公平原则。第三，

---

① 冯跃威：《信托基金护航海洋油气开发》，《中国石油石化》2013 年第 8 期，第 29 页。

增强了涉海活动企业安全意识和社会责任意识,公民海洋保护观念深入人心。第四,保证了政府作为基金受托人的信用,从而使基金运行具有长期性、稳定性。

（三）美国海洋信托基金在政策和收入稳定性方面比一般基金更具优势

美国国会研究处（Congressional Research Service, CRS）指出:"设置联邦信托基金的典型意义就是为了那些具有长远目标的项目。"[1] 海洋信托基金所以长期稳定,首先,在于它要实现的目标和职能具有长期性,保护海洋环境,改进海洋管理。其次,设立海洋信托基金的相关程序、基金征收规模、征收主体、征收方式、用途、基金监管等问题都经过政府海洋政策委员会和相关法案的规定,非经法律程序修改立法和国会批准不得取消或削减该基金。再次,财政部、联邦行政管理和预算办公室,都会相应地为海洋信托基金设立联邦财政预算目标。财政部作为政府代表只有基金征收和管理权,而没有所有权,是海洋信托基金的受托管理人。最后,联邦政府如果要通过法律修改海洋信托基金的征收目的和资金规模等内容,必须通过国会两院辩论、听证、调查等程序,并接受公众监督。

（四）美国海洋信托基金能够保证专款专用,有效实现海洋管理目标

美国海洋信托基金采取向特定对象收费或收税的形式获得资金,而非依赖政府财政拨款。信托基金设立时,规定了明确的信托条件,对信托基金用途、收费期限等问题均依法做出规定,信托基金不以营利为目的,会有年度盈余,是一种专项收入和支出紧密联系在一起的会计制度。财政部下属职能部门负责定期向基金的项目机构提供财务报告,使纳税人能够清楚了解资金的使用和流向。信托基金只能购买美国政府担保的债券,不能进入投资市场,基金保持收支大体平衡。这就保证了基金的可靠性和安全性。

由上述内容可以看出,美国海洋信托基金有几个方面值得我们借鉴:第一,美国海洋信托基金不以营利为目的。第二,政府财政部作为国家受托人的代表履行资金管理和海洋信托责任。第三,海洋信托基金委托与受托双方责权利有明确法律规定,双方权利义务变更也要经过严格的法律程序才能实现。第四,专款专用,保证海洋信托基金的安全性、稳定性、长期性。第五,海洋信托基金纳入政府财政预算统一管理,并接受公众监督。第六,海洋信托基金必

---

[1] 张晶.《被忽视的信托,美国联邦信托基金研究对我国的启示》,《中国地质大学学报（哲学社会科学版）》,2014年5月,第2页。

须用于特定目的的行动,这种特定目的体现政府海洋管理的规划目标和对公众的某种承诺。第七,海洋信托基金只能购买美国政府担保的债券,不能进入投资市场,基金保持收支平衡。

四、我国海洋事业发展面临的主要问题

(一)加大海洋事业的资金投入是实现国家发展战略的迫切需要

海洋经济正在成为我国国民经济新的重要增长点。自建设海洋强国上升为国家发展战略以来,传统海洋产业逐步向海洋交通运输、海洋能源与矿产资源开发、海洋生物医药技术、海洋信息与科学研究、海洋旅游文化与环境保护等新兴领域发展。在海洋发展资金、技术、人才、管理四大要素中,资金投入具有关键性作用,它制约着人才、技术、管理的发展水平。而长期以来,我国金融业发展重心一直在陆地各种产业,海洋经济资金投入不足,严重制约了海洋资源开发与海洋环境保护。要建设海洋强国,必须加大金融业对海洋经济发展的支持力度,培养海洋金融人才,创新海洋金融产品,设立海洋金融机构,出台相关法律政策,充分发挥金融参与、支持海洋事业发展的作用。纵观世界其他海洋国家,有的建立了专业性的海洋金融保险机构,有的设立专业的海洋产业基金,还有的组建了区域性的海洋开发银行。鉴于此,我国海南省人大代表、政协委员在 2014 年 3 月"两会"期间,提出了建立海洋金融银行的建议。

(二)建立安全、稳定、有效、可持续的海洋信托基金制度促进海洋强国建设

海洋经济属于资本密集型、知识密集型和技术密集型经济。海洋产业周期长、见效慢,投资多、风险大、收益不确定,这些特点决定了私人资本不愿投入,国家资金有限很难多投入,金融机构缺少足够动力投入。因此,借鉴美国经验,政府作为受托人,设立具有一定金融机构特征的海洋信托基金,发挥资本市场自发调节和政府信用的作用,可以促进金融和海洋产业的融合。事实上,在银行实行货币紧缩政策的情况下,构建融资渠道多元化、风险分散的海洋金融体系十分必要。改革开放 30 多年来,我国沿海经济高速增长,民间资本得到较大发展,积累了大量社会资本,仅浙江一省就达上亿万元。通过金融政策创新,促进社会资本向海洋经济流动,对海洋事业繁荣和金融业发展都具有积极作用。

(三)涉海金融业不发达制约海洋事业发展

我国金融业对海洋事业发展支持不足表现在:

第一、缺少服务海洋经济发展的复合型金融人才和专业机构。

"我国是海洋大国，有 11 个省、市、自治区滨海，现有海洋海事大专院校 12 所，年毕业人数 13 000 余人。"[①]尽管从数量上看似乎我国涉海人才不少，但由于涉海专业设置面过窄，招生人数太少，培养目标与产业需求脱节，人才结构层次低，基础研究型人才多，应用型、经营型、战略型、复合型人才少，导致现代海洋服务业（包括金融服务）、战略性海洋新兴产业、海洋经济发展综合性国际化人才（包括海洋哲学社会科学人才）严重匮乏。金融业对海洋经济的支持，更多是由非海洋经济的专业性商业银行、保险公司等提供，缺少专业化的海洋金融机构，如：船舶保险机构、海洋石油泄漏损害赔偿、海洋信托机构等，涉海金融业发展水平难以得到大幅度提升。

第二、海洋信托基金理论和实践尚不成熟。

我国所说的海洋投资信托基金，"是指通过发行基金受益凭证募集资金，交由专业投资管理机构运作，由其专门投资于海洋产业或项目，以获取投资收益和资本增值的一种基金形态。基金投资者的收益主要是基金拥有的投资权益的收益和服务费用，基金管理者收取代理费。实质上是一种证券化的产业投资基金，具有投资基金集中管理、分散投资、专家理财的特点"。[②]海洋信托投资基金作为产业投资基金的一种，目前在法律上无明确依据。其募集方式、经营管理、风险评估等问题没有相应的法律规范，这就使海洋信托投资基金发行、运作及监管缺少政策法律依据。另外，《基金法》《信托法》及其实施细则和监管规则，都没有对基金管理人代表基金持有人行使哪些权利承担哪些义务做出详细规定，而基金持有人、基金管理人、基金托管人等建立的信托关系，由于信用体系不完备、信息不对称，也存在一定的经营风险、信用风险。

第三、海洋信托基金相关配套的法律法规还不完善。

2012 年财政部、交通部出台了《船舶油污损害赔偿基金征收使用管理办法》《投资基金法》。2001 年通过《信托法》，但相关配套法律法规实施细则不到位，譬如如何保护委托人利益、如何进行损害赔偿等问题未能明确。银监会 2007 年发布《信托公司集合资金信托计划管理办法》，其中对于信托计划财产

---

① 李薇，宋兵，王竹凌，张凉.《"人才荒"困扰海洋经济发展》,《中国水运报》,2011 年 10 月 24 日。

② 俞菊明，黄亮.《浙江省发展海洋投资信托基金的主要障碍及对策分析》,2011 年 10 月 20 日。

的保管有所规定,但并非从法律层面对此进行强制规范。目前我国海洋信托基金缺少信用风险的预警模型和有效防范机制,信息披露制度和信用风险评估都有待加强。建立完善的政策法律体系和科学管理体制,保证基金受托人全面履行受托责任,有效管理海洋,维护海洋可持续发展,是海洋经济及社会科学工作者面临的紧迫任务。

五、促进我国海洋事业发展应当采取的对策

(一)加大金融业支持海洋经济发展的力度

海洋经济战略地位的提升,给金融业的发展带来了发展机遇和业务拓展空间。而在目前银行借贷金融主导的体制下,为了规避海洋经济特有的风险,很少有银行愿意将金融资本大规模投向海洋经济,导致海洋开发效率低、规模小、布局分散、发展慢。资金短缺成为制约海洋经济发展、海洋科技进步、海洋战略人才培养、海陆统筹综合管理的瓶颈。这就需要从政策层面给以涉海金融机构补贴、减免税收等优惠政策,适当放宽涉海金融机构的准入门槛,探索社会资本建立海洋金融机构的途径,鼓励海洋金融机构金融产品创新、服务创新。"要大力推动国家层面的海洋立法和地方性海洋法规的制定。加大对海洋领域的财政投入和税费优惠扶持力度,健全风险补偿和共担机制,充分调动市场主体特别是民营资本参与海洋经济发展的积极性。"①目前,已经有沿海城市提出建立国家海洋开发银行、海洋投资信托基金、海洋金融研究机构。

(二)大力培养海洋金融类复合型人才

海洋经济发展人才培养是第一位的。海洋金融涉及法律、政策、金融、海洋经济等众多领域,需要既懂金融又了解海洋的跨学科、综合性、复合型人才。因此,要在全国高校大力培养涉海方面的法律、金融、保险、审计、资产评估、精算、信用评级、海洋人力资源管理等专业的人才。人才培养周期长,海洋事业发展刻不容缓,因此,在自力更生培养人才的基础上,还要积极引进优秀人才,建立与国内外知名高校和研究机构在海洋金融方面的交流合作,培养具有国际视野和良好专业技能的海洋金融人才。设立海洋金融人才储备数据库,为他们搭建"产、学、研一体化"的发展平台。加强涉海专业师生在银行、保险公

---

① 《金融支持海洋经济发展策略解析》,中国行业研究网 http://www.chinairn.com,2014年1月20日。

司、证券公司、信托公司等金融部门的实习、实践。聘请金融机构相关专业人员作高校兼职教师,促进二者在理论创新和实践创新方面的结合。

(三)健全海陆统筹管理机制实现金融管理创新

海洋的流动性、立体性、边界不清共有性决定了海洋管理不同于陆地管理,具有更加复杂性。陆地河流对河口、入海口造成的点源污染和面源污染,也决定了海洋环境治理必须实行海陆统筹管理。长期以来,金融业以陆地为中心的经营管理模式还不适应海洋经济的复杂情况。所以,未来海洋经济发展离不开海陆统筹综合管理。海陆统筹综合管理"是以国家整体利益为目标,通过发展战略、政策、规划、立法、执法、以及行政监督等行为,对国家管辖海域的空间、资源、环境、权益及开发利用与保护等,在统一管理与分部门、分级别管理的体制下,实施统一协调的管理"。[①] 海洋综合管理不能忽视的一个重要部分就是金融管理。金融是连接海陆经济各种要素市场的纽带(海洋信托基金是金融业的组成要素之一),科学合理配置金融资源,能够提高市场资源的配置效率和产出效率,带动海洋经济全面可持续发展,促进海洋产业结构的调整和优化,不断提升市场竞争力。金融管理体制改革创新,要处理好中央和地方金融政策的协调一致,拓宽融资渠道,创造良好的融资环境,通过政策性银行向海洋产业提供低息或无息贷款,建立涉海产业发展基金,如:涉海人才培养基金、海洋科技发展基金、海洋渔业基金(渔业发展基金、渔船资本化基金、渔船油价稳定基金、渔船保险基金、渔业贷款基金)、海洋环境污染治理基金等。总之,通过金融管理,运用资本、货币、税收、利率等经济杠杆对市场的调节作用,引导海洋经济健康发展。

六、结束语

全球海洋资源开发利用的竞争已经如火如荼,海洋经济发展离不开资金的强有力支持。建立健全包含海洋信托基金在内的海洋金融政策、法律、管理制度和金融体系,是保证海洋环境保护、实现海洋综合管理和可持续发展的基础。我国在海洋信托业发展方面还处在起步阶段,既没有成熟的理论,也缺乏成功的实践经验。因此,学习借鉴美国海洋信托基金的发展理念、制度设计、法律规范,对于我国海洋事业的发展无疑有积极的作用。

---

① 尹跃.《海洋综合管理模式研究》,《知识经济》,2013 年第 3 期,第 25 页。

"中国梦"背景下青岛市蓝色梦想的构建

摘要：从国家层面看，"中国梦"的目标是实现中华民族的伟大复兴，"中国梦"的实现，需要社会中的每个机构、组织以及每个人的努力。城市是社会发展的主要组织形式，城市结合本地特色进行发展，是实现"中国梦"的有力推动。青岛市作为沿海发展城市，近年来在发展海洋经济的背景下建设"蓝色经济区"、"蓝色硅谷"等重大举措，有力地推动了"蓝色经济"的发展。而在社会文化、教育和管理等方面，也需要积极跟进，采取一系列配套措施，加强"蔚蓝青岛"的建设，实现青岛市蓝色梦想，进而为中华民族伟大复兴"中国梦"的实现而努力。

关键词："中国梦"　海洋经济　海洋社会组织　海洋文化

一、"中国梦"的提出及其实现路径

习近平总书记 2012 年 11 月 29 日在中国国家博物馆参观"复兴之路"展览时提出实现中华民族伟大复兴的"中国梦"之后，在第十二届全国人民代表大会第一次会议闭幕式上他再次对这一概念进行了全面、详尽的阐释，"实现中华民族伟大复兴的中国梦，就是要实现国家富强、民族振兴、人民幸福"，"实

* 孙凯，男，山东青岛人，博士，中国海洋大学法政学院副教授，主要研究方向为海洋治理、公共政策。

项目资金：本文是青岛市社科规划项目"中国梦"研究课题（QDSKL130309）的阶段性成果。

现中国梦必须弘扬中国精神。这就是以爱国主义为核心的民族精神，以改革开放为核心的时代精神"。随后，"中国梦"迅速成为学界热议的一个话题，也成为引领我们前进与发展的一个新标杆。

习近平总书记认为，中国梦的"核心内涵是中华民族伟大复兴"，这是站在国家层面对中国梦内涵最为简练的阐释。中国梦这一伟大目标的实现，还需要将其具体化，因此，习近平对中国梦进行了进一步的阐释，中国梦的"基本内涵是实现国家富强、民族振兴、人民幸福"。没有人民的幸福，国家的富强就失去了根本。习近平主席强调，"中国梦归根到底是人民的梦"，"人民对美好生活的向往，就是我们的奋斗目标"。① 实现"中国梦"必须坚持人民群众的主体地位，实现从人民群众的根本利益出发，不断满足人民群众日益增长的物质文化需要，必须更加自觉地实现好、维护好、发展好最广大人民的根本利益。② 作为执政党的中国共产党，"就是要带领人民把国家建设得更好，让人民生活得更好"。目前人民对生活的要求以及满足人民幸福的保障，首先是满足人民物质层面的需求。在实现"中国梦"的过程中，需要坚持以经济建设为中心，转变经济发展模式，提高经济发展质量，增加社会物质财富，为全体人民逐步过上富裕生活创造物质基础。其次是维护社会正义，加强社会制度建设，加紧建设对保障社会公平正义具有重大作用的制度，逐步建立以权利公平、机会公平、规则公平、分配公平为主要内容的社会公平保障体系，促进人人平等获得发展机会，让每个人在这种制度下能够通过自己的勤奋实现自己的梦想。

习近平总书记对"中国梦"的阐释，从国家层面和个人层面都使"中国梦"具有了深刻的内涵。"中国梦"的内容，既包括了国家层面实现中华民族伟大复兴的目标，也包含了作为个体的每个人梦想实现的内容。总体而言，最终就是让"中国梦"根植于普通百姓的草根梦想，让"中国梦"落地于城市、地区的发展，让"中国梦"向着高处蓬勃生长。③ 而城市作为国家组织和管理的主要行为体，在推动"中国梦"实现的过程中，发挥着独有的作用和优势。城市结合本地的特殊情况，将"中国梦"具体化，是连接"国家梦"和"个人梦"之间的一座桥梁。而不同城市的特色，也使多彩"中国梦"有了不同的颜色，

---

① 《人民对美好生活的向往就是我们的奋斗目标》，《人民日报》，2012年11月16日。

② 艾四林.《"中国梦"与中国软实力》，《中国特色社会主义研究》，2013年第3期，第17页。

③ 田小平，储德武.《"中国梦"报道如何做出"地方味"》，《新闻与写作》，2013年第7期，第16页。

如革命根据地和革命纪念城市的"红色梦"、环境生态城市的"绿色梦"以及沿海城市的"蓝色梦"等。

二、青岛市构建蓝色梦想的基础与现状

青岛作为我国著名的滨海旅游城市、港口贸易城市,得天独厚的"滨海"优势,使青岛地区的发展具有明显的海洋特性,具体体现在海洋经济、海洋文化以及海洋教育等方面上。

(一)海洋经济的发展:从"海洋经济"到"蓝色硅谷"

中国的海洋经济大发展的标志是 2003 年提出的《全国海洋经济发展规划纲要》,在纲要中提出了"逐步把我国建设成为海洋经济强国"的战略目标,此后我国海洋经济得到了突飞猛进的发展。山东省在 2006 年实施了《山东半岛城市群总体规划(2006~2020)》,将青岛定位为"山东省和黄河中下游地区的龙头城市",青岛市抓住这一契机,提出了"海洋强市"的目标。在 2012 年中国梦这一伟大目标的背景下,青岛市进一步突出特色,在大力发展海洋经济的同时,重点发展涉海类高科技产业,建设"蓝色硅谷",加速了"蓝色梦想"的构建与实现。青岛港是中国沿黄河流域和环太平洋西岸重要的中转港、国际贸易口岸和海上运输枢纽,区位优势明显;青岛海岸线总长 730 多千米,具有丰富的海洋资源。[①]青岛市近年来依托这些优势,在港口运输业、滨海旅游业、海洋水产业等传统海洋产业都实现了长足的发展。

海洋科技的发展是海洋经济发展的推动力,青岛市在 2012 年又发布了《青岛蓝色硅谷发展规划》,对青岛市海洋科技的发展进行了总体布局。蓝色硅谷核心区的发展定位及目标是:围绕构建多功能、高品质、生态化的蓝色科技硅谷发展定位,加快海洋高科技研发、高科技人才、高科技产业和服务机构集聚,大幅提高自主创新、成果转化和产业培育能力,辐射带动青岛蓝色经济又好又快发展,实现蓝色跨越。[②]

(二)海洋文化的发展助力蓝色梦想的实现

随着青岛市经济和社会的发展,必然要求与之相适应的文化建设。"海

---

① 韩立民,婉国江.《试论青岛"海洋强市"建设的问题与对策》,《中国渔业经济》,2007年第 5 期,第 64 页。

② 王安.青岛蓝色硅谷发展规划出炉 http://www.qingdaonews.com/gb/content/2012-03/26/content_9168830.htm

洋文化是人类文化的一个重要组成和体系，就是人类认识、把握、开发、利用海洋，调整人和海洋的关系，在开发利用海洋的社会实践中形成的精神成果和物质成果的总和，具体表现为人类对海洋的认识、观念、思想、意识、心态，以及由此而产生的生活方式包括经济结构、法规制度、衣食住行习俗和语言文学艺术等形态。"[①]在青岛市的文化建设中，最独具特色的就是与自然环境不可割裂的海洋文化。[②]青岛市在发展海洋文化方面，拥有坚实的基础和丰富的资源。

青岛作为沿海城市，拥有长久以来传承下来的海洋习俗、仪式等，例如秦始皇三登琅琊台、徐福东渡寻求长生不老之术、田横义士海岛就义等历史文化遗存。近年来随着青岛市海洋、港口和旅游等特色经济的发展，海洋特色的文化建设更进一步，"蔚蓝青岛"、"红瓦绿树、碧海蓝天"特色鲜明的标语都成了城市的名片。2008年奥帆赛在青岛的举办，进一步推进了青岛市"蓝色文化"的构建，"奥帆之都"成了青岛的代言词。

（三）特色鲜明的海洋教育为蓝色梦想的实现提供人才保障

海洋人才的培养以及海洋教育的普及，可以为蓝色梦想的实现提供坚实的保障。海洋人才是指具有大专以上学历和中级以上职称，具备海洋方面的专业知识和专业技能，并能为海洋事业做出创造性劳动和积极贡献的人。其中包括海洋管理人才、海洋科学研究人才、海洋专业技术人才、海洋高技能人才、海洋军事人才、海洋教育人才等。[③]青岛市拥有25家海洋科研、教育单位，已经建成了20多个国家级/部级重点实验室，在海洋高新技术领域，特别是在海洋生物技术、海洋工程技术、海洋活性物质提取技术、海洋防腐技术、海洋药物研发技术、海洋和海底勘探技术等方面具有显著的优势。[④]青岛市具有雄厚的海洋科技力量，其中包括国家海洋局第一海洋研究所、中国海洋大学等专门从事海洋科技研究的机构，山东大学、青岛大学等综合性大学也在海洋研究领域迎头赶上，在海洋人才的培养和海洋技术的开发方面都发挥了重要的作用。

青岛市也注重在中小学阶段海洋意识和海洋观念的培养，从而激发中小

---

① 曲金良．《海洋文化概论》，青岛：中国海洋大学出版社，1999年，第12页。

② 马庚存．《青岛与海洋文化》，《城市问题》2004年第4期，第56页。

③ 王琪，李凤至．《我国海洋人才培养存在的问题及对策研究》，《科学与管理》，2011年第2期，第30页。

④ 刘洪滨，刘康，焦桂英．《建设青岛国家海洋高技术产业基地的战略研究》，《海洋科学》，2006年第12期，第67页。

学生对海洋的兴趣。在 1998 年"国际海洋年",青岛市就将市南区实验小学设立为"青岛少年海洋学校",开展广泛的海洋特色课程。近年来,青岛又在同安路小学、金门路小学等多所小学挂牌设立"海洋教育特色学校",使涉海的内容进课堂,通过课堂教育、实验观察、实地调研等方式,培养学生们的海洋意识与对海洋的热爱。

三、青岛市蓝色梦想构建的路径

(一)推动海洋产业的转型与升级,为蓝色梦想的构建提供基础

海洋经济对青岛产业的发展具有重大的意义和积极作用,但在"蓝色梦想"构建的过程中,应该进一步推动海洋产业的转型与升级,进一步推动海洋经济的大发展。在海洋渔业方面,要在加强渔业基础性地位的同时,采取切实可行的措施大力推动休闲渔业的发展。要逐步淘汰不合理的捕捞与开发方式,发展水产养殖业和水产深加工产业,推动渔业的发展。大力发展休闲渔业,将旅游业、观光、观赏等结合起来,实现多产业的有效结合。在海洋产业结构方面,要进一步推动"蓝色硅谷"的建设,优先发展科技含量高、附加值大的产业,提升科技在海洋经济发展重点重要作用,重点发展海洋交通运输业、海洋油气业、滨海旅游业,充分利用海水充足和科技方面的巨大优势,大力发展海水直接利用、海洋药物、海洋盐业以及海水化学元素提取、海洋能发电以及新兴的海洋空间利用等事业。[1]

(二)进一步加强海洋教育与高端海洋人才的培养

在海洋高端人才的培养与建设方面,需要在加大海洋人才培养的投入和政策倾斜的基础上,整合人才培养的机构,实现人才培养的规模效益。根据阶段性的目标,围绕海洋优势学科和国家亟须的行业,加大人才培养与人才引进双重渠道的建设,制定吸引人才的优惠政策,举办海洋人才招聘会和引荐会,并采取积极的措施,加大引进工作力度,有重点有目的地吸引国际人才参加青岛市海洋项目的建设和合作。[2]另外,需要引入市场机制,在人才培养上调动政府、企业和个人三方面的积极性,加强政府的宏观调控,创造人才流动的良

---

[1] 赵昕,梁明星.《海洋产业对整体经济作用的实证分析——以青岛市为例》,《渔业经济研究》,2010 年第 2 期,第 11 页。

[2] 谢素美,徐敏.《海洋人力资源管理措施初探》,《海洋开发与管理》,2007 年第 8 期,第41 页。

好环境。[①]

在中小学教育阶段，继续推广"海洋教育特色学校"、加大涉海类内容进课堂的同时，需要采取切实可行的措施，营造浓厚的海洋教育氛围与社会氛围，使海洋意识和海洋教育的实施通过潜移默化的方式进行，培养学生们热爱海洋、激发他们的海洋意识。海洋教育的开展，也需要结合学校的特点进行多样化教育，把海洋历史观、海洋发展观、海洋责任观、海洋经济观和海洋人才观的教育纳入到学校教育过程中来，培养中小学生的海洋权益意识、海洋生态意识、海洋资源意识、海洋国土意识等，[②]从而引导他们树立正确的海洋观念与实现蓝色梦想的目标。

（三）进一步提升青岛海洋文化的发展

青岛市应该进一步充分利用城市海洋资源的优势，积极推进海洋文化建设。其中主要包括以下几个方面的措施：加强动员宣传，在"中国梦"背景下，给青岛市注入蓝色梦想的元素，激发城市发展的活力，在全市范围内形成建设海洋文化的氛围。重视海洋文化事业的发展，在全市现代化发展的规划中，要突出海洋文化的地位和作用，凸显海洋文化的特征。加强青岛市海洋文化底蕴的研究，尤其是在后奥运时代，打造帆船之都除了发挥奥帆中心的帆船竞赛功能，还可以举办有影响的国际帆船赛事和大力推动帆船运动的普及与发展等，扎扎实实地做一些增强"帆船之都"文化底蕴的研究。[③]适时成立青岛海洋文化交流中心，扩大中国青岛海洋节、海洋论坛的规模和影响力，吸引更多、更高层次的参与者，使其更具国家水准。在海洋民俗方面，加强海洋之情旅游节、黄岛金沙滩旅游节、国际沙滩文化节等节庆民俗活动，进一步推动海洋文化的发展。[④]另外，应该加强海洋文化产业化进程，鼓励发展和创作涉海题材的影视、音乐作品，打造青岛的海洋文化演艺品牌等。[⑤]

---

① 刘洪滨，刘康，焦桂英.《建设青岛国家海洋高技术产业基地的战略研究》，《海洋科学》，2006 年第 12 期，第 70 页。

② 陆安.《青岛市中小学海洋教育现状及发展对策》，《海洋开发与管理》，2005 年第 3 期，第 110 页。

③ 郭洋溪.《对青岛市海洋文明历史中几个问题的初步探讨》，《东方论坛》，2009 年第 5 期，第 81 页。

④ 马庚存.《青岛与海洋文化》，《城市问题》2004 年第 4 期，第 56 页。

⑤ 荆晓燕.《海洋文化产业发展的路径探讨——对青岛市海洋文化产业的调研分析》，《青岛行政学院学报》，第 47 页。

四、结论

在"中国梦"的背景下,青岛市在践行与推动"中国梦"实现的进程中,结合青岛市滨海城市的特色,构建青岛市的蓝色梦想,其中包括推动海洋经济与海洋产业的发展与升级,加强海洋高科技产业的建设;加强培养和引进海洋人才,在义务教育阶段加强海洋特色的教育与海洋意识的普及,为海洋经济和社会的持续发展提供智力支持;积极构建与塑造海洋文化,开展海洋民俗、海洋节日以及海洋文学、海洋影视作品的创作和推广,为蓝色梦想的实现创造良好的社会环境。在以上措施的基础上,为多彩"中国梦"注入"蓝色梦想"的元素,进而共同推进实现中华民族伟大复兴的"中国梦"。

府际治理视野下的中国海洋区域管理

左红娟[*]

（浙江海洋学院经济与管理学院　浙江舟山　316004）

摘要：我国传统的海洋管理模式是以行业管理为主导的分散型的管理模式，而在现实生活的实践之中，这种落后的管理模式已然满足不了实践的需求。随着海洋综合管理的理念被提出，为了解决不同的行政区划海洋的统一管理方面的问题，海洋区域管理的概念也随之被人们提出并被认可。海洋区域管理是一种综合性的管理，海洋区域管理是基于海洋特性的管理。虽然海洋区域管理的观念已然是大势所趋，但在事实上，海洋区域管理仍存在着管理制度缺陷、充斥着各方的利益冲突、在实际中没有成文规定等问题。现在对海洋区域管理的研究更加侧重的是如何实施等具体问题，而不再是海洋区域管理的概念性问题。本文试图以府际治理理论为切入点分析海洋区域管理中存在问题的原因，并从府际治理的视角下探讨如何解决海洋区域管理中存在的问题。

关键词：府际治理　海洋区域管理　沟通协调

随着市场经济体制的确立，海洋经济地位的上升，我国传统的海洋管理模式已经不适应海洋管理实践的现实要求。在传统的行业管理模式下，各部门往往只依据本部门职责、职能和从自身利益角度实施海洋管理，由于海洋具有不同于陆地的特性，比如海水的流动性、海洋空间的复杂性和海洋的生态系统性等，不同的涉海职能部门对某一行政海区进行管理时，都会基于自身的利益角度出发，不同管理主体之间的冲突和矛盾必然越来越多。

---

* 左红娟：（1971—），女，博士，浙江海洋学院讲师，研究方向为海洋公共管理。

于是,在这种背景之下,政府采用了随后兴起的海洋综合管理的理念对海域进行管辖。同样,要解决不同行政区划的海洋统一管理方面的问题,在基于海洋特性的基础上,又随之出现了现在被人们所认可并接受的海洋区域管理模式。

海洋区域管理是以政府为核心的多元主体。基于维护海洋生态系统的完整性和区域发展整体利益的需要,综合运用法律、行政、政策和经济等多种手段,统筹协调区域共同面临的海洋发展与海岸带管理问题,促进区域内政府及其相关机构之间和区域内各利益相关者之间涉海行为的利益协调而进行的综合性的管理活动[①]。

海洋区域管理中存在与出现的问题,考验着政府的管理水平与治理能力以及各级政府官员的行政能力。本文将在府际治理理论的视野下分析海洋区域管理中存在问题的原因,并在府际治理的视角下探讨解决海洋区域管理中存在问题的科学解决路径。

一、当府际治理视野下海洋区域管理存在的问题

府际治理是指不同层级政府之间的治理网络,它是由府际关系与治理理念在行政改革的进程中相互融合而成的[②]。府际关系也叫"政府间关系"[③],府际关系又分为横向府际关系、纵向府际关系、斜向府际关系和网络型府际关系。

当前我国海洋区域管理的问题,从府际治理理论来看,主要问题有三:

(一)管理机制存在缺陷,府际缺乏互动合作

海洋区域管理涉及许多管理主体,是复杂程度较高的管理过程,需要各方面的分工与合作。目前,我国海洋区域管理中存在着管理机制上的缺陷和府际互动的缺失。

首先,海洋区域管理中政策的制定和执行缺乏统一性。国家统一的海洋区域管理政策的调研、制定缺乏连续性和衔接性,在制定海洋管理政策时,缺

---

① 董晓晓.《海洋区域管理制度问题的评述》,《北方经贸》,2011 年第 4 期,第 43～44 页。

② 中国选举与治理网.《府际管理的兴起及其内容》,《中共天津市委党校学报》,2005 年第 3 期,第 89～93 页。

③ 张嵩.《美国府际关系及其演进——一种联邦主义解说》,《社会主义研究》,2007 年第 3 期。

乏从整体上对我国海洋管理工作进行统筹考虑和全面规划。各涉海部门在进行海洋管理和活动的时候，往往只会考虑本部门或者本行业的政策和制度的执行，缺乏统筹考虑和全面管理。海洋政策的执行往往缺乏执行力。在海洋的开发和保护过程中，各个行业与部门往往只考虑自己本行业的政策执行力，缺乏统一的领导与执行。

其次，府际治理理论强调政府间的互动、联系、协调与沟通。在没有统一管理机构进行管理时，涉海部门会在潜意识当中从自身的职能和利益角度出发去考虑问题。目前涉海管理的机构包括海洋与渔业局、国家海洋局、环保局等多个部门。这些部门依据不同的法律、法规对海洋活动进行管理和监控，各自为战，缺乏整体的协调和管理，难以形成合力。在各部门进行的海洋执法过程中还容易出现多部门之间的工作职责不清、管理主体权限不清等现象，容易滋生相互推诿扯皮的现象。

另外，国家对海洋资源的开发与利用长期缺乏统一政策和规划。总是开发在前，管理滞后，出了问题再想办法。尤其是跨行政区域的地方政府之间合作力度不够，缺乏统一的领导和规划，府际之间缺乏合作机制，信息共享不到位，造成海洋区域管理的不协调。

（二）法律法规建设滞后

要保证海洋区域管理体系的建立健全，就要保证法律的建设和实施。同样，完善的法律法规也是开发海洋资源的有力保障。我国海洋法律体系建设存在许多问题，海洋法律法规尚不完备，没有形成完善的海洋法律体系。领海法、专属经济区法、人陆架法虽已山台，但尚不完善。区域性海洋法规如海岸带管理法、海洋资源管理法等综合性管理法仍属空白，涉海行业、部门或地区之间争海域、争空间、争岸段、争滩涂、争资源等冲突的调节无法可依[①]。

我国现行的海洋法律法规的建设相比理论和实践的发展相对来说缓慢得多，比较滞后，尤其是对在海洋经济的发展中出现的一些新颖的、比较热点的问题，缺乏严密而适用的法律规范。

海洋区域管理体系想要得到长足发展，就离不开健全的规章制度，离不开法律的建设和实施。海洋区域管理法律法规的建设远落后于海洋区域管理理论的发展。《中华人民共和国海域使用管理法》《海域使用申请审批暂行办法》《海域使用权登记办法》等配套的法律法规的强制性有限，不能很好地约

---

① 全永波，等.《海洋管理学》，北京：光明日报出版社，2011年，第57页。

束各行各业对海域开发日益高涨的热情和违法行为。导致出现许多的"边论证、边施工、边办证"的"三边工程"。我国亟须制定针对这些问题的法律法规，避免出现先开发、后管理的现象出现，尽快完善我国的法律体系。

我国法律对破坏海洋环境现象的处罚力度不够，往往导致有的排污工厂宁可交罚款，也不愿意投入资金治理污染，再加上有的地方政府一味地为了发展经济，不愿意对造成污染的企业进行处罚，结果导致海洋环境的污染不断加剧。而海洋具有流动性、关联性的特点，一个地方的环境污染甚至会破坏整个生态系统，从而引发更加严重的问题。

在缺乏有效且有力法律法规的情况下，我国海洋环境监督部门在实际执法过程中也常常遭遇有权无力、有责无权、责权分离的尴尬局面，从而影响了我国海洋监督执法的权威性。

(三)用海者利益的不协调

随着海洋开发项目逐年增多，用海矛盾日益突出，纠纷不断，造成的经济损失严重，并威胁到沿岸生产和养殖。例如在当前海域管理中对滩涂的管理，有的地方是一个部门负责，有的地方是多个部门负责，由此造成管理上的不协调。各个涉海行业、部门与地方政府之间是对立统一的。由此，仅凭《海域管理法》难以有效地协调行业用海之间的矛盾。

海洋区域管理中的利益冲突大体可以从四个方面来分析。

1. **各涉海行业之间的利益冲突**

我国现有的海洋管理模式以行业部门管理为主要模式，但是各行业之间的政策制定都是独立的、分别制定的，相互之间缺乏必要的协调措施，各行业的决策者和经营者往往只考虑自身利益的最大化，忽视其他行业的利益。

2. **中央政府与地方政府之间的利益冲突**

政府作为海洋管理的主体，无论是中央政府还是地方政府在根本利益上是一致的。但是随着海洋经济的突飞猛进，地方政府越来越迫切地需要加强对周边海域的管理，由此就与统一管理的中央政府产生了冲突。

3. **地方政府之间的利益冲突**

海洋经济的发展使地方政府都想来分一杯羹。但是海域并不像陆地一样有明确的界限。海洋区域生态系统往往包含了许多传统的行政区域。地方政府为了追求各自的利益往往会不顾长远的公共利益，只追求短时利益。地方政府之间在海域的治理、保护、开发等方面也会产生诸多矛盾。

4.海洋管理部门与涉海企业、个人等第三方群体的利益冲突

海洋管理部门是政府部门,代表的是公共利益,涉海企业代表的是个人利益,涉海企业追求自身利益的最大化必然会损害公共利益,对海洋环境、公共资源等造成破坏。由此产生海洋管理部门与涉海企业处于长期的对立状态。

当前海洋区域管理问题影响着政府对海洋的管理和开发,考验着政府的管理水平。府际间缺乏互动合作、法律法规建设滞后、用海者利益的不协调构成了海洋区域管理中存在的问题。在处理海洋问题的时候,涉及的往往是多个涉海部门和行业、中央政府与地方政府、地方政府之间的互动,利益主体之间通过协同合作的方式来实现共同治理的目标,这就需要一种网络型的组织结构,因此就需要引入府际治理理论来探寻解决海洋区域管理中存在问题的途径。

府际关系视野下的主角是政府,海洋区域管理的核心也是政府。府际管理是以问题解决为焦点,注重政府体系内部之间、内部与外部的交流与对话。府际治理理论的核心是强调在扁平化的组织结构之上,中央与地方政府之间、各地方政府和不同职能部门之间通过分权与合作解决社会矛盾问题,以此提升行政效能、创建"服务规制型"政府①。府际治理就是促进各级政府之间、政府与其他行业之间的沟通协调,达到一整均衡的利益状态。

二、府际治理角度下海洋区域管理问题原因分析

海洋区域管理中存在的问题在第一部分已经详细地进行了阐述,既然海洋区域管理还存在这么多问题,那么,导致这些问题产生的原因是什么? 从府际治理视野的角度来看,对存在问题的原因剖析主要有三:

(一)府际合作能力不足与相关法律缺失原因分析

首先,府际治理合作应该包括良好的制度环境、合理的安排和完善的合作规则。府际合作能力不足在处理海洋事物中往往会造成各个部门会按照惯性思维和自身利益去处理问题。协调与合作在处理问题中往往只存在于理念之中。各个行业与部门没有相关的法律法规、合作方法等给府际合作提供依据。各行业、政府部门之间存在业务上、沟通上的不畅,涉海部门在管理上存在失衡等。

---

① 徐行,刘娟.《府际治理视阈下中国维稳问题探析》,《天津行政学院学报》,2011年第4期。

其次,在意识上,府际治理更多的存在于陆域管理的概念之中。尽管目前对海洋管理的研究都表明了海洋管理应该是一种综合管理的模式,但是对于如何进行有效的综合管理却仍是研究的热点和难点。府际治理是一种网络型的结构,这种治理方式不论是在陆域还是在海域都应是适用的。

最后,目前我国没有专门的针对府际关系的法律法规,由此缺乏具有保障性的机制。在中央政府调控能力较弱的情况下,地方保护主义就会影响整体发展,在遇到紧急突发事件或利益冲突时,各涉海部门还是会从自己发展的内在逻辑出发,难以发挥联动作用,协调仅仅存在于理念上。缺乏法律规范的府际合作只能是无根之萍。

府际合作首先要从上层开始,构建层级性的、网络型的合作模式,完善关于府际合作的机制、法律法规,完善我国海洋管理中所需要的法律法规,才可以更好地完善海洋区域管理。

(二)海洋区域管理中的利益冲突原因分析

海洋区域管理中的利益冲突原因大体可以从两个方面来分析:

1. 基于涉海主体之间的原因剖析

海洋区域管理中,各级政府、海洋职能部门、第三方组织都是海洋区域管理的参与者,各个参与者都有着不同的利益需求。这种利益需求往往是相对的、冲突的。当前治理的需求在于在合作的基础上追求各方的利益平衡,但这种目标在当下却存在一定的问题。

第一,海洋管理部门放权不够,存在着纵向管理上的权利重叠和横向管理上的权利交叉问题。各涉海管理部门都会以自己的行业利益为重,自然会与其他行业产生冲突。

第二,中央政府与地方政府之间在纵向海洋管理上的权责划分并没有一个明确的规定。因此就出现了中央政府与地方政府之间的利益冲突。

第三,地方政府与地方政府之间。由于海洋的流动性、关联性、生态性等特点,在某一行政海区内对海洋的开发、利用或者对海洋资源进行的保护等行为会影响到另外一个或者几个行政海区内部的海洋资源或者海洋生态。因此,对海洋的利用就会导致地方政府在海域的治理、保护、开发等方面也会产生诸多矛盾。

第四,企业、非营利组织、社会公众参与海洋区域管理的力度不够。涉海企业对政府的依赖性很高,无形中就会收到政府的牵制,失去对政治生活的影响力。而非营利组织大都是一些志愿者协会，数量较少、经费短缺、渠道有限等原因导致非营利组织发挥的作用非常有限。海洋区域管理还是一个新兴事物，还没有规范化的公众参与的程序和运作机制，因此，公众的参与也非常少。

2. 基于管理机制的原因剖析

在海洋区域管理中，海洋的流动性、关联性和复杂性、生态性等特征使得海洋管理的范围已经超出了传统的行政海区的规划。我国传统的海洋管理模式——分散型的行业管理模式在海洋管理的过程中表现为行业和部门管理占重要地位并发挥重要作用，但是在现在的实践过程中，传统的行业管理模式已经越来越难以解决不断出现的问题，而海洋区域管理是解决这些问题的方式，同样也是大势所趋。但是在海洋区域管理中因为涉及各个利益方，因此，各种矛盾也就必然产生。

海洋区域管理中利益冲突的解决需要平衡各方面的利益需求。要解决出现的这些问题，在海洋区域管理中的各级政府、涉海部门、涉海企业与海洋管理部门等要多方合作治理才能达到双赢。

（三）地方政府对国家海洋职能部门的非正常干预

在海洋管理部门查处违法用海案件的过程中，尤其是对一些重大用海项目的查处，或多或少地会遇到地方保护的干扰。这种干扰来自方方面面，最主要的是来自一些政府部门的阻挠、说情或为违法者开脱。这种干扰影响最大的是使海上执法工作难以深入，许多重大违法案件得不到应有的处理。

在海洋行政执法管理工作中，由于有些地方政府从地方利益或某些需要出发对海洋行政执法管理实行非正常行政干预，往往给管理工作带来很大影响。有的地方政府采取地方保护主义，为保持经济增长而不愿对造成污染的工厂进行处罚等，结果导致海洋环境的污染行为不断加剧[①]。在管理实践过程中对"市长工程"、"重点工程"等建设项目的管理上无法按照法律、法规要求进行，阻力很大。这种现象时有发生，有些工程甚至根本不按照法律程序通过有关管理部门审批，至于对违法行为的纠纷就可想而知了，进而影响了海洋管理的有效实施。

有的地方政府为了片面的经济利益，忽视对海洋环境的保护，盲目地进行海洋开发，甚至干预到国家海洋职能部门的正常活动。

---

① 王琪，李文超.《海洋区域管理中存在的不协调问题及其对策研究》，《中国海洋大学学报（社会科学版）》，2010年第2期，第33～37页。

三、府际治理视野下解决海洋区域管理问题的路径

（一）扩大府际合作的容纳范围

根据新制度学派的定义，制度的关键作用是"增进秩序"。海洋区域管理中的府际合作制度，即指在解决海洋区域管理问题的过程中，府际政府间不同级别、同一级别不同区域及同一级别同一区域不同管理层级与职能应当共同遵守的办事规程和行动准测。海洋区域管理的有效实行必须要建立在这样的基础之上，因此要增强制度的容纳能力，扩大制度化参与。

府际治理的实质是对中央与地方政府之间各方面的利益关系和公共行政关系进行协调管理。在府际治理的视野下解决海洋区域管理中存在的问题，首先要扩大府际合作的容纳范围。这就要求中央政府向地方政府分权，使地方政府有权力、有能力解决地方海洋问题。同时要加强中央政府与地方政府、地方政府之间和政府与社会之间的联系。要解决海洋区域管理中出现的问题也要建立相应的制度。只有在制度的框架范围内政府间纵向和横向的联系才不会只存在于理念之中。构建良好的府际协商制度，充分保持府际间联系渠道的畅通，与此同时要健全权力监督体制、问责体制，发挥政府间与社会的监督作用。即要做到纵向分权与横向分权的有机结合，加强政府间的合作，建立健全相关法律法规制度，加强社会力量的监督，要从中央政府与地方政府之间、各地方政府之间、政府与社会之间三个方面从根源上来解决海洋区域管理中存在的问题。

另外，政府也要从宏观上进行制度的创新。首先应该为府际合作创造良好的制度环境，包括府际间协商机制的建设、民众利益的表达和参与的机制、健全权利监督体制等。针对制度内政府行为的越位、错位与失位进行相关的问责与处罚，拓宽问责范围。在府际范围内建立起决策的执行跟踪制度来加强府际间的合作。

（二）在治理结构上，建立起网络型的府际结构

府际治理不同于市场机制下政府的本位思想和科层制下政府内部互动，府际治理关注的是区域的整体福利和发展，主张为了实现效率原则，将有利部分进行府际间的转移，从而实现区域内资源整合的目的。这实质上是要求政府间要采取更灵活的组织形式，以此来实现政府间资源的高效率配置和利用，提高政府间的合力。

府际治理所主张的府际结构不同于传统的政府结构。府际治理要求我们

建立具有协调性、依赖性的网络结构。这种结构应是扁平化的结构,中央政府发挥的作用是统筹作用,拟定海洋战略和政策,创新海洋管理体制。这种结构的主体执行者是地方政府,地方政府之间保持畅通的联系、沟通,共享资源。由于海洋区域管理是基于海洋生态系统而提出的理论,那么单纯地靠单一的地方政府是无法有效地来对一个生态系统进行管理的,而网络型府际结构的建立可以囊括海洋区域的生态系统,能对海洋区域进行有效的管理。

府际治理自然要求府际政府间的合作。首先,要建立一个高层次的海洋区域管理委员会机构。这就要求提升现有的海洋管理机构的行政级别,使其直接隶属与国务院管辖,同时将各涉海部门的涉海职能和人员的最高领导机构并入其中,从而提升海洋区域管理的权威性和重要性。

其次,要在地方政府间建立一个由各地方政府为主导的海洋区域管理委员会分会,设置分别针对传统行政海区内部事项和外部事项的处理机构。各涉海部门的涉海职能分支机构可以并入由各地方政府为主导的海洋区域管理委员会分会中。

最后,行政海区内部机构的设立主要是针对本行政区内不同跨海行业之间的矛盾,设立跨行业的海洋管理机构,负责本行政区内的规划、协调行业部门间的冲突。

行政海区外部机构设立,主要的职责应该是收集本行政海区内的各种信息,将其反馈给由中央政府统一设立的诸如海洋区域管理委员会这样的机构。由中央机构统一汇总、分析所收集来的各种信息,从而达到中央统一协调,各地方政府之间相互合作的和谐状态,以求真正实现权责相称的管理原则,减少甚至杜绝无人管理或者抢着管理的现象。

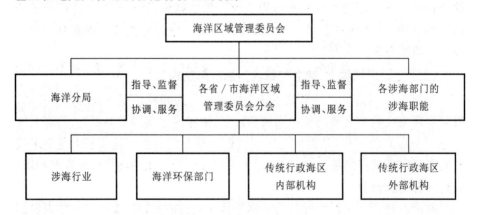

（三）创新利益协调机制，妥善处理各方面的利益冲突

海洋区域管理中还存在着各个方面的利益冲突。我们国家对海洋的管理从一开始采取的是海洋行业管理模式，但随着市场经济体制的确立，行业管理已经不能适应时代的发展，于是又采取了综合管理的模式。但是海洋综合管理的模式只能解决单一的行政海区内的管理问题。为解决跨不同行政海区之间的管理问题，海洋区域管理得以兴起。但海洋区域管理也存在着自身的不足。

上述管理模式的不断变化，实质上就是对利益分配的不断调整所造成的。有效地解决各级政府之间、涉海主体之间、海洋管理部门与涉海企业的矛盾，根本的就是要协调各方利益，创新利益机制，有效地将各方的利益冲突控制在一个合理的范围之内。

有矛盾和冲突并不可怕，关键是怎样去对待这些冲突和矛盾。从府际治理视野的角度来看，在对待海洋区域管理存在的问题上，首先要从源头上减少矛盾，推进决策的科学化和民主化。其次要在代表公众利益的同时，平衡好各方利益需求。"利益需求是政府间关系中最根本，最实质的关系。当利益协调机制运作良好时，各地方政府的利益便能得到较好地满足，地方政府间关系发展就比较顺利。"[1] 最后，要提高政府的管理水平和能力。

由于海洋的特殊性，比如说流动性、关联性等，由此会产生某一区域的行为，会影响到另外一个甚至几个区域，因而要构建府际合作的利益分享与补偿机制。比如由于为了保护所辖行政海区内的海洋生态环境、资源或海域整体利益而付出成本的成员，可以由享受到因该行为带来利益或者好处的其他成员支付一定的补偿金额或者其他公共物品来弥补其为保护海洋所付出的成本。这样的制度有利于调动各地方政府参与海洋区域管理的积极性与主动性，是实现海洋区域管理的保障机制之一。

激励机制和约束机制二者缺一不可。单纯的激励缺乏监管，单纯的约束又起不到积极的作用。对政府的约束，要加大政务信息的公开范围、明确各职能部门的架构设置、职责权限、工作程序等。明确问责制度，从而形成对各政府机构和职能部门的约束。要提高公民参与的程度，并通过诸如听证会等社会监督形式加强对海洋区域管理机构的监督和制约。

---

[1] 柳春慈.《区域公共物品供给中的地方政府合作思考》,《湖南社会科学》,2010 年第 1 期,第 125 页。

府际治理与海洋区域管理的核心都是政府，由此来看，海洋区域管理并不需要打破原有的行政海域的划分[①]，需要的是通过府际间的政府合作，建立健全一种能让双方都接受的府际间的协调与合作的机制，通过这种机制来代替传统的、不合时宜的海洋管理方式。由中央政府进行统筹，各级地方政府协调合作达到一个和谐的海洋管理状态。最大限度追求各政府主体之间的公平，各地方主体在平等、互利、协作的前提下，通过规范的制度建设来实现地方与地方之间的利益专一，从而实现各种利益在地方政府间的合理分配[②]。

当然政府间不仅仅只是合作，同样也有竞争。政府间应该具有良性的竞争，有竞争才会有发展的动力。在构建协调机制的同时，也要制定相应的绩效规则。对海洋区域的开发管理不能以单纯的 GDP 来反应，要同时考虑海洋环境的保护、绿色开发等方面，绿色 GDP、生态海洋等方面才是反映政府良性开发的地方。

利益协调机制的构建，要充分地将公平与竞争两方面的因素考虑进去。在相对公平的基础上，进行良性的竞争。使各地方政府之间既有合作也有竞争，达到一个和谐的可持续发展的状态。

（四）加强、完善与用海者之间的横向联系与信息沟通

用海者主要是指企业和个人等非政府组织对海域的开发和利用。在现实生活中，由于政府与用海者之间所承担的社会角色和追求的目标不同，致使双方长期处于对立状态之中。在海洋区域管理中，政府代表的是公共利益[③]，而涉海企业和个人追求的是自身利益，二者是处于对立之中的。要解决这种利益冲突，只有让政府与用海者达成合作关系。政府不应当与用海者只单纯地对立，更应当是统一的。

虽然府际治理与海洋区域管理的核心是"政府"，但是单单只有政府是肯定不行的。海洋区域管理中所出现的问题，要由政府和社会两方面的积极因素来解决。要鼓励公众参与海洋区域管理[④]，这是海洋区域管理建设的重要组

① 全永波，胡进考.《我国海洋区域管理模式下的政府间协调机制构建》,《中国海洋大学学报（社会科学版）》,2010 年第 6 期,第 16～19 页。
② 金太军，张开平.《论长三角一体化进程中区域合作协调机制的构建》,《晋阳学刊》,2009 年第 4 期,第 34 页。
③ Wright, Deil S. Understanding Intergovernmental Relations, 3rd ed. Pacific Grove, CA: Brooks/Cole Publishing Company. 1988.
④ 施从美，沈承诚.《区域生态治理中的府际关系研究》,广州:广东人民出版社,2011 年。

成部分。公众参与海洋区域管理能够增加政府决策的透明度,起到减少决策风险、促进决策民主化的作用。在实践中,公众参与的程度还很低,所以在海洋区域管理中,政府的决策和管理需要提高公众的参与程度,广泛听取专家、社会团体及公众的意见,建立并完善反馈程序,实现多元主体共同参与模式,形成海洋区域管理政府协调的有效机制,建立的府际结构也应该是包含公众参与的网络结构。要通过公众的参与来促进海洋区域管理在制度、政策执行等方面的改进。

政府与用海者之间,也要加强信息沟通。信息是非常重要的资源,政府的信息来源主要通过各涉海职能部门,但是各涉海职能之间由于行业的特殊性等原因,也并不能完全沟通和了解。同样,很少有企业信息的反馈,这就为政府和用海者之间合作的有效发挥设置了困难。因此,要建立海洋区域管理信息公开与协调制度,规定各涉海职能部门和用海者之间应该公开的信息与需要反馈的信息,在涉及具体事物之时,各部门与用海者应该提供协助信息,以便更好地加强、完善与用海者之间的横向联系和信息共享与沟通。

四、结束语

目前,我国海洋管理中依旧存在着诸多问题,海洋区域管理理论的提出符合海洋管理发展的大趋势。海洋区域管理理论仍处在上升发展的阶段,基于生态理论基础的海洋区域管理解决了传统行政海区跨界管理的问题。但如何让海洋区域管理与传统的行政海区的管辖范围相协调,让二者共同发展,正是本文所要从府际治理的理论角度来探析的。

海洋管理中的政府职能定位

——一种管理客体的视角

郑敬高　　冯森[*]

（中国海洋大学法政学院　山东　青岛　266100）

摘要：海洋管理的客体中包含了多种性质不同的产品和活动，不同产品在不同的生产和管理方式中所耗费的交易成本也是不同的。除市场外，政府作为一种社会组织和资源配置手段，在提供海洋产品和服务中同样需要耗费交易成本。根据分类，市场在组织海洋私人产品生产中交易成本较低，政府在生产海洋纯公共产品上具有比较优势。对于海洋准公共产品，市场生产在合理的制度安排下所需交易成本较政府低，但政府仍应继续生产公共性更高的海洋准公共产品。政府应根据海洋管理客体的性质，将管理职能集中在具有比较优势的领域，减少管理幅度，增强在这些领域的管理能力。

关键词：海洋管理交易成本　海洋产品

　　管理是基于对客体的性质认识、问题状况而进行的，管理活动也应当满足客体的需要。在正确了解客体的基础上，相应地对管理主体的管理范围、职能进行设置，才能实现主客体的对接，实现管理目标。目前学界关于海洋管理的讨论往往从管理主体的视角进行展开，忽视了对管理客体的研究，导致无法清晰地界定政府在海洋管理中的职能以及作用。所以，需要对海洋管理客体的

---

* 郑敬高，男，汉族，中国海洋大学法政学院教授，主要研究领域为政治学与行政学理论、公共政策与地方政府管理。

　冯森，男，中国海洋大学法政学院 2013 级行政管理研究生。

范围、内部构成、性质等进行研究,以使政府的管理活动与此相对接。

一、海洋管理客体分析

海洋管理,顾名思义,其客体与海洋直接相关。一般学界将海洋以及海洋活动认定为海洋管理的客体。[①]如赖纳和阿姆斯特朗在《美国的海洋管理》中将海洋管理定义为"政府对海洋和海洋活动采取的一系列干预行动",这里的客体就是海洋和海洋活动。库珀更具体地将海洋管理客体视为"海上的许多活动(航海、捕鱼、采矿等)及环境质量"。[②]鹿守本把海洋管理的客体分为"自然系统对象和海洋的使用者和海上活动者对象"两部分。这些学者都将海洋本身和人类海洋活动放在了同等位置上进行研究,涉及范围较广,属于广义的定义。

也有部分学者对海洋管理客体的范围进行了限定。[③]如王琪从海洋公共管理的角度认为管理客体"虽也直接指向海洋,但更强调的是涉海活动所产生的各种公共问题"。[④]崔旺来也认为"尽管海洋管理的最终指向物是海洋,但直接指向物是涉海活动的参与者,而且是这些参与者的行为产生了公共问题"。这种观点排除了海洋这一自然对象,将管理的对象集中在与人类相关的海洋活动上,同时又将活动区分为公共活动和私人活动,主张只对涉及公共利益的海洋活动进行管理,属于狭义的定义。

本文采纳广义的海洋管理客体定义,即海洋和相应的海洋活动和产品,但强调必须与人类活动相关,纯粹自然的事物与海洋管理没有关系。原因在于纯粹的自然活动没有人的参与,依靠自然规律运行。而涉及人的活动,就需要通过计划、组织、协调、控制等管理活动确定行动方针、合理分配资源、协调各方利益。而在全球工业、商业经济高度发达的今天,海洋开发利用的广度和深度被极大地拓展,人类的利益拓展到了几乎整个海洋,由此也带来了大范围的海洋活动。对海洋本身的研究,如海洋科研,海洋环境保护,以及对海洋的利

---

① [美]P. C. 赖纳,(美)J. M. 阿姆斯特朗.《美国海洋管理》,北京:海洋出版社,1986年。

② 鹿守本.《当代海洋管理理念革新发展及影响》,《太平洋学报》,2011年第10期。

③ 王琪,邵志刚.《我国海洋公共管理中的政府角色定位研究》,《海洋开发与管理》,2013年第3期。

④ 崔旺来,李百齐.《政府在海洋公共产品供给中的角色定位》,《经济社会体制比较》,2009年第6期。

用和区域划分，如海洋经济利益的开发，海上纠纷，涉及了海洋的各个方面，这些活动、产品生产都需要通过管理来进行运作和解决。因此，从广义上来说，海洋管理涉及海洋的诸多方面，而其客体也应当包含这些内容。

二、不同性质海洋产品活动中的政府管理职能

科斯在分析市场交易和公司中指出，交易成本是选择以何种方式组织生产的决定性因素。[①] 从他的分析看来，市场化的交易和科层组织生产都会产生交易成本，而选择哪种方式取决于交易成本的高低，这也正是公司存在的意义。同样，对海洋的开发利用保护同样会产生许多交易成本，而交易成本在选择以何种方式进行海洋管理中扮演着重要角色。在传统的海洋管理理论和实践中，政府占据着主导地位，管理着海洋的方方面面。但随着海洋开发广度和深度的不断加深，政府已无力进行全面管理，且存在管理职能配置不合理等缺陷。事实上，海洋活动和产品的性质、内容、形式具有多样性，不同管理主体、管理方式在对其进行管理过程中所产生的交易成本规模也大不相同。因此需要对海洋活动和海洋产品进行区分，确定其在不同管理主体和方式下所产生的交易成本，并进行横向比较，根据成本—收益原则确定其所适合的管理方式，并以此为基础合理配置政府在海洋管理中的职责，以实现有效的海洋管理和政府资源的有效配置。

广义上将社会产品和活动区分为私人产品和公共产品，本文中海洋产品和活动也采取此种分类法。对于海洋私人产品和活动来说，主要涉及海洋资源的开发和利用，如养殖、采矿、航运等。此类产品和活动基本具有比较明确的产权，同时受到市场竞争和价格信号的指导进行资源配置。通常市场中的交易成本，即市场型交易成本，其基本构成为：搜寻和信息成本，讨价还价和决策成本，监督和执行成本。在市场化和制度化比较成熟的社会中，信息流动迅速，合同制度和法律保障体系比较健全，私人市场活动和海洋产品交易所产生的交易成本较低。而如果政府对海洋私人活动进行干涉，利用强制力配置海洋资源，由于存在严重的信息不对称，就会导致交易成本的上升。此外，"政府失灵"表明政府内部人员自身的"经济人"倾向会产生寻租行为，在不创造社会价值的同时人为扭曲了资源的配置。由于阻止政府执政者滥用国家权威存在较高的成本，交易成本被进一步拉高。因此，在海洋私人活动中，相对市场

---

① ［美］罗纳德·哈里·科斯.《企业、市场与法律》，上海：上海人民出版社，2009 年。

化的管理,政府管理的成本较高,所以政府应当减少对海洋私人活动的干预,弱化对具体海洋事务的管理职能。

相比海洋私人活动和产品,海洋公共产品更加复杂。[1] 与陆地不同,海水及海洋生物流动性大、海域划界困难以及人、物难以在海上长期驻留。这些特性使海洋被认为更具有公共性,其产品多为公共产品。[2] 崔旺来认为,"海洋公共产品主要是指由政府提供,用于海洋资源开发、海洋环境保护和海洋权益维护,与海洋开发状况密切相关的各种政策制度、服务项目和基本设施等,包括海洋纯公共产品和海洋准公共产品两部分"。其中,海洋纯公共产品具有完全的非排他性和非竞争性,主要包括海洋管理制度法律、海洋发展政策和规划、海洋安全和海防、海洋基础科研这四个方面。由于私人或企业在使用此类产品时需要将其他人排除在外,而此类产品不具有产权,因此在生产、交换此类产品时有着比较高的交易成本,其私人收益率低于社会收益率,市场出现失灵。而对于政府来说,其服务对象是所有公民,不存在排除或限制他人使用的激励,所以生产此类公共产品的交易成本仅为制定、执行成本,相对私人市场来说成本更低。在收益相同的情况下,由政府履行海洋政策法律制定、海防、海洋基础科研职责,能够更为有效以及节约社会资源。

在海洋私人活动和产品以及海洋纯公共产品之间,海洋管理的客体中还有一大片中间地带,即海洋准公共产品。作为公共产品的重要组成部分,海洋准公共产品是为满足海洋公共需要而提供的具有一定非排他性和非竞争性的社会产品。[3] 一般的公共产品理论认为准公共产品是不完全具有非竞争性和非排他性的公共产品。只具有非排他性而不具备非竞争性的公共产品被称作是"公共池塘产品",如海洋渔业资源;只具有非竞争性而不具备非排他性的公共产品被称作是"俱乐部产品",如港口。由于准公共产品具有公共性但公共性又不完全的特点,即具有一定的市场性,因而有自己不同于纯公共产品和私人产品的提供方式。[4] 崔旺来进一步对海洋准公共产品进行分类,主要包括:

---

① 高忠文,王琪.《政府在海洋环境公共产品供给中的角色定位分析》,《海洋环境科学》,2008 年第 5 期。

② 崔旺来,李百齐.《政府在海洋公共产品供给中的角色定位》,《经济社会体制比较》,2009 年第 6 期。

③ 李增刚.《全球公共产品:定义、分类及其供给》,《经济评论》,2006 年第 1 期。

④ 崔旺来,李百齐.《政府在海洋公共产品供给中的角色定位》,《经济社会体制比较》,2009 年第 6 期。

一是在性质上近乎纯公共服务的准公共产品，如海洋环境、海洋产业相关的公共设施、海洋科技成果推广、海域防护林、海洋防灾减灾、海岛公共卫生、海岛基本医疗、海岛社会保障等。二是中间性准公共产品，如海洋职业教育和技术培训、海洋信息服务、海洋文化娱乐、海洋生态修复、海洋电力设施、海上交通安全等。三是性质上近乎私人产品的准公共产品，如海上通讯、有线电视、海水淡化等。

如何对准公共产品进行提供，是目前海洋管理的难点之一，也是对政府海洋管理职能争议较多的领域。福利经济学关于公共产品应当由政府提供的理论在过去一直占据着主导地位，为政府全面垄断公共产品提供奠定了理论基础。但科斯以英国灯塔的演变历史为例，阐释了公共产品的性质，并指出私人提供准公共产品的可能性。政府全面垄断公共产品领域的不可能，特别是政府垄断准公共产品的生产，在其现实性上是 20 世纪 70 年代以来世界范围内普遍存在的"政府失败"。[①] 所谓"政府失败"，是指在相当长的历史时期中，由于认为公共产品的非排他性和非竞争性，难以避免"搭便车"现象的产生，以及公共产品的生产一般规范大、投资高、周期长，不愿或不能经营，因而逐步形成了这样的现实，即公共产品的提供由政府单独负责。但 20 世纪 70 年代以来，西方市场经济国家相继出现了以低经济增长、通货膨胀、财政赤字和高失业率为特征的"滞胀"现象，而在公共产品领域，则表现为虽然政府机构日益庞大，财政支出日益增加，但由于生产方式单一、生产与供给缺乏竞争，使得资源配置和生产效率低，公共产品生产数量不足，品种和质量都难以满足公众日益增长的需求。同时，相伴随的是政府的贪污腐败盛行。这样，政府不仅不能有效地解决公共事务，难以满足不断增长变化的公共需求，政府自身反而成了一大社会问题。

三、海洋准公共产品生产管理方式分析

政府在提供海洋纯公共物品方面，特别是政策法规等，相对市场和个人，在交易成本上具有比较优势，原因在于纯公共物品具有很强的正外部性以及完全的非竞争性，即边际生产成本和边际拥挤成本都为零。此外，即使某些纯公共产品可以在技术上排斥其他人的消费，但这种做法也是不经济的，或者说交易成本非常高。从成本—收益的原则上来说，市场提供公共产品所付出的

---

① 崔运武.《论当代公共产品的提供方式及其政府的责任》,《思想战线》,2005 年第 1 期。

交易成本远高于其收益,所以只能由政府以所有公民代表身份进行此类产品生产,显示其公共性并符合公众利益,同时政府通过广泛的强制税收保证产品生产的收支平衡。尽管政府本身的运行也会产生成本以及运行效率较低,但相对市场提供,其所需的交易成本相对较低。对于海洋准公共产品来说,由于其本身含有公共性的同时还具有一定的市场性,所以通过适当的制度安排可以由市场以较低的交易成本提供。传统上之所以普遍认为政府也应当提供准公共物品,在于人们忽视了不仅市场交易中存在交易成本,实际上政府也是一种社会组织和资源配置的手段,其自身的运行以及向公众提供公共产品时同样存在交易成本问题,即管理型交易成本和政治型交易成本。[①]政府在提供海洋准公共产品时产生的管理型交易费用包括:建立、维持或改变一个组织设计的费用,包括人事管理、信息技术投入、公共关系等等,如对国家海洋局的重组过程中就需要大量的交易费用;组织运行的费用,其中比较重要的是信息费用。信息在层级节制的政府机构内的流动较之市场速度较慢,在制定政策、监管决策的执行、度量人员绩效上存在着信息障碍,同时作为公众代理人的政府,能否准确地反映委托人的需求、保证生产的有效性也存在着信息不畅的障碍。相比普通组织,政府生产中还包含着大量的政治型交易成本,包括建立相关的法律框架、管理架构、军事、教育体制、司法费用,与压力集团有关的费用,行政机构运行的费用和谈判、协调费用等。政府本身的运行成本和向公众提供海洋准公共物品的成本往往被忽视,同时强调提供公共物品的公平性和政治性,因而把海洋准公共产品供给作为一个完全的政治过程,作为市场机制发挥作用的"永恒禁区",从而将政府作为海洋准公共产品生产和提供的唯一主体。这样,在一个没有竞争的领域中,在缺乏绩效评估的约束条件下,政府在海洋准公共产品供给过程中只计产出而不计投入,机构膨胀加上效率低下,导致实际的交易成本规模巨大。

反观海洋准公共产品生产的另一种可能方式,即市场生产,在某些方面通过适当的制度安排,可以减少非竞争性和非排他性对盈利的限制,以较低的交易成本生产海洋准公共产品。以海洋准公共产品的典型代表灯塔为例,萨缪尔森在其所著《经济学原理》中认为,灯塔在黑夜和雾天通过灯光为船只提供导航服务时,会存在船只利用服务而不缴纳费用的情况,即"搭便车",同时

①　[美]埃里克·弗鲁博顿,(德)鲁道夫·芮切特.《新制度经济学:一个交易费用分析范式》,上海:上海三联书店、上海人民出版社,2006年。

灯塔管理者很难界定船只是否使用服务以及收缴费用,而过往船只有采取这种行动的强烈动机,使灯塔很难收回成本并盈利,所以私人没有动力去修建灯塔,只能由政府提供。而科斯在其经典论文《经济学上的灯塔》中,对灯塔这一传统的只能作为政府提供的公共产品的典范,给出了相反的例证。[①]他指出,实际上从17世纪开始,在英国,灯塔就一直由私人——先是私人,而后是私人组织性质的领港公会——提供的,而且不存在不充分供给的情况,政府的作用仅限于灯塔产权的确定与行使方面。所以他的结论是,通过一系列的制度安排,准公共产品消费的外部性可以得到解决,其生产的成本能够得到补偿,因而私人生产和提供是必然的。从英国灯塔的演变史可以看出,市场是提供海洋准公共产品的一种可行方式,且在提供某些准公共产品上相对于政府提供,交易成本更低。如与海洋产业相关的公共设施,海洋信息服务,以及海底电缆等,都具有一定的排他性,通过"用者付费"等排他性技术安排,排除"搭便车者",就可以吸引市场和私人进行有效生产,降低提供此类产品和服务的交易成本。

要实现准公共产品的市场化生产,减少政府在这些方面的负担,关键在于确定一种制度安排,其中最重要的是产权制度的安排。[②]诺斯在研究制度变迁中认为,"经济增长的关键是制度因素,一种提供适当个人激励的有效制度是经济增长的决定性因素","有效率的组织需要在制度上做出安排和确立所有权以便造成一种刺激,将个人的经济努力变成私人收益率接近社会收益率的活动"。通过强制性的产权才能使所有者形成对产权的良好预期,从而产生足够的激励,行使产权,生产和提供海洋准公共产品。从这个意义上来说,政府不必然要成为海洋准公共产品的生产者,更为重要的职责是提供纯公共产品,即制度和法律。如上文所述,政府在提供海洋纯公共产品中具有交易成本的比较优势,所以应当重点关注海洋管理制度建设,涉海法律体系的完善以及符合公共利益的政策规范,为其他涉海主体的发展提供稳定、公正以及带有激励性的环境,其中重要的是合理的产权结构。由于海洋本身具有很强的公共性,以及"高综合性和低掌控性",所产生的强外部性使社会收益率大大高于私人收益率。这就需要政府创建海洋活动和产品的产权结构,减少对外部性的滥

---

① [美]罗纳德·哈里·科斯.《企业、市场与法律》,上海:上海人民出版社,2009年。

② [美]道格拉斯·诺斯.《制度、制度变迁与经济绩效》,上海:上海三联书店,上海人民出版社,1994年。

用,由政府或者其他海洋产品使用者对准公共产品的生产者进行利益补偿。在合理的产权制度安排下,由具有低交易成本的私人生产者通过市场和价格进行生产,更有效地提供海洋产品和服务。

但这并不意味着所有的海洋准公共产品都应该由市场生产。当代公共产品提供方式的形成,并不意味着政府责任的减轻和放弃,实际上,作为公共管理中的核心部门,政府在保持某些海洋公共产品(主要是纯公共产品)的直接生产和提供这一既有方式的同时,还要通过国有企业私有化、公共服务付费制、竞争与合同制、特许经营、行政分权、放松管制等方式来促进准海洋公共产品的提供,并以有效的监管保证海洋准公共产品质量。正如上文所论述,虽然海洋准公共产品不具有完全的非排他性和非竞争性,但也不同于私人产品,所以由政府或市场提供取决于提供此类产品和服务的交易成本。① 根据崔旺来的分类,性质上近乎纯公共产品的海洋准公共产品,如海洋环境、部分海洋产业相关的公共设施(港口等)、海洋科技成果推广、海域防护林、海洋防灾减灾、海岛公共卫生、海岛基本医疗、海岛社会保障,具有很强的非排他性和非竞争性,难以确定产权安排,并且很难通过技术性手段将"搭便车者"排除在外。此外,在提供此类产品时,除了应当考虑经济性,更重要的是要保证公平公正性,保证所有公民的基本需求和权利是需要优先考虑的。市场交易以利益为基础,不会在保护海洋环境以及保障海岛医疗卫生投入很多资源,同时政府在环境保护等方面具有规模生产的优势,可以降低交易成本,所以这就需要政府承担起提供此类公共产品的职责。除此之外,对于某些具有自然垄断性特征的准公共产品,如海洋电力、海上交通、海上通讯等,具有规模经济的特征,适宜由单一主体提供。同时,由于对部分此类海洋准公共产品的需求相对有限,且投资规模大、技术要求高等,市场主体涉足较少。但此类产品对海洋的发展又是不可或缺的,需要政府承担起生产提供的职责。政府除了直接提供产品外,通过将海洋准公共产品的生产方式与提供方式相分离,采取了混合提供的方式。其中比较典型也是目前采取比较多的方式是私人生产、公共提供。即由非政府组织乃至私人部门生产,通过政府采购方式由政府获得产品的所有权,并无偿地向社会提供的公共产品。如某些海洋公共工程建设等,往往采取BOT (Build—Operate—Transfer,即建设—经营—转让)的方式,交由私人公司

---

① 崔旺来,李百齐.《政府在海洋公共产品供给中的角色定位》,《经济社会体制比较》,2009 年第 6 期。

进行建设，之后或者由政府直接购买工程，或者经政府批准后先由建设方进行收费，之后无偿转交给政府。这种方式利用了政府和市场两方面的优势，在降低交易成本的同时，也保证了这些海洋准公共产品的公共性。

四、政府海洋管理职能定位

对海洋活动有效的管理可以理解为通过行之有效的方式生产各种海洋产品。不同性质的海洋产品在不同的方式下所耗费的交易成本也是不同的。如何生产、如何管理取决于各种方式下的交易成本。政府作为一个管理主体以及一种生产方式，往往被认为应当在具有很强公共性的海洋活动和产品中占据主导地位。但通过对交易成本的分析和对过往政府海洋管理作为的回顾可以发现，政府对海洋的管理，或者说在海洋产品的生产中并不总是有效的。对于海洋私人活动和产品，政府需要耗费更多的交易成本，所以不应当进行干预；对于海洋纯公共产品，市场化的生产的交易成本高于政府，所以政府应当承担生产纯公共产品的职责；对于海洋准公共产品，需要进行区分，根据不同产品的非排他性和非竞争性的程度进行选择。同时对于部分海洋准公共产品，选择政府与市场混合提供的方式既可以降低交易成本，也能保证公共性。这些就需要政府与市场合作进行海洋管理，在具有比较优势的领域加强自身职能，减少无效率的海洋管理职能。

海洋治理中的"积极政府"模式

王印红　渠蒙蒙[*]

（中国海洋大学法政学院　山东青岛　266100）

摘要：当今中国，正处在全面深化改革、走向全面复兴的战略过程中。在复兴中，海洋的战略地位和重要作用日益凸显。2013 年重组之后的国家海洋局调整了改革之前"群龙闹海"的困局，破除了所谓的"碎片化权威"，实现了国家海洋局的资源整合，但却缺乏行之有效的官僚体系进行统筹管理，综合协调。加强国家海洋局领导地位，形成统筹规划的海洋治理"强政府模式"，对于治理广阔而复杂的海洋问题是行之有效的解决之路。

关键词：海洋治理　"积极政府"模式　海洋强国

中华民族无论是从政治、经济、军事，还是从文化、科技等方面看，无疑正处于全面复兴的过程中。在复兴中，海洋是"与世界联系最为密切和复杂的领域之一"。进入海洋世纪，我国海洋治理可以说经过了"失去的十年"：近海海洋开发、利用和海洋环境保护矛盾突出；中日钓鱼岛争端和南中国海岛屿主权归属问题升温，海洋权益的维护形势日益严峻；海洋行政管理"群龙闹海"以及协调不畅。鉴于海洋问题的复杂性和重要性，党的十八大提出"提高海洋资源开发能力，发展海洋经济，保护海洋生态环境，坚决维护国家海洋权益，建设海洋强国"，[①] 并继续深化行政体制改革。在这样的背景下，中央决定重新组建

---

* 王印红，男，中国海洋大学法政学院博士、副教授。

渠蒙蒙，女，中国海洋大学法政学院 2013 级行政管理研究生。

① 胡锦涛. 坚定不移沿着中国特色社会主义道路前进，为全面建成小康社会而奋斗 [EB/OL].（2012-11-8）[2012-12-25]. http://china. caixin. com/2012-11-08/100458021_all. html.

国家海洋局，海洋强国战略呼之欲出，海洋行政管理改革持续推进。但不乐观的事实是，中国海警局整合进展缓慢，改革举步维艰；海洋战略尚未清晰定位，海洋治理难以形成认知共同体。在历朝历代的海洋治理中，我们缺乏辉煌的历史的和可借鉴的经验；在清晰政府与市场边界的改革中，我们在弱化政府的强权。在这样的背景下，中国需要一个什么样的国家海洋观和海洋利益观？英国的沃特•拉雷爵士这样论述海洋的价值："谁统治了海洋，谁就控制了贸易；谁控制了贸易，谁就控制了财富，进而最终统治世界。"① 阿尔弗莱德•马汉在 19 世纪末，为了美国在全球的发展对海权②的意义进行了描述："海上力量是为了保护海上贸易，对于世界上这片广阔的'蓝色土地'，通向四面八方的航线相对于陆地具有更大的机动性。海外贸易可以成就一国经济的富裕，这从历史上的荷兰、西班牙、葡萄牙以及后来的英国、美国可以看到海上贸易对国家财富和实力的深远影响。因此，海权的历史，从其广义来说，涉及了有益于使一个民族依靠海洋或利用海洋强大起来的所有事情。"③

　　我国是一个海洋大国，主张管辖海域面积约 300 万平方千米，2013 年经过推算的中国海洋发展指数（ODI）④为 115.5，比 2012 年增长 5.5%，2010～2013 年年均增速为 4.9%。⑤ 由这一涵盖经济发展、社会民生、资源支撑、环境生态、科技创新和管理保障六个方面的系列指标推算出中国海洋经济和海洋事业整体发展水平逐年提升，即使是这样，我国依然很难自称"海洋强国"。自鸦片战争开始，中国持续遭受来自列强的海上威胁，甲午战败更堪称中国迄今最惨痛的海上失利，面临从半殖民化到几乎亡国灭种的危机。中国要成长为

---

① George Modelski and William R. Thompson. Sea power in Global Politics[J]. Seattle: University of Washington Press, 1988. P7.

② 海权是一个复合的概念，本文认为有两层含义：一个是海洋权益，一个是维护海洋权益所依靠的海洋力量（Sea power）。显然，海洋力量就是海洋实力，就是海洋软实力与海洋硬实力。在约瑟夫•奈未提出软实力之前，人们普遍强调海洋权益的维护依靠硬实力，既海上军事力量，但在当时也认识到了，海洋意识、政府制度对于维护海洋权益有重要作用。

③ [美]马汉. 安常容，成忠勤译.《海权对历史的影响》，北京：解放军出版，2006 年，第 1～2 页。

④ 中国海洋发展指数（ODI）是对一定时期中国海洋经济和海洋事业整体发展水平的量化评价，以 2010 年为基期，基期指数设定为 100。指数评价指标体系包括经济发展、社会民生、资源支撑、环境生态、科技创新和管理保障六个方面，共 35 个指标。

⑤ 中国海洋信息网 2014 中国海洋发展指数报告 http://www.cme.gov.cn/dongtai/20140723/02.html，2014 年 10 月 13 日，中国海洋信息网 http://www.coi.gov.cn/.

世界大国和海洋强国就必须立足于陆域向海域求发展,就必须明确和建立与国家海洋观相一致的海洋治理的国家模式,要立足于国家海洋利益的顶层设计,而不是在海洋管理中微观层次修修补补。本文的主要观点是提出并拟构建海洋治理中的"强政府"模式,尽管没有与中央提倡的"下放权力、封存公章"改革思路保持一致,但在海洋的治理中,未必不是正确的抉择。

综观国家海洋发展的"十二五"规划要求"着力提升海洋开发、控制和综合管理能力",中央政府也越来越意识到"经略海洋"的重要性,统筹海洋的全面发展,是"保障国家"走出去"的重要举措。美国助理国防部长库特·坎贝尔(Kurt Campbell)认为,"在过去 2000 年的历史中,中国刻意追求的一直是土地。现在他们越来越相信为了中国的繁荣,必须把重心转向海洋","中国人正在偏离他们朝向陆地的方向,并且渐渐意识到了贸易能源供应以及海上交通线对中国的重要性"。[①]研究"十二五"海洋规划发展报告,国家海洋局的职能正在发生着转变:(1)取消海洋环境预报服务资格认定、倾倒废弃物检验单位资格认定等五项资格认定审批权;(2)将省内县际海域界线勘定职责下放省级海洋行政主管部门;(3)加强"海洋综合管理、统筹规划和综合协调,加强海上维权执法,统一规划、建设、管理和指挥中国海警队伍";(4)加强了承担极地、公海和国际海底相关事务的工作范围。[②]海洋发展规划中海洋管理职能的"下放"和"加强"同样进一步证实了部门管理迈向综合管理的国家在海洋管理上已达成广泛共识。

一、海洋治理中"积极政府"模式的提出

随着新公共管理运动的兴起,"小政府,大社会"的管理模式日益成为政府管理的模式共识,建立协同合作的政府与社会、政府与企业管理模式,发挥市场主导作用,放松管制已然成为中国社会转型时期政府改革的必然趋势。但是,我们认为基于中国海洋管理的现实,我国的海洋管理却需要实行"积极政府"管理模式,而海洋管理的"积极政府"治理,有其自身不可规避的理由。

第一,当前的治理模式没有很好地解决目前海洋治理中的问题。

长久以来,我国政府有多个职能部门拥有海洋行政管理的职能,而由于分

---

① 张曙光,周建明.《实力与威胁:美国国防战略界评估中国》北京:中国财政经济出版社,2004 年,第 34 页。

② 国家海洋局.国家海洋事业发展"十二五"规划 [EB. EC],2013 年 4 月 11 日。

工精细，权责明确，不同的海洋管理部门拥有对特定海洋事项的自由裁量权，由此导致各自利益部门化，对海洋事务的管理日趋低效，产生所谓的"碎片化权威"①现象，并未形成统一的行政生态。依李侃如和奥克森伯格的观点，随着我国政治体系内部的分工逐渐精细，党对部际关系和各级政府部门的监管越来越困难，不同的部门和地方政府实际上掌握了对特定资源和决策的控制权，出现了通常所说的利益部门化。这就是所谓的"碎片化权威"。②2013年3月10，依据《国务院机构改革和职能转变方案》，国务院重新组建了国家海洋局，将现国家海洋局及其中国海监、公安部边防海警、农业部中国渔政、海关总署海上缉私警察的队伍和职责整合，归并入国家海洋局，由国土资源部统一管理。③《机构改革方案》中对国家海洋局的职责规定是：拟定海洋发展规划，实施海洋维权和海洋执法，监督海域管理使用，进行海洋环境保护等。④从职责表述中，新组建的国家海洋局的职责范围几乎涵盖了除海事之外海洋管理的所有职能。这符合当前海洋行政管理的需要，破除了之前"五龙闹海"⑤的困局，建立了"级别较高的统领大局的行政部门"，这个部门的优势是可以综合最大范围的技术与设备资源、信息资源，可以从宏观视野做出决策，是"所有国家海洋事务聚集的有机整体，国家海洋局就是这个整体中的核心领导机关"⑥。但是，目前所面临的问题是重组后的国家海洋局是国土资源部下属的副部级单位，行政级别并不高，对于海洋发展战略等较高等级政策制定来说，这一等级

① "碎片化权威"的概念是由美国的中国问题专家李侃如和奥克森伯格提出的，用以描述中国政治的部门利益化现象，具体参见 Kenneth Lieberthal and Michael Oksenberg, Policy making in China: Leaders'Structure, and Processes, Princeton: Princeton University Press, 1988, p136-137.

② 于思浩.《海洋强国战略背景下我国海洋管理体制改革》,《山东大学学报（哲学社会科学版）》,2013年第6期,第154页。

③ 国务院拟重新组建国家海洋局,海洋局网站 http://www.soa.gov.cn/xw/hyyw_90/201303/t20130311_24405.html.

④ 郭倩,吴永红.《我国海洋执法模式分析——以重组国家海洋局方案为视角》,2013年中国社会学年会暨第四届海洋社会学论坛论文集,2013年第7期,第113页。

⑤ "五龙闹海"，又称"五龙治海"，是指国家海洋局重新组建之前的海洋管理现状——中国的海上维权任务主要依靠海洋局、中国海监、公安部边防海警、农业部中国渔政、海关总署海上缉私警察等五部门的执法队伍来完成，被称为"五龙闹海"。

⑥ 郭倩,吴永红.《我国海洋执法模式分析——以重组国家海洋局方案为视角》,2013年中国社会学年会暨第四届海洋社会学论坛论文集,2013年第7期,第121页。

显然无法起到其建立之初"统领全局"的战略目标。管理海洋的中央机关级别较低,统筹管理海洋的行政命令执行权威力度不够,造成中央与地方海洋管理机关信息成本高,外部性问题难以内部化,使得海洋管理出现"政令不出海洋局"的困境。

前文已经提到,"十二五"规划的规定要求国家海洋局的职责包括海洋资源管理、海域集约利用、海岛保护与开发等16章共53项子类的内容,涵盖范围广,专业性强,相对于目前国家海洋局(副部级)的11个内设机构、在编372人而言,工作量"相对庞杂";而在国务院办公厅下发的《国家海洋局主要职责内设机构和人员编制规定》中对国家海洋局的主要职责与公安部、国土资源部、农业部、海关总署、交通运输部、环境保护部之间的职责交叉处理意见及情况说明中,可以看出其间的机构重叠、业务交叉以及管理难度。[1]

此外,于思浩认为,中国海洋局表面上负责综合性海洋事务的管理,实质上更多的是缺乏实权的边缘化研究职能。[2]这一论断犀利地指出了我国作为政府最高海洋管理的部门所处的尴尬地位。"缺乏实权的边缘化"职能与经济发展、财政、税收等这些"拥有实权的正统"职能相比,即缺乏实权,又缺乏话语权,因此,造成了目前海洋管理虽然进行统一的中国海监执法,但是只是换牌子、换制服的表面文章,面临具体改革进行不下去的难题。追根溯源,我国海洋局成立的主要目的是海洋环境监察,对维护海洋权益方面的问题是需求利导,缺乏维权的必要法理依据,这也是导致海洋局改革"进行不下去"的重要原因之一。

第二,海洋的属性和资源特点需要统筹谋划。

海洋具有四个属性:资源属性、交通和交换媒介的属性、信息交流属性和疆土属性,"这四个属性密切交织在一起,每一个都体现了国际关系的合作与冲突特征";[3]而围绕海洋这四个核心属性而展开的"海权"争霸,彰显着海权国家"举世无双的影响力",是国家权力和繁荣的首要物质因素。"[4]经略海洋、

---

① 详见:国务院办公厅关于印发国家海洋局主要职责内设机构和人员编制规定的通知,国办发〔2013〕52号。来源:中国政府网。

② 于思浩.《海洋强国战略背景下我国海洋管理体制改革》,《山东大学学报(哲学社会科学版)》,2013年第6期,第153~160页。

③ 杰弗里·蒂尔.《21世纪海权指南》,上海:上海人民出版社,2013年,第29页。

④ 引自Livezey. William E. Mahan on Sea Power(Norman, Ok: University of Oklahoma Press 1981)(1981) p281-282.

控制海洋为传统的海权国家带来了商业与战略意义，也正是中国海洋管理的战略方向。

海洋的资源属性是不言而喻的，2013年全国海洋生产总值54 313亿元，比上年增长7.6%，海洋生产总值占国内生产总值的9.5%。其中，海洋产业增加值31 969亿元，海洋相关产业增加值22 344亿元。海洋第一产业增加值2 918亿元，第二产业增加值24 908亿元，第三产业增加值26 487亿元，海洋第一、第二、第三产业增加值占海洋生产总值的比重分别为5.4%、45.8%和48.8%。据测算，2013年全国涉海就业人员3 513万人。[①] 作为资源的来源，海洋对中国的发展至关重要。蒂尔认为对海洋的资源需求"正在超出供应能力，这不可避免地加剧了人类在开发这一海洋属性方面的竞争"。[②]

作为交通和交换媒介的海洋在世界的大航海时代和全球化进程中得到了充分的体现：全球化的整个概念是十分海洋化的，海运价格不断降低，使工业转移成为可能。水路运输的优势不是偶然的或暂时的，它们符合事物的本质，是永久性的。[③] 海洋作为信息和思想传播的媒介，在基督教的传播例子中得到了生动的体现，而英国通过海洋控制和殖民，则是海洋作为疆土的清晰案例。对于沿海国家来说，海域固然形成国防或国家权益上的"天然屏障"，但海洋亦可成为敌人入侵或侵略权益的大道，[④] 因此，一国的海洋事务多涉外，且"必须在中央政府的协调下来运作"，例如国际渔业合作、海洋污染防治、国际海洋科学研究计划的执行等。

此外，海洋是复杂的、整体的、流动性的，海洋的特性本身决定了海洋管理与陆地管理不同，有其自身的特殊性：其一，海洋的无尽的流动性使得海洋事务易产生连带影响；其二，海洋的空间复合程度高导致海洋事务的多行业、立体化；其三，海洋的边界难以准确地划定或分割又使得海洋事务易产生较多的矛盾和纷争。因此，海洋的管理不仅仅是依靠海洋局的管理，而应该上升到国家层面进行统筹管理。海洋的上述特性，决定了海洋管理具有跨行业、跨部门、

---

① 2014中国海洋发展指数报告 http://www.cme.gov.cn/dongtai/20140723/02.htm.2014年10月13日，中国海洋信息网 http://www.coi.gov.cn/.

② 杰弗里·蒂尔.《21世纪海权指南》,上海：上海人民出版社,2013年,第31页。

③ 杰弗里·蒂尔.《21世纪海权指南》,上海：上海人民出版社,2013年,第33页。

④ 胡念祖.《海洋政策：理解与实务研究》,台北：五南图书出版公司,1986年第2版,第10页。

跨地区,涉及多个产业和多个领域的系统性、综合性的特征,如果缺少强有力的协调机制,必然导致海洋管理的无序和低效。我国拥有大约 300 万平方千米的海洋国土面积,海洋是广阔的,流动的,因此我国的海洋管理存在着海洋自身特点和行政区划的悖论。一旦流动的海洋出现海洋污染、台风、海冰等问题时,远非单靠某一个省或一个分局可以解决。例如,黄海的海洋污染,随着海水的流动,污染物流动到东海,使得现阶段的海洋分局管理不适应海洋流动性和整体性的自身特点,造成利益集群效应,损失规避现象,责任分工不明确,增加了海洋管理的难度。因此,建立统筹规划的海洋管理"积极政府"模式,是解决海洋跨区域治理的必经之路。

除此之外,不可否认的是涉海事务的复杂性也是导致海洋管理"积极政府"模式成为必然的选择。《联合国海洋法公约》颁布实施后,涉及我国有权利开发的"专属经济区"地带的海洋管理与开发事务逐渐增多,中日钓鱼岛争端、中韩渔业纠纷、中菲黄岩岛争端——2013 年我国海洋国际纠纷频繁不断,由此带来的海洋开发和管理纠纷不断增加。与此同时,美日等国对我国进行的太平洋"第一岛链"、"第二岛链"军事封锁,我国南海岛屿争议问题的不断升温,我国与南海周边国家海域争端的不断加剧,等等一系列因素使得我国的海洋管理日益复杂。综上所述,海洋管理问题已经由传统意义上的管理海洋,演变成经略海洋;海洋管理政策由传统的管理、开发、使用向战略、保护、博弈的新格局;海洋事务变得更加国际化、专业化、整体化。因此,海洋管理需要强有力的政府行政力量来保证日趋复杂化的海洋事务能够专业、及时、权威地得到解决,以保障我国的海洋管理需求,甚至是海洋主权完整。

第三,海洋资源的产权问题需要清晰界定。

在《新帕尔格雷夫经济学大辞典》中对产权的解释是,"产权是一种通过社会强制而实现的对某种经济物品的多余用途进行选择的权利"。[1] 产权理论认为,产权是可以分解的,所有权可以横向分解为使用权、收益权和让渡权等,也可纵向分解为出资权、经营权和管理权。产权分解的过程,也是权利界定的过程,产权分解界定是否合理直接关系到交易费用的高低。[2] 清晰的产权界定有助于降低交易成本,减少资源在交易中的磨损和消耗,从而达到促进生产和

---

① 约翰·伊特韦尔.《新帕尔格雷夫经济学大辞典》,北京:经济科学出版社,1996 年,第1 101 页。

② 科斯.《企业、市场与法律》,上海:三联书店,1990 年,第 232 页。

社会发展的作用。哈佛大学的卡特尔教授认为：现代社会依靠产权机制能够使稀缺资源得到最优利用，能够为人类提供某种有效地减少浪费的刺激。[①]

按照我国现行的法律规定，国家享有水资源所有权、海域所有权，[②]而国有海洋资源的产权问题实际上是难以清晰界定的。国有海洋资源所有权"缺乏人格化的代表，目前实际情况是'谁发现，谁开发，谁所有，谁受益'"，[③]海洋资源是稀缺的，但是目前海洋资源开发的巨大利益却被集体、个人低价占有，造成国有资产大量流失，从而严重制约了海洋资源开发资金的可持续投入水平。国有资源产权虚置、宏观管理弱化、掠夺性开发严重导致海洋国有资产流失严重。举例来说，我国近海渔业资源开发"已到极限"，从 20 世纪 60 年代后期开始严重衰退，舟山渔场产量占整个舟山渔业产量的六七成，但现在可能剩下两成都不到；而近海带鱼年产量从 100 多万吨降到 50 万吨，大黄鱼产量不足 30000 吨，小黄鱼几乎绝产。

第四，海洋技术的研发、公共品的供给需要政府的巨量投资。

长期以来，相对于海洋管理，我国更倾向于陆地管理。然而，海洋丰富的资源和经济开发潜力使得海洋管理的重要性不断加深。国家海洋局 2013 年 2 月 26 日发布的《2012 年中国海洋经济统计公报》显示：2012 年全国海洋生产总值 50 087 亿元，比上年增长 7.9%，海洋生产总值占国内生产总值的 9.6%。其中，海洋产业增加值 29 397 亿元，海洋相关产业增加值 20 690 亿元，海洋产业总体保持稳步增长。国家对海洋生物医药业政策扶持和投入力度的逐步加大，海洋生物医药业发展势头良好，比上年有较大幅度增长；大规模海上风电场建成投产，海洋电力业发展迅速；海洋矿业继续保持增长态势，海砂开采管理力度不断加强，产业秩序得到进一步规范。[④]随着海洋生产总值的不断提高，海洋的科学价值也在不断增加：我国的南极科学考察已加入国际极地条约体系，形成由国家海洋局组织、全国有关部门、单位共同参与的极地科研工作体系。此外，国家海洋研究"908 专项"、"973 计划"、"863 计划"、海洋动力卫星、

---

① 于英，戴桂林，高金田.《基于可持续发展观的一种重要国有资产管理模式探讨》,《中国软科学》,2003 年第 1 期，第 78 页。

② 崔建远.《论争中的渔业权》,北京：北京大学出版社，2006 年，第 90 页。

③ 王淼，段志霞.《我国海洋资源性资产流失与产权管理问题探讨》,《生态经济》,2006 年第 11 期，第 31～32 页。

④ 国家海洋局.《2012 年中国海洋经济统计公报》。

"海洋二号"、"蛟龙"号载人潜水器开发和研究计划①等都需要大量投资和科研支持,单单依靠"追逐利益"的企业是难以达成此类目标的,这些计划和规划的开展,都需要从国家层面统筹规划和实施。因此,鉴于海洋管理的地位不断重要,国家应该着力提升海洋局的行政级别,在法律规定的范围内,赋予国家海洋局更多的权力,以保障海洋管理建立强有力的行政力量,保证海洋管理的高效执行,维护国家海洋权益。

第五,发达海洋国家的历史经验。

基于海洋的重要性日益凸显,再加上中国不断提升的国力和世界影响力,在建立何种海洋管理制度的探索中,我们有必要运用比较的视角,通过比较,进行跨国研究,从而借鉴经验,博采众长。

美国是当今世界首屈一指的海洋强国,自美国建国以来,美国的海洋政策经历了行政区划管理、部门管理、综合管理等三种管理模式。②美国的现有海洋管理体系,从奥巴马总统执政以来,逐渐形成以生态保护为核心的海洋综合管理机制。③其最大的特点是"具有国家层面上的决策权与执行权相分离的设计"。美国海洋与大气管理局(NOAA)统筹海洋事务,除去 NOAA 以外,联邦的海洋管理事务还涉及至少 7 个部门,它们分别是内政部(DOI)、环保部(EPA)、太空总署、陆军工兵部队、海岸警卫队(USCG),以及海军和国家科学基金会。④同时,白宫设有国家海洋委员会(NOC)作为议事协调机构,负责直接与总统沟通协调国家海洋战略及政策。而其他海洋强国例如加拿大,作为世界上第一个实施综合海洋立法的国家,建立了高权威的政府海洋综合管理机构——加拿大海洋事务间委员会。日本的综合海洋政策本部、韩国国土海洋部等,都是高层次的海洋事务协调和决策机构。⑤

---

① 国家海洋局海洋发展战略研究所课题组.《中国海洋经济发展报告》,北京:经济科学出版社,2013 年第 1 期,第 69 页。

② 夏立平,苏平.《美国海洋管理制度研究——兼析奥巴马政府的海洋政策》,《美国研究》,2011 年第 4 期,第 79 页。

③ The White House Council on Environmental Quality Interim Report of the Interagency Ocean Policy Task Force, September 10, 2009.

④ 郭倩,张继平.《中美海洋管理机构的比较分析——以重组国家海洋局方案为视角》,《上海行政学院学报》,2014 年第 1 期,第 107 页。

⑤ 于思浩.《中国海洋强国战略下的政府海洋管理体制研究》,吉林大学博士学位论文,2013 年,第 53 页。

经济实力决定海洋实力。如今,我国已成为世界第二大经济体,在强大的经济实力的建构之下,我国拥有更权威的国际话语权。2013年11月23日我国划设包含钓鱼岛的东海防空识别区,并以和平崛起的大国形象维护国家的主权和利益。在此基础上,我们认为我国现阶段的经济发展实力一方面要求"积极政府",另一方面也不得不"积极政府",海上权益维护,防空识别区的建立,经济实力的增强,客观上要求"积极政府强海权",以满足日益增强的海洋管理需求。因此,我国更应该加强海洋管理的"积极政府"模式,用好国家的每一寸海洋领土,加强海岛管理与保卫,通过权威的海洋管理政府机构,将分散在各个涉海部门中的海洋管理权力集中,对海洋实施战略管理、科学管理、权威管理,理顺海洋管理职能,加强海岛保护,增强海洋管理实力。

二、"积极政府"的内涵以及建设内容

第一,海洋管理的"积极政府"模式是"海洋治理"而非"海洋统治"。

海洋治理是治理理念在海洋事务管理领域的应用,治理较之统治,作为政治管理的过程,二者都需要权威和权力,但前者较之后者,管理主体更加多元化、权力的运作更注重组织网络而非行政等级,权威的基础更强调协商而非强制。参照目前主流的治理模式来看,海洋治理模式可以适用以下三种模式:一是一体化或整体性治理。海洋整体性治理缘于海洋自身的流动性和一体化的特性,它作为海洋治理的一部分就是针对海洋行业管理的"碎片化权威"问题而来的。整体性治理对于环境和生态维持以及相关立法和执法工作来说尤其重要,强调"以公民需求为导向,以协调、整合和责任为机制,运用信息技术对碎片化的治理层级、功能、公私部门关系及信息系统等进行有机整合"。二是"参与式治理"。海洋治理关乎海洋资源的开发和利用、海洋环境的生态平衡、海洋权益的分配与维护等多方面问题,涉及从事海洋开发活动的个人、组织以及政府等方方面面的利益相关者。为此,海洋治理不仅需要国家和政府权威强化制度层面的建构和法制建设,改进政府管理的效率,而且必须广泛听取公众的意见、建议,包括公民、社会团体、企业、非政府组织等在内的海洋实践主体参与到海洋综合管理政策、决策和方案的制定、实施、监督中,进而保护海洋环境、实现海洋资源的可持续利用。三是多层次治理。海洋问题并非一个国家或一个地区的事务,而是广泛涉及从地方、区域、国家乃至超国家和国际领域的事务。为此,用来规范海洋利用的各种多边条约、国际政府组织、非

政府组织,正在不断增长。虽然各个活动及组织是分立的,但它们的总和却形成了一个不断扩充的网络,构成了一个不断发展的全球海洋治理架构,推行次国家、国家、超国家直至跨国家的多层次治理。海洋管理中所构建的"积极政府"模式,并不是海洋行政管理部门无所不包地进行管理,而是在海洋管理过程中,单单就政府而言,政府建成上行下效、权责统一的行政体系,加强政府的纵向隶属关系,统一领导,使得政令能够始终如一地贯彻执行。不否认企业和社会在海洋管理中的参与,"积极政府"并不是意味着政府无所不包,排挤企业和社会的参与渠道。

第二,打破部门界限。

构建的海洋管理"积极政府"模式需要打破部门界限,将海监、渔政、农业等各个部门统一于国家海洋局的管理之下。通过纵向的、单线的运作方式,能够集中国家海洋局的力量,进行海洋管理的宏观决策,实现海洋综合管理和宏观管理的目标。建设"积极政府"型海洋管理模式,有助于加强国家海洋局统领全局的能力,用更为宏观的视角处理海洋战略问题;有助于改善目前海洋局与公安部、国土资源部、农业部、海关总署、交通运输部、环境保护部之间的职能之争,使得国家海洋局能够从纷繁复杂的职责范围辩论中跳出来,指导全局。

第三,需提升海洋管理在政府行政管理中的分量和作用。

由海洋所产生的大量产值、海洋的战略地位提升、海洋重要性不断增强,所有这些都应提升海洋管理在整个国家宏观管理中的地位和作用,将其提升到国家战略的高度,对海洋管理的重要性做出全新的定位,从而增强海洋管理"积极政府"中政府"强"的能力和作用,赋予国家海洋局以及下设管理体系更多的行政"实权",使得其在海洋管理中有的放矢。海洋管理中政府承担着主导性作用:海洋管理的执法、监督、代表国家进行维权,海洋污染防治等事宜都需要政府主导及出面解决。而国家海洋局受目前行政级别限制无法对某一省做出行政处罚和约束等规定,海洋局的"边缘化"职能约束了其在海洋事务中的领导力。

三、结语

21世纪是海洋的世纪,我国经济迅速发展,综合国力显著提升,但同时,我国陆地资源不断匮乏,地缘政治态势不断恶化,以及南海争端、海洋权益维护困难，这些复杂形势，使得我国必须"面向海洋"，实施"海洋强国"的战略决策，而要实施这一决策，不仅需要从"海洋实力雄厚、海洋科技先进、海洋经济发达、海洋环境良好"的角度入手，我们认为更重要的是，建立一个强有力的行政官僚体系，对海洋综合管理中"纷繁复杂"的事务进行统筹协调，强化海洋管理的综合协调机制。海洋管理中"积极政府"模式的建立，就是要解决目前海洋局改组之后依然困难重重的局面，统筹管理，希望海洋局能够从国家战略的高度下达政令，从更高的级别统筹各部门的具体工作，使得形成纵向一体化的官僚体制格局，保证政令畅通，保障政策的执行力、贯彻力。

在此基础上，我们认为，海洋管理的"积极政府"模式能够更好地实行海洋管理的综合协调，从横向保障海洋管理中的政策面，使得海洋局的政策能够得到各部门的积极配合，协调完成。毕竟，依据海洋资源属性、交通和交换媒介的属性、信息交流属性和疆土属性所衍生出来的管理事务，随着对海洋的开发、保护、利用、管理过程会愈发广杂，靠各个部门各自为政的"碎片化权威"处理方式愈发难以适应，这为实行"积极政府"的海洋管理模式创造了物质条件。

这里所提出的海洋管理"积极政府"模式，并不是米格代尔所提出的"专制性权力"，而是能够将政策贯彻和执行的"基础性权力"，[①] 即能够将国家意志贯彻为政府行动的能力，而就目前我国海洋管理的体制来说，这一点恰恰是最缺乏的。因此，重要的不是政策的制定，而是政策的执行，从战略角度的宏观决策和统筹。我们认为，强有力的政府行政官僚体系是这一目标有效贯彻的有力推手。

---

① ［美］乔尔·S·米格代尔.《强社会与弱国家：第三世界的国家社会关系及国家能力》，南京：江苏人民出版社，2009年。

我国现行海上执法体制有效运行的影响因素及保障措施研究

夏厚杨 *

（中国海洋大学法政学院　山东青岛　266100）

摘要：我国的海洋管理体制和海上执法体制正在改革转型中，并取得了阶段性成果。但在我国海上执法体制改革稳步推进的同时，还存在着一些因素影响着海上执法体制的有效运行，这些因素主要集中于部门间的沟通协调、法律政策体系、海上执法能力和地方海上执法体制改革等方面。在对这些因素分析后，提出我国应该从建构沟通协调机制、完善海上执法法律体系、加强海上综合行政执法能力和深化地方海上执法体制改革等多个方面来保障我国现行海上执法体制的有效运行。

关键词：海上执法体制　执法管理　影响因素　保障措施

海上执法是现代海洋管理的重要手段和工具，也是海洋综合管理能力的重要体现。1982年《联合国海洋法公约》正式生效后，海洋权益在国家权益中的地位愈加重要。为维护自身的海洋权益，各国纷纷加强海上执法力量建设，强化海上执法管理，提高执法效能。

我国的海洋管理体制经历了从行业性管理到海洋综合管理与海洋行业管理相结合的变迁。自新中国成立到20世纪80年代，我国海洋管理按照自然

---

* 夏厚杨，男，（1985—），中国海洋大学法政学院行政管理专业研究生。

　基金项目：本文是国家海洋局软科学项目"海洋行政执法体制与公共政策研究"（GMSW2013009）和中国海洋发展研究中心重点项目"海洋强国建设中如何加强海洋软实力研究"（AOCZD201306）的阶段性成果。

资源的属性进行分割划分管理，形成了行业性海洋管理的体制。为适应海洋事业不断发展的需要，1964 年我国成立了国家海洋局，标志着自此我国的海洋管理有了专门的领导管理机构。20 世纪 80 年代起，我国的海洋管理体制开始向综合协调管理演变。1983 年体制改革后，国家海洋局负责海洋政策立法、政策及规划拟定等事项，各海区和地方的海洋管理由其派出的分局和管区等承担。1989 年海洋管理体制改革中，中国沿海省市区逐渐建立地方海洋行政管理机构，开始了地方用海、管海的新阶段。1998 年国务院机构改革对我国的海洋管理体制进行了进一步调整，我国的海洋管理逐步形成了国家—海区垂直管理与国家—地方分级管理相结合的海洋管理综合协调体制。随着我国海洋管理体制的不断演变，我国海上执法体制也在不断地发展。2013 年国家海洋局重组之前，我国的海上执法体制属于分散执法，由多支海上执法力量进行海上执法管理，我国的涉海单位有十多个，主要海上执法力量包含中国海监、中国渔政、中国海事、海关缉私和边防武警等，这些执法队伍分属于国家海洋局、农业部、交通部、海关和公安部等不同部门，在海上执法管理中有不同的职责分工和权限范围，承担着不同的执法任务。

但是这种"条块分割"的海洋管理体制与分散的海上执法体制弊端重重，产生了我国海上执法力量分散、执法效能低、执法成本高、海洋维权能力不足等一系列的问题，这些问题严重影响到我国海洋环境的管理、海洋权益的维护和"海洋强国"战略的实施。为推进海上统一执法，提高执法效能，2013 年国务院机构改革提出对国家海洋局进行重组的重大举措，将原国家海洋局及其中国海监、公安部边防海警、农业部中国渔政、海关总署海上缉私警察的队伍和职责进行整合，重新组建国家海洋局，并由国土资源部管理。国家海洋局以中国海警局名义开展海上维权执法，接受公安部业务指导。

同年 7 月公布的《国家海洋局主要职责内设机构和人员编制规定》进一步明确了重组之后国家海洋局的主要职责。《规定》同时理顺了国家海洋局与国土资源部、农业部、海关总署、交通运输部以及环境保护部的相关职责分工。关于中国海警局，《规定》说明，国家海洋局设置国家海洋局北海、东海、南海三个分局，对外以中国海警北海分局、东海分局、南海分局名义开展海上维权执法，业务上接受公安部指导。7 月 22 日，中国海警局正式挂牌成立。中国海警局的成立和运作，标志着我国的海上执法力量开始进行合并，执法队伍由分散转向统一，执法机构和职责进行整合，我国分散型的海上执法体制开始向集中型海上执法体制转变。重组国家海洋局,把隶属于不同部门的海上执法队伍重新整合,组建中国海警局,多年的执法力量混乱难题开始得到解决,海上执法队伍统一的趋势,对于加强我国的海洋综合管理,进一步转变海上执法模式,维护我国的海洋权益裨益重大。

一、现行海上执法体制有效运行的影响因素分析

新机构的建立和运作并不意味着我国海上执法体制存在多年的弊端得到了彻底的解决,亦难证明我国的海洋管理体制已经成功转型。此次改革有力地促进了我国海上执法体制的变革,但仍需要继续深化改革。我国海上执法体制在运行进程中仍存有一些影响因素,比如涉海管理部门之间信息沟通是否畅通、海上执法管理的法律支撑体系是否已经健全、海上综合行政执法能力能否满足海洋管理的需要等,这些因素都影响着我国海上执法体制运行过程中的成效。如果对这些影响因素处理不当,我国海上执法体制的改革和运行将会受阻,海洋管理体制的改革也会遭受挫折。如果能够采取合理有力的措施,化不利为有利,我国海上执法体制的改革和运行就会取得事半功倍的效果。因此,有必要对这些影响海上执法体制运行的因素进行统筹思考。

(一)海上执法管理部门间沟通协调是否畅通

管理沟通是组织的生命线,它把组织由内到外有效地连接起来,对提高组织效率、确保组织有序运行能够产生重要影响。在组织变革和运行中加强管理沟通,可以有效地减少内部阻力,增强组织凝聚力和竞争力,提高组织目标实现的效能和质能。[①]

在长期的海上执法管理中,海洋执法管理部门间就存在横向和纵向沟通协调不畅的问题,造成了部门间协调不畅、信息阻塞等状况。国家海洋局重组后,国家海洋局与其他涉海部门之间的执法权限和职责也进一步得到了厘清,并且建立了一些信息沟通共享机制,但是跨部门间综合性的沟通协调机制仍然没有完全建立起来。新组建的中国海警局,为统一的海上执法管理提供了沟通协调的平台,但这四支队伍原属于不同的执法部门,在长期的执法过程中,形成了不同的执法方式和执法文化,执法权限与执法任务分工也有所不同,管理方式也相差较大,比如公安部边防海警,隶属武警部队,而中国海监为

---

① 崔佳颖.《组织的管理沟通研究》,首都经济贸易大学博士学位论文,2006年,第43页。

国家海洋局下属的事业单位，两者的管理方式截然不同，而这也势必会影响到彼此间顺畅沟通机制的建立。不健全的沟通协调机制依旧是制约我国海上执法管理成效的重要因素之一。此问题不予以解决，将影响我国现行海上执法体制的正常运行，阻碍我国海上统一执法体制的形成。

中国海警局的组建，使得中国海监、中国渔政、海关缉私警察和边防海警有了沟通合作的平台，但是科学规范的沟通协调机制并没有在执法队伍内部建立起来，这势必会影响到各支队伍之间的交流沟通。这些执法队伍分属于不同的职能部门，彼此间的执法权限和管理范围也存在着很大的差别，而且彼此间保持着自身的独立性，造成事务性沟通与合作不多。虽然这些执法队伍之间也进行过多次联合执法专项行动，但是这些行动大多数是临时的，具有很强的时效性，开展联合行动时也只是"各站各岗"，部门之间并没有深入地沟通了解。缺乏顺畅的沟通交流，将使中国海警局虽有千钧重负却难以优化内部的合作关系，不利于整体优势的发挥。此次改革，中国海事并没有并入中国海警局，依然独立地承担着海上交通事务的执法管理，研究如何加强和完善中国海警局与中国海事间的沟通协调机制实为必要。

同时，《规定》理顺了国家海洋局与国土资源部、环保部、交通部、农业部等涉海部门之间的职责权限，并且建立了一系列的共享机制，如国家海洋局与交通运输部间共同建立了海上执法、污染防治等方面的协调配合机制、海关与中国海警建立了情报交换共享机制、国家海洋局与环境保护部建立了海洋生态环境保护数据共享机制等，但是跨部门间海上执法管理中的综合沟通协调机制尚未完全建立起来。现代海洋管理中，往往需要多个部门进行联合协作执法管理，跨部门间的沟通交流就显得尤为重要。一旦出现海上突发应急事件，海洋管理部门间如果无法及时有效地沟通交流，将影响应急事件的有效处置。以往国际和国内出现的重大海上灾难事件表明，海洋管理部门之间的沟通协调在处置海洋事故时至关重要，如果在事件发生后，管理部门间沟通交流出现障碍和不当，不仅无法有效地控制事件的恶化，而且还可能会造成更为严重的经济和人员损失。目前，我国海上跨部门间的综合性沟通协调机制依然没有建立起来，统一的海上执法管理的运行就会受到沟通障碍。

地方海上执法体制还在改革中，涉海部门之间依然保持着自身的独立性，相互之间的合作有待增强，地方海上执法队伍仍然按照原来的执法方式进行执法管理，队伍间缺乏良好的沟通交流，阻碍了统一海上执法力量的趋势发展,势必加大地方海上执法体制改革的难度。部门之间的沟通协调至关重要,不仅是在体制改革的过程中,在改革后的体制管理运行中,沟通依然扮演关键角色。目前我国海上执法管理中,综合性沟通协调机制依旧没有完全建立起来,部门之间的沟通和协调依旧存在不畅,这将大大制约我国现行的海上行政执法体制的运行效率。

(二)海上执法法律政策体系是否完善

我国已建立的海上执法管理相关的法律政策体系,在过去几十年中对于我国海上执法的法制化管理起到了积极的作用,促进了我国海洋事业的发展。但是,我国的海洋法律体系仍不尽完善,海上执法管理的政策支撑体系也不够健全。国家海洋局的重组和中国海警局的成立,都需要相关法律法规配套的跟进。机构改革先行,法律配套就应及时跟进,否则体制改革后的机构运行就会"师出无门"。我国海上统一的执法管理体制正在建立中,但是为统一执法体制改革运行提供支撑保障的法律政策却依旧是立法空白。我国海上执法法律支撑体系的不完善使海上统一执法体制的转型和运行"名不正,言不顺"。

我国海上执法管理法律政策体系的不完善体现在多个方面。首先是机构改革后相关海洋法律政策没有及时跟进。重组后的国家海洋局具有了新的海洋管理职权,并且与国土资源部、公安部、农业部以及环保部等部门的涉海职责进行了厘定,我国的海洋管理体制和海上行政执法体制都进行了较大幅度的改革。机构改革先行,法律配套应该及时跟进,为体制改革提供法理依据。但是到目前为止,为此次改革而进行的相关法律政策的修订和完善迟迟没有落实,改革后的法律配套已经滞后,法律规定与现行的执法管理活动间的不一致和矛盾已经出现。

其次,我国依然没有制定一部专门的海洋执法管理的专门法。世界上一些海洋国家都相继制定颁布了本国的海洋执法管理的专门法,如美国《海岸警卫队法》和日本《海上保安厅法》,这对于促进本国统一的海上执法管理裨益重大。而反观我国,要求制定一部海洋管理专门法的呼声很高,可至今尚未制订。海上执法队伍在进行海上执法管理时依据的多为部门法,这些部门法大多法律层级较低,并且是出于行业管理和部门角度而制定的,带有强烈的行业、部门色彩。同时,这些部门法之间也存在着不同程度的交叉重叠,在执法时容易造成重复执法。

再次,我国的《宪法》第九条尚未将"海洋"列入其管理范围之内,现行的

1982 年宪法,甚至通篇没有一个"海"字,只在第九条规定滩涂作为自然资源属于国家所有。这样,我国的海上执法管理就缺乏《宪法》的支撑。[①] 而且我国至今尚未制定出一部综合管理海洋事务的基本法,使我国现有的涉海法律体系处于仅有下位单行法,而没有统领海洋事务全局的上位基本法。

有些重要的法律制度,我国目前还处于缺失状态;有些已有的法律制度只限于原则性规定,所建立的海洋法律制度也只有最基本的内容,过于原则化,缺乏适用性;有些已经建立的海洋法律制度内容亦不够完善、配套措施不足。如果不解决海上执法管理法律配套问题,我国海上执法体制的改革和运行就会缺乏完备的法理依据,导致我国在进行海洋管理和维护我国海洋权益时由于缺乏相关法律的支撑而"行动乏力"。

（三）海上综合行政执法能力是否具备

行政执法能力是指行政执法人依法行使行政职权、履行行政职责以及对行政相对人进行管理和提供服务的能力。而海上行政执法能力更加侧重于海上行政执法人员对于海上事务的综合管理能力。较高的行政执法能力可以有效地加强海洋管理,维护我国的海洋权益,保证执法体制的正常运转。反之,行政执法能力不高,不仅影响海洋综合管理的效果,而且还会制约海上执法体制的运行。在过去几十年,我国海上综合行政执法能力建设取得了很大的成就,但在我国严峻的执法形势下,我国海上执法队伍的综合行政执法能力依然不足,人员素质结构有待于进一步优化,执法装备有待于进一步更新。

海洋行政执法能力建设中,人是关键因素。人员素质是行政执法能力建设的核心所在。执法人员综合素质的高低直接影响到海上执法水平、执法方式以及对执法装备的使用效率。我国海上执法人员较之过去综合素质有了很大的提升,人才队伍建设取得了很大的成就。在现行的海上执法体制下,制约我国海上执法人员综合素质提升的重要因素之一就是自身的国际化水平较低。我国海上执法人员对于国内执法时所依据的相关法律政策较为熟悉,而对我国所签署的相关国际海洋公约、条约、协定以及与其他国家签订的双边、多边海洋协议较为生疏。在我国与其他国家存有争议的海域进行执法管理时,执法人员对涉外海洋法律的掌握、运用较为薄弱,在维护我国的国际海洋权益时由于这一限制而导致维权不足。这不仅不利于我国海洋权益的有力维护,

---

① 于宜法,马英杰,薛桂芳,郭院.《制定〈海洋基本法〉初探》,《东岳丛论》,2010 年第 8 期。

而且也限制了我国海上执法管理"走出去"战略的实施。执法人员不合理的素质结构俨然已成为制约我国海上执法体制运行的"短板"。

另外,海上执法装备是影响海上行政执法能力建设的另一个重要因素。执法装备的建设对于执法能力来说,有着不可替代的作用,没有高水平的海上执法装备的配给,执法人员执法能力就会受到极大的限制,综合执法能力也无法得到根本提升。我国的海上执法装备就数量而言,已经具备了一定的优势,与国际上的海洋强国之间的差距也越来越小。但由于过去重近海而轻远海政策所带来的影响,我国的海上执法装备多是负责近海和内河管理的小型吨位海上巡逻船、巡逻艇,而大吨位的中程和远程的海上执法公务船和在执法管理中具有不可替代作用的海上执法飞机却相对短缺。中国海警局建立后,对之前分散于各个执法队伍中的执法装备进行了统一管理和使用,但是,装备本身的落后配置也影响到中国海警局综合行政执法能力的提升。同时,中国海警局成立后对海上执法装备进行了大幅度的升级和换代,在某些方面已经处于世界领先地位,但是其总体先进程度与其他国家相比依然有较大的差距,仍然无法满足我国严峻的海洋维权执法需要。我国海上执法装备的技术发展快速,但是发展得不平衡。就中国海监而言,2011年,新增执法船10艘,执法艇16艘,其中新增的执法船,大都是中远程执法船,并且新增了一批执法专用设备,大大提升了执法能力,但是在空中巡航执法方面,却发展不足。目前中国海监仅具有10余架飞机,有时巡航执法要临时租赁飞机,对于我国300多万平方千米的执法海域来说捉襟见肘,空中巡航执法能力明显不足。[1]除此之外,高技术维权装备也是我国海上执法装备的一个"短板",我国全方位、立体式的海域监控格局还没有完全实现,海上综合执法管理系统也在建设中,海上执法装备的信息化、数字化仍然需要加强建设。其他的海洋执法力量,如中国渔政、海关缉私警察等在执法装备质量提升方面也有很大的空间。新形势下,海上执法队伍如何继续优化执法人员素质结构,提高执法装备的科技含量,进一步提高海上执法能力建设,将直接影响我国海上执法效能的高低。

(四)地方海上执法体制改革是否跟进

2013年国家海洋局重组之后,地方海上执法体制也加快了调整与改革的步伐。但时至今日,沿海省市地方政府也没有提出较为完善的海上执法体制

---

[1] 海洋发展战略研究所课题组.《中国海洋发展报告(2013)》,北京:海洋出版社,2013年,第262页。

改革方案,仅有上海市和天津市进行了初步的海上执法管理机构调整。[①] 与国家海上执法体制改革相比,地方海上执法体制的改革已经明显滞后。这种滞后一方面导致地方海上执法管理与国家层面的海上执法管理无法有效地衔接,造成上下管理机构间的不对接,降低管理的成效;另一方面也制约了我国海洋管理体制的整体转型,影响了我国海上执法体制管理的正常运行,不利于实现我国综合性海洋管理体制的改革目标。

由于不同的沿海省市依据其海洋管理现状而选择了不同的执法管理模式,而不同的海洋执法管理模式在改革时亦面临不同的改革难题,需要不同的改革思路。地方海上执法体制在改革和运行中所面临的困难,除了地方海上执法能力不足和协调沟通不畅等相同因素之外,还有更加复杂的机构设置、权力划分和利益分配等因素。这些因素一直是地方海洋管理体制改革和海上执法体制改革没能取得实质性进展的重要原因。

一般来讲,主管当地海洋事务的部门都是隶属于当地政府部门所管辖的行政单位,如海洋与渔业厅是地方行政单位,隶属于地方政府管辖,而海关实行的垂直管理体制,同级地方政府对本地海关并不具有行政管辖职权,同样,公安部边防海警实行双重领导体制,以公安部领导为主,地方行政主管部门对边防海警的行政管辖权限有限。要把分散的各支涉海力量整合起来,组建统一的海上执法力量,不仅是地方政府内部机构整合的问题,而且还涉及地方行政部门、海关部门、公安部门等不同部门间的统筹协调。跨部门之间进行机构整合的难度较大,组织设计、法律定位、人员编制等都需要进行相应的修改变革,改革成本很大。由于不同的部门所发挥的职能和作用有所不同,机构改革就政府职能转变来说,还需要进一步实现部门间职能优化组合。改革方案的设计和制定是需要认真论证的问题,一方面要降低改革的成本,顺利推进改革,实现执法力量的有效整合,另一方面还要进一步转变政府职能,实现执法部门职能优化。如果无法成功地解决改革方案的设计问题,地方海上执法体制的改革和运行就会停滞不前。

部门机构的整合,其实是部门间权力和利益的再次分配。统一中国海上执法力量的改革呼声存在多年,但是直到现在才进行国家海洋局的重组,主要原因在于统一中国海上执法力量时不同部门要面临着权力归属和利益划分的

---

① 海洋发展战略研究所课题组.《中国海洋发展报告(2012)》,海洋出版社,2012 年,第 355 页。

问题。多年来各涉海部门在执法队伍发展壮大的过程中投入了大量的人力、物力和财力达到今日的规模,执法队伍已经成为海洋管理部门很重要的组成部分。有些执法队伍还是部门利益的主要获取渠道,通过其海上行政执法活动为部门提供资金来源,因此涉海部门都想在此次改革中成为最大利益获得者。但在改革海上执法体制,统一海上执法力量时,势必要针对当前的执法现状,整合现有的涉海部门和执法力量,对部门权力做局部调整,必将打破既有的利益格局,造成某些部门权力和利益的再次分配。权力和利益的再分配,会对某些部门产生改革红利,也会对某些部门产生改革损失。如果诸多涉海部门不能以我国建设"海洋强国"的大局为重,无法就改革方案达成共识,依旧是紧抓小部门的权力和利益不放,那么地方海上执法体制的改革就会沦为空谈。

二、现行海上执法体制有效运行的保障措施

我国海洋管理体制和海上执法体制改革仍在进行中,应统筹兼顾、有步骤地推进改革的步伐。影响海上执法体制运行的因素固然存在,但只要采取恰当合理的措施,就可以将不利转为有利,以实现我国海上执法体制的转型,助推"海洋强国"战略的实施。

(一)建立综合性海上执法沟通协调机制

在中国海警局内部,由于执法队伍间了解不多,以至于沟通不畅。因此,有必要加强队伍间的了解与交流。中国海警局作为一个新组建的机构,要整合四支执法队伍,建立和谐统一的组织文化。加强海洋管理,维护我国的海洋权益,是中国海警局的使命所在,应该以此为中国海警局组织文化的核心,统一各方认识,寻求共同的价值观念,建立部门共同的目标和愿景。在共同的组织文化凝聚下,整支队伍紧密结合,以实现整体合力的最大功效。同时中国海警局内部以及与中国海事等其他海上执法部门间应建立规范化的协调联系办法,对沟通协调的程序、规则等做出明确规定。密切沟通,拓宽沟通渠道,协同执法,在海洋综合管理、国家海洋权益维护等方面加大沟通、交流与合作。

国家海洋局与涉海部委、沿海省市政府海洋主管部门间建立综合性沟通协调机制。在国家海洋委员会的统筹下,建立全国海洋管理部际联席会议工作机制,制订一整套的海洋事务沟通协调方案,此方案应该包括日常的海上执法管理信息通报制度、海洋经济发展合作制度、部级沟通协调制度、海洋应急

事务的沟通处理办法等;《规定》已明确,国家海洋局与农业部、环保部、交通运输部等部门建立数据共享和协调配合机制,目前紧要任务之一是要细化这些沟通协调机制,进一步充实完善机制内容,根据实践需要,制定更加系统、完备的信息沟通协调配合细则,提高海上执法沟通能力;国家海洋局与国防部、公安部等部门建立规范化的业务交流制度,建立科技和军事信息资源共享平台,在执法队伍管理、执法装备更新、海上维权执法等方面加强交流合作。

将地方海上执法部门间的沟通交流制度纳入到综合性海上执法沟通联系机制建设中。地方海上执法部门间要充实完善已建立的沟通交流制度,提高其在执法实践中的效用。在地方海洋执法体制改革转型中,不同部门间要实现信息资源的畅通与共享。针对改革的新情况,地方海上执法部门要保持沟通协调机制的灵活性,实现与国家综合性海上执法沟通协调机制的对接。

(二)进一步完善海上执法法律政策体系

《国家海洋事业发展"十二五"规划》明确指出要加强海洋立法工作,可见,海洋立法工作已经成为国家海洋战略发展的重要部分。加强我国的海洋立法工作,进一步完善我国的海上执法法律政策保障体系,可从以下几个方面着手:

首先,《规定》中对于国家海洋局与农业部、国土资源部、海关总署、交通运输部以及环境保护部之间的涉海权责职能进行了调整,管理机构的涉海职能有所变化,所依据的涉海法规也应该进一步跟进修订。依据统一执法的要求,审议现有的涉海法律法规,厘清法律政策间的关系,将阻碍统一执法管理的法律条文进行增删和修订,完善海洋法律法规体系,为统一的海上执法体制的构建和运行提供法理依据。同时,可以效仿其他国家的做法,建立一部海洋执法管理方面的专门法,如《中国海警局法》,并且完善相关的细则和条例,为我国的海上执法管理提供法律依据,以达到依法行政、法行合一之目的。

其次在立法方面,应该海洋入宪,在《宪法》第九条增加海洋为自然资源的组成部分,确立海洋在《宪法》中的地位。国家海洋局重组之后的主要任务之一是加快推进我国《海洋基本法》的立法进程。应参照《联合国海洋法公约》,认真分析论证,积极听取、采纳各部门和相关组织的意见建议,集思广益,制订符合我国国情的《海洋基本法》,并且出台与基本法相配套的细则、条例等,使基本法规定的各项制度具有可操作性。《海洋基本法》应该对海上执法管理的相关行为作出法律解释。①

在制定《海洋基本法》的同时，还要注重检视现行的海洋法律政策，使我国海洋法律体系能与国际海洋法律体系有效对接，既要梳理关于海洋经济规划、海洋资源开发保护等综合性法律，又要梳理与现有法律配套的法规和实施细则，对其中滞后性、缺乏可操作性的法规政策进行增补、修订，增加现行海洋法律政策的适用性和前瞻性，使之更好地服务于海洋开发战略，更加符合海洋经济长远发展的要求。②

（三）加强海上综合行政执法能力建设

执法人员是海上执法能力建设的核心，海洋执法管理是一项专业性、技术性极高的工作，执法人员要具备较高的综合素质。国家海洋局重组后，海上执法队伍综合素质建设重点在于提升海上执法人员的国际化水平。提高海上执法人员国际化水平，要完善综合培训制度，加强国际交流与合作。加大对海上执法人员执法技能培训，同时加大执法人员对相关的国际公约、条约、协定以及我国所签订的双边和多边海洋协定、协议等的学习。同时可以聘请国外的一些海洋管理方面的专家、学者对执法人员进行国外海上执法管理经验介绍，开展与国外的海洋执法队伍间的访问交流活动，选派海上执法管理部门中的优秀干部到国外进行学习交流，学习国际前沿的海洋执法管理理论，吸收国外执法改革和管理的先进经验，在交流和学习中，提高我国海上执法人员的国际化水平。

国家海洋局重组之后，应该整合现有的执法装备，对现有的一些执法装备要升级换代，提高装备的科技信息化程度。在装备的使用管理上，应做到合理利用，科学配置，同时要加大急需的空中巡航飞机以及中远程执法船舶的建设和配给，建立全方位覆盖、全天候运行、快速反应的海上立体监管体系，完善管理方式、运行机制和技术手段，保证我国海洋执法管理装备的平衡发展。执法管理部门加强与国防部、公安部等部门的技术合作，充分利用科技发展的成果，共享资源，提高我国海上执法管理的技术水平。

（四）深化地方海上执法体制改革

地方政府在进行海上执法体制改革时应依照"先易后难、循序渐进、机构

---

① 范晓婷.《我国海洋立法现状及其完善对策》，《海洋开发与管理》，2009年第7期。
② 海洋发展战略研究所课题组.《中国海洋发展报告（2012）》，海洋出版社，2012年，第357页。

优化、整体提升"的原则进行体制的转型,由于涉海部门众多并且机构关系复杂,要理顺涉海部门间的关系,应依照责权一致的要求,将涉海职责交叉和职责不清的问题明确化,采用职能整合的办法,将相近的涉海职责进行加强、取消或者下放,将外部的交叉变为内部的合作,实现机构职能关系的顺畅和优化。

由行政主管部门牵头,成立由政府、海关、公安等相关涉海部门人员组成海上执法体制改革领导小组,此小组具有统筹协调职能,要配合国家海洋管理体制改革的进程,遵循国家海洋局重组的改革思路,充分研讨本地的海洋管理实际,因地制宜,合理划分事权和财权,制订各方都能够接受的改革实施方案。此方案应立足于本地海上执法管理的实际,有针对性地解决海上执法管理中存在的问题,落脚点在于实现涉海部门职能的转变,实现海上执法体制的有效运行。

目前,地方海上执法管理体制改革的研究工作还在进行中,各部门要统一思想认识,着眼国家海洋事业发展的大局,以"维护和实现国家海洋权益"为己任,做好本职工作,在改革的过程中应保持日常海洋管理工作的连贯性和持续性。同时积极做好改革创新的各项准备工作,认真研究改革的制度设计,实现海洋管理体制机制的创新优化,为海洋事业的管理发展注入新的活力。

海上执法管理是现代海洋管理的一个重要组成部分。我国海上执法体制是个综合体系,其改革和运行需要多方面的协调配合。我国现行的海上执法体制的有效运行依然面临着诸多制约因素,因此有必要继续深化海洋管理体制改革,加强海洋综合管理,拓宽改革思路,创新执法管理体制机制,实现海上执法体制的有效运行。

海洋强国与海洋权益维护

"海权"概念的多维解读

王 琪 崔 野[*]

（中国海洋大学法政学院　山东青岛　266100）

摘要：长久以来，中外学者对"海权"一词有着多种不同维度的解读和阐释。西方学者往往侧重于阐释海权的军事属性，认为海权就是海军或海上军事力量；而我国学者主要从海洋权力、海洋权利及两者的关系这一维度对海权的概念进行界定。纵观近年来的研究，我国学者在海权概念这一问题上形成了两个显著的特点：就海论海、定焦海上与区分中外、定焦中国。目前的研究中存在着西方学者的研究立足点有待商榷、我国学者的研究范围有待扩展且过于强调中国特色等问题。因此，在今后的研究中，应坚持特性研究与共性研究相结合、专门研究与综合研究相结合、宏观研究与微观研究相结合的研究思路，以不断加深和扩展对海权概念的进一步解读。

关键词：海权　海上力量　海洋权力　海洋权利

党的十八大明确提出"海洋强国"战略，而源自于西方的海权理论对于我国维护海洋权益、发展海洋经济、增强海洋国力来说具有重大的参考价值和实践意义。由于海权一词本身是一个内涵丰富、外延宽广的概念，因此，国内外学者和军事理论家从不同的视角和维度对海权这一概念做出了独具特色的分析，并形成了几种代表性观点。本文从国外和国内两个层面对海权概念进行了较为详细的梳理和解读，并在此基础上对该项研究进行评价和展望。

---

* 王琪（1964—），女，中国海洋大学法政学院教授，博士生导师，教育部人文社科重点研究基地中国海洋大学海洋发展研究院研究员，中国海洋发展研究中心研究员。

崔野（1991—），男，中国海洋大学法政学院 2013 级行政管理专业研究生。

一、问题的提出

伴随大航海时代的到来和西方海外殖民与海外贸易狂潮的出现,制海权、海洋统治、海洋权益、海洋利益、海上霸权、海上均势等关于海洋的词汇频频出现,而其中影响最为深远的一个词语,非"海权"(sea power)一词莫属。英文中的"power"这个词,有力量、权力、势力、控制力、影响力、有国际影响力的强国或政权等多个不同含义;而汉语中"权"这个字,也有权力、权利、势力、变通等多种解释。因此,当马汉提出"sea power"一词后,人们对其含义有着众多的理解:一是作为传统的"制海权"的同义词;二是作为海军与其他军种相互区别的一个抽象概念,如译作"海军力量"等;三是作为国家海上综合实力的代名词,国内有相当多的译本均译作"海上威力"或"海上实力";四是作为具有强大海军力量的某些国家的称谓,如译作"海权国家"、"海军强国"、"海洋强国"等。但这些不同的理解只不过是对"sea power"这个词的延伸使用,并不能完整准确地表达马汉所使用的"sea power"概念的本意。总之,中外学者和军事理论家尚未就海权一词的概念达成一致,而是存在着多种基于不同维度的解读与阐释。

二、西方对"海权"概念的解读

据西方学者的考察,"海权"一词最早为古希腊时期的历史学家修西得底斯首创,其意义即为"海之权"(power of the sea),即征服和利用海洋的权力。他在《伯罗奔尼撒战争史》一书中明确阐述了海权的重要性:"我们面对的整个世界可以分为陆地和海洋两部分,每一部分对人类都是有价值和有用的。然而如果谁想进一步扩张,谁就必须从陆地向海洋发展。如果谁具备了一支强大的海军,陆地上的强权对手就不会长期存在。"[①] 从上述这段话中不难看出,修西得底斯所提及的海权明显属于军事学范畴,其含义与现代英语中的"制海权"相吻合,其暗含的联系直指海军与海洋霸权。尽管许多西方古代学者都在其著作中谈及海权思想,例如希罗多德的《希腊波斯战争史》、色诺芬的《远征记》和《伯罗奔尼撒战争史·续编》等,但是这一时期对于海权概念的认识尚处于朦胧阶段,海权,或直接称其为制海权,仅仅被当作是陆上领土争夺

---

① [古希腊]修西得底斯. 徐松岩译.《伯罗奔尼撒战争史》,南宁:广西师范大学出版社,2007 年,第 77 页。

的延伸,海军也相应地成为陆军的附属物,海洋则更多地担当了"护城河"的作用。

西方近代海权思想发轫于伊比利亚半岛国家——葡萄牙、西班牙的"大航海"活动。再经过荷兰人、英国人和其他大西洋沿海国家的理论探索与海上实践,海权与海军、海洋霸权之间的联系日渐清晰。这就引申出了有关海权的第二种解读,即海权被当作海军的另一种别称。

真正使"海权"一词得以应用是在 19 世纪末美国海军战略理论家阿尔弗雷德•塞耶•马汉(Alfred•Thayer•Mahan)提出"海权论"之后。[①]马汉在对历史上著名海战的总结和美国海军发展实践的分析基础之上,完成了《海权对历史的影响(1660～1783)》、《海上力量对法国革命和帝国的影响(1793～1812)》以及《海权的影响与 1812 年战争的关系》三部著作,创立了一套完整的"海权论",奠定了他在世界海军史和海军战略理论方面的权威地位,因此被尊称为"海权理论之父"。"海权"既是马汉海权论的逻辑起点,又是海权论的核心概念。[②]但是,需要指出的是,马汉的"海权论"仅仅是发现了海权与历史之间的关系,而非发明或者创造了海权思想。"海权在马汉之前的所有时代都影响着世界,但正如氧气一样,它在任何时代都必然影响着人类,要不是普利斯特列,虽然它仍存在着,却仍是一个不确定的、未被发现的因素;海权之于马汉也正是如此"。[③]

马汉认为,"海权包括凭借海洋或通过海洋能够使一个民族成为伟大民族的一切东西,是国家兴衰的决定性因素"。[④]他严格地将海权概念界定在"国家对海洋的利用和控制"这个本意上面,即"国家利用海洋的现有资源,尤其是把海洋作为一条四通八达的商路加以利用,用法律和军事手段控制海上交通线,维护国家在海洋竞争中的霸权"。[⑤]可见,马汉所使用的海权是一个综合

---

① 美国第三任总统托马斯•杰斐逊曾提出过海权思想,但遗憾的是这种思想并没有被马汉所发掘和继承。杰斐逊在"致约翰•杰伊"的信中说:"我们在海上与其他国家的贸易必须以经常的战争为代价。我们自己所具有的最公正的品质并不能保证我们免于战争……软弱只会招致攻击和伤害,而有了惩罚力量就能防止。为此我们必须拥有海军;海军是我们迎击敌人的唯一武器。"参见[美]托马斯•杰斐逊.朱曾汶译.《杰斐逊全集》,北京:商务印书馆,1999 年,第 328 页。

② 孙璐.《中国海权内涵探讨》,《太平洋学报》,2005 年第 10 期,第 81～89 页。

③ 王生荣.《蓝色争锋——海洋大国与海权争夺》,北京:海潮出版社,2004 年,第 1 页。

④ 王生荣.《海权论的鼻祖马汉》,北京:军事科学出版社,2000 年,第 85 页。

⑤ 刘中民.《世界海洋政治与中国海洋发展战略》,北京:时事出版社,2009 年,第 4 页。

性的概念，他在广阔的视野上，将传统的"制海权"、"海军力量"、"海上实力"等观念都包含其中，提出了内涵更为深刻、外延更为丰富、意义更为广泛的海权概念，并以其为基础建立起了一个完整的"海权论"体系。正如保罗·肯尼迪所说："马汉希望借助历史实例的具体探讨，让海权的内在本质与历史作用在人们的面前自己展现出来，从而让人们对海权的认识能够摆脱原本模糊、不确实的境况。"①

在马汉的海权论系列著作中，海权特指"利用海洋的权益和控制海洋的权势"，因而在其所有论著中，凡是涉及如何利用和控制海洋的经验和规律方面的内容，都属于"狭义海权论"的范畴。但由于马汉深受若米尼军事哲学思想的影响，将海权视为囊括一切和包罗万象的海洋世界运行体系的中心，因此他把涉及一切有益于使一个民族或国家依靠海洋或利用海洋强大起来的事情都归结于"广义海权论"。②据此，可以总结出马汉对海权的内涵和外延的两种不同理解，即狭义上的海权和广义上的海权：狭义上的海权是指通过各种优势力量（海上军事力量）来实现对海洋的控制；而广义上的海权涉及了促使一个民族依靠海洋或者利用海洋强大起来的所有因素，既包括那些以武力方式统治海洋的海上军事力量，也包括那些与维持国家的经济繁荣密切相关的其他海洋要素（即海上非军事力量）。简而言之，马汉最大限度地扩大了"sea power"一词的内涵和外延，使它完全超越了军事概念的范畴，成了代表一国海洋方向综合国力的国家概念。③

随着对海洋价值的全新认识，被称为"俄国马汉"的苏联海军司令谢·格·戈尔什科夫元帅在《国家海权》（The Sea Power of the State）④一书序言中开宗明义地指出："开发世界海洋的手段和保护国家利益的手段，这两者在合

---

① Paul Kennedy. The Rise and Fall of British Naval Mastery. London: Penguin Books, 1976, p1.

② 王生荣.《海权对大国兴衰的历史影响》，北京：海潮出版社，2009年，第9～10页。

③ 张炜，郑宏.《影响历史的海权论——马汉〈海权对历史的影响〉浅说》，北京：军事科学出版社，1998年，第37页。

④ 1976年，谢·格·戈尔什科夫的《国家海权》一书问世。1977年，中译本《国家海上威力》出版；1979年修订再版；1985年重新翻译出版。1979年，英译本"The Sea Power of the State"在纽约和伦敦同时出版，戈尔什科夫亲自为该英译本作序。此后，《国家海权》一书被世界各国纷纷翻译出。这部著作成为与马汉《海权对历史的影响》一书相齐名的经典著作，为各国研究海权理论、制定海军战略和国家海洋战略所必需参考之读本。参见王生荣.《海权对大国兴衰的历史影响》，北京：海潮出版社，2009年，第364页。

理结合的情况下的总和,便是海权。一定国家的海权,决定着利用海洋所具有的军事与经济价值而达到其目的之能力。"① 显而易见,"国家海权"可被视为国家经济实力或海上综合实力的有机组成部分。与马汉"控制和利用海洋"的海权概念相比,戈尔什科夫的"国家海权"概念的内涵更为丰富,赋予海权将国家综合国力运用于维护海洋权益的含义。②

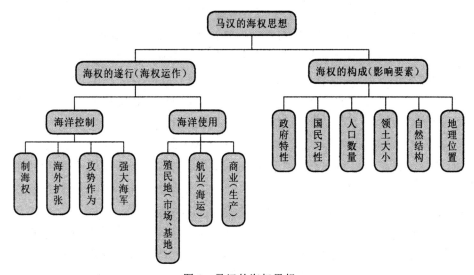

图 1　马汉的海权思想

　　针对戈尔什科夫的"国家海权"理论,20 世纪 80 年代,美国第 65 任海军部长约翰·莱曼"以攻对攻"地提出:"美国必须拥有阿尔弗雷德·马汉所坚持的作为海洋国家生存所必不可少的海权。"根据美国称霸世界海洋的需要,莱曼将马汉的"海权"思想发展为"海上优势"思想,将马汉的"海军战略"思想发展为"海洋战略"思想。莱曼认为,"所谓海上优势,既不是一种谋求要在各大洋无所不在的优势,也不是试图去扮演一个国际警察的角色,而只是旨在当我国有重大利益的地区遭遇敌人联合军事威胁时,我们有能力去战胜他们的挑战。鉴于友邦和盟国的大力支持以及我们空军和陆军所拥有的能力,海军

① ［苏联］谢·格·戈尔什科夫. 济司二部译.《国家海上威力》,北京:生活·读书·新知三联书店,1977 年,第 2 页。
② 刘中民.《世界海洋政治与中国海洋发展战略》,北京:时事出版社,2009 年,第 5 页。

及海军陆战队能在力所能及的范围内拥有真正的海上优势"。① 在此基础上，莱曼从确保美国"海上优势"这个国家安全目标出发，提出了奠定美国"海洋战略"基础的"八项原则"。② 从"海上优势"概念和"八项原则"中，可以看出其实质是对马汉海权理论的扩充。

英国威尔士大学国际战略专家肯·布思在《海军与外交政策》一书中，根据现代国际形势的发展，在结合马汉海权论的基础上，将马汉的海权概念具体化为一个"海权三角模式"，即海权的发展应以"海洋的利用和控制"为中心，发挥其军事功能、外交功能和警察功能：从外交功能来看，包括"显示国家主权"和"维持炮舰政策"；从警察功能来看，包括"维护国家主权"、"保卫国家资源"、"参与国际维和"；从军事功能来看，包括"向岸上投入兵力"、"控制沿海水域"、"控制海洋（大洋）"。从布思的"海权三角模式"论可以看出，海权的军事功能是基础，海权的外交功能和警察功能则是其军事功能的延伸和扩展。"维护国家主权和保卫国家资源靠强大的海上实力，参与国际维和行动更是一个国家海上实力的体现。因此，从某种意义上说，海权即是国家的海上力量，即是国家的海军力量。"③

英国三军联合指挥杰弗里·蒂尔认为，造成人们对海权概念各执一词的重要原因之一是海权一词中的"权力"（power）部分在国际政治学术分析中不能得到一致的认定。权力到底意味着什么？一部分分析家关注"输入"（inputs），换言之，就是那些使国家或者人民强大（例如拥有军事或者经济实力）的特性；一些人关注"输出"（outputs），即一个国家之所以强大是因为其他国家遵其意愿行事。权力既可以是潜在的，也可以是间接的，通常是两者兼而有之。④ 正

---

① ［美］约翰·莱曼.《制海权：建设600艘舰艇的海军》，北京：海军出版社，1990年，第150～151页。

② 这八项原则是：第一，海洋战略来源于而且从属于国家安全的总战略；第二，国家战略规定海军的基本任务；第三，海军基本任务的完成需要确立海上优势；第四，确保海上优势要重新确立一个严谨的海洋战略；第五，制定海洋战略必须以对威胁的现实估计作为基础；第六，海洋战略必须是一种全球性理论；第七，海洋战略必须把美国海军及其军事盟国的海军兵力结合成一个整体；第八，海洋战略必须是前沿部署战略。参见王生荣.《海权对大国兴衰的历史影响》，北京：海潮出版社，2009年，第272～277页。

③ 刘中民，赵成国.《关于中国海权发展战略问题的若干思考》，《中国海洋大学学报（社会科学版）》，2004年第6期，第92～97页。

④ ［美］杰弗里·蒂尔. 师小芹译.《21世纪海权指南（第二版）》，上海：上海人民出版社，2013年，第25页。

是基于上述的分析，蒂尔认为海权既是输入性的，又是输出性的，海权"远非只是那些涂着灰色油漆、标着舷号的军舰，海权还包括其他军种对海上事件的影响力，以及海军对陆地事务或者空中事务做出的贡献。海权还包含着海洋利用的非军事方面，因为这些都对海军力量有所贡献，而且它们本身还能影响他人的行为"。① 海权是一个相对的概念，是一种来自于海洋自身属性的权力。蒂尔主张，"考虑到种种不完美和含糊不清，我们最好还是承袭旧历将'海上力量'与'海权'替换使用。无论用哪个词，都应将海军与民事/海事的互动、海军与陆军和空军部队的互动包含进来，因为它们对其他人的行为产生重大影响"。

总的来说，尽管修西得底斯、马汉、戈尔什科夫、莱曼、布思、蒂尔等人的海权思想的立足点和时代背景全然不同，但他们所阐述的海权概念都是建立在国家海上力量的基础之上，为了国家利益和需要而在海洋战略领域拥有能够影响其他国家战略导向的能力，这与中国特定文化语境和发展背景下的海权概念存在着很大的差别。

三、中国对"海权"概念的解读

中国从近代面临海防危机而引发民族危机起，就出现了海权思想的萌芽，并在早期突出体现为晚清的海防思想。但相对较为系统介绍和研究西方的海权思想，则是在19世纪末期中法战争和中日甲午战争之后。需要指出的是，马汉的海权概念在中国翻译之初，并没有缩译，而是直接翻译为"海上权力"。1900年3月，由日本乙未会主办、在上海出版发行的汉文月刊《亚东时报》以《海上权力要素论》为题对马汉《海权对历史的影响》一书的第一章进行连载，译者为日本人剑谭钓徒；又过了近十年，中国留日海军学生在东京创办的《海军》季刊再次刊载该书的译文，并改题为《海上权力之要素》，译者是中国人齐熙。关于"海上权力"一词的概念，萧举规在《海军论》中认为："所谓海上权力云者，约分五端：一曰商业地位之保全；二曰交通线之保全；三曰航业之保全；四曰侨民之保全；五曰海产物之保全。"② 笛帆在《海上主管权之争夺》一文中称："主管海上权力之要素有二：一曰有巨大海洋贸易，一曰有能制海洋之

① ［美］杰弗里·蒂尔. 师小芹译.《21世纪海权指南（第二版）》，上海：上海人民出版社，2013年，第27页。

② 杨国宇.《近代中国海军》，北京：海潮出版社，1994年，第11～23页。

军舰。"①

据我国一些学者的考证，作为"海上权力"概念缩译的"海权"这一名词的出现甚至要早于马汉的《海权对历史的影响》一书。换言之，中国的海权概念在最初的时候并没有对应马汉的海权论。在中法战争时期，清政府驻德公使李凤苞翻译了由奥匈帝国普兰德海军军官学校教习阿达尔美阿所著的《海战新论》一书，并于1885年由天津机器局出版。在该书中，李凤苞称"凡海权最强者，能逼令弱国之兵船出战，而弱国须守候机会，以伺击强国一分股之船"，这是海权概念的首次使用，但李凤苞并没有对这一概念的内涵和外延进行界定和阐述。从书中的内容分析，这里所提到的海权强调的是海上力量、海军或制海权的含义。在20世纪初，我国学术界存在着对"海权"与"海上权力"并列、交叉使用的现象。1903年2月26日，梁启超在《新民丛报》上，发表了署名为梁启勋的《论太平洋海权及中国前途》一文，呼吁"欲伸国力于世界，必以争海权为第一意"；1905年，《华北杂志》第9卷刊有《海权论》一文；1905年7月17日，《时报》上刊登的《重兴海军议》也使用了海权一词；② 孙中山先生也曾写过"伤心问东亚海权"的著名文句。③ 清末民初的海军学术界对海权有着狭义和广义两种解读：狭义海权系指按照当时国际法的规定，各国对其海湾和沿海岸线三海里之领海的主权；广义海权与马汉的海权内涵基本相同。

造成"海权"与"海上权力"两个概念并存的原因，主要是由于我国语言使用的特点。汉语在古代更提倡独字，而在近代乃至现代更多是习惯双字。这种语言使用的习惯很容易将"海上权力"演化为"海权"。因此，海权便成为普遍使用的概念。尽管"海权"与"海上权力"存在着细微差别，但是无碍于今天我们对此概念的深层梳理。当时学界、军界及报界对于海权的讨论，说明海权这一名词已经为国人所接受并开始广泛使用。

20世纪20年代，由于国内局势动荡，中国建设海军、发展海权的战略规划被搁置起来，直到1927年南京国民政府统一全国，中国关于海权的探讨才重

---

① 皮明勇.《海权论与清末海军建设理论》,《近代史研究》,1994年第2期,第37～47页。
② 张一文.《清末海防思想的演进》,《军事历史研究》,1998年第4期,第105～110页。
③ 有人认为孙中山第一次使用"海权"一词出自于1912年12月他给黄忠瑛的挽联,即"尽力民国最多,缔造艰难,回首思南都俦侣;屈指将才有几,老成凋谢,伤心问东亚海权";也有人认为孙中山首次使用"海权"一词是1906年12月在东京《民报》创刊周年庆祝大会的演说中阐述民主主义时,举例提及"故英国要注重海军,保护海权,防粮运不继"。参见时平.《孙中山海权思想研究》,《海洋开发与管理》,1998年第1期,第77～80页。

新开始。1927年12月的《海军期刊》从1卷6期起重新连载马汉《海权对历史的影响》一书中的"海上权力要素"部分;《海军杂志》、《海军整建月刊》等刊物也都在同一时期刊载了大量关于海权理论的文章。此外,中国还涌现出了以时任海军部长陈绍宽为首的一大批宣传西方海权理论、呼吁振兴中华海权的人物。① 同一时期,我国还出版了第一部关于海权的专著,即林子贞的《海上权力论》。林子贞认为,"海上权力就是一个国家在海面上有把握、有制海的力量。照广义说起来,不但以武力支配海面上的全部,就是平和航海也包括在里头。换句话说,就是海军的能力和商业的能力"。② 自此,源自马汉《海权对历史的影响》一书,被译为"海权"或"海上权力"的"sea power"一词,开始成为国内学界和军界经常关注的一个名词。③

改革开放以来,随着国家对海洋的不断重视以及来自于海洋方向的问题不断增多,我国学界掀起了一股研究海权的热潮。然而,对于"海权"这一名词的内涵和外延,我国学界仍未达成共识,而是基于不同的维度而形成了四种代表性观点:

第一,认为海权是海洋权力或海洋力量。

陆儒德(2002)认为,海权是指一个国家具有的控制、开发和管理海洋的一切现有的和潜在的能力和力量的总和。④ 而开发、利用海洋的能力在现代海权中占有极为重要的地位。建设和发展海权是国家发展战略的重要内容,是决定一个国家海洋事业的兴衰和国家综合国力强弱的重要标志,所以,中国必须建立强大的现代海权,保证和拉动海洋事业全面发展,增强海洋综合开发利用的实力。

叶自成(2005)认为,为了保证定义的适用性,海权应从中性的角度定义为"一个国家在海洋空间的能力和影响力。这种能力和影响力,从性质上看,既可以是海上非军事力量(如由一个国家拥有的利用、开发、研究海洋空间的能力)及其产生的影响力,也可以是海上军事力量及其产生的影响力;从功能上

---

① 史滇生.《中国近代海军战略战术思想的演进》,《军事历史研究》,2000年第1期,第122～129页。

② 皮明勇.《抗日战争前后中国海军学术述》,《军事历史研究》,1994年第3期,第100～110页。

③ 鞠海龙.《中国海权战略》,北京:时事出版社,2010年3月。

④ 陆儒德.《实施海洋强国战略的若干问题》,《海洋开发与管理》,2002年第1期,第61～69页。

看，既可以是一国保卫本国合法的国家海洋空间利益的工具，也可以是一国侵犯和破坏其他主权国家陆海利益甚至称霸世界的工具；从强弱上看，海上力量有大有小，其影响力也有大有小；从种类上看，不同的海上力量拥有不同的影响力，制海权只是海上影响力的一种而并非全部"。[①]

倪乐雄（2007）认为，海权一般是指一个国家运用军事手段对海洋的控制力，这种控制力的直接体现者就是海军。[②] 在他看来，"原先的海权概念是一百多年来早已约定俗称的专业术语，一个学术概念只有在它无法解释现实的新内容时，才有改变的必要。现在我们在运用约定俗成的海权概念时，并没有遇到什么障碍，完全能够解释现有的现象，而重新定义海权只会引起学术研究的混乱"。[③] 倪乐雄对叶自成的观点提出了批判，认为叶自成关于海权的定义"把海洋空间渔业捕捞、石油天然气开发、专属经济区和领海主权利益加上海上军事力量等一切的海洋事务统统装进了海权概念里"，"很明显，叶先生把海洋军事领域和非军事领域合并在一起，名曰'海权'，就算是海权概念的创新了，然而，这种创新不仅与过去的学术研究发生断裂，造成不必要的学术混乱，而且表述起来非常累赘"。[④]

石家铸（2008）认为，从海权的历史和理论的演变看，作为一种客观历史现象，海权有其自身的发展规律。海权可以看成是一种"存在于海上"或"来自于海上"的国家权力，是一种能够将能量投射到目标系统的核心力量体系。[⑤] 进而，他提出了海权的公式：海权＝海上权力≈海上力量＞海军≠制海权≠海洋权益。石家铸指出海权的内涵包括"军事海权"与"经济海权"两个部分。军事海权就是部署于海上或从海上部署的军事力量，[⑥] 体现了海权的军事内

---

① 叶自成，慕新海.《对中国海权发展战略的几点思考》，《国际政治研究》，2005 年第 3 期，第 5～17 页。

② 倪乐雄.《二十一世纪看海权》，《地理教学》，2007 年第 12 期，第 1～4 页。

③ 倪乐雄.《文明的转型与中国海权：从陆权走向海权的历史必然》，北京：新华出版社，2010 年，第 28 页。

④ 倪乐雄.《从陆权到海权的历史必然——兼与叶自成教授商榷》，《世界经济与政治》，2007 年第 11 期，第 22～32 页。

⑤ 石家铸.《海权与中国》，上海：上海三联书店，2008 年，第 21 页。

⑥ Roger Carey. Teror C. Salmon. International Security in the Modern World. New York: St. Matin's Press. 1992, p207.

涵,换言之,在狭义上,海权就是军事海权;[①]而经济海权是海权的经济内涵,它也是海权的一个基本内涵。

刘中民(2009)认为,海权概念最基本的内涵是国家在经济、军事等方面控制和利用海洋的力量,是一个典型的权力政治的范畴。随着时代的发展,尤其是科技的发展和海洋经济与战略价值的提高,其外延得到了非常大的拓展。因此,现代意义的海权概念简单地说就是"国家的海洋综合国力,是衡量国家海洋实力和能力的重要指标"。[②]

娄成武、王刚(2012)认为,海权是海洋权力的缩译,它是一个权力政治术语,是权力政治之下的霸权诉求。两位学者特别指出,"权力"概念中同样蕴含着利益的诉求,只是这种利益诉求是建立在武力或者暴力的基础上。用海洋武力进行海洋利益的诉求是海权的本质属性。[③]

第二,认为海权是海洋权利或海洋权益。

刘宏煊(1996)认为,海权是指沿海国家在一定海域内所具有的海洋国土权、海洋经济权、海洋国防权。[④]其中,海洋国土权是海权的凭借;海洋经济权是海权的动力;海洋国防(海防)权则是争取和保护海权的斗争形式,三者紧密相连,缺一不可。海权,实际上自古就有,只是到近代,人们才通过对历史实践的科学抽象,升华为观念形态的国家海洋战略理论。

丛胜利、李秀娟(1999)认为,海权是一个国家诸项海洋权益的总和。它包括,国家对一定海洋空间、海洋通道、海洋资源的领有权、使用权和管辖权,开展海上生产、海上贸易、海上交通活动和海上军事活动的自由权等权利。[⑤]

徐杏(2002)认为,海权是国家主权的重要组成部分,它包含领土主权、领海主权、海域管辖主权和海洋权益等,直接关系着国家的安全利益和发展利益。[⑥]徐杏特别指出,随着《联合国海洋法公约》的生效,海权的概念已经发生了明显的发展和变化:尽管海上国防力量仍是维护一国海洋权益、实现海洋经

---

① 石家铸.《海权与中国》,上海:上海三联书店,2008 年,第 37 页。

② 刘中民.《世界海洋政治与中国海洋发展战略》,北京:时事出版社,2009 年,第 5 页。

③ 娄成武,王刚.《海权、海洋权利与海洋权益概念辨析》,《中国海洋大学学报》(社会科学版),2012 年第 5 期,第 45～48 页。

④ 刘宏煊.《走向蓝海洋的思考》,《理论月刊》,1996 年第 10 期,第 4～7 页。

⑤ 丛胜利,李秀娟.《英国海上力量——海权鼻祖》,海洋出版社,1999 年,第 4 页。

⑥ 徐杏.《海洋经济理论的发展与我国的对策》,《海洋开发与管理》,2002 年第 2 期,第 37～40 页。

济发展的有力保障,但世界各国围绕海洋权益的激烈争夺,已由过去的争夺军事目标、战略要地和咽喉要道为主变成争夺经济利益、岛屿及海洋资源为主。由此表明,保护自己的海洋权益已成为各国的头等大事。因此,海权的内涵在于一国有能力维护自身的海洋权益。

史滇生(2003)认为,海权是国家对一定海洋空间、海洋通道、海洋资源的领有权、使用权和管辖权,开展海上生产、海上贸易、海上交通运输和海上军事活动的自由权。这些海洋权益就是人们通常所说的海权。[①]

李小军(2004)认为,海权是利用军事和非军事手段维护海洋权利,收回海洋权益,并不失时机地拓展海洋利益的一种综合能力。[②] 具体讲,现有的海洋权利要维护,已遭侵犯的海洋权益要收回,关乎国家安全的海洋利益要拓展。这一概念的创新之处在于:将"海上影响"和"海上资源"纳入了海权的范畴。他指出,海权主要包括海上力量、海上影响和海上资源三个要素,海上力量是确保海上影响和获取海上资源的保证,海上资源与海上影响则会制约海上力量的发展。

张世平(2009)认为,用最简明的话来说,海权就是海洋空间活动的自由权。[③] 海权具有狭义和广义之分:狭义海权是指一个国家对本国领土(主要是领水及其上空的空气空间)、毗连区、专属经济区具有实际的管辖和控制能力,在受到他国武力攻击、蓄意侵犯、违反有关国际法和本国法律法规时,具有自卫反击的能力;广义海权是指一个国家除了对本国的领土具有实际的管辖和控制能力外,还具有在一定公海、国际海底区域自由航行、开发利用的权利。

第三,认为海权是海洋权力(海洋力量)与海洋权利(海洋权益)的结合。

张文木(2003)综合国内外关于海权概念的不同解释,将人们通常提及的海权分解为四个不同的概念,即海洋权利(sea right)、海上力量(sea power)、海洋权力(sea power)和海洋霸权(sea hegemony)。其中,海洋权利是"主权国家权利的延伸,是国际法赋予主权国家享有的权利";海洋霸权是"国家关系中凭借实力追求超过国际法赋予的海洋利益的海洋侵略行为";海上力量是"海洋权利自我实现的工具,也是海洋权利向海上霸权转化的重要介质"。[④] 他还

---

① 史滇生.《世界海军军事史概论》,北京:海潮出版社,2003 年,第 557～558 页。

② 李小军.《论海权对中国石油安全的影响》,《国际论坛》,2004 年第 7 期,第 16～20 页。

③ 张世平.《中国海权》,北京:人民日报出版社,2009 年,第 211 页。

④ 张文木.《论中国海权》,《世界经济与政治》,2003 年第 10 期,第 8～14 页。

将"联合国授权与否"作为海权概念之中区分海洋权力与海洋霸权的一个重要指标。在此基础上,张文木将海权界定为"国家海洋权利(sea right)与海上力量(sea power)的统一,是国家主权概念的自然延伸"。[①]

孙璐(2005)认为,定义海权概念时,应区分"和平环境下"与"非和平环境下"的区别:在和平环境下,海权包括三个方面的和谐统一,即充分保证国家安全与发展的海洋实力、国际法和国际机制基础上的海洋权利、国际机制与国与国之间的互动中以和平方式施加的海洋权力;在非和平环境下,海权则应是在强大海洋实力的保障下,在首先保障本国国土安全的前提下的一定区域内的"制海权"。[②]在孙璐看来,海权是一个具有中国特色的概念,是一个复合型的概念,是前提、目的及手段的有机统一。

史春林(2008)认为,简而言之,海权是指一个沿海或海洋国家认识、开发、利用、管理、控制和保护海洋的实力与能力;具体来说,海权是指一个沿海或海洋国家运用各种海上力量经略海洋,捍卫海岸和海岛领土主权、领海主权、海域管辖权以及其他各种海洋权益,以确保国家海上安全和利益,进而成为海洋强国。[③]从海权的手段来看,包括海上军事力量和非军事力量;从海权的内容来看,包括海岸和海岛领土主权、领海主权、海域管辖权和其他各种海洋权益;从海权的本质来看,是确保一个沿海或海洋国家的安全权、海洋空间活动自由权以及生存与发展权。

刘小军(2009)认为,一言以蔽之,海权概念应当涵盖海洋权利(sea right)和海洋权力(sea power)两部分,它们分别涉及权利政治和权力政治的范畴,海权就是二者的有机结合和统一。[④]在界定了海洋权利、海洋权力、海洋战略、海洋政策等概念的基础上,他指出:"当代海权的概念与中国的海洋战略、西方的海洋政策在含义上更加接近,但是又有所不同。之所以这样说,是因为当代海权概念同海洋战略、海洋政策一样,是一个综合性概念;不同则在于海权概念更加倾向于政治学的范畴,而海洋战略、海洋政策所包含的内容更加宽泛。"

---

① 张文木.《论中国海权》(第二版),北京:海军出版社,2010年,第8页。

② 孙璐.《中国海权内涵探讨》,《太平洋学报》,2005年第10期,第81~89页。

③ 史春林.《近十年来关于中国海权问题研究述评》,《现代国际关系》,2008年第4期,第53~60页。

④ 刘小军.《关于当代中国海权的若干思考》,中共中央党校博士学位论文,2009年。

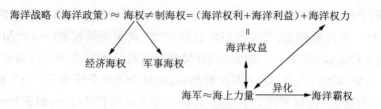

图 2　刘小军的海权公式

巩建华（2011）认为，所谓海权，就是指"主权国家借助海洋军事力量，在本国领海、毗连区、专属经济区、公海和国际海域内具有的国家权利、国家权力和国家利益。具体包括在公海、国际海域可以进行自由航行和开发利用，在本国领海、毗连区、专属经济区内具有完全利用的能力"。[1] 这一定义明确了海权的基本要素，即海洋权力、海洋权利和海洋利益。其中，海洋权利是海权的本质，海洋权力是海权的关键，海洋利益是海权的根本。因此，"海权既是一种主权国家在特定海域的主体资格确认，也是主权国家在特定海域展示主体资格的国家能力表达"。[2]

王琪、季晨雪（2012）认为，我国谋求的海权不是海上霸权，而是维护国家的海洋权益。中国的海权是海洋实力、海洋权力与海洋权益的统一。其中海洋实力是前提，海洋权力是手段，海洋权益是目的，[3] 并由此引出海洋软实力是维护国家海权的重要途径。

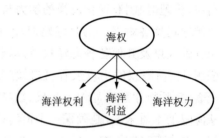

图 3　巩建华的海权框架

第四，认为应在地缘特性的基础上界定海权概念

陈彤（2012）认为，由于海洋具有三个永恒的地缘特性：海洋将大陆隔绝成岛的广阔性和一体性、海洋不同于陆地表面多样繁杂的连续性和单一性、海洋在运输上相对于陆地和航空运输所表现出来的经济性，加上人类"凭陆而居"的地理现实，综合构成了一个有关海洋的基本地缘因素——作为沟通各个大

---

[1] 巩建华.《海权概念的系统解读与中国海权的三维分析》,《太平洋学报》,2010 年第 7 期,第 90～95 页.

[2] 巩建华.《海权概念解读与南海争端省察》,《当代社科视野》,2011 年 21 期,第 5～7 页.

[3] 王琪,季晨雪.《提升我国海洋软实力的战略意义》,《山东社会科学》,2012 年第 6 期,第 70～73 页.

陆的通道,海洋因此所具有的媒介属性。在此基础上,陈彤将海权的概念界定为"一个国家跨海联结大陆的能力和意志。"① 这样的能力和意志包含三个互相支撑的内容:一是自身在开放经济上的组织、发展能力和政策意志;二是在军事斗争上以海军为主轴的战略支撑能力和政策意志;三是国家和社会公众对于信息资源的开发、利用能力和政策意志。他指出,单纯谈论开发海洋、利用海洋,那不是海权的根本要义所在,因为只有陆地才是人类生产生活的归宿,海权的根本要义就是去整合各个大陆的政治意志和经济资源。

对上述不同的观点进行梳理,我们可以发现,纵观近十几年来的理论研究,我国学界在海权概念这一问题上的讨论大体上有两个较为普遍性的特点:

一是就海论海、定焦海上。考察近年来学者们的观点,无论是"概要式"定义,还是"要素例举式"定义,或者是"内涵解构式"定义,几乎所有的讨论无一不是放在"海洋"这样一个定语之下而展开。就海论海,不折不扣地围绕在海洋空间和海上活动的框架下讨论海权,是近年来理论研究的一个普遍特点。因此,在国家发展、维护国家利益和国家安全的目标牵引之下,在海洋空间里具备什么样的资源、存在哪些问题、应该如何去作为,就成了中国学者解释海权概念的主要立足点和构成内容,并在这个基础之上,进一步具体落实为我们需要发展并拥有一支什么样的海上力量的政策性措施与建议。

二是区分中外、定焦中国。我国学者研究海权概念有三个主要的历史意识作为驱动力:一是民族危亡的历史驱动力。由于近代"有海无防"的尴尬窘境,造成了西方列强"由海入侵"的残酷现实,从而推动着学术界以根本的国防安全为动力,总结历史经验、探讨海权的概念和其对国家生存发展的作用;二是海上主权与权益冲突的危机驱动力。由于历史原因,中国在海上不但有事关国家统一的台湾问题,而且与周边邻国存在着众多复杂的海上主权与权益冲突,给中国现阶段维护国家主权和海上权益、维护建设性的外交环境造成了相当大的障碍,于是推动学术界以面对热点和危机的挑战为动力,阐述海洋权益、探讨海权对国家主权和国家利益的现实意义;三是发展经济的时代驱动力。经济与生活水平的不断提高推动着学术界围绕海洋经济、海洋资源、海洋空间对发展生产力的意义和作用,阐述海权对提升中国综合国力上的内涵和作用。因此,在这三个历史意识的驱动之下,我国学者比较多地强调中国海权

---

① 陈彤.《回归地理特性,探讨海权本质》,《世界经济与政治》,2012年第2期,第51～68页。

不同于西方海权的特性，透过我们自己的政治视角和现实需要来探讨海权的内涵和意义。海权的前面加上了"中国"作为定语，这样的研究和探讨可以与西方国家的海外殖民史划清界限。因此，我国学者关于"什么是海权"的理论探讨，往往定焦成了解答"什么是中国海权"的现实问题。

四、评价与展望

近一个半世纪中，海权对世界历史的发展起着重要的作用，人们对于海权的认识和解读也在不断加深。纵观目前学界的研究成果，已经在海权的内涵、外延、构成等方面取得了一定的研究成果，但中西方在这一问题的研究上仍然存在着一些不足之处，具体说来如下：

第一，西方对海权概念的研究立足点存在偏差。如前文所述，西方对于海权概念的解读主要是出自于军事理论家和军方将领，其研究的立足点和目的更多的是争夺世界海洋霸权或与其他海洋强国相对抗，而不是纯粹的学术讨论，这就使得西方语境下的海权概念更多地带有功利性、扩张性和对抗性的含义，这与学术意义上的海权概念是相违的。

第二，我国对海权概念的研究范围有待扩展。无论目前的哪种代表性观点，对于海权概念的研究无外乎是在海洋权力和海洋权利两者的关系上进行分析，缺少对海权的各个子概念和相近概念的深层次解读，如经济海权、军事海权、制海权、海上霸权、海上威力等。此外，我国学者在定义海权的概念时，更多的是侧重于海权的内涵，对于海权的外延及其与陆权、制空权的关系缺少足够的分析。

第三，我国对海权概念的研究过于强调中国特色。在梳理相关文献时，笔者发现相当一部分的学者在定义海权概念时往往会刻意强调"中国海权"或"当代海权"等限定性条件。这种研究视角一方面突出了我国海权的特性，有利于使海权的概念更加符合我国的国情并具有更强的实践意义；但另一方面，这种研究视角也忽视了对海权的共性研究。由于海权在本质上具有地理属性，任何沿海国家都拥有某种程度上的海权，因此海权是一个共性与特性相统一的概念。强调特性而忽视共性，是无法准确把握海权的真实含义的。

综上所述，笔者认为我国学者在未来的研究中，应注重以下几个方面：

第一，特性研究与共性研究相结合。海权是一个共性与特性相结合的概念，即在不同的国家内有不同的表现形式，也在整个世界范围内有普遍的、客观的特征。因此,在未来的研究中,学者既应在研究中坚持"中国特色",不断完善对中国海权的探讨;也应从海权的共性和地理属性出发,研究海权发展的一般规律和趋势。

第二,专门研究与综合研究相结合。海权概念的研究是一项系统工程,涉及海洋政治、历史、地理、法律、经济、军事、外交等多方面的问题,这就需要学者在研究时既要有分工,进行专门的研究;又要加强合作,运用有关学科的相关知识和理论成果进行综合性研究,从而全面、深入地认识海权的概念。

第三,宏观研究与微观研究相结合。目前有关中国海权概念的研究大都属于宏观的、整体性研究,而对海权进行微观的、个案研究则很少。笔者认为,微观的个案研究更具有针对性和现实意义。因此,学者可结合具体案例,如中日钓鱼岛争端、中菲黄岩岛争端、中国与某些国家的海洋划界和油气资源争端等,进行专门的研究。理论联系实际,才能将理论的作用发挥到最大化,也能在实践中不断修正理论的不足,实现理论的发展。

我国海洋强国战略与海洋争端对策

曹文振[*]

（中国海洋大学法政学院　中国海洋大学海洋发展研究院
山东　青岛　266100）

摘要：和平发展、实现中华民族伟大复兴的中国梦是中国的大战略，建设海洋强国是我国大战略的要求和保障，当务之急是制定中国海洋强国战略，出台海洋强国建设规划和发展海洋产业的政策。中国坚持和平发展的道路，不会走上海洋争霸的老路，不会重蹈历史上海陆复合型国家发展海权失败的覆辙。海权与陆权不是对立的，而是相辅相成，互相促进的，中国既要发展强大的海权，也要具有强大的陆权，二者不可偏废。强大的综合国力与和平发展的时代使中国有条件实现海陆兼备、全面综合协调发展。我国与周边邻国存在黄海、东海、南海划界和岛屿争端，情况非常复杂。这些问题的解决必须服从于中国和平发展的大战略和实现中国梦的大目标。

关键词：海洋强国战略　和平发展　中国梦　海陆兼备

党的十八大报告提出，提高海洋资源开发能力，发展海洋经济，保护海洋生态环境，坚决维护国家海洋权益，建设海洋强国。"建设海洋强国"概念进入十八大报告具有重要的政治和战略意义，是实现中华民族伟大复兴的中国梦、走向世界强国的必由之路。按照十八大报告的要求，要把中国建成海洋强国

* 曹文振，山东省安丘市人，1965 年 11 月生，中国海洋大学法政学院教授、法学博士、国际问题研究所所长，主要从事国际海洋政治与比较制度学研究。

资金资助：国家社科基金重点项目"和平发展大战略下中国的海洋强国建设与海洋权益维护问题研究"（13AZZ013）阶段性成果。

作为民族奋斗的战略目标。全国人民应该弘扬中华民族的优良传统,艰苦努力,科学管理,综合开发,建立世界一流的海洋研发机构,培养高层次海洋科技和管理人才,形成世界一流的海洋产业,建立强大的海上力量,捍卫国家主权和海洋权益,提高国家综合国力。

一、建设海洋强国是实现中国梦的根本要求和可靠保障

海洋是生命的源泉,是风雨的故乡,是资源的宝库,是经济的动脉,是国防的前哨。经济全球化时代海洋的战略地位更加重要:(1)海洋是经济全球化的重要物质基础,世界贸易的90%是通过海洋实现的,海洋开发技术水平的提高使世界经济越来越依赖海洋资源和能源;(2)经济全球化时代的海洋安全与权益斗争更加尖锐激烈;(3)管好用好海洋是实现民富国强的重要保障;(4)海洋在国际政治经济格局演变中起着更加重要的作用。海洋强国的兴衰更替决定着国际格局的演变。

人类正在进入一个大规模高科技开发海洋的新时期。各国将更多的资金和力量投向海洋,海洋综合利用开发掀起新的高潮,许多国家都把海洋开发视为综合国力竞争的一个制高点,力求从海洋开发中获得国家长远发展的持续动力。

很多沿海国家把开发海洋资源列入国家发展战略,出台了各具特色的海洋开发计划,不断加大海洋资源开发力度,使海洋经济成为世界经济中发展较快的一个领域。如美国、澳大利亚、日本、韩国等都在强化海洋资源开发的战略部署,加大资金投入和高新技术的开发应用,已经建立了结构庞大的海洋产业群。

对于当代世界各国来说,海洋是国际贸易的通道和发展经济的资源宝库;而对一些军事大国来说,海洋还是布置其战略武器的天然基地。与陆地基地相比,它具有流动性和隐蔽性的优点,保证了这些国家的军事力量具备第二次打击的能力。由此可见,不管是出于保持军事威慑力量的需要,还是确保海洋经济部门的发展,或是作为政治斗争的筹码,都要求海洋国家拥有由海洋高科技、先进海洋运输工具、功能齐全的港口和装备现代化的海军构成的综合海上实力作后盾。总之,世界各国对海洋的争夺将是长期的,海洋对国际政治格局的构成及演变的影响力将日渐提高。

海洋兴则国家兴,海洋强则国家强。世界上的发达国家大多是海洋强国。

被西方人称为史学之父的修昔底德是最早感受到海权对于希腊文明影响的历史学家，他在《伯罗奔尼撒战争史》开篇第一章标题中特别明示"海上势力的重要性"。① 早在 2 000 多年前，古罗马哲学家西塞罗就指出："谁控制了海洋，谁就控制了世界。"600 多年前，我国的大航海家郑和告诫明宣宗："欲国家富强不可置海洋于不顾，财富取之于海，危险亦来自海上。"② 100 多年前，美国海军战略家马汉又指出：获得制海权或控制了海上要冲的国家就掌握了历史的主动权，国家的强盛、繁荣、尊严和安全是强大的海军从事占领和征服的副产品。谁控制了海洋，谁就拥有了控制海上交通的能力；谁拥有了控制海上交通的能力，谁就控制了世界贸易；谁控制了世界贸易，谁就控制了世界财富，从而也就控制了世界本身。几百年来，葡萄牙、西班牙、荷兰、英国乃至今天的美国在世界上的霸权地位都是以海权为基础的。海权能将分散在不同地区的陆权势力拧成一股绳，因而是陆权的"倍增器"，获得强大海权的陆权帝国的影响力和强盛期要远远超过单纯的陆权帝国。海权具有支撑和凝聚陆权势力的强大功能，强大的陆权国家一旦在海上展开其势力，则如虎添翼，并且会大大延长鼎盛期，延缓衰退。③ 纵观历史上世界各国强弱的更替，有着各种各样的原因，但其中有一条规律是普遍认同的：海权强则国家强，海权衰则国家衰，国家欲富强必须走向海洋。"美国海军界人士始终认为，美国自美西战争以来所取得的历次重大战争胜利以及美国登上世界政治舞台并成为世界超级大国，都应归功于马汉和马汉所创立的'海权论'。"④

惨痛的中国近代史是从海上开始的。1840 年至 1949 年间，日、英、法、俄、德等国从海上入侵中国达 470 余次，其中规模较大的有 84 次，较为著名的有中英鸦片战争、中法甲申战争、中日甲午战争和中国抗日战争等。⑤ 历史的经

---

① ［古希腊］修昔底德著．谢德风译．《伯罗奔尼撒战争史》，北京：商务印书馆，1960 年版，第 2 页。

② 法国学者费朗索瓦·德勃雷在《海外华人》一书中，记有郑和劝谏皇帝保留船队的话："欲国家富强，不可置海洋于不顾，财富取之于海，危险亦来自于海上……一旦他国之君夺得南洋，华夏危矣。我国船队战无不胜，可用之扩大经商，制服异域，使其不敢觊觎南洋也"。赵喜鹏译，1982 年新华出版社出版。

③ 倪乐雄．《从陆权到海权的历史必然——兼与叶自成教授商榷》，《世界经济与政治》，2007 年第 11 期。

④ 谢钢主编．《影响历史的 10 大军事名著》，北京：解放军出版社，1996 年版，第 121 页。

⑤ 张序三主编．《海军大辞典》，上海：上海辞书出版社，1993 年版，第 1 255 页。

验教训告诉我们：要实现中华民族伟大复兴的中国梦，必须以海兴国，确立海洋强国战略，建设海洋强国。中国实行改革开放初期就是从沿海14个城市对外开放开始，吸引海外资金、技术和人才来华投资创业，古老的黄土文明从此走向海洋，奠定了中华民族伟大复兴的基础。费正清评价邓小平20世纪70年代末倡导的改革开放，从根本上来说，就是带领中国重返海洋，亦即通过发展"海上中国"及其对"大陆中国"的改造，最终形成海上与陆上有机结合的国家整体战略。[①] 随着中国日益快速融入国际经济体系，中国已有史以来第一次进入"依赖海洋通道的外向型经济"状态，正由传统内陆农耕国家演变成现代海洋国家，这是个不容置疑的事实，也是不以人们意志为转移的历史趋势。这是"依赖海洋通道的外向型经济"召唤强大海权的千古不变的历史定式。[②]

　　和平发展、实现中华民族伟大复兴的中国梦是中国的大战略，建设海洋强国是我国大战略的要求和保障。一个海洋弱国无法实现中华民族的伟大复兴，无法满足中华民族强烈的民族自尊心和自豪感，也难以真正实现和平发展的大战略。中国将目光瞄准海洋，确立海洋强国战略，发展国家海洋力量，建设海洋强国，是具有深远历史和现实意义的战略选择。建设海洋强国是顺应全球化潮流、实现民族复兴的必由之路、实现"中国梦"的必然选择。

二、中国的海洋强国战略

　　在经济全球化时代，我们要从战略的高度对待海洋，把海洋事业的发展列入国家发展战略，做出战略性部署，把海洋经济作为国家经济的一个重要增长点，加大海洋开发力度，搞好海洋环境保护，把维护海洋权益作为国家外交政策的重要组成部分，统筹兼顾，加强综合管理，形成科学合理的海洋开发体系，建设海洋强国。当务之急是制定中国海洋强国战略，出台海洋强国建设规划和发展海洋产业的政策。

　　海洋战略一般是指国家为控制、利用、保护和管理海洋而制定的长期性、全局性的路线、方针和政策。海洋战略大致包括以下内容：确立海洋在国家的重要位置，提升海洋意识，制订海洋政策法律，构建海洋事业推进体制，加强国家对海洋的管理和控制，发展海洋教育、科技、经济、文化，开发与利用海洋资

---

① 王佩云著.《激荡中国海》，北京：作家出版社，2010年版前言。
② 倪乐雄.《从陆权到海权的历史必然—— 兼与叶自成教授商榷》，《世界经济与政治》，2007年第11期。

源,保护海洋环境,维护海洋安全,加强海军建设,促进国际合作,提高海洋国际竞争力。

（一）指导思想与原则

为了中华民族的未来,我们必须高度重视海洋问题,提高全民族的海洋意识,建设海洋文化,发展海洋经济和科技,加强海军建设,保卫我国的海洋主权和权益,保护海洋生态环境,确保可持续发展,实现海洋强国的目标,这是今后我国长期的海洋强国战略指导思想。

在实现海洋强国战略的过程中,应遵循:以经济建设为中心的原则;坚持改革开放的原则;政府主导、官民并举的原则;海陆统筹开发的原则;开发与保护海洋同步的原则;海洋科技先行的原则;维护国家海洋主权安全与和平发展的原则。

（二）海洋强国战略目标

把建设海洋强国作为国家战略,首先要明确什么是海洋强国。可以将海洋强国定义为:拥有发达的海洋经济、先进的海洋科技、深厚的海洋文化、强大的海军实力、科学高效的海洋管理能力、完备的海洋法制、健康的海洋生态系统、可持续发展的海洋资源环境的海洋国家。

实现海洋强国目标是中华民族伟大复兴的"中国梦"的一个重要组成部分,因此它是综合国力的体现,不可能单独实现。我国实现海洋强国战略的标志是海洋科技领先于当今世界,海洋高科技、教育、文化人才大量涌现,海洋科技创新和研发能力居世界领先地位;海洋经济占 GDP 的比重在 20% 以上,而且是高质量的可持续发展的蓝色 GDP;海军和整个国防力量极大增强,能够有效地保卫国家的安全和权益,实现国家统一;中华民族的海洋意识得到极大提高,从事海洋事业、关心海洋事业发展的人成为公民的主体,形成开放、创新、民主、平等、自由、包容的海洋文化,是中华民族获得持久繁荣发展、长治久安的永恒动力和可靠保证。

到 21 世纪中叶,我们在拥有一个 960 万平方千米的"大陆中国"的同时,还将拥有约 300 万平方千米可管辖海域上耸立起来的"海洋中国"。具体分三个阶段进行:

第一阶段为当前起步阶段。这个阶段的发展战略目标是使海洋经济产值占国内生产总值的 10% 左右。建立起以市场为导向的全面协调发展的海洋经济体系,海洋综合管理水平得到极大提高,海洋综合管理体制完备,海洋执法队伍统一高效,海洋国防力量得到进一步加强,海军现代化水平明显提高。

第二阶段为全面发展阶段。到 2020 年,新兴的海洋高新技术产业主导的海洋经济体系基本形成。海洋经济产值占国内生产总值的 15%左右,海洋产业成为国民经济的支柱产业。海洋外向型经济、海洋综合管理、海洋环境达到沿海发达国家水平,统一协调的海洋执法体系基本建成,我国的海军实力和现代化水平进一步提高,进入海洋军事强国之列。

第三阶段为海洋事业全面腾飞阶段。到 2050 年,我国海洋经济产值占国内生产总值的 20%以上,新兴海洋高新技术产业进入全面开发阶段,海洋研究、海洋开发、海洋保护、海洋管理、海洋环境、海洋产业综合实力居世界领先水平,海军实现现代化,中国由一个海洋大国步入世界海洋强国之列,海洋中国建成。

三、时代与国情决定中国的海洋强国战略特色

随着我国经济实力和综合国力的不断增长,国家面临的问题也会日益出现,我国海洋发展战略的实施也会面临更多的困难。走一条不同于其他濒海强国发展的道路,使之真正适应我国国情,为我国的发展战略服务,是我国海权发展的必然。中国要实施海洋强国战略,需要加强海洋实力,包括海洋硬实力和海洋软实力,灵活适当地运用海洋权力,最终从一个海洋大国向海洋强国转变。

(一)建立有中国特色的海权理论

今天我们理解海权论与陆权论,应当从全球化时代以及和平与发展的世界主题出发,从中国国情出发,批判地借鉴其理论,对我们发展新型理论框架提供借鉴作用,但不能全盘照搬。我国的海权理论是维护海洋主权与权益,增强综合国力,实现中华民族伟大复兴的理论。中国的强大海权只会促进世界和平与发展,为人类造福,而不会对任何国家构成威胁。这是由中国传统的和合文化以及中国的社会主义国家性质决定的,是经得起历史考验的。

(二)中国有能力实现海权与陆权的综合协调发展

有的学者认为中国是海陆复合型国家,容易腹背受敌,难以成为海洋强国,只能发展有限海权。例如:叶自成教授认为每个国家应根据自己的自然禀赋来选择海权与陆权的发展,那些能推动本国长期发展的选择,无论是以海权发展为主或以陆权发展为主都是好的。从大历史角度看,陆权发展更具持久

性，而海洋空间具有流动性、不确定性、不稳定性，海上力量具有不可持久性，聚集得快，消失也快。人类社会在改变自然界局限方面有一定的能动性，但它有一个界限，海变陆或陆变海的变脸者往往以失败告终。[①] 仅有海上军事力量不能成为海权大国，西方传统的海权概念也不适应今天中国的海权发展；中国不太可能成为海权大国，甚至不可能成为海陆兼顾的大国，而只能定位为建设具有强大海权的陆权大国；中国内地区域政治、经济、军事和科技文化各方面的综合发展，过去、现在和将来对中国的发展和强大都具有决定性意义。[②]

但中国的国情完全不同于历史上的海陆复合型国家：德国、法国、俄国，中国所处的时代也完全不同于以往的海洋强国，中国有条件成为海陆复合型的强大国家。历史上的海洋强国之所以失败不是因为发展海权，而是因为帝国过度扩张导致其必然失败。中国坚持和平发展的道路，不会走上海洋争霸的老路，不会重蹈历史上海陆复合型国家发展海权失败的覆辙。我们应当有自己的道路、制度和理论自信。我们要避免按照西方那种二元对立的观点看待海权与陆权，海权与陆权不是对立的，而是相辅相成、互相促进的，中国既要发展强大的海权，也要具有强大的陆权，二者不可偏废。

中国的地缘政治特性决定了它的地缘战略目标及选择方向。就地缘战略目标而言，保持强大的陆权，发展强大的海权，特别是以稳居"边缘地带"之势综合运用海陆两权，是中国谋求地缘政治权力之所必需。就地缘战略选择方向而言，需要兼顾大陆与海洋之间、陆权与海权之间及东向与西向之间的关系，以把海陆二分转化成海陆统筹，真正发挥海陆兼备的正面效应。这意味着，中国应做出复合型战略选择，即虽然中国在海陆地缘的空间特征上是一分为二的，但在做战略选择时则必须合二而一。[③] 中国强大的综合国力有条件实现海陆兼备、全面综合协调发展。中国的海洋强国战略和中国梦一定能够实现。

四、妥善应对海洋争端是实现我国海洋强国战略的关键

中国人民是爱好和平的，非常珍惜来之不易的和平发展、实现民族伟大复兴的战略机遇期，专心致志搞建设，一心一意谋发展，综合国力和人民的生

---

① 叶自成.《从大历史观看地缘政治》，《现代国际关系》，2007年第6期。

② 叶自成.《对中国海权发展战略的几点思考》，《国际政治研究》，2005年第3期。

③ 李义虎.《从海陆二分到海陆统筹——对中国海陆关系的再审视》，《现代国际关系》，2007年第8期。

活水平得到极大提高,正在沿着建设中国特色社会主义的正确道路阔步前进。但是,树欲静而风不止,国内外敌对势力蠢蠢欲动,妄图阻碍中国和平发展的步伐,使中国不得安生。面对此起彼伏、日益激烈的海洋争端,我们必须冷静观察,稳住阵脚,树立信心,团结一致,果断应对,从长计议,搞好战略谋划,做好进行长期艰苦斗争的多种准备。

（一）应对海洋争端要服从于中国和平发展的大战略

我国与周边邻国存在黄海、东海、南海划界和岛屿争端,情况非常复杂,矛盾多种多样,影响非常广泛,牵一发而动全身。这些问题的解决不可能毕其功于一役,不能急躁冒进,而必须服从于中国和平发展的大战略,必须有利于维护国家政局的稳定,这是最重要的国家核心利益,必须紧紧抓住不放,决不动摇。否则就可能因小失大,破坏得来不易的和平发展的大好局面,甚至阻碍中国和平发展的历史进程,得不偿失。我们对此必须有清醒的认识,要做好进行长期艰苦努力的准备,要增强战略定力,要寻找、等待机会,量力而行,积极开展有理、有利、有节的斗争。

以经济建设为中心,坚持四项基本原则和改革开放的党的基本路线。当前中国面临的最重要的问题是内部的改革、发展、稳定,其他工作要服从和服务于这个大局。我们应当抓住和平发展的战略机遇期,一心一意搞建设,聚精会神谋发展,增强综合国力,让广大人民群众充分享受改革开放的成果,大力改善民生,发展民主,依法治国,解决社会存在的各种复杂困难的矛盾和问题。自身力量的强大和团结一致,是战胜一切艰难险阻、维护国家权益和统一的最可靠保障。在条件还不成熟时就贸然行事,与周边邻国交恶,只会使亲者痛,仇者快,给外部势力插手争端造成可乘之机。

（二）处理海洋争端的关键是中美关系

中国与周边国家存在的主权和权益争端在短期内难以解决,其中的一个重要障碍就是美国在其中起着关键性的作用。周边当事国之所以敢于跟中国对抗,就是因为可以仰仗美国的力量牵制中国,而美国也希望借此遏制中国,制造矛盾,使中国深陷其中而无力他顾,阻碍中国的崛起,并从中得利。因此,中国在处理海洋争端时要从长远、大局和战略高度考虑问题,谨慎应对,特别注意处理好与美国的关系,使美国保持中立,不要插手争端,不要形成中美对立。当今世界已经形成事实上的G2格局,中美和,则世界和;中美稳,则世界稳;中美斗,则世界乱;中美战,则世界亡。随着中国综合国力特别是海军实力的增强，就可以实现"不战而屈人之兵"的目的。美国一贯奉行实力政策，信奉弱肉强食的丛林法则，打不败的对手才是朋友。中国自身的强大是确保中美关系稳定发展的物质基础，中美势均力敌，美国就不会轻举妄动。

（三）处理海洋争端要从长计议

中国是一个具有世界影响的举足轻重的负责任的大国，处理与周边国家的关系必须从"与邻为善、以邻为伴"和"睦邻、富邻、安邻"的原则出发，平等互利，和平共处，睦邻友好，共同发展，而不能恃强凌弱，称王称霸，当孤家寡人。解决海洋争端要有全球眼光和战略思想，不计较一时一地之得失。作为一个大国，不要处处逞强好胜，与邻为敌，以邻为壑，要与邻国平等协商，互利合作，逐步解决争端。暂时解决不了的问题，可以留待以后解决，可以搁置争议，共同开发。

中国正在复兴，正在恢复元气，经过改革开放30多年的发展，我们的综合国力和人民的生活水平得到了极大的提高，举世公认。按照这条正确的路线坚定不移地走下去，韬光养晦，埋头苦干，练好内功，再过30年，许多看起来非常困难的问题就会迎刃而解。我们需要和平、稳定、改革、发展的时间，时间可以解决一切问题，时间站在13亿中国人一边，我们应当有这个信心，不着急，慢慢来。我们必须坚定不移地坚持妥善处理与周边国家海洋争端的战略和政策，不使争端影响大局。只要我们应对得当，进退有据，当前和今后很长一段时间这些争端才不会影响中国的和平发展事业。

我们要冷静分析，把握主要矛盾，将维权与维稳结合起来，采取主动措施，未雨绸缪，协调力量，统一口径，制定战略规划，搞好顶层设计，避免局势恶化，因小失大。当前，面对中国与邻国海洋争端激烈的形势更需要保持头脑清醒冷静，不要激化矛盾，不要火上浇油，采取冷处理的办法是最明智的。我们要掌握海洋斗争的主导权和主动权，要以我为主，准备打，争取和，尽量拖，不要被别人牵着鼻子走，别人一挑衅，我们就按捺不住，结果正中敌人下怀，上了敌人的当。

（四）努力争取以和平手段解决海洋争端

世界的海洋是紧密联系在一起的，不能人为分割，不可能完全用西方那种"分争、竞争、斗争、战争"的模式解决问题，只有中国和合文化所倡导的"和平、和谐、和睦、合作"才是解决问题的唯一出路。人类最终要走向大同世界，这是中国和世界人民的共同理想和奋斗目标，分争、竞争、斗争、战争的结果是死路一条。中国作为负责任的大国应当在全球化时代起一个很好的带头作用，引导世界走向和平、合作、和谐。我们应当具有像海洋一样宽广包容的胸怀，彻底抛弃弱国心态和急功近利的思想，确立大历史观念和大国民心态，胸怀祖国，放眼世界，以天下为己任，为人类谋幸福。

随着全球化的发展，各国的政治、经济、社会、文化、环境等利益已经相互融合，你中有我，我中有你，一荣俱荣，一损俱损，如果动不动就以武力解决各种争端，这对世界来说将是无穷无尽的灾难。因此，通过外交途径以和平手段解决问题已成为维护世界和平的首要选择。中国一直致力于建设和谐世界，运用和平共处五项原则处理国际事务，赢得了世界人民的广泛赞扬，也取得了很大成就。特别是中俄黑瞎子岛问题、中塔边界问题、中越陆地边界和北部湾海洋划界谈判中，更是凭借外交努力、外交艺术和外交智慧，实现了双赢。与中国接壤相邻的国家很多，如果不能妥善处理领土、领海争端，对中国的和平发展、长期稳定将是一个重大威胁，中华民族的伟大复兴也会不可避免地受到干扰。事实证明，高举和平、合作、发展的旗帜，才能迎来世界持久和平、共同繁荣的春天，才能更好地解决历史遗留问题和现实存在的矛盾。

东南亚海上通道与中国战略支点的构建

——兼谈 21 世纪海上丝绸之路建设的安全考量

张 洁[*]

（中国社科院亚太与全球战略研究院　北京　100007）

摘要：中国由陆权国家向海权国家的转型，以及国家利益需求的扩容，使海上通道安全成为一个时代性很强的命题，而马六甲困局一度是海上通道安全研究的焦点。目前，国内的相关研究已经从关注能源运输安全发展到如何提升综合性海权利益的保障，从破解"马六甲困局"扩展到多点多线的通道布局。其中，加强战略支撑点的建设势在必行，这一规划应以海洋强国战略和"21 世纪海上丝绸之路"战略为依托，与互联互通、基础设施投资、港口建设的布局相结合，分类型、按步骤地推进。其中，印尼的苏门答腊岛和加里曼丹岛应该成为构建中国东南部海上通道战略支撑点的重要选择。

关键词：海上通道　海上丝绸之路　战略支撑点　印尼

　　海上通道是指大量物流经船舶运输通过的海域，是连接世界主要经济资源中心的通道，也是大多数海上航线的必经之地和诸多利益的交汇之处，在经济与安全方面具有重大的战略价值。自改革开放以来，伴随着中国由传统的内向型经济转变为外向型经济，决策层和学术界对于海上通道的安全认知与战略思考不断发生变化。2003 年 11 月，在中央经济工作会议的闭幕会上，胡

---

* 张洁，中国社科院亚太与全球战略研究院，副研究员。

锦涛主席提出要破解"马六甲困局",[①] 这是中国最高层较早的一次、对海上通道问题公开表示关切。2006 年,《中国的国防》白皮书中第一次提到了海上运输通道的安全问题,[②] 2012 年,中国政府提出了建设海洋强国的战略目标,标志着几千年来作为陆权国家的中国开始向海权国家转型,并作为一项国策得以确立。

中国学界对于海洋安全问题的关注点与关注度与决策层具有较强的同步性。21 世纪初,学界围绕中国是陆权国家还是海权国家、"马六甲困局"是否存在,形成了两次广泛性的讨论。2010 年以来,海上安全成为中国外交的重大挑战之一,而领土领海争端、中美关系与海洋安全、海洋战略构建等等也成为学界讨论的主要议题。

决策层和学界对海洋问题的关注有一个明显的变化过程,而国家利益需求的日益扩展也不断赋予海上通道更多的使命,即从过去确保能源供给的安全,迅速扩大到保障国家政治、外交、经济、军事的综合性安全,成为中国实现世界大国的重要战略支撑。[③] 尤其是在 2013 年,习近平主席先后提出了"丝绸之路经济带"(下文简称"一带")和"21 世纪海上丝绸之路"(下文简称"一路")的构想,这不仅是新型的区域合作规划,更是集合政治、经济、安全、人文在内的中国周边大战略的雏形。其中,"一路"辐射区域与海上通道高度重合,因此,评估中国海上通道的安全现状,将"一路"的建设重点与海上通道支撑点的布局有机地相结合,兼顾经济与安全利益,是一项具有现实意义的研究议程。

篇幅所限,本文集中研究中国如何在东南亚地区构建海上战略支撑点,这是"一路"战略的首要发力点,也是中国全球海上通道中最重要的一条。文中指出,东南亚海域的安全现状与中国的安全需求都在持续变化,随着国家力量对比和亚太安全格局的调整,大国围绕关键性水域进行的博弈是影响中国海上安全的主要因素。中国应着眼安全领域的长远需求,提升对海上通道的战略认知,立足于加强对海上通道的掌控能力。这种能力建设,除了依托于推动地区合作和发展自身海上军事力量之外,还应该"一路"规划相统筹,确定海

---

① 参见张洁.《中国能源安全中的马六甲因素》,《世界经济与政治》,2005 年第 3 期,第 22 页。

② 《2006 年中国的国防》白皮书,http://www. mod. gov. cn/affair/2011-01/06/content 4249948. htm.

③ 蔡鹏鸿.《为构筑海上丝绸之路搭建平台:前景与挑战》,《当代世界》,2014 年第 4 期,第 34～37 页。

上战略支撑点,通过互联互通、基础设施和产业园区的建设,扩大中国对东南亚海上通道沿线重要港口的管控能力。其中,印尼的苏门答腊岛和加里曼丹岛的一些港口可成为备选之项。

一、东南亚海上通道安全:安全认知与学术供给的变化

安全观念是随着国家利益而扩大,而不完全是随领土而扩大。在传统观念中,中国是一个陆权国家,新中国成立以来,也主要防范来自陆上的威胁。改革开放后,随着经济发展模式的变迁,中国从内向型的农耕社会转为外向型的市场经济,日益依赖于世界,才开始对海上通道安全即海权问题有所关注。[①]

以中国知网的文献为统计样本,分别输入主题词"海权"、"海上通道"和"马六甲"进行搜索会发现,从21世纪初开始,中国学界对海洋问题的研究呈现出缓慢而持续增长的态势,这一情形在2009年发生变化,各类探讨海权、海上通道安全的文章呈爆炸性增长,这与中国海外利益的迅速扩展以及海洋问题在决策层中权重的增加具有显著的同步性。

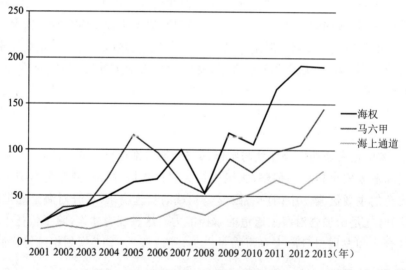

图1　海洋问题的研究频度:2001～2013

资料来源:中国期刊网(CNKI)数据库相关数据整理。

[①] 张文木.《全球化视野中的中国国家安全问题》,《世界经济与政治》,2002年第3期,第4～5页;中国现代国际关系研究院海上通道安全课题组编.《海上通道安全与国际合作》,时事出版社,2005年.

以张文木、倪乐雄为代表的一批学者,较早对海权问题做出了积极探索,张文木在 2002 年第三期《世界经济与政治》刊登了有关论述全球化视野中的中国国家安全问题的文章,将海权置于国家安全高度和中美关系大局中进行讨论,认为中国必须关注海权,海权是中美战略利益矛盾的焦点。而谈及海权,首先走入中国学者视野的就是海上通道问题,张文木干脆把将海权问题等同于海上通道安全。[①] 因为历史上海权发生的基本模式就是,海洋通道的外向型经济结构一旦声称生成,必然召唤强大的海权,[②] 维护一国在世界范围内自由贸易的前提必然是要对海上资源运输线路进行自卫性的控制。中国要走向世界,要进行自由贸易,就必须保护海上线路的安全。没有海权,中国也就在相当程度上丧失了发展权。从这个意义上说,捍卫中国正当的海权就是捍卫中国的发展权。[③] 可以说,在国内的早期研究中,无论是对海权还是对海上通道的考量,首先是从经济安全角度出发的,对海权的呼唤是中国经济发展到一定阶段的必然产物。

2003 年 11 月 29 日,在中央经济工作会议的闭幕会上,时任国家主席胡锦涛分析了中国的经济形势,第一次提到金融和石油这两大国家经济及安全概念。他指出,一些大国一直染指并试图控制马六甲海峡的航运通道,因此必须从新的战略全局高度,制定新的石油能源发展战略,采取积极措施确保国家能源安全。这被国际传媒称为胡锦涛要破解"马六甲困局",[④] 从而也掀起了学界研究马六甲海峡的热潮(参见图 1)。当时,"困局说"几乎不证而立,更多的研究集中于海峡杯封锁后的破解之道,出现了中缅油气管道建设、开挖克拉地峡、建设中国海军等多种对策建议。

2006 年前后,尽管中国对马六甲海峡的依赖度有增无减,但是海峡的安全状况出现明显好转,这使中国学者重新思考如何评估和确保中国在马六甲海峡的安全利益,研究重点逐渐转变为如何在和平时期加强中国对马六甲海峡的管控能力。[⑤] 2006 年《世界经济与政治》杂志刊登的一篇文章,较为全面

---

① 梁芳著.《海上战略通道论》,时事出版社,2011 年。

② 杨泽伟主编.《中国海上能源通道安全的法律保障》,武汉大学出版社,2011 年。

③ 张文木.《全球化视野中的中国国家安全问题》,《世界经济与政治》,2002 年第 3 期,第 5～6 页。

④ 张洁.《中国能源安全中的马六甲因素》,《世界经济与政治》,2005 年第 3 期,第 22 页。

⑤ 赵宏图.《"马六甲困局"与中国能源安全再思考》,《现代国际关系》,2007 年第 6 期;陆绮霞.《驻军马六甲:美欲扼住世界经济咽喉》,《解放日报》,2004 年 4 月 17 日。

地分析了"马六甲困局"，并指出，中国没有必要高估"马六甲困境"对自身海上运输安全的影响……中国应该着重处理的是进一步改善和平时期的一般能源运输安全，应提升石油运输能力，更积极地参与到马六甲海峡航道安全的管理。① 但是，在各种对策建议中，通过建立战略支撑点以加大中国对海上通道的掌控和提升安全保障能力，基本还未进入研究视野。

进入 21 世纪的第二个 10 年，决策层和学术界对于加快中国的海权建设形成共识，将中国建设成为海洋强国作为一项国策得以确立，② 海上通道安全自然也被纳为建设海洋强国的议程中。由现实需求所决定，与海洋相关的学术产出进入了明显提速阶段，有关海上通道安全的研究成果剧增，③ 并且出现一些新变化与新特征：首先，提升了对海上通道战略价值的认知，从经济安全扩展到政治、外交、军事等领域，使之承载了更加广泛的国家需求和历史使命；其次，研究的角度更加多样化，既有对诸如美国、日本、印度等国的经验借鉴，也有根据中国自身特点的对策研究，以中国迅速增加的海上力量为依托，提出了更加多样的战略选择，诸如加强军事实力建设、推动国际合作与地区对话、掌控关键性水道与海峡等。④

---

① 薛力.《"马六甲困境"内涵辨析与中国的应对 >,《世界经济与政治》,2010 年第 10 期,第 117～140 页。

② 但是关于中国究竟发展什么样的海权，是追求"全球到达"的绝对海权还是以实现有限的战略目标为主，是完全转向海权国家还是海陆兼备的国家，这些争论始于 21 世纪初，至今未有定论。其中，代表性的成果包括：徐弃郁.《海权的误区与反思》,《战略与管理》,2003 年第 5 期,第 15～23 页;叶自成,慕新海.《对中国海权发展战略的几点思考》,《国际政治研究》,2005 年第 3 期;倪乐雄.《从陆权到海权的历史必然——兼与叶自成教授商榷》,《世界经济与政治》,2007 年第 11 期;卢兵彦.《从大陆到海洋——中国地缘政治的战略取向》,《太平洋学报》,2009 年第 5 期;倪乐雄.《文明转型与中国海权-从陆权走向海权的历史必然》,文汇出版社,2011 年;吴征宇.《海权与陆海复合型强国》,《世界经济与政治》,2012 年第 2 期,第 38～50 页;胡波.《中国海洋强国的三大权力目标》,《太平洋学报》,2014 年第 3 期,第 77～89 页。

③ 周云亨,余家豪.《海上能源通道安全与中国海权发展》,《太平洋学报》,2014 年第 3 期,第 66～76 页;史春林.《太平洋航线安全与中国的战略对策》,《太平洋学报》,2011 年第 8 期,第 75～87 页。

④ 许善品.《澳大利益的印度洋安全战略》,《太平洋学报》,2013 年第 9 期,第 85～95 页;王历荣.《印度洋与中国海上通道安全战略》,《南亚研究》,2009 年第 3 期,第 46～54 页;邹立刚.《保障我国海上通道安全研究》,《法治研究》,2012 年第 1 期,第 77～83 页;李兵.《海上战略通道博弈—兼论加强海上战略通道安全的国际合作》,《太平洋学报》,2010 年第 3 期,第 84～94 页。

国际与地区格局的新变化、中国战略需求的扩大,为学界的研究提出更多的要求,至少体现在三方面:第一,美国亚太再平衡战略的实施及其军事同盟体系的强化,遏制中国崛起的意图明显,因此,主张依靠多边合作,很难维护中国的利益。第二,中国的海上力量面临现代化转型。"十八大"为中国军队建设提出了新的总体战略目标,即"建设与我国国际地位相称、与国家安全和发展利益相适应的巩固国防和强大军队"。作为负责任的大国,中国必须更广泛地参与国际维和、人道主义救援、反恐、打击海盗等海外军事行动。中国海军面临着从近海防御向以远洋作战为目标的战略转型,这一转型将使中国海军舰队的构成发生根本性的变革,也使中国在海外建立战略支撑点更具紧迫性。第三,中国塑造外部环境的主观意愿在增加,故而配套的能力支持需要提升。较之过去,中国在应对外部环境挑战中的一个大的变化就是由被动变为主动,也就是说,随着国家实力的增强,中国主动改变和创造所处环境的能力也大大增强。在大多数情况下具备了主动改变不利环境、创造有利环境的能力。即便在一些情况下,难以根本改变大局,至少也可以通过努力,大幅度降低风险和威胁程度,海外通道安全也不例外。[①] 因此,建设海权是中国的强国之路,海上通道安全是海权建设的必经之途,而战略支撑点的建设则是实现上述战略目标的重要手段。

是否需要、以及如何构建战略支撑点是一个较新的、颇有争议的问题。在已有研究中,较早开始、也最具代表性的是美国、印度等国家炮制并不断炒作的"珍珠链"说,即中国在从南海到红海的海上通道("双海通道")沿线建立若干个海军基地,通过港口、机场、外交纽带和军事现代化构筑一条战略带,以保护中国最主要的贸易通道。例如巴基斯坦的瓜达尔港、斯里兰卡的汉班托特港以及缅甸的实兑港与皎漂港。[②] 中国官方公开否定了"珍珠链"说,时任国防部长梁光烈曾表示,中国人民解放军从未在海外建立过军事基地,也不考虑在印度洋这么做。[③] 学界一度对于战略支撑点的讨论也非常谨慎,认为从民用港口向军用港口的转化面临一系列的困难,而在海外建立军事基地意味着

---

① 张蕴岭.《我国面临的新国际环境与对应之策》,《当代世界》,2011 年第 4 期。

② 薛力.《"马六甲困境"内涵辨析与中国的应对》,《世界经济与政治》,2010 年第 10 期,第 135 页;刘庆.《"珍珠链战略"之说辨析》,《现代国际关系》,2010 年第 3 期,第 12 页。

③ 梁光烈.《解放军无意在印度洋建军事基地》,载新华网 http://news.xinhuanet.com/world/2012-09/05/c_123672646.htm,2012 年 9 月 5 日。

中国战略的重大调整，这在近期实行的可能性很小。[①]

直至近一两年，中国战略界、学界和媒体对于建立海外战略支撑点的重要性与紧迫性的讨论才有所增加。[②] 一些学者认为，海外军事基地是大国投射军事力量、克服地缘劣势、对潜在威胁实施遏制与打击的重要手段。中国军队虽不会建立西方式的海外军事基地，但并不排斥按照国际惯例建立若干海外战略支撑点。中国可以在平等、互利与友好协商基础上，在他国建立相对固定的海外补给点、人员休整点以及舰机靠泊与修理点。[③] 还有一些学者认为，中国取得瓜达尔港的经营权就是一次很好的尝试，瓜达尔港应该发挥类似海外军事基地的功能，为中国海军在印度洋上的护航行动提供燃料、人员和食物补给，降低距离摩擦成本，强化远洋作战能力，扩大中国舰队护航的海域。中国在印度洋利益的维护仅仅一个瓜达尔港是无法完成自己的战略目标的，最好是需要若干个力量场或者战略支撑点，每隔一段距离形成可以相互支撑的基地群。[④]

总体而言，战略支撑点的研究还存在着明显不足，一是战略性差，缺少中长期的、分区域的布局谋篇；二是整体性差，战略支撑点的规划与区域合作战略间缺乏互动性研究，未能将中国对外投资的经济利益与安全考量统筹协调。三是精细化程度低，可操作性差，缺乏对重点国家政治稳定性的分析，及其重点港口的自然条件、经济发展优劣势的深入调研。而目前面临的最突出问题是，学术供给远远落后于外交实践。2013年中国正式接管了瓜达尔港的经营权后，2014年9月，习近平主席与斯里兰卡达成协议，双方同意进一步加强对马加普拉/汉班托塔港项目的投资并签署二期经营权的有关协议，同时推进科伦坡港口城的建设。这些都标志着，采取多样化方式，加强与各国的海洋合作，尤其是对战略性港口的投资、合作与利用，不仅是中国企业在海外的重要经济

① 薛力.《"马六甲困境"内涵辨析与中国的应对》,《世界经济与政治》,2010年第10期,第136页。

② 卜永光.《中国的海外基地建设:在需求和现实之间寻求平衡》,《现代舰船》,2013年第2B期,第17～19页。在2014年的中国国家社科基金重大项目的立项名单中也出现了关于如何打造战略支点国家的专项研究,参见中国国家社科基金项目网站 http://www.npopss-cn.gov.cn/n/2014/0714/c219469-25278008.html

③ 海韬.《海军建首批海外战略支撑点?》,《国际先驱导报》,2013年1月10日。

④ 刘新华.《力量场效应、瓜达尔港与中国的西印度洋利益》,《世界经济与政治论坛》,2013年第5期,第15～16页。

活动,而且越来越成为从安全考量出发的国家性行为。

海洋强国战略的确立为构筑更加安全的海上通道创造了历史机遇,"一带一路"战略的提出则为实现这一目标提供了广阔的操作平台和路径选择,尤其是"一路",在路线设计方面,以东南亚、南亚一线为首期规划,与海上通道具有高度的重合性,在实现路径方面,加强互联互通与基础设施建设,与重要港口的投资与开发也不谋而合。但是,由于初时多数研究都将"一带一路"定位为经济外交战略,以规划和推动区域经济合作为主,兼顾人文与社会交流,从而通过构建区域经济一体化的新格局,把中国建设成为经济贸易和投资的大国,①因此,安全方面的考量,尤其是关于提升中国的海上通道安全并未被列入设计方案之中。究其原因,至少包括:第一,对于"一路一带"的战略意义未形成统一认知,相关研究和规划刚刚初步完成,对政治、经济、安全、人文各领域的设计缺乏精细化;第二,相对于"一带","一路"的受重视程度和规划进展处于落后状态,学术成果的产出较少,更遑论关于海上通道规划的详细论证。②第三,考虑周边国家的感受,官方在政策宣介中强调经济合作、人文交流的重要性,试图回避在安全领域的规划设想。③

当然,关于"一带一路"战略意义的认知是一个不断变化的过程,也有少数学者较早就强调,需要从大战略的角度来深刻认识"一路"的内涵与意义,它的设想构成了中国面向太平洋全方位对外开放的战略新格局和周边外交战略新框架,并涉及未来海上秩序的重建问题。④中国需要经略海洋,需要通过构建海上丝绸之路建设海上新秩序与新规则,需求新的国际自由航行与合作规则。"一路"的建设应该涉及安全问题,包括海上安全与合作、海上基础设施建设与网络等,海上大通道与沿岸国家的关系处理和复杂的地缘政治环境

① 阮宗泽.《中国需要构建怎样的周边》,《国际问题研究》,2014 年第 2 期,第 19 页;郑永年.《新丝绸之路:做什么、怎么做?》,(新加坡)《联合早报》,2014 年 6 月 24 日,http://www.zaobao.com/forum/expert/zheng-yong-nian/story20140624-358341

② 从 2014 年初开始,《新疆师范大学学报》(哲学社会科学版)率先组织了对"一带"专题的讨论。此外,根据专家介绍,有关部门已经完成的"一路一带"设计方案也以有关"一带"的规划为主。

③ 国务委员杨洁篪在亚洲博鳌论坛的讲话中就强调,"一带一路"是以经济和人文合作为主线,参见"博鳌亚洲论坛举办'丝绸之路'分论坛 杨洁篪呼吁弘扬丝绸之路精神"。2014 年 4 月 10 日,中华人民共和国外交部网站。

④ 蔡鹏鸿.《为构筑海上丝绸之路搭建平台—前景与挑战》,《当代世界》,2014 年第 4 期,第 37 页。

因素密不可分。[①]而中国高层对于"一带一路"在安全方面战略价值的较早公开肯定，则是到了2014年7月，国务委员杨洁篪在关于丝绸之路建设的一次讲话中指出，"一带一路"建设首要需要共同营造一个持久和平稳定的国际地区大环境。各国都要致力于维护新的陆海丝绸之路沿途地区海、陆安全……21世纪丝绸之路的建设不仅应包括此区域的合作，也应包括经济走廊、互联互通、海上通道、海洋资源开发、人文交流等各个方面。[②]

　　未来10年，以马六甲海峡为核心的东南亚海域仍然是与中国国家利益最密切相关的海上通道，中国对这一通道的需求更加多样化，即从过去确保海上运输线的畅通，到为配合中国海上力量"走出去"而加强沿岸的后勤补给与保障能力，因此，选取通道沿岸的重要港口作为战略支撑点，加强投资、建设以及与所在国开展密切的合作，必须作为一项国家行为迅速实施。基于这样的判断，本文首先重新评估了东南亚海上通道的安全现状。一方面，由于全球反恐取得成效，马六甲海峡沿岸国家政局稳定，影响海峡安全的不利因素有所缓解；但是，另一方面，随着美国实施亚太再平衡战略，大国在亚太地区力量博弈加剧，南海问题升温，使得东南亚海上通道的安全状态更加复杂化。针对这种态势，加强海上实力的建设是中国战略选择的首项，国家安全利益必须成为"一带一路"的重要战略目标。在设计规划中，应该以海上通道为骨架，重点海峡及陆路要地为节点，打造陆海一体化经贸活动为纽带的"点线面"有机组合的空间战略布局。通过商业利用、租用、合作建设等多种方式，在重点航道和港口建设一批多层次、多用途的综合保障基地，逐步实现海上通道功能由维护能源运输安全向保障经济、军事等综合性安全的转化。其中，鉴于印尼在马六甲海峡的独特地缘地位，应以其为重点合作国家，实施两岛建设方案。

二、东南亚海上通道的地缘特征与中国面临的挑战

　　海上通道是中国经济运行的蓝色大动脉。自20世纪80年代改革开放以

---

① 在已有的"一路"研究中，对海上通道进行了较为全面、综合性规划的机构主要是国家海洋局海洋战略发展研究所的相关成果。刘岩，"海上丝绸之路的战略构想"，"构建海上丝绸之路：安全环境的现状、挑战与对策"研讨会，2014年4月11日，北京；《'21世纪海上丝绸之路'构建的现状、挑战与对策》，载中国社科院地区安全研究中心《简报》，2014年第5期。

② 《戴秉国：开放包容，共建21世纪丝绸之路》，2014年7月11日，参见中国外交部网站，http://www.fmprc.gov.cn/mfa_chn/zyxw_602251/t1173753.shtml

来,中国的内向型经济快速转变为外向型经济,尤其在 2001 年加入世界贸易组织后,中国参与经济全球化的步伐加快,融入国际社会的程度加深,中国历史上第一次海外贸易经济在国家经济结构中占重大比例。

伴随着对外贸易规模的扩大,中国的对外贸易依存度在持续增长,从 2002 年的 42.7% 连续增加到 2006 年的高点 65.2%。虽然 2007～2009 年间有所回落,但在 2010 年又恢复到 50%,2011 年为 50.1%,2012 年为 47%。[①] 这说明,中国经济发展与世界紧密相连。这也意味着,海洋作为国际贸易与合作交流的纽带作用的显现,成为一种历史必然。

海外贸易比重越来越大,海洋生命线的问题就越来越重要。海上运输是实现国际贸易的主要方式,全世界 80% 的货物贸易量都是通过海运完成,作为全球第二大经济体的中国自然也不例外。根据中国海关总署的统计,2011 年中国进出口商品的 66.6% 都是通过水路运输方式完成,水路运输方式占出口总额的 69.5%,占进口总额的 63.4%(参见表 1)。根据航行水运性质,水运分海运和河运两种,海运在中国的水路运输中占了绝大部分的比例。因此,维护海上通道畅通,保证海上运输的顺利进行,直接关乎中国的经济安全。

表 1　2011 年进出口商品运输方式总值表　　　　单位:千美元

运输方式	进出口总额金额	比重(%)	出口金额	比重(%)	进口金额	比重(%)
总值	3 641 864 445	100.0	1 898 380 887	100.0	1 743 483 558	100.0
水路运输	2 425 528 731	66.6	1 320 199 888	69.5	1 105 328 843	63.4
铁路运输	31 939 242	0.9	14 204 209	0.7	17 735 033	1.0
公路运输	576 158 108	15.8	296 393 930	15.6	279 764 178	16.0
航空运输	551 634 142	15.1	245 715 670	12.9	305 918 472	17.5
邮件运输	1 282 553	0.0	873 158	0.0	409 396	0.0
其他运输	55 321 670	1.5	20 994 033	1.1	34 327 637	2.0

来源:《中国海关统计年鉴(2011 年)》(上卷),2013 年 1 月版,第 22 页。

中国的远洋运输以上海、大连、秦皇岛、广州、湛江、天津、青岛等港口为起点,开辟了东、西、南、北四组重要航线。东行航线是由中国沿海各港口东行,经日本横渡太平洋抵达美国、加拿大和拉美各国。随着中国同日本、北美、拉

---

① 王斌,柳安琪.《我国外贸依存度现状及利弊探析》,《经济研究参考》,2014 年第 4 期,第 83 页。

美各国的经济往来日趋频繁,这条航线的地位日益提高,货运量也急剧增加。西行航线是由中国沿海各港南行,至新加坡折向西行,穿越马六甲海峡进入印度洋,出苏伊士运河,过地中海,进入大西洋;或绕南非好望角,进入大西洋。沿途可达南亚、西亚、非洲、欧洲一些国家或地区港口。南行航线是由中国沿海各港南行,通往大洋洲、东南亚等地。随着中国与东南亚各国贸易的发展,这条航线的货运量不断增长。北行航线是由中国沿海各港北行,可到朝鲜和俄罗斯远东海参崴等港口。目前,这条航线除与朝鲜通航外,由于到俄罗斯远东港口要经过朝鲜海峡、对马海峡,并其他国际政治因素的影响,其发展仍受到限制。

在上述四条航线中,西行航线是最繁忙的,直接关系到中国经济的平稳运行。仅从原油运输为例,国际石油运输主要分为油轮运输和管道运输两种方式,其中油轮运输占主导地位,中国的情况也是如此。中国海关总署的最新统计数据显示,2011年,中国共计进口原油253.8百万吨,同比增长6.05%,十大原油进口国分别是沙特、安哥拉、伊朗、俄罗斯、阿曼、伊拉克、苏丹、委内瑞拉、哈萨克斯坦和科威特(图2)。其中,只有来自俄罗斯和哈萨克斯坦的原油可以通过管道和陆路完成,其余来自中东和非洲的7个国家的石油供给总和是163.64百万吨,占进口总量的64.5%,必须通过马六甲—南海一线到达中国沿岸。

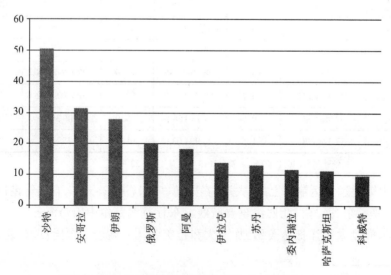

图2　2011年中国十大原油进口国(数量单位:Mt)

数据来源:根据《中国海关统计年鉴(2011年)》整理

　　东南亚海域是中国西行航线的必经之路,这一海域由马六甲海峡、巽他海峡、龙目海峡以及望加锡海峡等形成了一个海上交通网络,其中,以马六甲海峡为主航道,同时,许多巨型油轮也经常取道巽他海峡和龙目——望加锡海峡。这一网络地处亚洲、非洲和大洋洲之间,连接着太平洋与印度洋,承载着全球贸易的 30% 和石油供应的 50% 运输量。

　　马六甲海峡是全球最繁忙的海上通道之一,位于印度洋北部、马来半岛和印尼的苏门答腊岛之间,西北部为安达曼海,东南与新加坡海峡为邻,整体呈漏斗状。海峡长约 1 066 千米,西北口宽 370 千米,东南口宽 37 千米,一般水深 25～113 米,深水航道位于马来西亚一侧,宽度仅 217～3 169 米,一般水深 25.6～73 米,靠近巴生港(Port Klang)的一英寻滩(One Fathom Bank)等近百处水深 23 米以下,航道东北侧最浅水深才 6.1 米,为航行危险区。[1]该海峡历来有“东方的直布罗陀”之称,是全球七大石油运输咽喉之一,中国所需进口原油的 65% 左右、日本所需原油的 90% 都要经过此地。

　　巽他海峡位于印度尼西亚群岛中的苏门答腊岛和爪哇岛之间,长约 120 千米,一般宽 22～110 千米,大部分水深 70～180 米,主航道宽 4～39 千米,一般水深 46～391 米,可通航 20 万吨级以上船只。平均水深远远超过马六甲海峡,非常适于大型舰船通航。巽他海峡是太平洋通往印度洋的重要战略通道之一,来往于欧洲与中国香港、日本之间的舰船常常经此。[2]

　　龙目海峡南北长 80.5 千米,南口宽 65 千米,北口宽 35 千米,大部分水深超过 200 米,可以通航 50 万吨级的油轮,也便于潜艇活动,是印尼各海峡中最安全的天然航道。无法通过马六甲海峡的大型油轮如果绕行龙目海峡增加航行的距离 1 600～2 000 千米,取大数计算,一般航速为 15～16 节[3]的油轮需要多走 3 天,由此增加的成本对大型油轮来说比较有限。[4]

　　望加锡海峡位于苏拉威西岛和加里曼丹岛之间,北连苏拉威西海,南接爪哇海和弗洛里斯海,长 740 千米,宽 120～398 千米,大部分水深 50～2 458 米,

―――――――

① 参见薛力.《“马六甲困境”内涵辨析与中国的应对》,《世界经济与政治》,2010 年第 10 期,第 120 页。

② 中国军事百科全书编审委员会.《中国军事百科全书:军事地理测绘气象分册》,军事科学出版社,1997 年,第 591 页。

③ 1 节 = 1 海里 / 小时 = 1 852 米 / 小时。

④ 参见薛力.《“马六甲困境”内涵辨析与中国的应对》,《世界经济与政治》,2010 年第 10 期,第 124 页。

平均深度为 967 米。它与龙目海峡相连,成为连结太平洋西部和印度洋东北部的战略通道,美国、俄罗斯、日本等国的舰艇常常经由望加锡海峡和龙目海峡往来于太平洋和印度洋之间。

表 2 东南亚通道主要海峡的数据比较

海峡名称	沟通海域	长度(千米)	主航道宽度(千米)	水深(米)	通航能力
马六甲海峡	南海和印度洋安达曼海	1066	37～370	25～113	20 万吨左右
龙目海峡	巴厘海和印度洋	80.5	35～65	200～449	50 万吨级
巽他海峡	爪哇海域印度洋	120	22～110	70～18	大型舰船
望加锡海峡	苏拉威西海与爪哇海	740	120～398	967	大型舰船

测算表明,马六甲海峡运原油每桶的成本比走陆路修铁路管线便宜 10%,比绕行巽他海峡节省成本 15%,比通过龙目海峡节约成本 20%,在时间上也要缩短 1～5 天。因此,尽管巽他海峡、龙目海峡和望加锡海峡是缓解马六甲海峡运输压力的替代性通道,但是从经济角度考虑,马六甲海峡仍然是各国海运的首选通道,战略地位无法被超越,因此,对该海峡的安全保障以及控制权的争夺也成为大国博弈的焦点。

中国对海上通道安全的关切,最早始于并集中于马六甲海峡,那么,"马六甲困局"是否存在呢?对此,相关评估存在较大差异性,一些学者认为这是一个伪命题或者至少存在夸大的嫌疑。但是,更多的学者则相当忧虑,面对马六甲存在的安全隐患以及中国对该海峡逐年递增的依赖性,他们认为,海峡安全状况是对中国经济发展存在的一个隐性威胁,由于国际环境仍处于霍布斯时代,加强自身实力是解决困境的最根本手段。

安全是一种心理认知,它既取决于环境的客观状况,也取决于自身能力和主观判断,并且环境与自身两者都处于不断变化和相互作用之中,即使客观环境发生恶化,但是如果自身能力增强的话,那么自身所面临的安全状态未必意味着恶化。况且,马六甲海峡的安全形势并不能统而概之,而是需要分时段进行评估。

在 21 世纪初,"马六甲困局"的提出具有特殊的历史背景。一方面,中国对马六甲海峡的依赖度不断加强,尤其是中国进口原油量在 2004 年首次突破了 1 亿吨。业内认为,当一国的石油进口超过 5 000 万吨时,国际市场的行情变化就会影响该国的国民经济运行。进口量超过 1 亿吨以后,就要考虑采取外交、经济、军事措施以保证石油供应安全。[①]石油的供应安全,既要买得到,也有赖于运得回,因此,海上通道安全对于原油供给的战略意义不言而喻。另一方面,受国际与地区环境的影响,马六甲海峡的安全状况明显恶化。首先,2001 年"9·11"事件后,恐怖主义在新加坡、马来西亚和印尼这三个海峡沿岸国泛滥成灾;其次,自 1998 年苏哈托下台后,印尼处于政治转型阶段,中央权威严重削弱,对于海峡安全的治理能力明显不足;再次,以上述因素为借口,2004 年 4 月,美国提出地区海上安全方案(Regional Maritime Security Initiative),试图实现在海峡的军事存在。因此,当时包括中国在内的各国对马六甲海峡的安全状况都很担忧,而美国试图控制马六甲海峡的企图尤其引起中国的警惕。[②]

但是,进入 21 世纪的第二个 10 年,马六甲海峡的安全状况出现了一些明显变化。首先,马六甲海峡的运输能力饱和问题得到部分化解,如加宽加深海峡航道、提高造船技术,或是绕行巽他海峡和龙目海峡等。[③] 其次,在沿岸国家和国际社会的共同努力下,海盗和恐怖主义的威胁明显下降。根据国际海事机构的统计,发生在东南亚海域(主要是马六甲海峡和新加坡海峡)的海盗与武装抢劫事件在 2000 年为 199 宗,2003 年 151 宗,大约占全球的 1/3,到 2009 年则下降到 26 件(图 3)。[④] 当然,由于海盗在东南亚地区古而有之,威胁性上升仍然存在可能性。再次,东南亚国家明显加强了海上安全合作,尤其是海峡沿岸国之间。2004 年,印度尼西亚、马来西亚和新加坡达成协议,开始在马六甲海峡联合巡逻(joint coordinated patrol)以打击走私、海盗活动和防止恐怖事件,三国海军司令部之间还建立 24 小时热线,海盗跨越边境的信息能够及时通知对方以便继续进行追踪任务。当然,印尼作为世界上最大的群岛国家和东南亚主要海峡的沿岸国,治理能力仍然有待提高。根据国际海事局的统计

① 周凤起.《对中国石油供应安全的再思考》,《国际石油经济》,2005 年第 1 期,第 35 页。
② 江山.《透视美军〈地区海上安全计划〉》,《当代海军》,2004 年第 7 期,第 47 页;冯梁.《关于应对美军进驻马六甲海峡的战略思考》,《东南亚之窗》,2006 年第 1 期,第 1~7 页;汪海.《从北部湾到中南半岛和印度洋——构建中国联系东盟和避开'马六甲困局'的战略通道》,《世界经济与政治》,2007 年第 9 期,第 47~54 页。
③ 详细数据分析可以参看薛力.《'马六甲困境'内涵辨析与中国的应对》,《世界经济与政治》,2010 年第 10 期,第 120~126 页。
④ ICC International Maritime Bureau,"Piracy and Armed Robbery against Ships",Annual Report,2006,2011.

表明，在2008～2010年，除了保障马六甲海峡的安全外，印尼的海上安全行动主要是针对在广阔海域上打击非法走私和非法捕鱼（图4）。

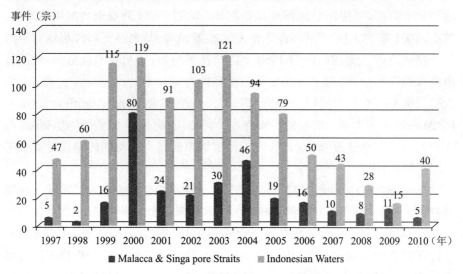

图3　东南亚主要海域海盗与武装袭击船只事件统计：1997～2010年

来源：ICC International Maritime Bureau，"Piracy and Armed Robbery against Ships"，Annual Report, 2011.

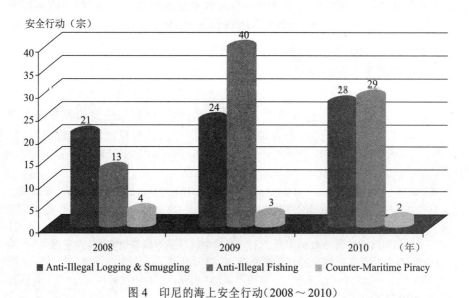

图4　印尼的海上安全行动（2008～2010）

来源：ICC International Maritime Bureau，"Piracy and Armed Robbery against Ships"，Annual Report, 2011.

如果仅就上述三方面的安全态势而言,中国面临的"马六甲困局"已经得到了相当的化解,但是,进入 21 世纪第二个 10 年,整个亚太地区的整体安全环境正在发生巨大的变化,大国对于地区安全秩序主导权的博弈不断加剧,而加强在东南亚海域和印度洋的事实存在,则是美、日、印度等大国的战略首选。中国如何确保自身的海上通道安全(包括在马六甲海峡的顺利通行)仍然是一个巨大的挑战。

美国战略界和学界已经形成的共识是,未来中国将在海上对美国形成挑战,美国必须尽快加强在太平洋——印度洋的力量存在。[①] 美国与泰国、菲律宾等东盟国家保持着军事同盟关系,新加坡的樟宜海军基地长期为美国提供服务,此外,2011 年,美国宣布驻兵澳大利亚的达尔文港,2012 年宣布向新加坡派驻濒海战斗舰,同年 8 月,美国宣布拟在日本南部及菲律宾部署 X 波段反导雷达,2014 年 6 月又与菲律宾的轮防协议,协议规定美国军队可以使用菲律宾全境内的军事基地。正如美国在 2012 年提出的亚太再平衡战略中指出的,今后 5～10 年,美国将继续加强在太平洋地区的军事存在,美国将改变海军力量目前在太平洋与大西洋"五五开"的部署格局,将 60% 的战舰部署在太平洋。这意味着美国在全球进行全局性收缩的同时,加强了对局部地区的控制,中美海上力量在亚太地区的接触与博弈将变得更加直接。

受宪法规定限制,日本虽然无法直接派兵或在东南亚地区建立军事基地,但是,鼓励和支持非政府组织在维护东南亚海域的安全中发挥作用是日本的长期策略。1962 年,日本船舶振兴会(后改名为日本财团,The Nippon Foundation)成立,该组织的宗旨是为确保在马六甲海峡航行的船舶安全,从事航海设施的建设和维护,以及保护海峡的海洋环境安全,推进与相关国家的合作关系。在 40 多年中,该组织在马六甲海峡进行水路测量、修建航海设施、分析整理海峡的情报和资料,帮助印尼、马来西亚和新加坡的沿岸海域设立了 45 座灯塔和浮标、在新加坡海峡印度尼西亚海域安装了船舶自动识别装置、参与了印度尼西亚海域的沉船调查和打捞工作、设立防止船舶油污的专项基金等。从 1968 年至今,该机构用于马六甲海峡相关事业的经费约 130 亿日元。2002 年,该组织与马六甲海峡协议会、日本海难防止协会在新加坡联合设立了"日本海事中心",继续包括为马六甲海峡在内的整个东南亚海域的航行安全、防

---

① 参见吉原恒淑,霍尔姆斯著,钟飞腾,等译.《红星照耀太平洋》,社科文献出版社,2014年。

止海洋污染、确保海上安全等议题进行情报收集分析、提出对策建议和推动相关的国际合作。该机构不是单纯的非政府组织活动，它同时接受日本国土交通省、海上保安厅的业务指导。[①] 这充分说明，日本在东南亚海域的经营不但是长期的，而且充分发挥政府与民间的合作，相辅相成，在民间组织的背后有强大的政府支持，政府的意愿通过民间组织的运作有效地加以实施，不仅淡化了二战后初期日本重返东南亚的政治敏感性，而且在润物细无声中加强了日本对东南亚海上安全的影响力。这一经验，中国尤其值得借鉴。

在东南亚海上通道的大国博弈中，印度占尽"地利"，安达曼尼科巴群岛位于孟加拉湾，处于马六甲海峡的西部入口处，印度着力将该群岛打造为军事要塞，耗资数十亿美元大力改造扩建各种设施，部署水面舰艇、图-142M 远程海上侦察机、无人机和两栖战舰，设立先进的远程监控雷达，监控范围达 200 海里。同时，印度将本国的军事部署逐渐东移。印度的海军分为西部、南部和东部三大舰队。20 世纪 90 年代中期以前，西部舰队一直是印度海军实力最强的舰队，负责维护海上能源和贸易通道。随着"东向战略"的推进，东部舰队的重要性日益凸显。印度将东部舰队司令部设在东南部安得拉邦的维沙卡帕特南（这里也是印度潜艇部队的基地），其最远管辖范围可到达安达曼—尼科巴群岛的布莱尔港，与马六甲海峡的北出入口咫尺之遥。2012 年 7 月，安达曼-尼科巴群岛上的巴兹军事基地正式启用。它是印军监控马六甲海峡最重要的窗口，可以直接监视着各国进出印度洋的船只，是印军最南端的航空站。

地缘政治环境是战略决策的重要依据。西北太平洋及北部印度洋的沿岸国家众多，政治关系复杂，包括美国在内的所有力量均无法有效控制这两大区域。因此，有重点地在东南亚海域选取战略支撑点，加强本国力量的实际存在是地区大国普遍的战略选择，从而也造就了各国力量在东南亚地区犬牙交错的态势。中国作为后来者，在这场博弈中，如何谋篇布局，关系到在东南亚地区乃至全球利益的实现。

马六甲海峡的航道运输能力、海盗与恐怖主义活动的管控、以及沿岸国家治理海峡安全能力的提升是各个海峡使用国面临的共同挑战，从一致利益出发，存在较大的地区与国际合作空间。对于中国来说，无论虑及自身安全，还

---

① "A Cooperation Framework for Maintaining Safety in the Strait of Malacca and Singapore", July 10, 2014，参见 http://www.nippon-foundation.or.jp/en/what/spotlight/ocean_outlook/story4/index.html

是作为负责任的大国,都应该参与和推动相关的双边及多边合作,例如发挥自身在资金、技术和人员方面的优势,资助沿岸国家疏浚航道、治理海洋污染,利用中国—东盟海上合作基金,参与东南亚海上通道的管理机制建设等。

大国博弈是影响中国海上通道安全的主要因素,中美在亚太地区的竞争关系将呈现常态化趋势。在这场力量角逐中,中国对东南亚海上通道的战略定位,不应该仅仅局限于保障运输通道的安全,而且要通过在该地区的设点布局,为中国的海上维权提供有力的力量支持,具备保卫中国海上资源和能源补给的能力,逐渐发展远程作战能力,以打破对中国可能进行的经济和能源补给的海上封锁,为中国走向深海、保障全球利益和建立世界大国的总目标服务。正如习近平主席所强调的,推动建设海洋强国对推动经济持续健康发展、维护国家主权、安全、发展利益以及实现中华民族复兴,都具有"重大而深远的意义"。中国坚持走和平发展道路,但"决不能放弃正当权益,更不能牺牲国家核心利益",在用和平和谈判方式解决争端的同时,也要"做好应对各种复杂局面的准备",提高海洋维权能力,坚决维护我国海洋权益。

三、中国的选择:依托"一路"规划、实施两岛战略

构建战略支撑点是保障海上通道安全的必需之措,"一带一路"规划则是中国周边大战略的雏形,两者应该互为依托,齐头并进。"一路"建设首先以东南亚地区为发力点,通过互联互通和基础设施建设,推动经济和人文交流为主,与周边国家打造命运共同体。"一路"建设需要以海上安全为保障,同时也为战略支撑点的建设提供了契机。在"一路"投资项目的选择中,不仅仅应该从经济利益的角度出发,更应该考虑安全因素,将商业利益与安全利益结合在一起。投资重点对中国的海上通道安全有重大意义的地区应该给予优先考虑。而港口的功能可以先民后军,以民为主,在适当时机实现商用与军用的转化。

为了维护本国的海外利益,应该在关键性海峡附近获取中国的战略支撑点,将有效的影响力沿着一定的路径扩展——不管是通过海洋的路径还是陆地的路径或者两者兼而有之。通过加强与相关国家的地缘经济、政治和军事联系,在大国博弈中拥有更多的资源和战略选项。在支撑点的选点布局中,应该避免三方面的"绝对"安全逻辑:第一是绝对安全,就是所有的利益都必须在完全的控制之下;第二是安全上的绝对自助,就是控制者必须是自己;第三是安全上的绝对手段,就是将军事力量作为维护安全的唯一手段。无论是历

史还是现实都告诉我们，这种逻辑不可能实现。^①因此，与中国奉行的防御性国防政策相一致，中国海军建设的目标是增强战略威慑与反击能力，发展远海合作与应对非传统安全威胁能力，而不是进攻型的。

战略支撑点的建设可以分层次地进行。正如一些研究所指出的，首批海外战略支撑点大致分为三种：一是平时舰船油料、物资补给点，如吉布提港、也门亚丁港、阿曼萨拉拉港，补给方式以国际商业惯例为主；二是相对固定的舰船补给靠泊、固定翼侦察机起降与人员修整点，如塞舌尔，启用方式以短期或中期协议为主；三是较为完善的补给、休整与大型舰船武器装备修理中心，如巴基斯坦，使用方式以中长期协议为主。^②目前来看，中国在巴基斯坦瓜达尔港已经做了一些很好的尝试。中国可以利用瓜达尔港为中国海军在印度洋上的护航行动提供燃料、人员和食物补给，降低距离摩擦成本，强化远洋作战能力，扩大中国舰队护航的海域，缩短反应时间，提供效率，进一步增强中国对中东、北非、西印度洋和南亚的影响力，对保护陆地通道的安全也有着积极的作用。中国在印度洋利益的维护仅仅一个瓜达尔港是无法完成自己的战略目标的，最好是需要若干个力量场或者战略支撑点，每隔一段距离形成可以相互支撑的基地群。以经济合作为基础，在不威胁对方国家安全与主权的前提下，适当地进行军事合作；中国不会在海外建立军事基地，但应该建立各种层次的战略支撑点；中国不会在海外长期驻军，但需要时要有固定的完善的基地。^③

在东南亚地区，中国应重点加强与印尼的合作。印尼拥有重要的地缘战略地位，马六甲海峡的主要沿岸国，也是龙目海峡、巽他海峡和望加锡海峡的管辖国，印尼国内政局的稳定性、海峡治理能力直接关系到东南亚海上通道的安全。不仅如此，随着国内经济形势的好转，印尼在东盟的政治地位逐步恢复并提升，对于中国稳定与东南亚国家的关系有着重要作用。印尼的外交政策相对独立，处理对美国、日本和中国的关系中，能够保持平衡，近年来与中国的双边关系发展迅速，中国与印尼政府高层互访频繁。2012年3月，印尼总统苏西洛访华，尤其是2013年习近平主席访问印尼后，两国达成全面战略伙伴关系，印尼对于发展与中国的政治、经济、社会等领域的交流高度期盼。

---

① 徐弃郁.《海权的误区与反思》,《战略与管理》,2003年第5期,第17页。
② 海韬.《海军建首批海外战略支撑点？》,《国际先驱导报》,2013年1月10日。
③ 刘新华.《力量场效应、瓜达尔港与中国的西印度洋利益》,《世界经济与政治论坛》,2013年第5期,第17页。

2002 年以来,印尼国内经济逐步从金融危机中恢复,基本保持了 5% 的年增长率,目前国内政治稳定,经济自由化程度和对外开放水平提高,经济活力日益显现。世界经济论坛《2010～2011 年全球竞争力报告》显示,印尼在全球最具竞争力的 139 个国家和地区中,排第 44 位。国际评级机构穆迪投资者服务公司于 2012 年宣布,将印尼主权信用评级提升至投资级,评级展望为稳定。印尼矿业、消费品、基础设施和金融业的前景特别好,且存在大量资金需求。这为中国企业在印尼的发展提供了稳定的环境和发展机遇。

印尼是千岛之国,岛际之间货物运输采用海运方式,近年来印尼经济增长较快,带动有关货物如煤炭、油气、自然资源与工业产成品等岛际运输需求量猛增,为印尼内海航运业带来巨大发展机遇。据印尼船东协会(INSA)统计,自 2005 年至今,印尼内海航运船只数量从 6 041 艘增加到 12 000 艘,增长了近一倍。当前,尽管面临世界经济放缓及来自中国需求的下降,由于印尼国内需求旺盛,印尼内海航运业务量持续保持增长。大多数本土航运企业,特别是煤炭和油气运输企业,都计划添置新船扩展航运业务。INSA 预计 2013 年印尼航运企业将再增加 560 艘新船,包括拖轮、散货船、平台服务船等,货物运量将从现在的 1 万亿吨继续大幅增长 20% 至 1.2 万亿吨。[①] 印尼内海航运业越来越为外资所青睐。由于印尼本地公司普遍存在船只设备落后、技术人员缺乏、运作效率低下等现象,随着经济持续发展,内海航运运力及船只的供需缺口将明显加大。越来越多的外国企业对印尼内海航运及船只相关产业的巨大利润和发展潜力所吸引,已有韩国、德国和日本数家企业计划与印尼当地航运企业合资,引进船只和生产设备开拓印尼内海航运市场。中国造船及航运业拥有较为成熟的技术和人才,同样面临开发印尼内海航运及相关产业的良好机遇。

基础设施是印尼的重点投资与建设领域。作为群岛国家,印尼有数量众多的小型航运队,但由于缺乏港口设施,难以接纳大型船舶,从新加坡运来的货物要经过小型驳船转运。主要的港口像雅加达的丹容不碌港和苏腊巴亚能够装运集装箱,在全国总共有 400 多个港口。世界银行和亚洲发展银行从 20 世纪 80 年代开始为印尼港口建设筹措资金,并制订了一个可行的偿还计划。港口的建设无论是在规模上还是在设施上还不能够满足日益增长的印尼和其

---

① 《印尼内海航运业发展前景广阔》,(印尼)《雅加达邮报》,2012 年 12 月 19 日,资料来源中国驻印尼大使馆经济商务参赞处,http://id.mofcom.gov.cn/article/ziranziyuan/jians/201212/20121208500152.shtml

伙伴国贸易的需要。

目前，印尼政府已经决定将巴淡（Batam）建设成为一个能够进行国际运输的进口重点港口，这将大大缓解雅加达 Banjung Priok 港的运输压力。同时，印尼政府将根据《2011～2025年经济发展中长期规划》（MP3EI），在2025年前对雅加达、泗水、棉兰等主要城市的29个国际港口进行扩建，用于改善海上物流系统，这些项目所需资金约达130亿美元。

古代海上丝绸之路为当今中国选择海上通道的战略支撑点提供了重要的参考价值。海上丝绸之路沿线曾经辉煌过的许多贸易港口，现在有些仍然繁荣发展，有些已经被历史湮没，但是，曾经繁荣的背后必然有着内在的合理性，或是地缘优势或是经济特色，此外，古代的重要贸易港口往往也是华人聚居之所。根据历史记载，北宋先后于广州、杭州和明州设置市舶司，往来贸易的东南亚国家中见于记载的有：古逻、阇婆、占城、勃泥、麻逸、三佛齐和交趾。[①] 根据考证，古逻国大致是在今天的马来半岛的北部，阇婆为今天的爪哇岛，勃泥一般认为在加里曼丹，麻逸为菲律宾的民都洛岛，三佛齐的主要基地为苏门答腊岛，占城为今天越南的南部，交趾则为北部，此外在今柬埔寨的真腊，缅甸的蒲甘也与中国有贸易往来，其中以交趾、占城和三佛齐与中国的商业关系最为密切。2013年，习近平主席在印尼在演讲中就指出，印尼在古代丝绸之路中发挥着重要作用。15世纪初，中国明代著名航海家郑和七次远洋航海，每次都到访印尼群岛，足迹遍及爪哇、苏门答腊、加里曼丹等地。[②]

苏门答腊岛和加里曼丹岛是印尼面积广阔、资源丰富的两个大岛，尤其占据了重要的地理位置。中国应该对印尼实施"两岛战略"，鼓励企业依托苏门答腊岛和加里曼丹岛的主要港口，利用当地资源，建立经济开发区，并完成钢铁业、造船业、矿产加工业等产业的转移。并在国家的组织和协调下，与有关部门配合，使这些港口逐步具备为中国船只提供后勤补给的能力，成为中国在东南亚地区的战略节点，为中国的崛起创造有利的外部环境。

苏门答腊岛扼守马六甲海峡，是印尼的主要岛屿之一，东南与爪哇岛隔着巽他海峡相望，北方隔着马六甲海峡与马来半岛遥遥相对，东方隔着卡里马达海峡（Karimata）毗邻加里曼丹岛，西方濒临印度洋，占全国土地面积的1/4。

---

① 林家劲.《两宋时期中国与东南亚的贸易》，《中山大学学报》，1964年第4期，第73页。
② "习近平在印度尼西亚国会的演讲"，2013年10月3日，参见 http://www.gov.cn/ldhd/2013-10/03/content_2500118.htm.

该岛物产出口值占印尼的 60% 以上,在印尼的经济地位仅次于爪哇岛。加里曼丹岛是世界第三大岛,西邻苏门答腊岛,东为苏拉威西岛,南为爪哇海、爪哇岛,北为南中国海,是龙目海峡和巽他海峡的必经之地。该岛是世界上唯一分属三个国家的岛屿,岛屿北部为马来西亚的沙捞越和沙巴两州,两州之间为文莱,南部为印度尼西亚的东、南、中、西加里曼丹四省。印尼占全岛总面积的 2/3,为最大的一部分。

苏门答腊岛和加里曼丹岛蕴藏着丰富的自然资源。苏门答腊岛盛产石油、天然气、煤、铁、金、铜、钙等矿藏,加里曼丹岛是印尼著名的煤矿产地。印尼已知铝土矿储量 2400 万吨,资源量 2 亿吨,其中 85% 分布在西加里曼丹。根据印尼法律规定,从 2014 年开始禁止原矿出口,新法规适用于镍矿、铁矿石、煤炭、铜、铝土矿、锰矿及其他资源的生产,这意味着包括中国企业在内的矿商必须在印尼国内投资建设冶炼厂,而非简单地交易原矿。

苏门答腊岛和加里曼丹岛的投资环境正在明显改善。2011 年,印尼政府宣布《2010～2025 年加速与扩大印尼经济建设总规划》,将苏门答腊岛定位为印尼重点发展的六大经济走廊之一。未来 15 年总投资将达 785 亿美元,除重点发展煤炭、棕油和橡胶三大传统产业外,将着力发展电力、交通、通信技术等基础设施,这为中国企业加大对苏门答腊岛投资提供了良好的环境。

目前,中石油已在苏门答腊岛的 Jabung 区块生产出天然气,并将其通过管道出售给新加坡。在 2012 年 3 月,印尼总统苏西洛访问中国期间,印尼已经与中国铁建签订了 120 亿美元的开发巽他海峡的协议,用于建设跨海大桥。该桥长约 30 千米,最早从 2014 年动工,预计 10 年完成,将 2.4 亿人口中的 80% 联系在一起,是印尼最长的桥。该项目的主要风险是受到自然灾害影响,这一海域是地震与海啸多发地带。

在加里曼丹,公共工程部计划动用 7.7 万亿印尼盾,从西加里曼丹的特马朱岛(Temajuk)到东加里曼丹的塞乌拉(Sei Ular)建造新的公路。这些公路不仅旨在协助强化地方经济的发展,同时也为了加强国家安全。因为这些地区大部分毗邻马来西亚的沙巴和砂拉越边界地带。 此外,印尼将分别在西加里曼丹、东加里曼丹,以及南苏门答腊岛建造大型桥梁。

根据两岛的现有条件和中国的需求,中国在苏门答腊岛应选择已经有一定发展基础的港口,通过提供资金和技术帮助,进一步修建和改善港口的基础设施,提高海港的服务能力,同时提供配套的软件、人员培训等帮助。同时对于该岛东部沿岸主要分布的一些小岛进行进一步实地考察，进行有选择性的投资。中国在加里曼丹岛应该选择重点港口的建设，加强道路、通信网络、电力、供水设备、港口等基础设施的建设，建立工业园区。同时，中国应注重港口的"软件"建设，包括引进中国的安全系统和标准化制式等，加强印尼对中国的技术依赖性。发挥中国的产业优势，逐步建立矿产开采业和冶炼业、造船业等，初步实现加里曼丹岛的工业化，通过对当地造船业的扶持，使该岛具备为中国船只提供补给和修理能力，助力中国维护海上运输安全和对关键性航道的控制。

论中国在北极航线开发中的国际形象价值基础

李晓蕙　　韩园园*

（大连大连海事大学公共管理与人文学院　辽宁　大连　116026）

摘要： 北极航线开发活动中存在国家利益与全人类共同利益的冲突，中国应以负责任的大国形象参与北极航线建设。在以和谐世界理论为基本指导思想的基础上，中国应积极寻求维护国家权益与保护人类共同利益之间的平衡点，在北极航线建设活动中积极推进全球共治、强化国内航运企业的自律精神、保护民族文化以及促进科技共享等先进观念，树立起积极的国家形象。

关键词： 北极航线　国家形象　和谐世界

由全球变暖、冰川融化带来的北极航线建设，引起了利益相关国的普遍关注。北极航线开通可大幅度缩短船舶航程，减轻传统航线的承载量，降低商船遭受海盗侵扰率；而且，北极航线沿岸地区蕴藏着巨大的、未经开采的天然气、石油、黄金和钻石等珍贵资源，因此，世界各国都在积极介入这一领域。作为发展中的大国，中国参与北极航线的开发建设活动，符合时代发展的必然。

国际形象就是一个国家和民族的人民在国际上的总体印象，反映出一个国家文明程度、文化背景、政治策略、民族精神等，更是一国在国际舞台上各种行为所遵循的价值理念和价值原则的表现。随着中国的加速崛起，中国的国

---

* 李晓蕙（1973—），女，内蒙古兴安盟人，大连海事大学公共管理与人文学院副教授、副院长，主要从事海洋管理相关研究；韩园园（1991—），女，山东潍坊人，大连海事大学公共管理与人文学院 2014 级硕士研究生。

际形象也日益为国际社会所瞩目。历史上中国形象是一个古老而富有威望的文明体,近代的中国则表现出一定的封闭性与保守性,而当代的中国在国家实力崛起之后,却受到来自很多西方媒体的负面宣传,"中国威胁论"等论调使中国的国际形象不断受损,中国传统的价值理念亦未得到普遍认同。

北极航线开发是一项涉及众多国家的国际性活动,中国的参与必然涉及国家形象的建设问题。在国际社会塑造大国形象是中国长久以来的目标,以大国形象为导向,我国参与北极航线开发活动必须明确发展的外部环境和指导理念。

一、复杂的北极航线冲突为中国大国形象的塑造提供了舞台

每个国家参与北极航线建设活动的初衷皆是源于北极航线背后的经济价值和军事战略意义,中国的积极参与也不例外。北极航线能够为中国交通运输和战略通道的开辟提供新路径、为中国能源和其他资源的供应提供新基地、为中国国际政治地位的提升提供新空间、为中国科学技术的进步提供科研新环境。[1]

在这场北极利益博弈战争中,积极主动维护本国利益在促进国家快速发展方面具有举足轻重的作用,因此每个国家在北极航线建设活动中的利己性和排他性非常明显。基于地理政治说的环北极国家都在极力维护自己在北极航线的占有权,比如俄罗斯将东北航线视为国内交通线,强制使用俄罗斯破冰和导航服务,向过往船只强制征收费用;奥巴马政府于 2013 年发布了以获取北极事务的主导性话语权,强化对北极治理的关键性影响力、维护美国的国家利益为主要内容的北极地区国家战略,将北极政策纳入国家战略议程。[2]然而,北极航线建设活动在一定程度上是需要全球共同参与的:首先,《联合国海洋法公约》规定,北极地区公海和国际海底区域丰富的油气和矿产资源属于全人类共同继承的财产,各国均享有开发利用的权利,这个规定为每个国家在北极航线建设活动中积极争取本国权益提供了依据;其次,北极航线建设是一项全球性的经济活动,北极航线能够为航运国家的航运业发展带来极大便利的前

---

[1] 潘正祥,郑路.《北极地区的战略价值与中国国家利益研究》,《江淮论坛》,2013 年第 2 期。

[2] 刘雨辰.《奥巴马政府的北极战略:动因、利益与行动》,《中国海洋大学学报(社会科学版)》,2014 年第 1 期。

提是需要每个国家的积极参与，若是狭隘的着眼于排斥他国参与权、维护本国占有权，那么北极航线的建设不可能带来北部航运中心的建立；再者，北极航线开通背后的全球变暖、气温升高等全球性环境问题，蕴含着全球环境保护工作的严峻形势，单个国家或是局部国家不可能完成全球环境治理的任务，而在环境治理背后的国家政治、经济、文化的全球联动性表明，全球共治模式将逐渐发展成为主流。

北极航线建设活动中的冲突表现在，每个国家都不可能放弃自己在北极地区利益的争夺，按照博弈论观点，在利益博弈过程中必然会对全球人类共同利益或是他国利益造成损失，无法实现最优。这种矛盾不可调和的环境，为中国树立负责任的大国形象提供了活动舞台。中国应以塑造国家形象为基本出发点，在北极航线建设活动中摒弃维护自身利益最大化的目的，通过倡导和谐共赢，为国际社会树立榜样，扭转国家间矛盾不可调和的局面，不断推动国际合作的实现，降低国际冲突对全球人类共同利益造成的损害。

二、中国和谐文化理念为中国参与北极航线建设奠定了基础

北极航线建设活动最直接的表现是一项经济活动，即通过促进航运业的发展带来国家经济的增长，然而其背后亦涉及政治、文化以及社会等多方面。改革开放以来，中国的快速发展极大地促进了国家地位的提升，相应地也在国际社会形成了一定的威胁力，诸如国家威胁论等认识，影响了其他国家对中国的了解和判断，导致中国在国际社会的发展受到诸多阻力，在北极航线建设活动中，俄罗斯曾明确表示反对中国的参与。

受传统儒家思想文化的影响，中国历来推崇和平共处与和谐交往，和谐文化理念是中国长久遵循的普世价值。在面对复杂多元的因素相互冲突时，和谐发展的价值观对于中国处理复杂的北极航线开发问题具有无法替代的作用。中共十七大形成的中国和谐世界理论体系，表明了中国在面对利益冲突时以人类共同利益为先的态度，能够有效缓解在北极航线建设活动中遭受的排斥力度，有利于中国在北极地区的权益维护。

中国以和谐世界理论为出发点参与北极航线建设活动，将和谐价值观拓展到世界层次，这要求在北极航线开发过程中应当遵循五个基本理念：第一，强调国际事务应当由各国平等协商解决，将各国民众利益同全人类共同利益结合起来；第二，强调推动经济全球化向均衡、普惠、共赢方向发展，改变发达

国家对世界经济的垄断权；第三，强调坚持文化多样性，加强不同文化之间的交流与借鉴，不利用经济和政治上的优势推行文化霸权；第四，强调加强国家之间的相互信任，通过维护和保障世界安全，达到维护本国安全的目的；第五，强调世界各国在环保上相互帮助、协力推进、共同呵护人类赖以生存的地球。

　　以和谐世界理论为指导参与北极航线建设活动，有利于中国大国形象的树立。但是值得注意的是，和谐建设并不意味着权利让步，在北极航线建设活动中主动有力地维护国家应得权益是十分必要的，国家不能过于谦卑，导致应得利益受到损失。这也就要求国家在参与北极航线建设活动时，既要主动维护共同利益，不能盲目夸大自身利益；又不能损失国家应得权益，准确定位自我发展与集体发展的平衡点。具体来说，中国在以塑造大国形象为出发点参与北极航线建设活动时，政治方面必须积极推进全球共治，经济方面有序引导国内航运企业的参与，文化方面注重保护当地民族文化，科技方面必须不断推进科技成果共享。

三、积极推进全球共治理念

　　北极航线开发的表象纠纷是法律规范界定不清或缺位带来的维权障碍。目前，能够指导北极航线建设以及资源开发的法律规范主要包括两个层面：一是全球层面的《联合国海洋法公约》，二是区域性或国家合作层面的条约、协议等。然而，无论是哪个层面，相应的法律规范都缺乏对北极航线建设的普遍指导意义：《联合国海洋法公约》是各方利益妥协平衡所达成的一揽子法律文件，在很多海洋问题上仅止于原则性规定，为有关国家在适用中任意解释留下了可操作空间；[1] 由主权国家主导的无约束性的软性法律和约束性的硬性法律的混合，多数以解决航线建设中的具体问题为主，缺乏一种整体性的、统一全面的、完整综合的制度。[2] 由于北极地区权益归属问题的朦胧状态，围绕北极航线建设的国家权益争夺在世界范围内愈演愈烈，中国想要在北极航线利益争夺战中树立大国形象、维护自己应有的权益，就必须在北极航线的立法工作中积极主张全球共治理念。

　　北极航线开发的深层次纠纷则是地缘政治观念带来的参与障碍。目前，

---

[1] 李莉，尤永斌.《保障中国北极航道权益的法律问题探析》,《军队政工理论研究》,2014年第15卷第4期。

[2] 潘敏.《论因纽特民族与北极治理》,《同济大学学报（社会科学版）》,2014年第2期。

北极治理仍然以国家主义为主导,关于北极地区归属问题主要存在三种机制:扇形机制、环五国(或八国)机制、全球共管北极机制。参与北极航线建设活动的主体以地缘政治为出发点,形成了由全球性组织机构联合国、区域性组织北极理事会、多边合作组织如北极国家与非北极国家等组成的主体体系。中国由于地理上的缺陷,往往以非北极国家的角色参与北极航线建设,多数是协助其他国家的活动,而缺乏主动参与权。中国只有通过倡导全球主义与国家主义平衡发展的先进理念,才有可能扭转国家主义在北极航线建设中的主导地位,才有可能在利益博弈中获得参与上的主动权。

"近北极机制"的提出,为中国参与北极治理活动提供了合法性和合理性的依据,因此对于北极航线的开发建设活动,中国具有了不可推卸的责任和义务。国家必须积极主动争取应有的北极权益,努力获取北极理事会发言权、北极航线开发的主动权等,依靠实力在北极国际法的制定上、科学考察上、资源和航线的归属权上尽量发出自己的声音,增强自己的话语权。要实现北极航线建设利益最优,每个国家都不能以单个国家利益最大化为出发点进行参与,而是要加强与其他国家的交流合作,在科学技术、环境保护、资源开发方面做到技术共享、责任共担、能源共有。北极航线建设活动,有助于全球人类共有利益的增加,中国必须以和谐世界理论为出发点,严格按照新秩序观、新安全观、新文明观和新环保观参与北极航线建设,为促进全球共同进步作出应有的表率;同时在其他国家之间出现利益纠纷和发展矛盾时,要积极主动进行协调工作,展现应有的大国风范。

四、以自律精神引导国内航运企业的参与北极活动

中国传统文化具有崇尚道德的传统,道德传统注重内在的超越,即"自律"。在北极航线开发活动中弘扬自律精神,推动北极活动参与者进行自我约束,主动规避不合理的利益诉求,有助于北极开发活动的健康发展。中国负责任的大国形象的树立,必须以自律精神为指导,具体表现为中国政府主动规范中国企业的北极开发活动。

北极航线尤其是东北航道在降低中国航运成本、提高航运经济效益、提高航运企业和商品在国际市场上的竞争力等方面具有重要的作用。在北极航线开辟初期,航行活动存在一定的危险性,航行过程的安全性和航行时间的可靠性缺乏保障,同时低气温对于特殊货物的影响也尚待考察。航线缩短所带来

的成本节约与航行风险造成的成本增加之间的平衡关系难以确定,短期内中国航运企业的参与度和积极性普遍不高。但北极航线对于中国经济发展的重要性显而易见,未来企业参与北极航线的航行实践只是时间问题。

然而,船舶航行必然会对北极航线区域形成一定的水域污染、大气污染和噪声污染等。由于中国在地理位置上是个近北极国家,与北极地区一衣带水,因而对北极环境的变化更为敏感,比如北极环境与中国气候变化的联动作用、北极海冰融化导致的全球海平面升高对中国沿海地区的影响等[①]。因此,国家在积极鼓励更多航运企业通行北极航线时,也要对企业资质进行更为严格的审查、加强对企业的监管力度。不断宣传、加强企业环保意识,对企业所有者、船舶操控者进行对应的培训与定期考核,建立相应的航运企业评估体系和惩罚机制,使得船舶在通过北极航线时主动遵守公约以及沿线国家的法律规定,极力降低对航线沿岸生态环境的破坏。从自律精神出发,在保证以经济发展为目的航运企业追求自身经济利益同时,保证中国企业的北极活动符合国际主流价值观,避免损害国家形象。

五、注重保护当地民族文化

北极航线建设活动必将对北极地区原住民的生活环境、生活方式等产生一定的影响,随着北极航线建设活动的逐渐成熟,外来人员、外国企业、外国组织机构的入驻,必将带来外来文化的渗透,对北极地区传统文化带来一定的冲撞。中国在参与北极航线建设活动时,想要掌握主动权,就必须加强与当地居民的联系和交流,积极主动传播本国文化,加强当地居民对中华民族文化的认同,不断加强民族之间的交流,以获取当地居民的支持和帮助。

因纽特人作为北极地区的土著居民,在上万年的发展历史中逐渐形成了独特的民族文化,比如古亚细亚语系爱斯基摩—阿留申语言、拉丁字母和斯拉夫字母拼写的文字以及独特的服装、文字、宗教信仰等。因纽特民族文化包含一种尊重环境、与万物和谐相处的平等精神,他们尊重组成生态系统的每个物种,尽力避免与自然界的物种发生冲突和紧张关系,与其他民族发生冲突、矛盾不可避免时,不是通过战争来解决,而是在"无条件分享"、充分尊重对方和

---

① 潘敏,周燚栋.《论北极环境变化对中国非传统安全的影响》,《极地研究》,2010年第22卷第4期。

保护狩猎动物的前提下协商解决。① 这种被称作是"明智使用自然资源"的行为,虽然表现了因纽特人对于自然生物的共生观念,但是却在一定程度上暗示了因纽特民族在面对外来文化冲击时,必然表现出一种谦虚的屈服力,造成传统的、独具特色的民族文化的消失,损害世界文化的多元化组成。

在北极航线建设活动中,中国有义务成为当地文化保护的主导者。如果中国民族文化与原著居民民族文化发生冲突和碰撞,国家必须注意对当地民族文化的尊重与保护,不能强制改变其原本的精神信仰和生活习俗;国家应积极引导中国与北极地区土著居民的文化交流,取其精华、去其糟粕,对于其不畏艰苦、勤劳善良的民族精神进行传承和延续;在世界文化和谐观的引导下,以保护文化多元化为出发点,积极倡导其他国家对北极原住民民族文化的保护,走与西方文化殖民截然不同的路线。

六、积极推动科技成果共享

北极航线的高通航价值与北极航线开发技术的高要求是同步的,研发技术的复杂性与高成本性为中国参与北极航线建设的可行性设置了巨大的障碍。10多年来,中国的北极科考取得了巨大的进步,成绩斐然,但和美国、加拿大、俄罗斯等极地科研强国相比,还有很大的差距。② 中国对北极航线建设的科技开发活动已经给予充分重视,着手加强对北极航线的科学研究力度,包括航行可行性研究、航线环境评估、航行危机应对等实践性方面的研究,以及航行导航技术开发、冰区航行船舶建造等技术性方面的研究。国家还在致力于进一步加大对科学考察以及科学研究的投入,提供专项资金建立科研项目,加大对相关科技人才的培养,比如在中国一些重点理工科大学和海洋大学中创办专门的学科,或是在有条件的院校、企业和研究机构成立相关的产学研结合的北极开发研究机构。③

北极航线建设对科学技术的高标准要求,决定了任何一项技术研发的成本都是巨大的,据专家计算,建造一艘为油船破冰开道的核动力破冰船,造价

① 陈明义.《关注北极积极参与北极的科考、环保和资源开发》,《福建论坛(人文社会科学版)》,2013 年第 7 期。

② 刘雨辰.《奥巴马政府的北极战略:动因、利益与行动》,《中国海洋大学学报(社会科学版)》,2014 年第 1 期。

③ 李振福,李亚军,孙建平.《北极航线海运网络的国家权益格局复杂特征研究》,《极地研究》,2011 年第 23 卷第 2 期。

约为 5 亿美元左右，而建造一艘以柴油发动机为动力的 7 万载重吨级破冰油船，造价为 1.4 亿美元左右。[①] 为避免资源浪费，中国必须树立学术交流共享精神，国家应积极主动与环北极国家建立合作关系，积极引导国内科研机构对国外先进技术和经验的借鉴，恰当地将国内研究成果进行社会共享等。

其实，不仅中国北极航道的开发建设活动处于起步阶段，世界各国对于北极地区的认识都处于不断发展的阶段。北极航线西北航道于 19 世纪中叶被证实存在，但是东北航道的顺利开通则始于 2009 年德国布鲁格航运公司完成的东北航线航行[②]，时至今日，不过 5 年的时间。由于时间和科学技术有限，对于航线内存在的各种安全影响因素至今仍难以确定，比如低气温是否会极大地影响船舶航行、船员生活等；此外，在接下来的时间里，全球气温必将持续升高，冰川不断融化带来的海平面上升，是否会影响船舶吃水，冰川漂流是否会增加船舶撞击事件，这些问题都需要时间和实践来解决。科技进步是人类社会共同的财富，北极航线科研技术的提升有利于全体人类利益的共同发展，比如北极航线开通带来北方航运中心的建立，会进一步促进全球经济的稳定发展，而对北极航线沿岸资源的开发，有利于缓解全球能源危机，解决环境污染问题等。

中国虽然还不是科技发达的北极国家，但中国仍然可以以开放的姿态推动北极科技的共享，比如通过引导国际合作研发机构的建设，实现资本的跨国合作、通过中国人才的引进来和走出去，实现北极科技共享等。更为重要的是以人类共同利益为出发点的行动理念，对于推动北极开发更具价值。

总之，中国在北极航线开发活动中既要维护国家权益，又要维护全体人类共同利益，准确定位自我发展与集体发展的平衡点。在以塑造大国形象为目的的指导下，通过自身实践，积极维护全球共同利益，为自身发展赢得更多的机遇。

---

① 房广顺.《马克思主义和谐世界建设论》，北京：人民出版社，2011 年 10 月，第 148～151。

② 李莉，尤永斌.《保障中国北极航道权益的法律问题探析》，《军队政工理论研究》，2014 年第 15 卷第 4 期。

马汉的海权论

徐纬光 *

（上海海洋大学　上海　200123）

摘要：马汉的海权论有着多个层面的内容，涉及如下一系列问题：为什么赢得制海权对国家的安全和利益至关重要；如何赢得制海权；海权政策如何成为国家的主导战略等。撇开其著述中的种族主义、西方中心主义，马汉的理论因其与地缘政治学和现实主义的合拍，而能够在非西方世界得到热烈的追捧。

关键词：海权　海军战略　地缘政治

列举海权论发展中的重要人物，马汉毫无疑问都占据着最显赫的位置。尽管他生活的那个年代距今已经有 100 多年，他的著述仍然在激发人们探讨、谋划和争论的热情，正如一本分析当代中国海权的论著所说，"中国现在到处都是马汉的爱好者和批评者"。[①] 这就带来一个问题：对于当今的世界来说，马汉的海权论还有着怎样的意义呢？有趣的是，早在 20 世纪 40 年代，美国的战争部长史汀生就曾经针对马汉持久的影响，抱怨说：美国海军部"貌似从逻辑的领域退缩进了阴暗的宗教世界，在其中海神就是上帝，马汉则是先知，而美国海军则是唯一真正的教会"。[②] 毕竟，在此期间国际社会已经发生了巨大的变化，而海军作为一种技术密集型的武装力量也经历了前所未有的革命。回答这个问题，就需要把接受史中被高度稀释的"马汉的海权论"重新置入其历

---

* 徐纬光（1972—），男，复旦大学政治学博士，上海海洋大学行政管理系讲师。

① 吉原恒淑，詹姆斯·霍姆斯. 钟飞腾，李志斐，黄杨海译.《红星照耀太平洋：中国崛起与美国海上战略》，社会科学文献出版社，2014 年 6 月，第 45 页。

② Ivan Speller. Understanding Naval Warfare. Routledge 2004, p. 37.

史与思想的脉络当中去，从中区分出哪些内容已然被遗忘，而哪些内容仍然构成为当下关注的热点。这也有助于我们更全面地理解海权论应该包含的内容或者说前提。

接下来，本文就从海权的形成、海军战略、地缘政治中的陆权与海权等三个方面，分别探讨马汉的海权论思想。在结论部分，我还想通过与亨廷顿的"文明冲突论"的简单对比，来解释马汉的海权论作为一种战略思想的框架，能够在非西方世界获得广泛关注的原因。

一、海权的形成

1890年5月，马汉发表了《海权对历史的影响》一书。颇具讽刺意味的是，该书被后人最多评论的部分，即第一章"海权的组成要素"，恰恰是出版前赶写出来的。其结果是，"马汉写了这篇一百页的介绍，致使该著作的其他部分相形见绌"。[①] 这也造成了表述上的仓促和含混，难免有论者认为，"即使马汉本人也没有明确界定过海权的内涵"[②]。

按照马汉的自述，他是在1884年11月读到德国著名历史学家蒙森的《罗马史》，才猛然意识到对海洋的控制与否能够影响到历史的进程，这显然指的是《罗马史》的第三卷。在这一卷中，蒙森重点讲述了第二次迦太基战争。这场战争是罗马成长为包含整个地中海的庞大帝国的关键环节。[③] 马汉认为，恰恰因为迦太基在上一次战争中丢失了海军，放弃了制海权，才使得汉尼拔不得不率领大军强行翻越阿尔卑斯山，折损了大部分精锐；也使得他在罗马境内的十几年征战，始终无法得到来自西班牙的增援。倘非如此，历史就将被改写。

等到要匆匆写就对这一洞见的理论总结，马汉实际上只来得及列举了决定海权之形成的六个要素，并分别作了夹叙夹议的讨论；它们分别是地理位置、自然结构、领土范围、人口、民族特点和政府性质。这个界定非常宽泛，等于把我们可以归属于一个国家的宏观特性统统包括了进去。因此，要想整理清楚其间的理论脉络，其实是不可能的。他又将前五种因素归结为"自然条件"，海权的历史乃是这些自然条件发挥作用的结果。优越的自然条件必然促

---

① 罗伯特·西格. 刘学成，等编译.《马汉》，中国人民解放军出版社，1989年6月，第196页。本文中涉及马汉生平和思想发展的内容均以西格这本权威的马汉传记为依据。

② 吴征宇.《海权的影响及其限度》，《国际政治研究》，2008年第2期。

③ 特奥多尔·蒙森. 李稼年译.《罗马史》，商务印书馆，2005年。

进着海权的扩张,不利的自然条件也就必然限制着海权的发展。紧跟着这一断言,马汉却立刻走向了反面,提出:"可是又必须承认,并且将会看到,由于某些个别人的明智行为或愚蠢的行动在一定时期内,必将从很多方面大大地影响了海权的发展。"① 于是,影响一个国家是否获得海权的因素又从"自然条件"的决定论,摆向了利益与政策相互扭结的策略论。对此,马汉倒是提出了些有趣的看法。

在对比英法两国的海权发展时,马汉首先指出,英国资源匮乏的自然条件和民族特性使之走向海洋,发展贸易、开拓殖民地。但是,这类涉海经济活动并不必然驱使它去追求海权,甚至可能成为阻碍。在他看来,关键是英国的政治制度。它的主要特点是,政权掌握在地主贵族阶级手中,"因为地主贵族阶级不从事贸易,其财富来源不会直接受到危害。因此它没有那些资产阶级面临危险、贸易受到威胁的人特有的那种政治胆怯性——众所周知的资产阶级的胆怯性"。② 意识到英国自 1815 年以来逐渐地扩大选举权这一事实,马汉推断,当政权落入到一般民众之手,英国海权的未来就面临着重大挑战。因为"一个民主政府是否会有远见,是否会对国家地位和荣誉十分敏感,在和平时期是否愿意用足够的钱来确保国家的繁荣昌盛,所有这些都是军事准备所必需的,而且仍然是一个尚未解决的问题……因此有迹象表明英国有落伍的趋势"。③ 在分析荷兰海权衰弱的段落中,马汉也将其原因归结为"由于人民的贸易经济渗透到可以称之为一个贸易贵族统治的政府里,使其不愿意进行战争,也不愿意为备战耗费必要的开支"。④ 另一方面,在分析法国的海权史时,他又认为,专制主义政府的确能够凌驾于社会之上,在短时期内建立起强大的舰队,极大地拓展海权。"但是所有这些惊人的发展,是由于政府的作用促成的,这种发展像朝生暮死的植物一样,当失去政府的支持时,也就消衰了。因为这段时间

---

① A.T.马汉.安常容,成忠勤译.《海权对历史的影响》,中国人民解放军出版社,2006年,第38页。

② A.T.马汉.安常容,成忠勤译.《海权对历史的影响》,中国人民解放军出版社,2006年,第85页。

③ A.T.马汉.安常容,成忠勤译.《海权对历史的影响》,中国人民解放军出版社,2006年,第86页。

④ A.T.马汉.安常容,成忠勤译.《海权对历史的影响》,中国人民解放军出版社,2006年,第87页。

很短，不可能使这种发展深深地扎根于广大民众之中。"① 也就是说，超越于社会经济活动之上的海权政策，之所以能够坚定不移地得以贯彻、实施，归根到底还是依赖于社会经济活动。

这就近乎下意识地触及到了涉海经济与海权政策之间的微妙关系。马汉相信，一个国家总是先在涉海经济活动中形成巨大利益，随后就需要强大的海权来保卫这种利益。问题在于，涉海经济本质性地属于工商业贸易，属于商业契约、航海条例和国际惯例与仲裁的世界，为什么必然会导致国与国之间的武装对峙和兵刃相见呢？这个问题的答案或许隐藏在资本的殖民主义与全球化逻辑和民族国家权力竞争的逻辑相互扭结之处。关于这一点，在马汉的论述中是从来没有讲清楚的。更进一步地说，他认为选举权的扩大将导致英国海权的衰落，也是与历史本身不相符合的。1884 年，自由党政府通过一项改革议案，使选民人数从 3 150 000 扩大到 5 700 000，从而使得绝大多数成年男性获得了选举权。② 其结果是，历来反对扩大政府开支的保守党也无法抗拒来自失业选民的压力，"因此，新的选举权改变了政治动态。这样一来，贸易萧条就不会使数额巨大的海军预算案在议会中难以通过，反而使额外的政府开支比繁荣时期更为急迫、更为吸引人"。③

由此可见，马汉对海权之形成的分析，要么是含混的，要么是夹杂着历史错误的。

二、海军战略

作为一名海军军官，马汉的职业生涯经历了美国海军一场翻天覆地的革命。内战结束以后，美国民众普遍认为，美国既没有海外殖民地，又有两个大洋的保护，根本不需要强大的海军。因此，在随后的 20 多年里，美国海军的舰艇数量少，且大多老旧不堪，只能屈居全球第十二位。自 1885 年开始，美国海军发力追赶。尤其是在特雷西担任海军部长期间，更是取得长足进步。到

---

① A. T. 马汉. 安常容，成忠勤译.《海权对历史的影响》，中国人民解放军出版社，2006年，第 93 页。

② Walter L. Arnstein. Britain Yesterday and Today: 1830 to the Present. D. C. Heath and Company, 1988, p147.

③ 威廉·L·麦尼尔. 倪大昕，杨润殷译.《竞逐富强：公元 1000 年以来的技术、军事与社会》，上海辞书出版社，2013 年 1 月，第 237 页。

1898 年,美国海军已跃居世界第三。① 同时,这也是海军技术发生剧烈变革的时期,从风帆时代进入了铁甲战舰的时代。②

但是,马汉担任舰长指挥过的战舰基本上是老式的帆船,配上几门老掉牙的滑膛炮,总是缺员严重、士气低落。更关键的是,马汉本人的个性和兴趣显然都和履行一名舰长的职责有着落差。他总是想法设法地逃避出海,即使不得已担任舰长,似乎也更乐意待在自己的船舱阅读、写作。所以无需感到奇怪的是,马汉对海军战略的分析基本上取材于风帆时代的战例,毕竟纳尔逊才是他心目中最伟大的海军将领;而他的理论则源于若米尼,重点是把这种主要着眼于陆上战争的军事理论运用到了海上。

显然是受到拿破仑战争的巨大推动,19 世纪西方军事理论进入一个科学化、体系化的阶段,克劳塞维茨和若米尼就是其中最著名的代表人物。虽然对克劳塞维茨过度体系化的做法表达了不满,通过对弗里德里希大帝指挥的莱顿战役的研究,若米尼还是认为自己发现了贯穿古今所有战争的基本原则,并相信"如果在战略上能在整个战争区都采用弗里德里希在战场上所采用的原则,那就将发现全部战争科学的锁钥"。③ 这一原则就是集中主力,攻击敌人的侧翼。这也正是拿破仑能够在战场上取得一系列胜利的关键所在。得益于法国士兵旺盛的爱国热情,拿破仑进行了一系列军事组织的变革。④ 他将整个大军分为更小的支队,而不是像对手那样因为害怕强征来的士兵逃跑,不得不保持集中;同时在每一个支队组合进步兵、炮兵和骑兵,使得每一个支队在遇到敌人时,都能够独立坚持战斗。在进军过程中,拿破仑让每个支队按照不同的道路前进,又保持彼此呼应。这样一来,敌人就难以判断拿破仑的主要进攻方向,而他则能够根据局势,找出敌人的薄弱点发动进攻。

这种巧妙的战术组合到了马汉笔下,就变成了保持内线作战的基本原则。⑤ 处于内线,就能经过最短的线路集中兵力,分别击破因为分散而力量削弱的敌人。或许是过分醉心于这种战术组合的原则,马汉在分析日俄战争中

---

① Allan Reed Millett, Peter Maslowski, William B. Feis, For the Common Defense: A Military History of United States from 1607 to 2012. Free Press 2012, p317.

② Phillips Payson O'Brien edited, Technology and Naval Combat in the Twentieth Century and Beyond. Frank Cass 2001.

③ A. H. 若米尼. 刘聪译.《军事艺术概论》,中国人民解放军出版社,2006 年 1 月,第 9 页。

④ 约翰·基根. 时殷弘译.《战争史》,商务印书馆,2010 年,第 465 页。

⑤ A. T. 马汉. 蔡鸿幹,田常吉译.《海军战略》,商务印书馆,2011 年。

的对马海战时，就忽视了各国海军朝着大口径炮舰发展的普遍趋势，坚持认为：理想的海军应该是战列舰、巡洋舰和驱逐舰混编而成，通过各种舰船的战术组合，以执行战斗过程中不同阶段的任务。这恰恰是典型的18世纪帆船时代海军的做法。事实是，马汉不仅忽略了大口径炮舰的发展，也完全没有在意当时新生的潜艇，这又牵涉到更高层次的战略问题。在马汉看来，海权只能是通过集中兵力、海上决战的方式来赢得，而潜艇最多也不过是一种用来劫掠商船的小玩意，没有战略价值。撇开他对技术的一贯忽视不谈，马汉重视海上决战的观点仍然和科贝特、戈尔什科夫等人一道，构成了海军战略中的一个主流思想流派。这一流派重视的主题可以列举如下：制海权、交通线、决定性战役、进攻、兵力集中、现有舰队、封锁和利用制海权。显然，这是已经拥有优势海上力量的一方热衷于强调的内容。

另一方面，那些试图挑战既有的海上霸权的一方就总是试图避开决战，利用技术变革带来的机会，攻击优势海权一方的其他弱点。其中的一个流派是法国的"青年学派"。这一派认为，英国的海上霸权依赖于造价高昂的无畏级战列舰，财政压力就是其弱点。所以试图通过发展小型炮艇、自行推进鱼雷和水雷等技术，与英国竞争。更出名的例子当然要算二战时期德国的海军元帅邓尼茨。他试图通过德军潜艇的"狼群战术"，切断大西洋航线，逼迫英国投降。像这一类的不对称战略，历史似乎表明从来没有成功过。不过也有论者认为，德军潜艇战之所以失败，一个重要原因是：战争初期，德军的战略思路不明确，既想发展战列舰与英国皇家海军进行水面决战，又要发展潜艇。这既分散了有限的战争资源，也错过了扼杀英国战争潜力和意志的最有利时机。等到美国人参战，即使此时德军潜艇的数量有一个快速增长，也无法抵销美国庞大的军工生产能力输入的战争资源。

历史的分析往往难以评判对错。重要的是，马汉的海军战略思想至今仍居于主流地位，这也是与拥有制海权的一方所占据的优势地位相一致的。可以预料的是，那些试图挑战这一海上霸权的国家总是会根据自己的战略目标，去发掘与之相适应的海军战略，其特点是：避免决战、不对称性、潜艇战、海上拒止等。

三、地缘政治中的陆权与海权

成名以后，马汉既享受这种声望，一度希望自己的家庭能够打进纽约的上流社会圈子,同时也积极为各类刊物撰稿,评点时事与战事,阐发其海权论思想,赚取稿费。据统计,马汉一生发表各类论文、评论多达 137 篇,可谓高产。限于篇幅,本文将仅以《亚洲问题》收录的四篇评论文章为例,具体分析马汉的地缘政治观点。

《亚洲问题》中的文章写于 1899～1900 年间,于 1900 年 12 月汇集成书出版,关注的重点是列强在中国的势力争夺。作为帝国主义争夺殖民地的晚来者,美国以国务卿海约翰先后提出的两个门户开放照会作为其基本政策,第二个照会尤为重要。时值八国联军入侵中国之际,海约翰提出,美国的政策是保持中国的领土和主权完整,捍卫全世界与中国进行平等和公平交易的原则。究其本质,这自然是以一种理想主义的言语包裹着殖民主义的贪婪和权谋。

马汉的评论则将这一局势置放进地缘政治中陆权与海权对立的宏大叙事当中,并为美国的政策涂抹上一层浓浓的道德色彩。在他看来,海权的前提乃是商业活动。因此,如英国、美国这样的海权国家,其外交政策并不以征服为目的;恰恰相反,海权国家是希望通过与其他国家发展工商业贸易,促进该国的进步和人民福祉的普遍提高。而像俄国这样的陆权国家,由于地处内陆,缺乏达到海洋的途径,也就相应地缺乏发展贸易的手段,从而受困于经济不振、国力不足。为此,它就必然要以征服和掠夺的方式向沿海地区扩张。作为抗衡,马汉呼吁海权国家形成一种非同盟性质的协作关系。他心目中的海权国家包括英国、美国、德国和日本。把德国划入海权国家,咋看上去非常怪异。除了德国海军正在与英国皇家海军展开军备竞赛,从而变得日益强大这一事实外,马汉的观点更多地立足于他的种族主义观点,即英国、美国和德国都属于日耳曼/撒克逊人,在民族性情和利益上有着天然的契合。至于日本,马汉把它视为接受、服膺且归化于先进的欧洲文明的典型例子,且基于其岛国特征,理所当然地倾向于海权国家。

这场文明、和平的海权国家联盟与野蛮、好战的陆权国家之间的对抗,将集中爆发在那些战略性的地段,即俄国通向地中海的土耳其、中东和通向太平洋的中国东北地区。为此,海权国家也必须在这些区域建立自己的势力范围。除了军事上的对峙之外,更主要的是通过工商业贸易去逐渐地影响、改造这些区域,最终使之被纳入海权国家所界定出来的那个和平、文明、进步的经济网络。由于北京更容易受到来自俄国的压力,对海权国家有利的则是在长江中下游出现倾向于海权的分离中心。因此,马汉毫不犹豫地断言,"可能为了人类的福祉,中国人和中国的国土,在实现种族大团结之前应当经历一段时间的政治分裂"。①这显然是在暗示,英国、美国可以通过对长江流域的渗透,鼓动长江以南地区寻求独立。依托这种宏大叙事,马汉对美国外交政策提出的建议是,摆脱孤立主义传统,认识到海权对美国的重要性;与英国、德国和日本形成一种基于共同利益的合作关系,但是美国不应该与它们建立明确的联盟,以免被联盟的条约所约束;随着巴拿马运河的开通,美国应该修改门罗主义,放弃对南美的关注,把重点转向北美和太平洋。

考虑到时事评论本身的特点,诸如事件本身的偶发性、需要顾及是否与官方立场保持一致等,选取有限的几篇文章加以分析,显然无法涵盖其思想的全貌。即使如此,以今日的眼光去评判,不难看出,马汉的时事分析和政策建议往往以种族主义和西方中心主义的逻辑去填充地缘政治中海权与陆权对抗的宏大叙事。考之于马汉身后的历史,他的不少分析与判断都呈现为谬误与洞见的古怪结合。在他那白种人傲慢的眼光中,东方社会要么是停滞的,要么是对西方文明顶礼膜拜、感激涕零的。他显然不会想到,在接受西方技术文明的同时,非西方社会将基于自己的历史、文化和政治过程,发展出多种多样的、极其强劲的民族主义情感。被他视为盟友的日本,就将这种民族主义引导向了军国主义,曾经构成美国控制太平洋的最大挑战。直到美国彻底打败这一对手,在此后美苏对抗的冷战时期,日本成为美国在亚太地区最忠实的盟友。似乎经历了某些曲折,历史的走向又终于返回到马汉为之刻画过的路径。那么,随着苏联解体,冷战结束,马汉的这一宏大叙事模式又可以被如何剪裁,以用作我们分析国际政治、海权与陆权等等的参照呢?值得说明的是,尽管马汉身前已经被普遍承认为一位重要的思想人物,似乎没有证据表明他的政策建议确实影响过美国的外交政策。他提出的放弃南美洲的主张,也从未被哪位美国总统认真考虑过。

四、结 论

通过上述分析可以看到,在其丰富的著述中,马汉已经将他得之于1884年的洞见做了极大的拓展,涉及战略思想的多个方面。这也符合海权论作为一种军事战略,理应具有的理论层次上的多样性。毕竟以通过暴力手段消灭

---

① A. T. 马汉. 李少彦,董昭峰,徐朵译.《亚洲问题》,收录于《海权对历史的影响》,海洋出版社,2013年,第482页。

或逼迫对手作为直接目标的军事活动,仍然要由政策去决定使用暴力所要达到的战略目标。[1] 所以,一种全面的海权论思想至少包含着三个方面的内容:首先要证明,为什么赢得制海权对于国家的安全和利益至关重要。其次,什么是制海权;建设什么样的海军,进行何种海上作战,才能确保赢得制海权。第三,在政治的层面,应该如何论争、宣传,从而为海权政策赢得支持,为海军建设争取更多的资源。

在回答这三个问题方面,马汉的思想遗产既包含着大量价值观上的偏见和对事实的误判,同时也与战略思想中那些有着持久生命力的观点保持着共鸣。比如他证明海权的重要性时谈到陆权与海权的对峙,就与麦金德在1904年阐发的"心脏地带"的观点有着高度契合,并共同构成了地缘政治理论的核心内容。[2] 同时,马汉从不相信国际社会的和平可以通过达成某种国际条约来实现,而更相信依靠军事实力实现的力量均衡。这又使之能够和国际政治理论中的现实主义流派保持一致。事实上,这正是马汉的海权论能够在非西方世界赢得大量追随者的根本原因。因为一旦撇清那些种族主义和西方中心主义的论调,他的观点能够轻易地和非西方世界的民族主义情感合拍,为读者们展现出这样一幅图景:走向海洋意味着拥抱工商业文明与全球贸易,这是国家经济发展的必经之路;而为了在无主权的海上世界保障自己的利益,就必须建设海军、发展海权。赢得海权就意味着民族尊严与国家富强。

相形之下,作为对冷战时期意识形态对立图式的替代,亨廷顿的"文明冲突论"试图为后冷战时代的国际关系提供新的战略图式,就只能在非西方世界获得暧昧的回应。[3] 因为在一个仍然主要由源自西方的技术力量塑造的现代世界里,每个非西方的文明都免不了在向西方学习与维护自己的文化遗产之间保持平衡。而一旦把"文明"当成是某种准基因的东西,并被认为是国际社会发生冲突的主要根源,就免不了带有种族主义味道。此外,"文明冲突论"还缺乏明确的战略路径和战略实施者;而海权论则从来不缺乏来自海军官兵、海军军工生产体系、战略理论家们的热烈追捧。

---

[1] Colin S. Gray. Modern Strategy. Oxford University Press, 1999, p17.

[2] 哈尔福德·麦金德. 林尔蔚,陈江译.《历史的地理枢纽》,商务印书馆,2010年。

[3] 塞缪尔·亨廷顿. 周琪译.《文明的冲突与世界秩序的重建》,新华出版社,2010年;彼得·卡赞斯基主编. 秦亚青,魏玲,刘伟华,王振玲译.《世界政治中的文明:多元多维的视角》,上海人民出版社,2012年。

最后需要说明的是，马汉的海权论有相当一部分论证的说服力来自于这样一个事实，即国际社会中，在民族—国家之上不存在更高的主权。至于这究竟意味着海权的竞争只能是国与国之间的零和博弈，还是有可能形成相互之间的合作，对于每个致力于发展海权的国家，都是需要思考的问题。①

---

① 杰弗里·蒂尔. 师小芹译.《21 世纪海权指南》，上海人民出版社，2013 年。

国际法上的历史沉船的所有权冲突

——以保护水下文化遗产为视角

於　佳[*]

（中南财经政法大学法学院　湖北　武汉　430060）

摘要：历史沉船是指那些至少 100 年以来连续地或周期性地位于海底的，具有重要的文化、历史或考古价值的沉船及其船上物品。历史沉船具有重要的文化价值和经济价值，其无可替代的文化价值尤为重要，这些沉船是水下文化遗产的一个重要组成部分。由于历史沉船缺乏一个具体系统的所有权制度，导致各方上演着"夺宝大战"，对水下文化遗产的保护造成威胁。历史沉船的所有权主体分为国家、全人类和私人三种。这三种主体在不同的海域对历史沉船的权益各不相同，又时常产生冲突。奥德赛案和泰坦尼克号案是有关历史沉船的两个著名的案例，这两个案例为和平解决历史沉船的所有权争端和保护水下文化遗产提供了宝贵的实践经验。

关键词：历史沉船　所有权　水下文化遗产　海域　和平解决国际争端

历史沉船就像一个时光机，定格了船舶沉没时的完整信息，不仅是重要的水下文化遗产，也是人类文化遗产的一个重要部分。据联合国教科文组织统计，全球海底散落着 300 万艘以上未被发现的沉船，其中一些已经有数千年的

---

[*]　於佳（1991—），女，湖北省黄冈人，硕士，中南财经政法大学硕士研究生，研究方向为国际海洋法。

　　资助基金：本文为国家社科基金项目"我国南海权益维护及其两岸合作机制的法律研究"（项目编号：13BFX163）的阶段性成果。

历史。这些散落在海底的船舶，不仅具有重要的经济价值，而且还是历史和文化信息的沉默载体，具有无可替代的文化价值。随着人类科学技术尤其是探测技术的发展和自持水下呼吸器（Scuba）潜水技术的发明及其在第二次世界大战后不久得到普及，人们对历史沉船的接触和打捞成为可能。在巨大的利益诱惑下，不合法的盗取、买卖和不合理的开发使得这些遗迹被破坏、文物流失以及所有权者的利益被侵犯。① 现行保护水下文化遗产的公约没有对历史沉船的所有权制度做出具体规定。由于国际法上历史沉船的所有权制度的缺失，历史沉船的归属问题往往难以认定，导致各方上演着"夺宝大战"，给这些珍贵的水下文化遗产造成严重威胁。国际法上规定的历史沉船的所有权主体有国家、全人类和私人三种。他们在不同的情况下对不同类型的历史沉船享有所有权，许多情况下这些主体之间会发生所有权冲突，明确历史沉船的所有权有利于对这些珍贵的水下文化遗产进行更好的保护。

一、历史沉船的概念和种类

国际法没有对历史沉船进行专门的定义和分类，既然历史沉船是水下文化遗产的一个重要组成部分，就有必要对其内涵和外延进行理论上的探讨，与保护水下文化遗产相关的国际公约和国内法的规定，为界定历史沉船的概念、特性及其分类提供了现实的素材和法律基础。

（一）历史沉船的定义

国际法没有对"历史沉船"（historic shipwreck）做出一个专门的定义。"沉船"一词来源于英文"shipwreck"一词，"wreck"本意为残骸。2007年《内罗毕国际船舶残骸清除公约》指出，"wreck"是残骸的意思，是指发生海上事故后一艘沉没或搁浅的船舶；或沉没或搁浅船舶的任一部分，包括当时或曾经在该船上的任何物品；或从船上落入海中的，并在海上搁浅、沉没或漂浮的任何物品；或若为救助处于危险中的某船或任何财产的有效措施尚未采取之前，该

---

① 一些私人和打捞公司为了取得船上财宝，对船体进行钻孔、爆炸等任意破坏，船上的文物和财富被窃取。同时由于私人打捞缺乏合理的保护措施和技术，被盗捞的文物在在离开水面以后与空气接触而被破坏。1840年，拍卖由私人从著名的 Mary Rose 沉船上发现的物品时，人们第一次注意到在发现时重达 32 磅的铁质炮弹，在与空气接触一定时间之后重量仅剩 19 磅，其温度上升并发生氧化。参见《联合国教科文组织保护水下文化遗产公约资料包》，载 http://unesdoc. unesco. org/images/0014/001430/143085c. pdf.

船即将或合理预期将沉没或搁浅。① 我国《海商法大词典》对沉船作的定义是，最上一层连续甲板被淹没一半以上的船舶，不仅包括船舶本身，还包括属具和船载货物。② 因此，历史沉船的残骸不仅包括船舶本身，还包括船上货物和其他物品。

之所以被称为"历史"沉船，是由于船舶因沉没年代较久而具有历史文化价值，它们也因此被视为水下文化遗产的一个重要部分。例如，对"Mary Rose"号沉船的研究，揭示了许多有关16世纪的航海业、战争和人们生活的历史信息。应以何种年代作为"历史"的判断标准呢？根据联合国教科文组织《保护水下文化遗产公约》中对水下文化遗产的定义，被认定为水下文化遗产的沉船，至少需要100年以来连续或周期性的位于海底。因此，成为历史沉船的条件有二：一是船舶本身的具备文化、历史或考古价值；二是船舶沉没年代较久，至少100年。这两个条件必须同时具备，缺一不可。因此，历史沉船是指那些至少100年以来连续地或周期性地位于海底的，具有重要的文化、历史或考古价值的沉船及其船上物品。

（二）历史沉船的特性分析

由于沉没年代较久，历史沉船的所有权人对其失去了实际控制，不能行使所有权，有人因此主张历史沉船是无主物，这一观点是值得商榷的。无主物是指没有所有人或者所有人不明的物。所有人不明的物，是指无法明确所有人的物，而不是指正处于诉讼争端中的物。历史沉船与无主物的性质不同，大部分历史沉船的所有权人是可以明确的，只有那些没有所有权或无法确认所有权的历史沉船才是无主物。除非有证据证明历史沉船的主人或基于特定的法律行为或事实行为抛弃对历史沉船的所有权，否则这种合法所有权并不会随着时间的流逝而自动消灭。

历史沉船是文物（cultural relics）的一种。文物是人类在历史发展过程中留下的遗物、遗迹。③ 历史沉船是人类在历史发展过程中留下的遗物、遗迹，它就像一个时光机，定格了船舶沉没时船上人和物的完整信息，随着年代的增长其历史、文化和考古价值日益增长。

---

① 《内罗毕国际船舶残骸清除公约》第1条第4款。
② 陈威．《论我国沉船所有权制度》，《水运管理》，1999年第1期。
③ 谢宸生．《文物》，《中国大百科全书·文物博物馆卷》，中国大百科全书出版社，1993年，第1页。

历史沉船是重要的文化遗产，具有重要的文化价值，因此受到国际法和国内法的特殊保护。一处失事残骸就是不同民族之间发展贸易和开展文化交流的证明，也是船舶沉没时的文化民俗的缩影。保护水下文化遗产的公约也适用于历史沉船。

此外，有些沉船还具有重要的经济价值。这主要是针对船上财宝而言的。尤其是一些历史上的殖民船舶，在殖民地载满财宝返回的途中由于遭遇暴风雨沉没，巨大的宝藏也随之沉入海底，这些财宝对所有权人来说具有巨大的经济价值。[1]沉没年代相对较近的历史沉船，船上物品的主人或其继承人尚可辨认，其合法的财产应当得到保护。但是从历史沉船对人类文化传承的意义来说，历史沉船的文化价值的重要性远远超过其经济价值。

（三）历史沉船的种类

按沉没时船舶的功能分类，可以将历史沉船分为政府船舶和非政府船舶，他们代表了两种不同的财产性质。政府船舶是公共财产的性质，是指服务于社会公共利益的非用于商业活动的财产，例如军舰；非政府船舶是私法财产的性质，是指服务于所有权人个体利益的用于民商事活动的财产。这一分类的意义在于公共财产不受民法上先占制度和取得时效的限制，也不受沿海国主权原则限制，除非沉船所有国有明确地表示抛弃船舶所有权的意思。

按是否有物主，可以分为有主历史沉船和无主历史沉船。大部分的历史沉船都是有主物，可以确认所有权人。无主沉船分为两种情况，一种是许多船舶因沉没年代久远缺乏证据而无法辨认物主；另一种是所有权人明示或默示放弃所有权，也没有其他的权利主体，那么此时的历史沉船将会变成无主物，适用先占制度。

按照移动是否损害其价值进行分类，可以分为可移动的历史沉船和不可移动的历史沉船。可移动的历史沉船可以通过外力移动、移动后其价值和性能不会发生改变。不可移动的历史沉船不能通过外力进行移动，否则会影响其价值和性能。[2]

---

[1] 例如 1985 年发现的"阿托卡夫人"号是一艘西班牙殖民船舶，在载满财宝从南美返回西班牙途中遭遇飓风沉入海底。这个号称海底最大宝藏的沉船上有 40 吨财宝，其中黄金就有将近 8 吨，宝石也有 500 千克，所有财宝的价值约为 4 亿美元。因其巨大的经济价值，被称为世界十大宝藏之一。

[2] 王云霞.《文化遗产法：概念、体系与视角》，中国人民大学出版社，2012 年，第 20 页.

二、历史沉船的所有权主体

现行的国际公约并没有对历史沉船的所有权问题做出具体的规定,国际法中难以找到判定历史沉船所有权的直接依据,因此在历史沉船的所有权问题上容易产生争端。即便如此,历史沉船的所有权还是可以从一些相关国际公约,如《海洋法公约》等公约中找到依据。依据现行的国际公约规定,所有权的主体有国家、全人类、私人三种。国家首先是可以基于主权对这些沉船享有所有权的,私人的权利也可以通过原有的所有权或者基于继承取得,随着保护水下文化遗产的意识日益增强,"人类共同遗产"的概念的出现,一种类似于全人类共同所有权的概念也逐渐形成。历史沉船相对于这三种主体的价值各不相同,这些不同的主体对沉船所享有的权利的界限和范围也各不相同。

(一)国家所有权

国家是国际法的首要主体,也是历史沉船所有权的首要主体。因为历史沉船具有文物属性,其所有权常常属于国家,而相关的公约所规范的主体也多是国家,因此国家的所有权占据着最主要的地位。从不同的地理位置和分析视角来看,作为历史沉船的所有权主体的国家可以分为沿海国和来源国两类,他们各自间和互相间也常常发生所有权的争端。

1. 沿海国

历史沉船沉没于不同的海域,沿海国在地理位置上邻接海洋,依据国际法对其领海基线外侧的各个海域享有不同范围的主权权利,这些不同的海域还由不同的国际法原则支配。不同海域适用的国际法规则和原则决定了它们各自的法律地位和法律制度,覆盖于位于这些海域的历史沉船。总体来讲,沿海国在不同海域的主权权利,随着海域距其领海基线的距离逐渐增加而递减,沿海国对历史沉船的权利的范围,随着海域距离领陆距离的递增也呈现递减的趋势。历史沉船位置具有特殊性,一般沉没于海洋底部,位于海床和底土之上或者被埋在淤泥之中。据此可以将历史沉船的位置划分为领海、大陆架/专属经济区(包括毗连区)和"区域"三种。这些海域受不同的国际法规则和原则支配,[①]这些原则和规则同样适用于海底的历史沉船。

国家在领海享有完全的排他主权,这一海域的历史沉船地位也应受主权

---

① 王献枢.《论海洋法原则的历史演变》,《中南政法学院学报》,1989 年第 1 期.

原则的支配。《联合国海洋法公约》公约第2条明确规定了沿海国的主权及于领海，包括领海的海床和底土。沿海国对领海的主权权利包括所有权和管辖权，对于领海内的历史沉船亦是如此。位于沿海国领海的历史沉船，无论其原物主是谁或有无物主，沉没时即依主权原则归沿海国所有，除非该国的法律另有规定。许多国家的国内法都明确规定了领海内水下文物的所有权属于国家，如中国、美国、意大利、英国、希腊等许多国家都这样规定。他国的军舰和政府船舶是一个例外，对于可辨认的政府船舶或军舰，除非该国明示或默示放弃所有权，否则一国不会因时间的推移而失去对该沉船的所有权。这是因为一国的军舰和政府船舶代表了该国的主权，依据国际法上的主权平等原则，当两国的主权发生冲突时，一国的主权并不能优于另一国的主权。在这种情况下，国家之间可进行合作，协商解决争端。①

在大陆架／专属经济区（包括毗连区）内，沿海国只对特定的权利有排他主权。《海洋法公约》第23条、第56条和第77条分别规定了沿海国在毗连区、专属经济区和大陆架内的主权权利。② 国家在毗连区内只对特定几种事项有管辖权；对专属经济区和大陆架内的自然资源的开发利用享有主权权利，主要都是经济性的权利。《海洋法公约》没有对这几个海域内的历史沉船的所有权做出相关规定，因此历史沉船不在这几个海域制度的规制范围之内，有的人将

---

① 例如2003年法国与美国关于La Belle号沉船的协定及相关行政安排，该船在沉没时是一艘法国军舰。协议中特别强调了美、法两国的共同利益和在所有权方面的合作，共同研究、保存该历史性沉船，为美法两国后代保留宝贵的历史信息。同时，该协定第1条第2款的规定也反映了国际法中的一项重要原则：对于可辨别的国家沉船，除非该国明示放弃，否则不会随时间的推移而失去对该沉船的主权权利。See Agreement between the government of the United States of America and the government of the French Republic regarding the wreck of La Belle, #http://www. gc. noaa. gov/documents/gcil_la_belle_agmt. pdf. # (last accessed 6 April 2014).

② 《联合国海洋法公约》第23条："沿海国在……毗连区内，行使为下列事项的必要管制：a)……防止在其领土或领海内违反海关、财政、移民或卫生的法律和规章……" 第56条规定："沿海国在专属经济区内有：(a)以勘探和开发、养护和管理海床上覆水域和海床及其底土的自然资源为目的主权权利，以及关于在该区内从事经济性开发和勘探……的主权权利；" 第77条规定："沿海国为勘探大陆架和开发其自然资源的目的，对大陆架行使主权权利……本部分所指的自然资源包括海床和底土的矿物和其他非生物资源，以及属于定居种的生物……。"

历史沉船比作"自然资源"的说法显然是不科学的。① 在缺乏国家对这些历史沉船进行管辖的海域，无论是国家还是个人均可以依据先占原则进行打捞，这是不利于对这些历史沉船进行保护的。从保护水下文化遗产的角度看,将沿海国对历史沉船的管辖权扩大至专属经济区和大陆架，一方面排除其他国家的任意打捞和先占，另一方面沿海国凭借其距历史沉船位置较近的优势，可以对这些珍贵的水下文化遗产更好地进行保护和管理。公约没有对所有权制度做出规定，但是理论上在毗连区、专属经济区和大陆架内的一般历史沉船，如果其来源国就是沿海国，那么沿海国可依据主权原则禁止他国开发，并且它当然属于沿海国;如果来源于他国，由于沿海国有管辖权，其他国家可与沿海国协商开发和利用，确定所有权的归属;而对于这些海域的无主历史沉船来说，由于沿海国的管辖有利于更好地进行保护和管理，所以从更好的保护水下文化遗产的角度讲，这一海域的无主历史沉船应归属于沿海国;同样的，对于可确认国籍国的一国军舰和政府船舶依据主权平等原则，属于该国籍国所有，该国籍国可与沿海国协商对其进行保护和管理。

沿海国的权利到"区域"已经所剩不多，由于"区域"是人类的共同继承遗产，任何国家中不得对"区域"内的历史沉船单独主张权利。沿海国对其"区域"内的军舰和政府船舶类型的历史沉船享受主权豁免，《保护水下文化遗产公约》第12条规定:"任何缔约国未经船旗国的许可，不得对'区域'内的国家船只或飞行器采取任何行动。"因此，只要沿海国曾经没有以明示或默示的方式放弃对其军舰或政府船舶的所有权，该历史沉船就当然属于该沿海国。

2. 来源国

水下文化遗产的来源国是指这些历史物品沉没之前的产出国和使用国。国际法对来源国所有权的保护源于这些特定的水下文化遗产代表了来源国的

---

① 在 *Subaqueous Exploration & Archaeology, Ltd., v. The unidentified Wrecked and Abandoned Vessels* 案[569 F. 2d 330, 5th Cir., 1978.]中，关于 The Submerged Lands Act 的适用问题，法院虽然没有直接承认历史沉船属于自然资源的一部分，但是指出相比于同样位于地下或地上的自然资源，法案也可以适用于这些沉船。并进一步指出，虽然船舶和船上物品是人造的，但是在这个法案的语境下，具有和"自然资源"某些类似的特点，这些连续位于海底两百多年的历史沉船，在没有被任何人类干涉的情况下，被看作是自然资源符合该法案的目的。但是这只是在个别案例中特殊语境下的观点，法院在 *Treasure Salvors, Inc. v. Unidentified, Wrecked & Abandoned Vessel* 案[569 F. 2d 330 5th Cir., 1987]中就以"沉船不是自然资源"的观点拒绝了美国联邦政府对名为"Atocha"沉船的所有权主张。把这些历史沉船比作"自然资源"的观点难以让人接受，同时也不利于对水下文化遗产的保护。

历史和文化传统，① 对来源国来说它具有文化主权的属性，其他国家应对他国的文化遗产予以必要的尊重。② 《文化多样性公约》中第 2 条第 2 款提出："根据《联合国宪章》和国际法原则，各国拥有在其境内采取保护和促进文化表现形式多样性措施和政策的主权。"文化主权原则具体是指"一个国家的文化主权神圣不可侵犯，一个国家的文化传统和文化发展选择必须得到尊重，包括国家的文化立法权、文化管理权、文化制度和意识形态选择权、文化传播和文化交流的独立自主权等"。③ 国际法致力于对国家文化主权进行保护。

　　国际法对来源国文化遗产的保护还体现在对来源国"优先权"的规定上。1982 年《联合国海洋法公约》和 2001 年《保护水下文化遗产公约》均赋予了来源国的优先权（preferential right）。④ 前者规定区域内的文物应为全人类利益处置，但应特别考虑来源国优先权；后者规定沿海国在保护和处置水下文化遗产时，应特别考虑来源国优先权。优先权的概念最早来源于冰岛对于其捕鱼权的主张，冰岛主张沿海国对渔业有特殊的依赖，因此应当赋予沿海国必要的优先权。在此后国际法院判决中，国际法院承认了沿海国对捕鱼的优先权，但同时也指出冰岛的优先权并不能单方面排除英国的捕鱼权，双方应在善意履行国际义务和考虑沿海国优先权的前提下协商解决办法。⑤ 来源国的优先权是国际法出于对来源国的基于特殊历史文化方面的尊重而赋予的特权，但是这种权利并不具有排他的性质，来源国和其他国家之间可以进行协商确定优先权的具体范畴和内容，同时在来源国没能参与水下文化遗产保护时，其文

---

① 《保护水下文化遗产公约》第 1 条第 1 款："'水下文化遗产'系指至少 100 年来，周期性地或连续地，部分或全部位于水下的具有文化、历史或考古价值的所有人类生存的遗迹。"

② 这种价值取向直接或间接体现在许多公约中，例如 1970《关于禁止和防止非法进出口文化财产和非法转让其所有权的方法的公约》序言第 6 段："考虑到为避免这些危险，各国必须日益认识到其尊重本国及其他所有国家的文化遗产的道义责任。"

③ 吴汉东.《文化多样性的主权、人权与私权分析》,《法学研究》,2007 年第 6 期。

④ 《联合国海洋法公约》149 条："在'区域'内发现的一切考古和历史文物，应为全人类的利益予以保存或处置，但应特别顾及来源国，或文化上的发源国，或历史和考古上的来源国的优先权利。"《保护水下文化遗产公约》第 11 条："任何缔约国均可向教科文组织总干事表示愿意参与商讨如何有效地保护该水下文化遗产……特别应考虑该遗产的文化、历史和考古起源国的优先权利。"

⑤ Fisheries Jurisdiction Case (U. K. v. Ice.), ICJ Judgment, p. p. 19-48, http: www. icj-cij. org/docket/files/55/5979. pdf.

物利益可能为其他国家实质享有。①

因此，首先，国际法承认来源国的合法所有权，并认为某些权利是不会消灭并且不可让与的；其次，在此基础上进一步规定了"优先权"，补充适用于当来源国历史沉船的所有权受到了某些方面的限制的时候。② 这些规定的目的在于保护来源国的文化传统，防止所有权的非法转让和文化遗产的日益枯竭。然而，公约对于所有权的规定十分有限，很少用到"所有"或者"所有权"的字样，并且条款规定的内容是"承认"缔约国具有所有权，而不是直接规定缔约国具有所有权，对所有权的具体内容也没有做出明确的规定，国家难以依据公约途径来主张权利。

（二）人类共同所有权

人类共同遗产的概念可以追溯到古罗马法学家埃流斯·马尔西安提出的"一切人共有的物"的概念上。这里的"一切人"既包括罗马人还包括外邦人，体现了古罗马世界主义的思想。"共有的物"有人人可得接近的积极属性和不可转让、不可以时效取得、不可扣押的消极属性。③ 人类共同遗产（The Common Heritage of Mankind）的概念是"一切人共有的物"的概念的具体化。这一概念最早由国际法委员会主席 Georges Scelle 在 1950 年针对大陆架提出，Georges Scelle 认为大陆架的使用代表了全人类的利益。在 1979 年联合国大会通过的《月球协定》中，月球及其自然资源被视为人类共同继承财产，确立了共同利益原则、自由探索和利用原则、不得据为己有原则等几项原则；《联合国海洋法公约》也规定了人类共同遗产的概念，第 136 条和 137 条指出"区域"及其资源是人类的共同继承财产；"区域"内资源的一切权利属于全人类，由管理局代表全人类行使……同时 149 条对考古和历史文物作了特别规定，即"区域"内发现的一切考古和历史文物，应为全人类的利益予以保存或处置。

因此，"人类共同遗产"的概念至少包括这几个方面的含义：一是，它代表了全人类的利益，无论其归属如何，它不仅是所在国的财富，也是人类的共同

---

① 李玉雪.《对"人类共同文化遗产"的法律解读——以文物保护为视角》,《社会科学研究》,2009 年第 5 期。

② 比如位于其他沿海国领海内的来源国的历史沉船，所有权属于沿海国时；位于"区域"内的来源国的历史沉船，成为人类共同遗产。

③ 徐国栋.《一切人共有的物概念的沉浮——英特纳雄耐尔一定会实现》,《法商研究》,2006 年第 6 期。

财富；二是，任何国家不得单独将其据为己有；三是，要以全人类利益角度考虑对其进行保护和利用，所有国家都有共享的权利和共同保护的义务。因此，区域内历史沉船的所有权应当归全人类共有，由管理局代表全人类进行开发和管理，由所有国家共享和保护。同样，一国享受主权豁免的军舰和政府船舶不在此列。人类共同遗产的概念为国际法保护历史沉船提供了一个法理基础，国际法对历史沉船的保护需要建立在各国共同利益的基础之上。① 因此，这一概念又有别于国内法上的所有权制度，它更侧重于"共享"和"共同保护"，而非为明确所有权的归属。

（三）私人所有权

由于历史沉船的文物属性，其权属往往被认定为国家。国家的所有权越大，所有权留给私人的空间就越小。如果把历史沉船认定为100年以上的沉船，那么其牵涉的私人所有权的范围还是很广的。100年的时间并不足以磨灭所有权人的信息，许多私人船舶的所有权人或其继承人仍然可以确认。在私人对文物享有合法所有权的时候，国际法对这种权利予以保护，这种所有权可以是原属于原物主或是基于继承取得。如果在沉船时，私人对船舶或某些船上物品有所有权，那么这种权利并不会因为船舶沉没或被打捞而消失或转移，②除非他们的性质发生了改变。例如联合国1970年《关于禁止和防止非法进出口文化财产和非法转让其所有权的方法的公约》第13条规定缔约国应受理合法所有者或其代表提出的关于找回失落的或失窃的文化财产的诉讼；③1995年《关于被盗或者非法出口文物的公约》第10条规定本公约不限制国家或者其他人根据其他的救济措施，对公约生效前被盗或者非法出口的文物提出返还或者归还请求的权利。④ 前一条规定国家应支持个人的权利要求，后一条承认私人请求返还文物的权利，这两条规定都体现了国际法对个人合法所有权的承认和保护。两个公约还同时排除了善意取得制度的适用，但缔约国在收回

---

① 李玉雪．《对"人类共同文化遗产"的法律解读——以文物保护为视角》，《社会科学研究》，2009年第5期。

② See Francesco Francioni. James Gordly, *Enforcing International Cultural Heritage Law*, Oxford University Press, 2013, p134.

③ 《关于禁止和防止非法进出口文化财产和非法转让其所有权的方法的公约》第13条第3款。

④ 《关于被盗或者非法出口文物的公约》第10条第3款。

文物时应对无辜的购买者进行补偿。[①]恶意的相对人无法获得补偿,因为对于个人非法获取的物品,国际法是不予保护的。公约对个人的权利做了限制,却对保护来源国或文物出口国的利益十分有利。

三、所有权争端的和平解决——以奥德赛案[②]和"泰坦尼克"号案[③]为例

(一)奥德赛案

2007 年,奥德赛海洋探险公司在西班牙直布罗陀海峡以西 100 英里的海域发现一艘沉船(后经确定位于公海),并从沉船中打捞出大量的金银财宝,奥德赛公司后将这批宝藏运往美国。2007 年 9 月,奥德赛公司在其总部所在地的美国佛罗里达州第十一巡回法院提起对物诉讼,对沉船及船上物品提出两项诉求:(1)请求法院依据发现物法(Law of Finds)确认其沉船和船上物品的所有权;(2)如果不能确认所有权,则请求法院依据打捞法(Law of Salvage)支持其获得"合理的报酬"。法院受案后,立即对诉讼对象发布诉前扣押令,并指定奥德赛公司作为临时保管人。得知奥德赛公司提起对物诉讼后,西班牙和秘鲁政府以及 25 位自称为货物所有者继承人的自然人均以第三人身份参与诉讼,请求法院返还相应打捞物品。其中,西班牙请求法院判决奥德赛公司打捞出的沉船物品应交还西班牙政府,因为该船为西班牙军舰"梅赛德斯"号,西班牙从未放弃对该船的所有权。秘鲁政府的诉讼请求则比较模糊,声称对从秘鲁出产的金银币具有"有条件的所有权",还有其余 25 位自然人也对沉船所载运物品提出所有权请求。

在本案中,西班牙和秘鲁是来源国,"梅赛德斯"号被发现于"区域",秘鲁的自然人也主张货物的所有权。那么这笔巨额的财富究竟归谁呢?在庭审中,法院通过从历史、地理等方面详加考证,并从奥德赛公司调取部分沉船部

---

① 1970 年《关于禁止和防止非法进出口文化财产和非法转让其所有权的方法的公约》第 7 条第 2 款和 1995 年《关于被盗或者非法出口文物的公约》第 4 条第 1 款。

② *Odyssey Marine Exploration, Inc. v. The Unidentified Shipwrecked Vessel*, No. 8: 07-CV-614-SDM-MAP, 2009 U. S. Dist. LEXIS 119088, at*21 & n. 10 (M. D. Fla. June 3, 2009), see http: docs. justia. com/cases/federal/district-courts/florida/flmdce/8: 2007cv00614/197978/209/0. pdf.

③ 这里是指泰坦尼克号从被发现到被宣布为人类共同遗产的整个事件的全过程。

件、附属物以及运载物予以查验，充分证明了这艘沉船就是西班牙军舰"梅赛德斯"号。本案中发生了多重权利冲突，美国法院最终将船与货物一并判给了西班牙。在船的所有权方面，美国法院认为"梅赛德斯"号是西班牙的军舰，西班牙政府对其有主权权利，享受管辖豁免；在货物的所有权上，美国法院拒绝了私人请求权，认为军舰和货物不可分割，因为分割货物会损害西班牙的主权。

首先，西班牙和秘鲁都是来源国，但是美国法院却将船和货物一并判给西班牙，无视秘鲁的诉讼请求，理由就在于军舰的不可分割性（indivisible）和文物的不可区分性（indistinguishable）。军舰的不可分割理论依据在于，沉没的军舰上常常藏带国家秘密，军舰被视为一个整体进行保护有利于对国家秘密进行保护。文物的不可区分性是普遍存在于欧美国家实践中的一个原则，这种理论的依据在于文物具有整体性，对文物的分割会使其丧失部分或全部原本的价值。在实践中，一艘沉船上也经常发生来源国的权利之间产生冲突的情况。这种情况特别体现在殖民船舶上，历史上从事殖民活动的船舶，在沉没时往往船上载有许多从殖民地劫掠的物品，其中不乏文物和财宝，在这种情况下在货物的所有权问题上就容易发生争端。在本案中，虽然秘鲁声称船上的部分货物是它们国家的文化遗产，因此秘鲁对他们享有主权权利，并指出：国家行为必须符合国际法，殖民行为应当受到谴责，尤其是在其他国家领土内的强盗行为。因此秘鲁要求返还"梅赛德斯号"上属于秘鲁的货物部分，然而美国法院以"梅赛德斯"号是军舰为由，没有支持秘鲁的诉讼申请。所以来源国的权利并不是排他和绝对的，它会受到其他权利的限制。比如，来源国的权利会受到沿海国主权原则的限制，沿海国依据主权原则对领海内的历史沉船享有所有权，包括来源于他国的历史沉船。有时一些国内法院在实践中还会做出相反的决定。①

其次，国际法虽然承认私人的合法所有权，但对其也做了诸多限制。在主

---

① 在意大利诉美国盖蒂博物馆"Victorious Youth"青铜雕塑案中，这尊有两千多年历史的珍贵青铜雕塑，最初由意大利国民在意大利附近海域发现，并且在违反国内刑法的情况下非法出口。意大利法院做出判决，声称意大利对该雕塑拥有不可剥夺的权利，要求美国盖蒂博物馆归还这尊青铜雕塑。然而这尊雕像事实上来源于希腊，只是在意大利附近海域被发现并被一名渔民带回国内，意大利法院在对此做出判决时完全没有顾及到作为来源国的希腊的权利。

权和私权发生冲突时,私权往往会成为牺牲品。当两种合法权利发生冲突时,法律倾向于保护更重要的权利。在奥德赛案中,虽然在案件提交美国法院时,许多其他国家的国民主张对船上物品的合法所有权和继承权,但是美国法院将船和所有船上物品一并判给了西班牙,美国法院称船和货物具有不可分割的联系,并且因为"梅赛德斯号"是一艘军舰,西班牙对船和船上物品具有主权权利,如果分割货物将会损害西班牙的主权权利。

(二)"泰坦尼克"号案

1912 年,"泰坦尼克"号首航时撞上冰山沉没,船上约 1 500 人遇难。"泰坦尼克"号残骸现在躺在纽芬兰岛以东约 610 千米处的公海 3 800 多米深的"区域"。1987 年,法国海洋开发研究所与泰坦尼克风险公司合作对"泰坦尼克"号进行打捞,1 800 件文物浮出水面并被运往法国。此后二者又在 1993 年和 1994 年多次合作,成功打捞数千件船上物品。1992 年,一家名为"MAREX 泰坦尼克"的公司,先向弗吉尼亚东区地方法院提出诉求,请求法院控制遇难船只,在确定"泰坦尼克"号所有权归属之前,一切打捞物品上交美国海军。泰坦尼克风险公司立即向法院申请判决独家打捞权,但是美国联邦第四巡回法院很快以技术性理由否决了它的诉求。1993 年,泰坦尼克风险公司更名为泰坦尼克公司,再次请求法院宣布其独家打捞权。1994 年,法院判决泰坦尼克号公司享有真正唯一和排他的控制权,此后不再支持其他第三方的打捞权异议,但是该公司的打捞物品不得出售,只能以租借和展览的方式盈利。14 年间,泰坦尼克公司先后组织 6 次考察,花费 1 100 万美元,打捞出 6 000 余件物品,在多国举办展览,再现历史。2000 年,泰坦尼克公司开始切割"泰坦尼克"号壳板,联邦法院做出禁止泰坦尼克公司继续考察的裁决。新的法院判决泰坦尼克公司不是打捞物品的"唯一主人",而只是"保管者",公司的上诉也被最高院驳回。

2000 年,美国、英国、法国、加拿大作为与"泰坦尼克"号有重要联系的国家,确定了保护"泰坦尼克"号遗骸的协议文本。2006 年 6 月,"泰坦尼克"号协议正式生效。协议序言第 4 段宣称泰坦尼克号具有重要的历史重要性和标志性的价值,代表了国际共同利益。① 第 6 段指出"泰坦尼克"号上发现的物

---

① Preliminary:"… Cognizant of the unique historic significance and symbolic value of, and international interest in, RMS Titanic."

品应当被集中起来，供公众参观。① 正文第 2 条指出"泰坦尼克"号是一艘具有国际重要性和唯一标志性价值的水下历史沉船残骸。② 从这些公约文本中可以看出，四国签订协议的目的在于保护"泰坦尼克"号的历史、文化、教育价值，建立一个合理的机制对残骸进行保护，促进公众对残骸的参观和了解，而没有积极主张对"泰坦尼克"号沉船的所有权。

"泰坦尼克"号的教训表明，企图通过商业打捞公司管理水下文化遗产是不可行的，它们的打捞和保护技术受其规模和商业性质的局限。在经济利益的诱惑面前，商业公司很难做到对这些文化遗产进行最大的保护，在经济价值和文物价值的取舍上，商业打捞公司易于选择前者，这些都不利于对水下文化遗产的保护。有的商业公司为了获取更大的经济利益，甚至不惜损毁破坏这些无可替代的文物，或分割整体的某一部分，或采取毁灭的方式减少其数量以便卖出更高的价格。③ 商业打捞公司将值钱的物品取走，而留下那些没有经济价值的物品，这种行为严重破坏了考古信息的完整性。不仅"泰坦尼克"号残骸上的局部物件具有文物价值，残骸本身作为一个整体也传达了船舶沉没当时的具体信息和状况，泰坦尼克公司切割"泰坦尼克"号壳板的行为，是对船体的严重破坏，任何不合理的移动部分或分割整体的行为，都会损害其历史和考古价值。

2012 年 4 月 5 日，联合国教科文组织宣布沉没 100 年的"泰坦尼克"号残骸将受《保护水下文化遗产公约》的保护，任何毁坏、掠夺、贩卖及散播从"泰坦尼克"号沉船地点打捞出的遗物的行为均属非法。由于"泰坦尼克"号残骸位于的"区域"，没有任何一个国家可以单独主张对它的所有权，这是对主权国家所有权的限制。依据"区域"内历史沉船的规定，"泰坦尼克"号是人类共同遗产，应为全人类的利益保存或处置，任何国家均不得单独对其主张所有权。

---

① Preliminary: "… Desiring that artifacts henceforth recovered from RMS Titanic be kept together and intact as project collections in a manner that can provide for public access and the curation of such project collections in perpetuity."

② Art. 2: RMS Titanic shall be recognized as: "…（b）an underwater historical wreck of exceptional international importance having a unique symbolic value."

③ 1994 年，哈彻的捞宝船队在中国南海水域发现了号称"东方泰坦尼克"号的"泰星"号商船。"泰星"号上的瓷器多达 100 万件，且大多数保存完好，而哈彻为了在收藏市场上谋取更多的经济利益，竟将其中的 60 万件打碎，只挑剩下的 35.6 万件运往德国交给了内戈尔拍卖行。参见 http: news. ifeng. com/history/4/200708/0809_338_182426_1. shtml.

无论是美国《泰坦尼克号海事纪念法》，还是美、英、法、加的《泰坦尼克号协议》，均将"泰坦尼克"号认定为具有国际的"海事纪念物"进行保护。各国都同意将"泰坦尼克"号作为"海事纪念物"、作为人类共同遗产进行保护。就地保护成为各国首选，已经打捞的物品集中存放并最大限度地向公众开放。对"泰坦尼克"号的就地保护，有利于最大限度内的保存历史考古信息，保护其文化价值。《保护水下文化遗产公约》将"就地保护原则"作为保护水下文化遗产的首选，并将商业打捞排除在公约之外，目的在于尽可能地寻求对水下文化遗产的最大化保护。最大的保护目的在于更好地利用，因此公约同时保护和促进公众对文化遗产的参观权利和考古研究权利，这也证明了历史沉船的主要价值在于其文化价值。

四、结语

由于国际法对这些历史沉船的所有权没有统一的成文规定，对水下文化遗产的保护和所有权也没有形成统一的国际习惯法，因此在历史沉船的所有权上总是容易发生冲突。在所有权发生冲突难以认定的场合，国家可以采取平等协商的办法而非武力手段来解决国际争端。共同开发、保护和管理历史沉船的做法有利于国家之间更好地保护和利用历史沉船文化价值，形成互利共赢。此外，"人类共同遗产"的概念，将历史沉船的所有权归为全人类，任何国家或个人不得单独主张所有权，这一规定限制了国家和私人的行为，是为了防止不合理的开发，对历史沉船进行更好地保护和利用。对历史沉船的保护还可以通过制定规范文物的进出口制度的法律法规，来控制文物的非法进出口和所有权的非法转移。对于不可移动的历史沉船，不能通过外力进行移动，否则会影响其价值和性能。国家可以采取水下保护或建立水下博物馆的方式对它们进行保护，以保存其文化价值。

由于国际法规定的较为模糊，实践中许多国家主要通过国内法来保护自己的文化遗产。《保护水下文化遗产公约》通过至今，只有60多个国家签署并批准，公约真正形成一致性的国家实践的道路还很漫长。其扩大沿海国对水下文化遗产的管辖权至专属经济区和大陆架的行为损害了传统海洋大国的利益，阻碍了公约的广泛适用。不过这并不意味着公约得不到全面发展，即使许多国家没有批准公约，它的指导性作用也是不可忽视的。许多国家包括海洋大国在修改国内法时或多或少受到公约的一些影响，如意大利和荷兰已经计划将保护水下文化遗产的管辖权扩大到毗连区，英国也在国内法中规定随大陆架内的水下文化遗产进行保护。公约所倡导的国家间的合作机制，在实践中已经有了不少成功的先例。① 这些基于国家合作和和平解决国际争端原则的成功先例，均为所有权争端的解决和保护水下文化遗产，提供了宝贵的经验。

---

① 如澳大利亚和荷兰之间签订的有关荷兰的历史沉船的协议；美国和法国签订的有关"the CCS Alabama"沉船遗址的协议；美国和法国签订的有关"La Belle"沉船遗址的协议等。

海洋资源与环境管理

我国海洋渔业环境保护管理机构间的协调机制探析

张继平　王芳玺　顾　湘 [*]

（上海海洋大学人文学院　上海　201306）

摘要： 海洋渔业环境保护协调机制是促进海洋渔业可持续发展的重要保障。研究发现，我国现行的海洋渔业环境保护协调机制还存在着管理机构混乱、职能交叉、部门间合作意识不强、应急协调机制不完善等诸多问题。需通过建立我国海洋渔业环境保护综合管理机构，加强有关海洋渔业环境保护协调机制的政策制定及执行，加强管理中的监督、考核，完善海洋渔业环境保护管理中的应急协调机制等方面，促进我国海洋渔业环境保护协调机制的构建。

关键词： 海洋渔业　环境保护　管理协调机制

《中国海洋 21 世纪议程》指出，我国海洋渔业资源的开发利用和环境保护基本上是以行业和部门管理为主。近年来，伴随着海洋渔业经济地位的不断上升，海洋渔业资源的不断深入开发，海洋渔业环境问题也日益恶化，各类涉海主体间的矛盾不断增多，传统的海洋渔业管理已渐渐无法适应管理实践的现实要求，海洋渔业资源、环境的开发和保护面临一种新的、较为严峻的形势。王琪等学者研究认为，其原因主要是由于管理部门分散、政出多门、利益纷争、海洋区域管理、综合管理不到位的结果 [①]。

---

[*] 张继平，上海海洋大学人文学院教授；王芳玺，上海海洋大学人文学院研究生；顾湘，上海海洋大学人文学院副教授。

[①] 王琪，吴慧.《我国海洋管理中的协调机制探析》，《海洋开发与管理》，2008 年第 11 期。

早在 1992 年 6 月联合国环境与发展大会通过的《21 世纪议程》便提出了"加强适当的协调机制"的要求，各国都在积极建立并完善环境保护管理中的协调机制。如何跟上改革的步伐，建立健全我国海洋渔业环境保护管理中的协调机制，对促进海洋渔业实现合理、有序、协调和可持续发展，并获得最佳的经济、社会和生态环境等综合效益有着重要的意义。

一、我国海洋渔业环境保护机构间协调管理的实践

海洋渔业环境保护（Environmental Protection of Marine Fisheries），主要是指为防止因物理原因或化学原因导致适宜于经济水生生物生存、繁殖和生长的海洋水域环境遭到污染和破坏，以协调渔业人口和渔业环境的关系、保障海洋渔业经济发展的可持续发展为目的，而采取的行政、法律、经济、科学技术多方面的防治和保护措施，是我国环境保护工作的有机组成部分[①]。

国家、地方、公民个人都是海洋渔业环境保护的主体，而对海洋渔业环境保护进行管理的主体则是指进行环境管理认识和实践活动的有意识的管理者。本文所指的海洋渔业环境保护管理的协调机制是指海洋渔业环境保护行政管理机构在领导、组织、执行、督察、考评、奖惩等方面的制度建立与运行。协调机制主要协调的关系包括中央海洋渔业环境保护管理机构与地方海洋渔业环境保护管理机构的关系，跨行政区域间海洋渔业环境保护管理各机构的关系，同一行政区域内部海洋渔业环境保护管理各机构的关系，相关涉海行业与所在区域间海洋渔业环境保护管理机构的关系，应急事件中海洋渔业环境保护管理各机构间的关系以及海洋渔业环境保护管理机构与公众的关系等。本文主要研究的是海洋渔业环境保护管理各机构间的关系。

（一）中央海洋渔业环境保护管理机构间的协调机制

根据《中华人民共和国海洋环境保护法》、《中华人民共和国渔业法》以及相关部门的职责，我国中央层级海洋渔业环境保护管理的机构及职能概括如表 1 所示。

---

① 朱庆林，郭佩芳，张越美.《海洋环境保护》，青岛：中国海洋大学出版社，2011 年，第 58～96 页。

表 1　中央层级海洋渔业环境保护管理机构及相关职能

法律规定部门	部门名称	部门性质	相关职责
国务院环境保护行政主管部门	中华人民共和国环境保护部	国务院组成部门	对全国海洋环境保护工作实施指导、协调和监督,并负责全国防治陆源污染物和海岸工程建设项目对海洋污染损害的环境保护工作等。
国家海洋行政主管部门	中华人民共和国国家海洋局	国土资源部直属机构	负责拟订海洋发展规划,实施海上维权执法,监督管理海域使用、海洋环境保护,负责全国防治海洋工程建设项目和海洋倾倒废弃物对海洋污染损害的环境保护工作等。
国家海事行政主管部门	中华人民共和国海事局	交通运输部直属机构	负责所辖港区水域内非军事船舶和港区水域外非渔业、非军事船舶污染海洋环境的监督管理,污染事故的调查处理等。
国家渔业行政主管部门	中华人民共和国农业部渔业局	农业部直属机构	负责渔港水域内非军事船舶和渔港水域外渔业船舶污染海洋环境的监督管理,负责保护渔业水域生态环境工作等。
军队环境保护部门	总后勤部基建营房部	中国人民解放军环境保护委员会办事机构	负责军事船舶污染海洋环境的监督管理及污染事故的调查处理等。

中央层级海洋渔业环境保护管理机构间实现协调的方式主要有专题会议、信息共享、政策方案的印发、学术研讨、设立临时协调机构等。

（二）同一行政区域内部海洋渔业环境保护管理各机构的协调机制

从地方层面讲,沿海县级以上地方人民政府行使海洋环境监督管理权的部门的职责由省、自治区、直辖市人民政府根据相关法律及国务院有关规定确定;江河、湖泊等水域的渔业,按照行政区划由有关县级以上人民政府渔业行政主管部门监督管理;跨行政区域的,由有关县级以上地方人民政府协商制定管理办法,或者由上一级人民政府渔业行政主管部门及其所属的渔政监督管理机构监督管理。地方间海洋渔业环境保护机构的协调方式包括开展实地海洋渔业环境的调查、监测、监视和评价,发布专项环境信息,讨论制定专项方案,监督与被监督等。我国沿海城市较多,本文选取相对有代表性的天津、上海和广州三个城市,对其海洋渔业环境保护管理的机构及职能概括如下:

表 2　部分沿海城市海洋渔业环境保护管理机构及相关职能

城市名称	海洋渔业环境保护机构名称	机构性质	相关职能
天津	环境保护局	政府组成部门	负责指导、协调和监督本市海洋环境保护工作;设水环境保护处组织贯彻有关海洋环境保护方面的法律、法规和规章等。
	水务局	政府组成部门	主管本市河道、水库、湖泊、海堤;组织指导海岸滩涂的治理和开发;负责水资源保护工作,组织编制水资源保护规划;提出限制排污总量建议等。
	海洋局	政府直属机构	主要承担保护海洋环境的责任;负责防治海洋工程、海洋倾废等造成污染损害的环境保护工作;监督陆源污染物排海、海洋生态环境保护等。
	交通运输和港口管理局	政府直属机构	参与港口的建设市场管理;承担港口行业的管理责任;依据有关规定,组织制定本市港口管理规则、制度和办法并实施监督检查等。
上海	环境保护局	政府组成部门	负责牵头协调重大环境污染事故和生态破坏事件的调查处理;协调区域间环境污染纠纷及辖区外的环境污染纠纷;负责环境应急管理工作;组织开展本市环境保护执法检查等。
	交通运输和港口管理局	政府组成部门	组织协调港口重大突发事件、重大灾害事故和重大服务供应事故的应急处置;承担所辖通航水域的卫生防疫、船舶污染防治的监管责任等。
	水务局(海洋局)	政府组成部门	承担保护海洋环境的责任;会同有关部门制定地方海洋环境保护与整治规划、标准、规范;负责防治海洋工程项目和海洋倾废对海洋污染损害的环境保护工作;负责协调水务、海洋突发事件的应急处理等。
广州	环境保护局	政府组成部门	负责协调组织重大环境突发污染事件应急工作,调查处理重大环境污染和生态破坏事故,协调和监督海洋环境保护工作等。
	农业局(挂市海洋与渔业局牌子)	政府组成部门	综合管理、协调和指导海洋保护;承担海洋经济运行监测、评价及信息发布的责任;承担规范管辖海域使用秩序的责任;承担海洋环境保护和修复的责任等。
	水务局	政府组成部门	负责本市排水、污水处理、再生水利用的行业管理;组织实施污水处理、再生水利用行业特许经营管理制度;负责排水突发事件应急管理工作;审定水域的纳污能力,监督本市水环境治理规划的实施等。

城市名称	海洋渔业环境保护机构名称	机构性质	相关职能
广州	交通委员会	政府组成部门	负责组织协调广州地区多种运输方式的衔接;组织协调制定全市交通行业环境保护和节能减排工作;负责全市交通行业安全生产监管和应急管理,参与调查处理交通行业重特大安全事故等。

根据《地方各级人民代表大会和地方各级人民政府组织法》以及《中华人民共和国海洋环境保护法》、《中华人民共和国渔业法》等有关法律和法规的规定,地方人民政府负责本行政区内的海洋渔业环境保护管理工作,并且下级政府应向上级政府负责。

(三)中央与地方海洋渔业环境保护管理机构间的协调机制

中央与地方各海洋渔业环境保护机构间的协调方式增加了中央对地方各机构的监督考核、扶持及地方机构向中央机构的工作汇报等。以海洋渔业环境保护中的应急事件管理为例,国务院是突发公共事件应急管理工作的最高行政领导机构。在国务院总理领导下,由国务院常务会议和国家相关突发公共事件应急指挥机构负责突发公共事件的应急管理工作,必要时派出国务院工作组指导有关工作。国务院办公厅设国务院应急管理办公室,履行值守应急、信息汇总和综合协调职责,发挥运转枢纽作用。我国《风暴潮、海啸、海冰灾害应急预案》和《赤潮灾害应急预案》的实施进一步完善了海洋渔业环境保护应急管理的制度建设。2008年黄海浒苔事件的爆发正值我国举办奥运会,青岛承办奥帆赛的海域也受到影响,在此次应急事件的处理过程中,国家环境保护部、国家海洋局、山东省与青岛市环保机构和海洋管理机构及当地驻军成立了青岛海域浒苔处置应急指挥部,全面指挥、协调和调度海上浒苔应急处理工作,中央海洋环境管理部门纵向指挥,地方政府及海洋环境管理部门联动作战,在良好的协调机制下使此次应急事件处理得及时有效[①]。

(四)跨行政区域间海洋渔业环境保护管理各机构的协调机制

对于跨行政区的海洋渔业环境保护活动,由有关的地方政府协商管理或者由共同上级人民政府决定。其各海洋渔业环境保护机构间的协调方式主要

---

① 王琪,王学智.《浅析我国海洋环境应急管理政府协调机制——以2008年浒苔事件为例》,《海洋环境科学》,2011年第2期。

通过专题会议、方针办法、调研座谈等开展合作、互助。例如，农业部根据《渔业法》制定了《渔业法实施细则》经国务院批准发布，并分别在上海、烟台和广州设立了东海渔政局、黄渤海渔政局和南海渔政局，三个渔政局更直接地负责所管辖的各省、直辖市、自治区的渔业法律、法规和规章的执行，并领导、组织、协调和指导海洋渔业环境保护管理工作。此外，农业部设立的长江渔业资源管理委员会、珠江流域渔业管理委员会、黄河流域渔业资源管理委员会，这三个流域的渔业委员会被赋予协调组织制定各流域的渔业资源养护措施和规划、协调组织开展重大渔业执法行动、水生生物资源增殖、重大污染事故调查处理以及涉渔工程环境影响评价等职责。

（五）相关涉海行业与所在区域间海洋渔业环境保护管理机构的协调机制

《中国海洋 21 世纪议程》中指出："综合管理与行业管理有相辅相成的作用，都是海洋管理体系不可缺少的组成部分，而且不能互相代替。"[1] 当前我国的主要涉海行业管理部门包括渔业、海事、环保、科研、外交等部门，根据相关法律法规，环境保护行政主管部门在批准设置入海排污口之前，必须征求海洋、海事、渔业行政主管部门和军队环境保护部门的意见；海洋工程建设项目必须符合海洋功能区划、海洋环境保护规划和国家有关环境保护标准，在可行性研究阶段，编报海洋环境影响报告书，由海洋行政主管部门核准，并报环境保护行政主管部门备案，接受环境保护行政主管部门监督；海洋行政主管部门在核准海洋环境影响报告书之前，必须征求海事、渔业行政主管部门和军队环境保护部门的意见；国家海洋行政主管部门在选划海洋倾倒区和批准临时性海洋倾倒区之前，必须征求国家海事、渔业行政主管部门的意见。我国曾成功地开展了多部门、跨地区的海域综合调查工作。海洋渔业环境保护管理机构主要通过召开听证会、开展调研、座谈、建立沟通途径等开展与管理区域内相关涉海行业的协调。例如，1991～1993 年由国家海洋局负责组织，国务院 21 个部、委、局和直属部门以及沿海 12 个省、区、市参加的《全国海洋开发规划》编制活动，就是一次包括所有涉海部门和沿海省市的大协作[2]。

二、我国海洋渔业环境保护机构间协调管理面临的问题

自 20 世纪 70 年代以来我国高度重视海洋渔业环境保护，开展了大规模

---

[1] 国家海洋局.《中国海洋 21 世纪议程》，北京：海洋出版社，1996 年，第 20～59 页。
[2] 夏章英.《渔政管理学》，北京：海洋出版社，1996 年，第 19～67 页。

的海洋环境污染调查、监测与研究工作,加强了赤潮、溢油等污染防治,扩大了对外合作与交流。1964年国家海洋局的建立促进了我国海洋综合管理的发展,在海洋管理体制的改革中也越来越关注管理中的协调问题,初步形成了中央和地方相结合的保护和管理海洋渔业环境的新格局[①]。但我国海洋区域管理和综合管理还处在初始阶段,管理中存在许多不协调的关系需要调整,各部门在执行海洋渔业环境保护的管理中,也缺乏良好的协调机制。

(一)机构管理缺乏纵向分工

由表1可以发现,我国海洋渔业环境保护机构的横向分工较明确,各部门分别负责该区域与海洋渔业有关的环境保护工作,但在表2的纵向管理中可以发现,我国沿海省市实行的海洋渔业环境保护管理模式并不统一,涉海的管理部门多样。广州实行海洋与渔业管理模式,受到海洋局和农业部的双重领导;上海实行分局与地方相结合的管理模式;而天津则为国土资源管理模式,将地矿、国土、海洋合并,海洋部门负责海洋综合管理和海上执法。管理模式不统一,相应的管理机构在机构名称和级别上也各异,虽有利于结合沿海省市的具体情况开展海洋渔业环境保护管理工作,但不利于中央与地方机构间的纵向分工,分工不明将导致多头领导,不利于海洋渔业环境保护管理协调机制的深化。例如,在"渤海碧海行动计划"实施的过程中,中央设置了治理海洋环境污染的机构,环渤海的三省一市也设有主管海洋环境的厅、局,一定程度上造成了机构的重叠和多头管理,导致政出多门,利益难调,计划最终受阻[②];天津市海洋监察大队受中国海监和天津市海洋局的双重领导,承担国家和地方政府的双重执法任务。

(二)海洋渔业环境保护协调机制的政策制定不完善

我国海洋渔业环境保护与管理的基本法律制度初步形成于20世纪80年代,相关的法律主要有《渔业法》(1986)、《渔业法实施细则》(1987)、《海洋环境保护法》(1999)、《海洋石油勘探开发环境保护管理条例》(1983)、《海洋倾废管理条例》(1985)、《防治海洋工程建设项目污染损害海洋环境管理条例》(2006)和《突发事件应对法》(2007)等,此外,还有《全国海洋功能区划》、《国务院关于进一步加强海洋管理工作若干问题的通知》、《国家突发环境事件应

---

① 刘新山.《渔业行政管理学》,北京:海洋出版社,2010年,第35～96页。

② 张继平,熊敏思,顾湘.《中日海洋环境陆源污染治理的政策执行比较及启示》,《中国行政管理》,2012年第6期。

急预案》等纲领性文件。尽管我国已有以上海洋渔业管理的相关政策，但在环境保护管理协调机制方面还存在以下问题：

海洋渔业环境保护日常协调管理的制度不完善，如《海洋环境保护法》第八条第二款规定"跨部门的重大海洋环境保护工作，由国务院环境保护行政主管部门协调；协调未能解决的，由国务院做出决定"。但针对跨部门非重大的日常海洋环境保护工作出现冲突的情况并没有相应的规定。在海洋渔业环境保护中，规范的日常协调管理可以有效地预防环境污染，避免重大污染事故的发生，但政策制定中对日常协调管理的忽视导致我国海洋渔业的管理实践多为重治理、轻预防。其次，现有政策中对中央及地方政府职责，协调机制、责任追究机制以及陆域与海域环境保护的关系等方面都没有明确的规定，使得各行业部门容易只考虑本行业存在的管理问题，造成了各项海洋渔业管理职能和职责的分散、交叉与重叠，管理成本增加且效率降低①。再次，地方各级政府针对中央层级的各项法律条文也制定了相关地方方法及文件，但跨区域间协调管理的各项政策不完善，对污染事故问责不到位，造成各区域间海洋管理职能部门难以履行好国家赋予的海域协调管理职责，也造成出现问题互相推诿的现象。

（三）对海洋渔业环境保护管理的监督、考核不到位

我国当前在海洋渔业、海洋油气等行业管理中有了比较全面的法律依据，但在加强海洋渔业环境保护协调管理方面，多为口号式的倡导，缺乏有效的监督、考核。这使得各部门在管辖区域内容易忽视环境保护的重要性，更多地注重海洋渔业带来的地方利益及部门利益；此外，不同地区间的海洋渔业环境、公众需求、海洋渔业污染情况及地域等差异，导致各部门对海洋渔业环境保护的着眼点不同，对于大多数地方政府来说，财政收入永远放在第一位，在企业通过非法排污降低生产成本带来高盈利，带动区域经济发展的情况中，地方管理部门往往降低了对相关企业的处罚甚至无视。例如，2001年启动的"渤海碧海行动计划"实行了5年后，最终因渤海污染物入海总量居高不下、赤潮频繁爆发、时常发生重大污染事故而宣告失败，多位学者指出，对渤海治污的关键在于当政者能否痛下决心改变经济发展方式，部门之间能否形成合力。进一步的分析发现，未制定清晰的海洋渔业环境保护目标责任机制，对各机构间

---

① 赵嵌嵌，黄硕琳.《构建我国海洋综合协调机制的初步研究》,《上海海洋大学学报》,2012年第1期。

在环境保护协同治理方面的监督考核不到位,加大了各机构间在海洋渔业环境保护方面合作的难度。

(四)海洋渔业环境保护应急协调机制不完善

我国有关环境保护及海洋渔业的相关法律中均对应急事件的处理做出了规定,也陆续颁布了各行业的环境事件应急预案,但法律条文中的应急规定注重纵向协调,缺乏横向协调且纵向应急管理的层次较多,"属地为主,分级响应"的应急原则不能得到有效的贯彻,应急事件的处理结果更多地取决于中央的重视程度[1]。例如,中海油渤海湾漏油事故,在2011年6月4日,溢油事故发生后,康菲石油中国有限公司隐瞒不报,一个月后才首次回应公众关注;6月30日,国家海洋局证实了漏油事件并介入调查;7月5日,国家海洋局首度公布渤海840平方千米海面被污染,但根据国家海洋局北海环境监测中心的解释:"虽然已经监测到的劣四类海水海域面积为840平方千米,但这并不代表着这次溢油事故的影响范围就是这么大。"正因如此,康菲溢油事故拖延3个多月,始终未启动应急预案响应程序,而此次溢油事故引起的海洋环境污染、渔业损失等向我国海洋渔业环境保护应急机制敲响了警钟。

三、完善我国海洋渔业环境保护管理机构间协调机制的建议

协调机制的建立和完善,需通过与之相应的体制和制度的建立和完善。解决我国海洋渔业环境保护管理中的协调机制问题,需要进一步规范海洋渔业管理主体的权责,完善与海洋渔业相关的法律、法规,重视对海洋渔业环境保护的绩效考核,充分发挥中央与地方,跨地区、跨部门的协调机构的作用。

(一)设立海洋渔业环境保护管理的综合协调机构

当前许多国家都设立了海洋渔业综合性的协调机构,在不同利益主体之间创建起一种沟通、协作的关系,我国十二届全国人大一次会议也通过了国家海洋局重组及设立高层次议事协调机构国家海洋委员会的机构改革方案,在改革中将海洋与渔业的生态、环境、资源、经济视为一个相互关联的系统,整合现国家海洋局及中国海监、公安部边防海警、农业部中国渔政、海关总署海上缉私警察队伍和职责,重新组建国家海洋局,并设立高层次议事协调机构国

---

[1] 王刚,王琪.《我国海洋环境应急管理的政府协调机制探析》,《云南行政学院学报》,2010年第3期。

家海洋委员会,统筹协调海洋重大事项。为确保在实践中有序地推进此项改革,应明确此次改革的目的在于优化机构内部的资源配置,关键在于对管理机构过大权力的削减和下放,重点在于顶层权力结构的合理配置。在中央建立的高层次议事协调机构应是一个完整的、高级别的,对海洋渔业资源开发和环境保护具有指导、规划、协调、监督作用的综合管理体系。同时,沿海省级、市级建立相应的综合协调部门,配合中央层级的综合协调机构。确保在我国市场经济体制基本建立的环境下,国家议事协调机构能加强对市场配置海洋渔业资源的有效干预,理顺国家海洋渔业环境保护管理的纵向分工,提高管理效率,减少协调和交易成本[1],促进海洋渔业资源的可持续发展。

（二）加强有关海洋渔业环境保护协调机制的政策制定

中央层级的海洋渔业管理机构应借助此次国务院机构改革的机遇,以协调机制中涉及的五类关系对地方各机构进行大致分类,由各类机构根据实践梳理协调管理中存在的职能交叉、权责不明等方面的问题,进行自下而上的总结反馈,再由中央相关部门统筹调整,对我国各机构间海洋渔业环境保护协调机制中的法律、法规、政策加以补充、完善。一是完善海洋渔业环境保护的相关法律,增加有关跨部门日常协调管理的条款,明确规范海洋渔业日常管理中的协调机制,理顺日常协调管理中各主体的基本权利、义务与责任以及各管理机构的权力与职责[2];二是地方根据中央的改革针对性的修改、完善地方政策,规范各海域间的综合协调管理,明确地方各管理机构的管理职责;三是在各项政策中,完善海洋渔业环境保护管理中对各协调机构的问责机制,对协调管理中机构间工作失职、互相推诿等现象进行强有力的处罚,提高各管理机构的执法效能。

（三）完善海洋渔业环境保护管理的监督、考核体系

加强各沿海地区间海洋渔业环境保护的合作意识,促进各沿海地区改变经济发展方式,离不开对各沿海区域的海洋渔业环境保护工作进行严格的监督和考核。在我国中央层面的环境保护执法协调的常设机构下设立专门的海洋渔业监督部门,负责对相关机构的考核,重视各机构在环境保护方面的绩效及跨区域间环境保护的协调管理,根据各地区实际,制定相应的考核目标,对

---

① 潘小娟.《外国能源管理机构设置及运行机制研究》,《中国行政管理》,2008年第3期。
② 吕建华,苟英英.《海洋区域管理立法协调机制建构研究》,《行政与法》,2010年第2期。

重大海洋渔业环境污染事件在考核中实行一票否决制,协调经济发展与环境保护的考核比重①。地方层面,根据中央的考核指标,由地方政府加强对海洋渔业环境保护管理机构的监督,切实增强监督机构的自主性和独立性,减少同级党委、政府对监督执法的干预,在根本上建立起独立运行的监督机制;同时,定期对环境执法进行必要的监督考核,加强过程管理,确保相关部门环境执法目标的实现;监督考核体系的完善也有利于培养相关部门的海洋渔业环境保护意识,在管理过程中重视环保,促成机构间的合作。

(四)完善海洋渔业环境保护管理中的应急协调机制

紧急事件的发生具有突发性的特征,而且往往发展迅速,具有很大的不确定性,海洋渔业的流动性又加剧了突发事件处理的难度。建立快速应急机制不仅能增强各管理机构在处理危机事件中的能力,而且可以维护管理机构在危机状态下的合法性和权威性。完善应急协调机制的基础是完善海洋渔业信息共享体系,在危机事件发生后迅速启动应急预案,如果各管理机构间的信息不畅,将延误对突发事件的处理;其次,要对收集的信息进行处理、监测和及时发布,尽快查清事件真相,确保相关信息准确、透明,避免公众的猜疑和虚假信息的传播;第三,组织引导相关公众积极应对危机事件,共同保护社会利益,维护社会正常运转;第四,做好应急事件的总结和评估,借以完善海洋渔业环境污染突发事件的预防体系、事件发生后的补救体系以及长效的沿海地方政府沟通机制;最后,应加强对海洋渔业环境保护管理部门的应急管理教育和人员培训,提高应急事件的应对效率。

---

① Scientific and Statistical Committee. White paper on ecosystem-based fishery management for New England fishery management council [R]. NEFMC, 2010(11):74-76.

基于社会-生态系统的海洋渔业政策优化改革研究

同春芬[*]

（中国海洋大学法政学院　山东青岛　266100）

摘要：海洋渔业资源作为一种公共资源具有非排他性和竞争性，公地悲剧的困境使使用者面临搭便车的诱惑，导致资源过度利用甚至枯竭。海洋渔业政策是专门针对海洋捕捞、海水养殖、海洋渔业加工等海洋渔业发展方面所制定的法律规章、行政命令、政府首脑的书面或口头声明及指示、行动计划与策略等。追溯人类海洋渔业管理理念的发展、演变及其蕴含的海洋伦理思想，探索从人类中心主义向生态中心主义转变的历史轨迹（从人类中心主义、修正的人类中心主义到生态中心主义的变化），将基于社会-生态系统的诊断分析框架（social-ecological system，简称 SES）应用于海洋渔业政策的改革和创新之中。对现有的管理政策进行优化改革，必须寻求一种全新的分析视角，构建一种多样化的制度体系框架。即以生态优先、人海和谐及增加福利为理念，以社会系统和生态系统为基本方面，以治理系统、使用者系统、生态系统为基本维度，以能力建设、制度建设及市场网络为制度层次，以自主治理、适应性治理及恢复力为治理路径的制度改革框架。

关键词：海洋渔业政策　海洋渔业管理理念　基于社会-生态系统的理论

人类与海洋的关系不仅仅是一个生态问题，更是一个社会问题，一个治理问题。海洋渔业资源作为一种公共资源，具有竞争性、共享性、非排他性和不

---

[*] 同春芬，中国海洋大学法政学院公共管理系主任、教授。

确定性等特征,资源使用者面临强烈的"搭便车"的诱惑,从而造成海洋渔业资源的过度使用,结果必然产生"共有品悲剧"。我国是世界渔业大国之一,近年来由于过度捕捞和近海资源过度开发,海洋生态系统受到严重破坏,"公地悲剧"依然存在。而且,海洋生态系统的复杂性决定了应当从更广阔的视角,既考虑社会因素又考虑生态因素,采取基于社会-生态系统的海洋渔业管理模式与制度框架。

一、文献综述

(一)关于社会-生态系统理论的研究

在国内,马世骏(1984)、赵景柱(1999)等最早提出"社会-经济-自然复合生态系统"的概念,首次表达了将人类社会经济系统与自然生态系统整合的观点。史培军等(2006)对灾害恢复力进行了一系列综述。冯剑丰等(2006)以渤海为研究案例,利用数学的方法对社会-生态系统的多稳态机制进行了模拟和分析。王俊等(2007)对社会-生态系统的恢复力理论的起源、发展和实践进行了综述。陆大道等(1998,2002)从地理学的角度,提出了人地关系系统。赵景柱(1999)等从环境管理学的视角,提出了社会-经济-环境系统。孙晶(2007)、王琦妍(2011)、谭江涛(2010)等对社会-生态系统理论的内涵及基本框架进行了深入分析。陈娅玲等(2011)分析了旅游社会-生态系统及其恢复力。蔡晶晶、毛寿龙等(2011,2012)运用社会-生态系统理论对集体林权制度改革进行了实证研究。

在国外,社会-生态系统理论兴起于20世纪70年代,国际学术性组织"恢复力联盟"(2004)运用适应性循环理论对社会-生态系统动态机制进行了分析。Holling(1973)首次将恢复力的概念引入到了社会-生态系统中。Milestad(2003)对奥地利阿尔卑斯山峡谷地区的社会-生态系统进行了研究。Adam(2004)利用社会-生态系统恢复力的模型研究了地震的经济恢复力。Gumming(2005)等学者认为社会-生态系统具有不可预期、自组织、多稳态、阈值效应、历史依赖等多种特征。Hobbs(2004)运用社会-生态系统的适应性循环理论对澳大利亚西北地区的农业进行了恢复力和适应力的研究和分析。Adger(2005)对海岸带社会-生态系统的应灾机制进行了研究。奥斯特罗姆(2009)凭借其在该领域作出的贡献,获得了诺贝尔经济学奖,引起了学界对社会-生态系统理论与实践探索的高度关注。

（二）关于海洋渔业政策的研究

国内关于海洋渔业的研究主要集中在两个方面：一是对海洋渔业可持续发展的研究，如刘耀林（2006）从渔业生态环境保护角度，檀学文、杜志雄（2006）从资源与产权经济学的角度，杨宁生（2007）从循环经济学的角度，慕永通（2007，2005）从福利经济学的角度，林香红等（2012）认为，制约我国海洋渔业发展的因素包括资源环境、资金投入欠缺、复杂的周边海域状况以及技术落后等。二是对海洋渔业资源及管理制度的研究，如李尚鲁（2009）指出，目前中国许多海洋鱼类种群已被充分利用，有的甚至已经枯竭；杨美丽（2009）认为我国政府对沿海渔民实施转产转业政策试试效果不佳，渔民转产后反流捕捞现象严重，"双转"成果很大程度上被削弱；任淑华、刘舜斌（2011）等以浙江省为例，比较深入地探讨了海洋渔业可持续发展的若干问题。学者戴桂林（2002）、邓景耀（2000）、黄硕林（2005）王淼（2002，2008）、扬子江（2002，2009）、秦曼（2013）、张晓泉（2009）、陈东景（2006）、唐议（2010）等都对海洋渔业管理进行了比较深入地研究。

（三）对研究现状的评述

首先，社会-生态系统理论是人类与自然互动关系研究的最新理论成果，国外成果丰硕，国内研究刚刚起步，无论是对于该理论的理解还是实践，都有待于深入和扩展。其次，关于我国海洋渔业管理的研究，存在两个明显的不足：一是研究视角的单一，研究多集中在经济学领域，从公共政策与公共资源治理的研究比较欠缺，特别是缺乏对经验事实的观察以及提供机制与方式的提炼，可行性建议不足，政策指导意义不强。二是理论研究的滞后，一方面受制十公共池塘资源理论，另一方面更多地关注静态自然生态系统，较少关注动态的人类活动，尤其是对人类社会活动与渔业生态系统的互动关系及相互影响的研究几乎还是空白。本研究试图弥补上述研究的不足，实现海洋渔业管理在理论与实践方面的新突破。因此，海洋渔业政策及其管理必须走出单纯的资源利用时代，探索如何使海洋渔业资源与社会、经济、环境协调发展的各种制度措施。

二、人类海洋渔业管理理念的发展与演变

追溯海洋渔业管理的制度安排及其蕴含的海洋伦理思想，探索从人类中心主义向生态中心主义转变的历史轨迹（从人类中心主义、修正的人类中心主

义到生态中心主义的变化），具体管理理念和范式主要包括：基于集权的渔业管理（rights-based fisheries management）；基于社区的渔业管理（community-based fisheries management）；基于生态系统的渔业管理（ecosystem-based fisheries management）；基于社会–生态系统的诊断分析框架（social-ecological system，简称 SES）等等。

（一）基于集权的渔业管理理念

基于集权的渔业管理是政府通过其权威和强制力，对海洋渔业资源进行高度集中的控制和监管的一种制度。[①] 这种渔业管理理念主张由政府事先确定努力量的控制范围并通过各种措施来保证其实现，也就是通过投入控制来限制捕捞能力。政府集权的渔业管理所采取的主要手段有捕捞许可证制度、禁渔期、禁渔区制度以及最小网格限制等措施。作为一种投入控制式的渔业管理理念和模式，主要是通过限定捕捞要素投入的种类和数量，包括对渔具、渔船、捕捞时期和区域的限制来管理渔业。[②] 这样，政府就能通过提供外在的制度来实施保护职能，对社会成员的行为具有规范性的影响，在限制渔业从业人数、预防渔业过度投资、控制渔业捕捞能力等方面的确能起到一定的作用。另外，政府作为第三方强制力量，有助于提高合约承诺的可信赖性，防止和化解冲突，并能运用国家机器对破坏性冲突行为如各种破坏渔业资源的捕捞行为给予制裁。这种政府集权的海洋渔业管理理念的产生深受人类中心主义价值观的支配。人类中心主义主张以人为本，把人看作是宇宙和自然的统治者，将实现人自身的利益看作是最高的道德目标，道德关注的重点只在人本身，而不扩及所有生命，自然资源仅仅是满足人类需要的工具。[③] 受这种价值观的影响，人们无休止地掠夺自然，各种海岸开发使海洋生物的栖息地遭到严重破坏，加速了海洋荒漠化，人与海洋之间是利用与被利用的关系。[④] 因此，人类中心主义与海洋生态环境的恶化、海洋生态系统失衡有直接关联。

① 郭守前.《海洋渔业资源管理的理论探讨》,《华南农业大学学报（社会科学版）》,2004年第 2 期,第 92～97 页。

② 慕永通.《渔业管理：以基于权利的管理为中心》,青岛：中国海洋大学出版,2006 年,第 137 页。

③ 赵晓红.《从人类中心论到生态中心论——当代西方环境伦理思想评价》,《中共中央党校学报》,2005 年第 4 期,第 35～38 页。

④ 钟燕.《人类中心主义与海洋生态困境》,《鄱阳湖学刊》,2010 年第 5 期,第 105～108 页。

（二）基于权利的渔业管理理念

基于权利的渔业管理理念主张依靠市场机制，通过权利的买卖来确定谁有权参与渔业、分配总可捕量（TAC）。通过将产权分配给渔民，渔民获得了捕获一定份额的总可捕量的权利或在特定区域内使用有限数量的渔获努力量的权利。随着海洋渔业资源的衰退，世界各国从 19 世纪末开始逐步引入产出控制措施，主要包括总可捕量（TAC）、个别渔获配额（IQ）、个别可转让渔获配额（ITQ）及渔船渔获量限制（VCQ）[①]。其中，ITQ 是在 TAC 的基础之上，为避免渔业生产的过度投资和渔业资源的过度捕捞，将渔业资源总可捕量（TAC）划分成若干个较小的捕捞配额分配给个别渔业生产单位，包括渔民、渔船、渔业公司等，渔业生产单位可在获得的捕捞配额内自由捕捞，并且这些配额可在市场上进行自由买卖、交换与转让，以提高资源配置效率。但是，ITQ 制度在许多国家实施的过程中产生了一些不容忽视的问题。首先，引发了渔业生产单位的不正当经营，副渔获物的丢弃、谎报渔获量都降低了渔获统计资料的准确性，从而严重影响了渔业资源的养护效果；其次，可能会出现一些投机行为以及高效益的渔业生产单位大量购买捕捞配额，控制市场，形成行业垄断，导致社会财富分配不公，进而引发一些社会公平问题；再次，实施成本高，执行起来较复杂，并且主要适用于捕捞单一种类的鱼类，对多种鱼类的混栖性资源有相当难度。

（三）基于社区的海洋渔业管理理念

基于社区的海洋渔业管理理念是政府集中管理和以市场为导向的私人管理之间的第三条道路。这一理念的核心有两点：首先，该理念主张政府把权力下放到社区和使用者团体，使其能获准参与渔业资源管理，渔民作为直接利益相关者参与资源管理与养护，有效地弥补了政府资源管理的局限性。由于渔业资源使用者可参与当地渔业政策的制定，对政策制定过程能够比较了解，又能增强渔民对政策的认同感，这种赋权化的管理方式能节约渔业管理成本，还能调动渔民积极性，增强其为改进渔业资源系统这一共同利益而作出努力的责任感；其次，由于渔业资源使用者长期从事渔业生产活动，掌握了当地渔业资源比较全面和详细的信息资料，能给研究者带来启发并找到解决当地渔业资源管理问题的切合实际的方法。社区成员共享信息、相互监督，社区的各

---

① 唐建业，黄硕琳.《总可捕和个别可转让渔获配额在我国渔业管理中应用的探讨》，《上海水产大学学报》，2000 年第 2 期，第 125～129 页。

种条件、技术等资源得到充分利用,在提高管理效率的同时,很大程度上也能增强社区渔民抵御风险的能力。但是,该理念及其衍生的管理制度在实施过程中也不可避免地存在一些缺陷。首先,政府官僚机构不愿向当地社区转移资源的控制权,即使进行了权力的转移,社区公共机构也不一定拥有政治权威性、社会合法性、管制资源利用的行政水平和技术能力;其次,地方性社区具有在抵抗外部风险上的脆弱性(如投机性投资,渔业资源退化等)和较小社区所拥有的管理资源的有限性(如科学的研究、监督、服从及强制等);[①] 再次,渔民社区组织对产权制度和政府管理制度的实施具有促进作用,但是组织的过度自治化及对组织内成员的行为产生的"软约束",会削弱制度实施的综合效果。这些新问题新情况的出现与研究,激发专家学者们不断进行理念创新与制度创新。

(四)基于生态系统的渔业管理理念

基于生态系统的渔业管理理念是在人类生态伦理思想由"人类中心主义"向"生态中心伦理"转变过程中出现的,其核心思想是把生态系统当作一个整体,强调生物之间的相互联系、相互依存以及由各物种组成的生态系统的重要性。[②] 基于生态系统的海洋渔业管理是基于科学的生态系统知识,强调人类行为与生态系统之间的相互影响,结合渔民知识、渔民权益、生态科学知识等因素进行综合治理。笔者认为,基于生态系统的渔业管理是基于对海洋渔业生态系统及其结构和功能可靠的科学知识基础之上,基于对海洋生态系统相互作用和生态过程的了解基础之上,为恢复和维持海洋渔业资源的可持续发展,提高海洋生态系统生产力,综合考虑生态、经济、社会、技术等因素而采取的对人类渔业活动的一体化综合管理。总之,这一管理理念有其无法比拟的优势:多层次的合作;利益相关者的参与;信息共享;科学和政策之间的弥合,克服单学科的局限性;基于共识的决策。该管理理念不仅重视海洋科学所提供的海洋物理、生物等知识在科学决策过程中的作用,也同样重视利益相关者、地方政府等社会因素的作用。该理念力求在掌握海洋渔业生态系统各元素及其相互关系的基础上,保持生态系统的活力与健康发展,并同时获得生态、社会与

---

① 郭守前.《海洋渔业资源管理的理论》,《华南农业大学学报》,2004 年第 2 期,第92～97 页。

② 陈爽.《整体性——生态中心主义的根基》,《郑州航空工业管理学院学报》,2008 年第6 期,第 13～15 页。

经济效益。当然，这一理念在实施中也会面临许多复杂问题，如：存在多个相互冲突的目标；渔民和捕捞船队多个捕捞单元以及他们之间的冲突；复杂的社会结构、社会文化对渔业资源和渔业生产的影响；经济体制结构、渔民和政策法规之间的相互作用和冲突；[①] 社会、经济和生态环境的相互作用；由于生态系统存在不稳定性和复杂性，容易降低外界因素对其有益的影响，降低管理效率。

综上，世界海洋渔业管理理念的发展与演变既蕴含着对我国海洋渔业管理理念研究的丰富启示，也蕴含着对我国海洋渔业政策、管理模式和制度构建实践的丰富经验。因此，必须转变"人类中心主义"的价值观，树立生态系统及环境伦理价值观，探求海洋渔业资源的可持续发展之路。

三、我国海洋渔业政策及其面临的问题

海洋渔业政策是专门针对海洋捕捞、海水养殖、海洋渔业加工等海洋渔业发展方面所制定的法律规章、行政命令、政府首脑的书面或口头声明及指示、行动计划与策略等。我国政府一直非常重视海洋渔业的发展，出台了一系列相关的法律法规。在我国，海洋渔业政策的演变与海洋渔业发展大体上是对应的。新中国成立初期，发展近海捕捞成为当时渔业政策的重点，国家通过渔业互助组使渔民走上了集体化道路，建立了渔业资源国家所有的制度安排。计划经济时期，实行"三级所有、队为基础"的体制，渔业经济增长缓慢。改革开放以后，首先是 1979 年"关于渔业许可证的若干问题的暂行规定"的实施，意味着自由入渔制度从此变为进入控制制度。其次是 1986 年《中华人民共和国渔业法》的实施，标志着渔业资源管理法制化进程的开始，在渔业组织制度上，分散的渔民开始走向新的联合，渔业股份制在沿海各地形成。再次是 1996年中国批准了《联合国海洋法公约》，同时宣布中国实施 200 海里专属经济区和大陆架制度，这意味着我国海洋渔业资源管理从"投入控制"制度转向"产出控制"制度。为了恢复已经严重枯竭的渔业资源，从 1995 年起在东海、黄海实行伏季休渔制度。2003 年以后，又先后推行了渔业转产转业政策、柴油补贴政策等。这些政策和法规对海洋渔业资源的利用、保护和恢复起到了一定的作用。但这些与我国现有的海洋渔业管理制度和政府投入的努力量是不成正

---

① 唐国建，崔凤.《国际海洋渔业管理模式研究述评》,《中国海洋大学学报（社会科学版）》,2012 年第 2 期第 8～13 页。

比的,存在的主要问题包括:

(一)海洋渔业政策的公平目标存在缺陷

从理论上讲,公平主要体现在三个方面:即机会均等、规则一致、贡献与收益相等。但是在现实生活中,由于个人的家庭环境、文化差异、综合素质及努力和选择的差别,"即使公共政策主体为人们提供了相同的规则,营造了机会均等的环境,也不会出现人们想象中的绝对公平的结果"。[①] 以海洋渔业产业政策为例,政府和立法机关作为主体,制定和实施渔业产业政策的目的是为了保障渔业的正常运行和有效管理,体现公共政策的价值取向,即"国家性、公共性、价值性和权威性"。[②] 但是在政策实施过程中有时就难免捉襟见肘,不能照顾到相对弱势的群体,且在政策出台的过程当中,并没有或者很少顾忌政策的直接受用者(或"客体")——渔民,政策的话语权出现了偏差,这本身也是一种不公平的体现。另外,由于渔业资源的枯竭,海洋捕捞业属于限制、控制、调整的产业,但是在政策设计上却未区分渔业和农业的不同,而是简单套用"多予少取"的农业政策,即在限制渔业的同时又出台了许多扶持渔业的政策。比如,2005 年取消了渔业税,表面看人均减负数很大,但实际上渔民中已经分化30% 的股东和 70% 的雇工,这些规费、税款是由股东负担的,因此,享受到减负成果的是 30% 的股东,出现了"多予"是多予了少数人,"少取"也是少取了少数人。再比如,柴油补贴、减船补助政策直接受益者均为占渔民 30% 的股东和船主,而大多数传统渔民很难享受到这些优惠政策的实惠。

(二)海洋渔业政策的制度设计存在缺陷

随着技术的不断进步,渔船机械化及网具、冷冻设备的发展,对渔业资源的掠夺性生产加重了近海渔场的压力;大量工农业及城镇生活污水向近海排放;过度的养殖超过海洋生态环境的承载能力;多边渔业协定的签署生效迫使大量的捕捞渔船从原外海渔场退回到近海渔场作业。对此,海洋渔业政策在设计上未予以全面考虑,尤其是面对海洋渔业资源的枯竭,一方面要限制、控制海洋渔业的发展,一方面要注重渔民权益的维护以及政策的普惠性,以体现国家对海洋渔业的控制和对渔民权益合理、公平、有效的设置。现有的政策要么没有完全重视后果,要么没有相关的法律约束,从而导致了海洋环境的持续

---

① 姜占新.《公共政策价值取向分析》,《内蒙古民族大学学报》,2007 年第 6 期,第 13~14 页。

② 关信平.《社会政策概论》,高等教育出版社年,2009 年。

恶化,鱼类大量减少。加之渔业管理主要是采取投入控制的方法,捕捞努力量远远超出资源所能承受的限度,这种管理制度存在致命的弱点,即难以保证渔业资源利用的合理性和可持续性。与此同时,在海洋渔业政策的现实与未来选择上,表现出只顾眼前利益,不顾长远利益,只顾当代人的需求,不顾子孙后代的生存,只顾眼前"吃"的需求,不顾长远资源的养护,未能真正贯彻海洋渔业可持续发展的理念。从而导致更多地"关注政策的眼前效益和经济效益而忽视其长远效益和社会效益,更多地关注生产力的发展和效率的实现而忽视精神层面的需求和社会公平的实现"。[1] 以至于堂而皇之地、"道德地"忽略或侵害了海洋渔业和与渔民的长远利益。

（三）海洋渔业政策执行中政府管理成本太高。

渔业政策的管理成本"取决于规则的繁简,取决于渔业活动的地理分布,取决于渔民如何看待这些规则"。[2] 我国目前实行的海洋渔业控制制度包括捕捞许可证制度、捕捞限额制度、休渔制度、渔业资源课税制度(即资源增至保护费)等,这些制度基本上是以控制入渔者数量和捕捞努力量为目的,这种制度虽然比较容易操作,但其运行成本很高,需要政府投入巨大的人力、物力和财力。以休渔制度为例,该制度虽然在休渔期对渔业资源的保护和恢复具有一定的效果,但是在休渔期结束后,渔民在休渔期积累的力量就会出现一个大的爆发,大量的捕捞渔船集中投入到某水域海洋捕捞作业中,使得捕捞量在短时间内达到一个高峰,休渔期间养护取得的效果可能很快即被利用殆尽,来年的鱼群存量并没有得到有效补充,资源恢复的目标无法实现。因此,休渔制度并不能有效解决渔业资源养护和利用的矛盾。同样,"捕捞许可制度并没有对渔船的总捕捞数量做出明确限制,只是对渔船的作业类型、捕捞鱼类的品种、作业范围、主机功率大小、渔具数量等进行了规定,但是渔民可以通过延长捕鱼时间、改进捕捞技术和工具等手段增加捕鱼量,从而获得自身捕捞收入最大化,导致渔业捕捞的过度投入"。[3] 所以,即使海洋捕捞许可制度在实施中通过严格的手段获得有效的执行,其效力也只能体现在可以有效限制渔船的数量

---

① 杨子江,赵文武,阎彩萍.《现代渔业公共政策的价值取向》,《研究中国渔业经济》,2009年第5期,第12～18页。

② 周达军,崔旺来.《海洋公共政策研究》,北京:海洋出版社,2009年,第131页。

③ 吴文燕.《基于适应性管理的个别可转让制度研究》,中国海洋大学硕士研究生论文,2012年,第42页。

和总功率,而无法有效地控制渔船的捕捞数量和渔业的总捕捞量。

四、基于社会-生态系统的理论及其对我国海洋渔业政策改革的适应性

综上所述,由于海洋渔业资源所有权归国家所有,在具体管理中政府代理国家支配渔业资源,资源行政管理替代了资源产权管理,使得现行的海洋渔业管理制度具有自上而下、集权、单一、静态化及命令-控制式特点,容易导致政府和渔民的二元博弈,容易忽视基层群众的乡土诉求,容易出现政策执行的偏差,最终导致政府管理成本增加,政策难以落实到基层,不能有效地实现增进渔民福利保护渔业资源的目标,使海洋渔业发展面临资源衰竭、环境受损、生态系统失衡等一系列问题,海洋渔业管理陷入制度困境。

海洋生态系统的复杂性决定了应当从更广阔的视角,既考虑社会因素又考虑生态因素,采取基于社会-生态系统的海洋渔业管理模式。传统的(命令-控制)海洋渔业管理制度已难以摆脱公地悲剧的困境。基于社会-生态系统的分析框架融入了社会人文和自然生态的双重因素,分别从"社会面"和"生态面"等两个基本面,从资源-使用者-治理系统之间的紧密关系入手,建立一个完整的治理体系,即人类行动和生态结构紧密联系、相互依赖、相互耦合、多维互动,具有复杂性、多嵌套、自组织、非线性、多样性、多稳态、循环性等特征的社会-生态系统。因此,推动社会-生态系统耦合分析理论在我国的本土化论证和检验,以适应性系统为视角,强调生态系统与人类社会的整合,为海洋渔业管理提供全新的制度变迁新范式。这种治理模式既可以避免对海洋渔业资源过度开发,确保海洋渔业生态系统服务的可持续性,又可以协调人海矛盾,探讨适合于我国海洋渔业管理的制度安排,促进海洋渔业的转型升级和可持续发展。

对现有的管理政策进行优化改革,必须寻求一种全新的分析视角,构建一种多样化的制度体系框架。即以生态优先、人海和谐及增加福利为理念,以社会系统和生态系统为基本方面,以治理系统、使用者系统、生态系统为基本维度,以能力建设、制度建设及市场网络为制度层次,以自主治理、适应性治理及恢复力为治理路径的制度改革框架。

如图1所示,建立分层次、多样性的海洋渔业治理体系(政府、社区、私营部门、民间组织、国际和区域发展组织)和多样化的政策机制(自组织、市场机

制和志愿机制），改变"命令－控制"型的传统官僚结构，通过分权、合作、社会学习、民主协商和多层级治理等手段重构海洋渔业治理体系，寻找与当地的生态环境、人文环境等相匹配的制度安排，使政府机构、地方社区、资源使用者、NGO和其他利益相关者在资源管理过程中的权力和责任分享，更好地分配和保护渔业资源，更好地促进长期规划，更好地增进渔民福利，增长渔民能力。

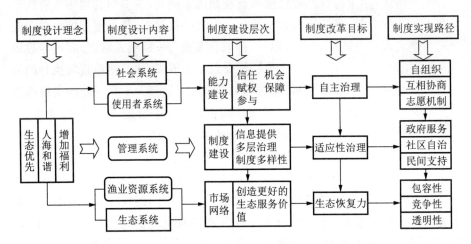

图1 基于社会－生态系统的我国海洋渔业管理制度改革框架

　　总之，本文试图阐述以下几点：第一，人类与海洋的关系不仅仅是一个生态问题，更是一个社会问题，一个治理问题。对海洋渔业管理必须走出单纯的资源利用时代，探索如何使海洋渔业资源与社会、经济、环境协调发展的各种制度措施。第二，我国海洋渔业资源的高强度利用和环境污染是长期的，基于社会－生态系统的制度分析框架为海洋渔业管理提供了最佳视野，是避免海洋渔业资源过度利用、摆脱哈丁公地悲剧困境的关键所在，也是促进海洋渔业可持续发展的重要策略。第三，海洋渔业管理制度改革的设计与执行过程中应当充分尊重不同机构和政策主体的功能，明确角色与分工，通过不断的协商、对话等民主治理手段推进制度变革，同时应更多地倚赖多样化的制度——自组织、市场机制和志愿者机制等形成一个多元化的制度体系。第四，海洋渔业管理制度的完善主要依赖于政治的透明和进步，依赖于渔业公共部门效率的提高和问责制的完善，依赖于市场体制的包容性、竞争性和透明性的增加，以及为渔民提供更多谋生手段的非正式部门。

海洋环境污染治理的刑法学考量

全永波 周 鹏[*]

（浙江海洋学院 浙江舟山 316021）

摘要：随着海洋区域经济的不断发展，海洋环境污染形势日益严峻。海洋环境污染的治理手段具有多样化，其中用刑法措施完善污染的治理结构，达到海洋环境的保护目的，是当前研究环境治理的重要路径。从刑法学视角关注污染治理需要考量当前海洋环境污染治理的刑法规范的不足，借鉴先进国家的治理规范，突破刑法学的传统立法观念、调整刑罚结构、增设海洋污染罪等，完善我国海洋环境污染的刑法制度。

关键词：海洋环境 刑事责任 海洋污染 立法完善

一、研究缘起

（一）国内背景

随着我国海洋战略的深入推进，海洋污染问题亟待治理。近年来，近海海洋污染事件频发，使我国海洋生态系统更加脆弱，严重破坏生态平衡。例如2011年康菲（中国）渤海溢油事件，造成超过840平方千米的严重污染，对渤海海域生态以及渔业经济造成巨大且持续性的损害。但随后康菲（中国）所表现出来的傲慢态度应值得我们反思，一方面是因为其海洋环境责任心的缺失，另一方面，是因为我国没有完善的海洋环境保护法制体系和严厉的处罚措施，使其违法成本降低，对海洋环境污染后的惩罚威慑力严重不足。

---

* 全永波，男，浙江海洋学院教授，研究方向为海洋立法；周鹏，男，浙江海洋学院硕士研究生。

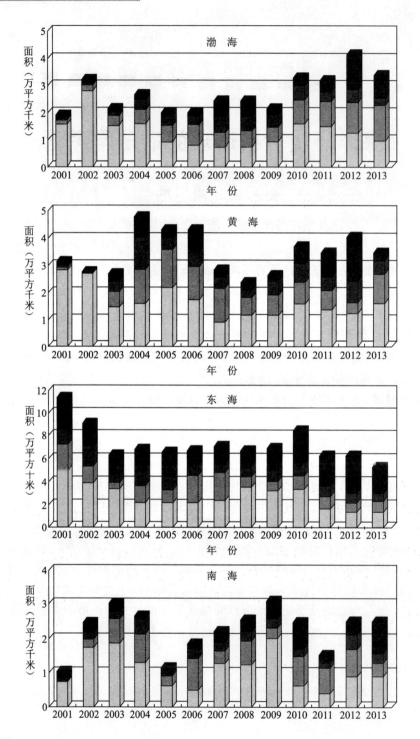

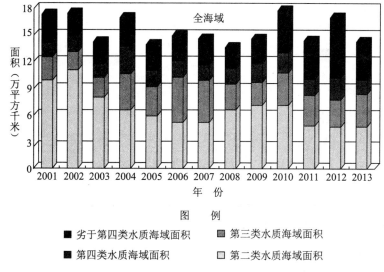

图1　2013 年我国管辖海域水质等级分布示意图 [①]

（二）国际背景

从 20 世纪中叶以来,环境问题特别是海洋环境问题逐渐由个体转变为整体,成为一种全球性的问题。国际社会虽努力寻求并完善相对应的海洋污染治理机制,采用多种手段保护海洋环境。然而,海洋污染问题确愈演愈烈,海洋生态环境更加恶化。

国际社会的合作和国际法的制定与执行是海洋环境污染治理的重要途径。当然,国际法作为一种较为系统的海洋污染保护法制体系,具有权利与义务的制度性解释,它架构了一个国与国相互合作的共同框架,通过国际法来调整跨区域的环境关系,其规范形式通常表现为国际条约、协议以及软法的国际文件。[①]1954 年在伦敦召开了防止海洋石油污染的第一次国际外交会议并通过《防止海洋石油污染的国际公约》以后,国际社会出台了诸如《公法公约》、《私法公约》、《伦敦公约》等,直到 1982 年的《联合国海洋法公约》提出各国"应采取一切必要的措施,确保在其管辖或控制下的活动的进行不致使其他国家及其环境遭受污染的损害,并确保在其管辖或控制范围内的事件,或活动所造成的污染不致扩大本国管辖范围之外"(第 194 条)。《公约》不仅要求控制各种来源的海洋环境污染,包括由于陆源污染物、船舶、海底矿物资源的勘探

---

① 资料来源:2013 年中国海洋环境状况公报。

开发、倾倒废弃物造成的海洋污染以及经由大气的污染．而且还规定了对各种来源污染的管辖权。

但是，国际法与众多现行法律相同，具有一些无法避免的缺陷，例如缺乏执法和司法的国际体系、强制力不足、受国家利益影响等。从这一角度看，我们似乎可以将日益恶化的海洋生态环境与国际法的先天缺陷联系起来。

（三）刑法适用背景

新中国成立以来，我国先后参加了《1969年国际油污损害民事责任公约》及1976年议定书（1980年）、《1973年防止船舶造成污染国际公约》及1978年议定书，国内方面制定了《海洋环境保护法》、《海洋石油勘探开发环境保护管理条例》、《防治海洋工程建设项目污染损害海洋环境管理条例》、《国家海域使用管理暂行条例》等一系列法律法规。但无论是参加国际条约还是国内立法，我国对海洋污染行为的追究以行政责任和民事责任为主，随着海洋污染事件高频爆发，单从上述两个方面对当事人进行问责显然力度过轻，对污染行为起不到预防与制裁作用。因此，只有将海洋环境污染行为纳入刑法处罚领域，对海洋污染行为适用刑法处罚，才能使法律更好地发挥其指引、评价、预测、强制和教育的作用。

二、我国涉及海洋环境保护的立法现状与缺陷

近年来，随着国家对海洋环境日益重视，我国海洋环境保护立法方面取得了较大成就，例如我国《海洋环境保护法》、《海商法》、《防止船舶污染海域管埋条例》等一系列法律，对追究污染事故责任人做了较为明确的规定。一方面完善了我国关于保护海洋环境的法律体系，另一方面也从现实角度起到了威慑作用。但是，随着科技的发展，污染形式以及污染手段变得多种多样，污染后续治理也变得越来越困难，而过去的法律在现实面前则变得笼统、模糊、无可操作性。当法律无法适应现实发展的时候，其缺陷就逐渐暴露出来。

（一）立法思想存在偏差

从我国刑法立法方面可以看出，只有在公民财产、身体等受到严重侵害时才适用刑法。换句话说，只有当侵害发生后，才能受到刑法的调整。而我国刑法对人类未来权益的保护，比如说环境遭受的持续性侵害或者对未来有重大影响的违法行为缺乏必要的调整。立法只注重对已知结果的惩罚，忽略了行为对未来的影响，对未来造成的不可预知的后果也无法调整。只有将环境法

益的损害作为评判的起点,才能体现对公民在环境中所享有的权益保护。

(二)相关环境保护法中缺乏具体实施细则

现存法律中关于犯罪行为程度的界定较为模糊,配套法规长期得不到补充完善,如造成"重大事故"、"重大损失"等字眼经常在有关环境污染案例中出现。而对环境污染的程度确定,特别是海洋环境污染中"重大事故"、"重大损失"该如何界定?其操作上存在不确定性。另外,当前我国海洋污染的处罚标准也存在不确定性,多数处罚只对应目前受污染状况,但所作出的处罚对未来损失缺乏评价,进而对责任方的刑事处罚畸轻,这种模糊的、主观的、难以量化的处罚标准难以真正保护海洋环境。

(三)刑法罪刑体系不完整

其一,我国《刑法》及相关行政法规定的处罚力度过轻。在各类涉嫌海洋污染犯罪中,无论罪行大小,所造成后果严重程度,均用行政法或者民法来调整,但是以罚金为主显然力度不够。现行刑法中,虽然实行双罚制,但是法定刑最高也不过7年,这样的处罚配置对海洋污染犯罪行为很难起到震慑作用。

其二,刑罚种类太过单一。仅依照《环境保护法》第91条第三款,以及《刑法》第338、339条对污染后果进行量刑法律依据太过单薄,即使确定污染后果适用刑罚,也只能靠自由刑和财产刑来调整,这样的法律体系面对越来越多的海洋环境污染行为日渐乏力,缺乏像俄罗斯、英国、日本、新加坡等海洋大国刑法种类多样的特点。

三、国外海洋环境污染刑法制度分析

世界范围内,对海洋污染犯罪行为的相关立法已有较大突破,大多设立单独的海洋污染罪,有些国家还规定了海洋污染罪的行为犯和危险犯,像俄罗斯等传统海洋大国还设立了资格刑。英美法系国家以判例为指导,法官对海洋污染犯罪行为的处罚采用从重原则;而大陆法系国家通过积极推动修改国家立法,将海洋污染犯罪的处罚明文列入法典,对污染实施者起到震慑作用。

表1 部分国家刑法针对海洋污染犯罪的规定

国　　家	规　　定
英　　国	《环境法 1990》Environmenial Act 1990,设立海洋污染罪
日　　本	《日本公害罪法》惩罚污染海洋环境的行为犯、危险犯

国　家	规　定
俄罗斯	《俄罗斯刑法典》设立污染海洋罪，设立资格刑
新加坡	《防止海洋污染法令》设立海洋污染罪，惩罚污染海洋环境的行为犯

本文以俄罗斯和新加坡为例分析国际上海洋环境污染的刑罚制度。

（一）大陆法系——以俄罗斯为例

1.设立污染海洋罪

作为海洋大国，俄罗斯向来注重海洋环境的保护，从前苏联时期就对海洋污染行为做出了较为有针对性的规定。后来随着社会的发展，其对海洋污染的相关立法愈加严厉，例如 1974 年苏联最高苏维埃主席团发布了关于"以有害人们健康和有害于海洋动物资源的物质污染海水要加重责任的"的通令，对海洋污染犯罪行为从重处罚。而后时代变迁，《俄罗斯民法典》第 252 条对海洋环境污染的方式、处罚方式都有详细的规定。同时设立污染海洋罪，刑罚种类多样且有针对性。

2.设立专门资格刑

《俄罗斯刑法典》中将污染海洋单独定罪，在多种多样的处罚方式中，包括剥夺行为人担任一定职务或者从事某种活动的权利，这在全世界刑法中是少有的，这一刑罚能更深一层地对海洋污染犯罪行为进行处罚，起到了良好的二次预防作用，将刑法的特殊功能展现出来。

（二）英美法系——以新加坡为例

1.立法有针对性

之所以用新加坡作为案例，是因为其特殊的地理位置，特殊的地理位置迫使新加坡加重对海洋污染犯罪的处罚力度。其中，新加坡的《防止海洋污染法令》特别详细地列举了可能造成海洋污染的污染物种类，对不同的污染行为根据具体情况追究不同责任，行政责任和刑事责任并存。

2.对污染海洋的犯罪行为规定为行为犯

在 1971 年《防止海洋污染法令》等新加坡相关立法的具体法条来看，新加坡对污染海洋的犯罪行为规定为行为犯，只要是实施了法律禁止行为，对海洋环境安全造成威胁即构成犯罪，且处罚力度连年加重，特别是排污方面的量刑。

四、我国海洋环境污染治理的刑法制度完善

（一）突破传统刑法立法观念

反观从前，人们对犯罪的普遍观念是造成他人或社会的人身、财产损失，并且这些损失有明确性和即时性，大多数为已经发生的行为。而环境污染特别是海洋环境的污染具有特殊性，单纯的污染行为可能对整个海洋生态环境系统的危害是巨大且有隐蔽性的，其危害在现阶段所适用处罚也仅仅限制在已造成的破坏。但是，污染行为对海洋环境生态系统后续造成的损害难以量化，因此，海洋污染犯罪是一种特殊的犯罪行为。

我们在处理海洋污染犯罪时，不能仅考虑明确即时的损害后果，应认识到对人类共同利益带来的后续损害，所以，应摆脱传统的刑法立法观念，对后续损害后果有一个科学的预测，对海洋污染犯罪行为施行持续性的惩罚措施，直至灾害完全消除，从源头上对海洋污染犯罪行为进行防范。

（二）调整刑罚结构

从刑罚结构这一角度来看，西方国家刑罚结构的变迁生动地体现了海洋刑法的不断进步和完善，对我国有很高的借鉴价值。从以前的只有自由刑，到自由刑与财产刑并重，再到以财产刑为中心，资格刑等多种其他刑罚措施相互配合，立足现实，很好地适应了时代的发展，对海洋环境的保护提供了法律支撑。

我国在海洋环境保护方面仍然以自由刑为主，财产刑并没有得到重视，资格刑等其他刑罚基本处于空白状态。在海洋经济高速发展的今天，这样落后的法制建设使我国海洋发展处于极为不利的状态。因此，调整我国海洋环境的刑罚结构，是完善我国海洋立法的重要一步。

首先，以自由刑为主，虽然海洋环境污染带来的危害较大，但笔者认为仍不适用死刑，因为死刑会使从事海洋经济活动的风险成倍扩大，不利于海洋经济的发展。其次，将财产刑大规模引入海洋污染犯罪的刑罚中，提高惩罚力度，扩大财产刑的使用范围，特别是对主观过失的量刑。最后，建立多种刑罚相互配合的刑罚体系，学习西方国家立法经验，立足我国实际情况，辨证地将资格刑等刑罚引入我国海洋环境刑罚体系。

（三）对海洋污染犯罪适用严格责任原则

虽然说严格责任原则是一项规则原则，只存在于大陆法系中的民法与行

政法领域,刑法一般不承认严格责任原则的存在。而英美法系的刑法中严格责任原则的存在却有现实意义。

1. 严格责任原则概念

《布莱克法律辞典》解释为:"因违反维护某种案例的绝对义务而应承担的责任,这种责任并不以伤害的故意或重大过失为条件,通常应用于高度危险作业致人损害或产品责任的案件中,又可以称为绝对责任(absolute liability)或无过错责任(liability without tfault)。"《牛津法律指南》解释为:"实际上是一种高于通常的合理注意的责任标准,责任产生于应该避免的伤害事件发生之外,不论当事人采取了怎样的注意和谨慎,只要发生损害就承担责任,但它不是由某些制定法设定标准的绝对责任,即使承担严格责任,当事人仍然可以进行某些有限的责任抗辩,不过已经尽到合理注意不在其列。"

2. 适用严格责任原则的背景

在危害海洋环境的犯罪行为中,大多数所造成的后果对公众有很大影响。但是如果要证明责任人是否出于故意是很困难的,因此,如果以犯罪意图最为犯罪的构成要件,则不能使责任人受到应得的法律惩罚,许多虚假的辩护也会因此成立。

目前,我国关于海洋环境保护的相关法律以及刑事立法中并没有对环境犯罪适用严格责任原则。而在实践中,要证明责任人对行为后果有过失的确有很大困难,我国追究刑事责任又适用的过错原则,法律实际产生效果达不到立法期待效果,导致很多污染行为逃脱法律制裁。

3. 适用严格责任原则的理由

我国法学界对于严格责任原则的争议大体分为两种,一种是侧重行为人的主观心理;另一种则是侧重行为后果。笔者更倾向于后者,因为无论行为人主观心理是否出于故意,其后果已经造成,刑法侧重的是结果的危害性,所以,行为人主观心理是过失还是故意,都不影响海洋已遭受污染事实的形成。

在我国刑事立法中考虑引入严格责任原则,借鉴西方国家的立法模式,主要理由有以下几点:一是出于目的论,符合刑法目的,可以对海洋环境安全起到保护和预防作用。二是符合刑法中罪刑相适应原则,如果说难以确定行为人主观方面就不追究刑事责任,那就违背了刑法的基本原则,使公众利益难以保障。三是有助于司法机关解决实际问题,严格责任原则的引用,使处理污染犯罪行为人难以确定的因素方面有了处理依据。四是有利于提高涉海企业或个人的责任心,使其从保护自身、避免刑罚出发减少海洋污染行为的实施。

(四)增设海洋污染罪

1. 增设海洋污染罪的意义

首先,法律存在空白性,特别是我国海洋立法在各个环节都有待完善,增设海洋污染罪有利于填补此方面的空白,为后续法律的完善提供前提条件。其次,国际上对于海洋的权利与义务已有相关规定,增设海洋污染罪有利于保障我国的合法海洋权益。最后,增设海洋污染罪有利于从根本上保护海洋环境,合理地利用海洋资源,对海洋污染犯罪行为实行准确的刑法惩罚。

2. 海洋污染罪主体

我国对于污染海洋环境的处罚,造成的后果与承担的责任严重不符,因此污染犯罪行为屡禁不止。我国很多学者对于海洋污染罪的定义特别是污染主体的限定极为狭隘,该罪的犯罪主体只限于涉海企业或团体,而并没有具体到个人。换句话说,如果法律只针对团体或涉海企业,那么其他企业或个人的行为造成的污染后果则会逃脱法律处罚,这种大网捉小鱼的形式对保护海洋环境极为不利。

因此,为体现法律面前人人平等原则,也为更好地保护我国海洋环境,定义海洋污染罪的犯罪主体应突破局限性,将违法海洋环境保护法及其他相关法律规定的,其活动直接或间接地危害海洋环境,可能或已经造成海洋环境污染的行为,应承担与其犯罪行为相对应的法律后果,无论是个人还是企业。

3. 污染海洋罪的刑罚

目前我国学者对海洋污染罪的处罚有着不同的看法,有的学者认为该罪应该根据海洋环境污染的程度和责任人的主观心态分别量刑,还有的学者认为应该根据环境污染事故来量刑。但是,我国现行法律中的法定刑与实际造成的危害不符,虽然随着我国法制建设的深入,法院会根据综合情况实施处罚,但是处罚结果也仅限于法律框架之内,因为对于该罪的法定刑罚较低,即使法院认定是重罪,那么在此框架中,也很难做出与之行为后果相适应的处罚。

按照刑法的罪刑相适应原则,应在处理该问题时设立必要且科学的刑罚幅度,同时加重罚金,对海洋污染罪的刑罚力度应大幅度提高:对违反《海洋保护法》以及其他法律的相关规定,向海洋中排放污染物,直接或间接地引起海洋污染,造成严重后果的,应处以 10 年以上有期徒刑,并处罚金;情节较轻的处 3 年以上 10 年以下有期徒刑，并处罚金；对于污染后积极采取行动挽回损失的，并且处理结果经有关部门认定，未造成后续污染的，可处以三年以下有期徒刑或拘役，并处罚金。

（五）设置资格刑

资格刑就是对犯罪人从事某项活动的权利进行剥夺，也就是从未来的角度对其进行约束，对未来的犯罪行为有很好的防范和杜绝作用，笔者认为对于海洋污染犯罪行为，资格刑也有较大的适用空间。

将资格刑引入刑法，大致可分为两种，一种是对自然人适用的资格刑，另一种是对企业、单位适用的资格刑。前者主要是剥夺其担任一定职务或从事某个专业领域的活动的资格，同时应包括负有监察责任的公务人员等担任该职务的资格。后者主要是针对企业和单位，首先对其污染犯罪行为所造成的后果的不同，酌情适用，可分为一段时间内剥夺该项经营活动的权利和永久性剥夺该项经营活动的权利。

设立资格刑，一方面可以强化刑法功能，弥补现行刑法中存在的不足；另一方面还可以从现实角度对海洋环境进行持续地保护，有利用达到最佳的预防、保护作用。

五、结语

因为我国特殊的经济体制，有些刑罚措施的执行仍存在阻力，但随着社会主义法制体系建设的深入以及国家对海洋环境的重视，加以众多法律人才的共同努力，我们一定可以探索出一条适合我国国情的出路。

当前，我国海洋环境面临巨大挑战，海洋犯罪现象十分突出，如何能够在贯彻国家海洋战略的同时，做到合理开发，积极保护，为子孙后代保留一片净海，是摆在我们面前的一个重大课题。笔者认为只有通过健全法制建设特别是刑法体系的建设，让犯罪人受到民事和刑事的双重处罚，提高违法犯罪的成本，方能从根本上杜绝污染事件的发生，维护海洋生态环境安全，实现经济与环境的共赢。

海洋渔业"双转"政策与风险社会中的渔民

——以渔民为视角的考察

高法成　罗　鹏*

（广东海洋大学政治与行政学院　广东湛江　524088）

摘要：海洋渔民在"双转"政策的安排下,放弃捕捞转向养殖与加工产业,甚至置地为民,这为海洋生态保护、渔业资源的恢复起到了重要作用。但政策在实施后,并没有从渔民的视角来审视政策的效果。在风险社会的理论认识下,对渔民在"双转"前后收入、社会保障的调查,以及渔民对"双转"政策的评价,凸显出渔民的风险社会特点,需要我们系统化地应对。

关键词：海洋渔业渔民　转产转业　风险社会

因我国近海水域生态破坏严重、渔业资源衰退以及因与日韩等国渔业协定生效而导致沿海海洋渔民作业渔场的收缩,对我国海洋渔业产生了不利的影响,于是国家制定并实施了沿海渔民转产转业政策,简称"双转"。事实上,从事海洋捕捞业的海洋渔民在远离陆地的海上作业,生产方式分散,流动性强,单位从业者一旦脱离自己熟悉的环境,则抗风险能力急剧下降。同时,较

---

* 中国海洋发展研究中心青年项目"海洋生态保护的挤出效应:渔民隐性社会风险的增加及对策研究"（编号:AOCQN201207）;广东海洋大学人才引进启动项目"海洋生态保护的挤出效应:渔民隐性社会风险的增加及对策研究"（编号:E12313）。

高法成(1976—),男,汉族,山东聊城人,广东海洋大学政治与行政学院,博士,社会学系副主任,研究方向为人口与文化、经济社会学;罗鹏(1982—),男,汉族,湖北随州人,广东海洋大学寸金学院,讲师,研究方向为公共管理理论与实践。

强的劳动生产强度和较长的连续工作时间对海洋渔民自身的年龄、体力、反应能力都要求很高，即海洋渔民到了一定年龄则须退休而离海上岸，年老退休海洋渔民面临老无所养的风险。而年轻的一代，则因教育落后等问题，又受到大环境的不良影响，生存技能与毅力更加脆弱，转产转业的竞争力更为不强。仍然从事渔业生产的渔民，则面临环境污染和各种公私行为导致的对渔业水域的侵占，传统作业渔场面积的持续萎缩，渔业资源的日益衰退，以及渔业生产资料价格的不断上涨等难题，生产经营风险不断加大，最终仍可能陷入失海失业的境地。此外，海水养殖业因技术、资金投入等能力的限制，必然生产环境的污染与市场竞争的难题，这些都是渔民难以应付的。因此，渔民受自身的技能而基本囿于养殖业的境况，将带来更多难以立刻估计出并显现出的风险。

一、"双转"政策与风险社会：渔民社会的新问题

德国社会学家乌尔里希·贝克认为："现代性正从古典工业社会的轮廓中脱颖而出，正在形成一种崭新的形式——（工业的）'风险社会'。"[1] 他认为："风险概念是个指明自然终结和传统终结的概念；或者换句话说，在自然和传统失去它们的无限效力并依赖于人的决定的地方，才谈得上风险。"[2] 英国学者安东尼·吉登斯认为，"在自然和传统消亡后生存的世界，其特点是从外部风险向……'人造风险'转移"[3]。那么，"在这样的风险社会中，个体一旦失去传统工业社会的社会认同基础和保护屏障，就进入风险状态……如果说科学技术的内在悖论所制造的风险社会有毁灭人类自身的能力和可能，属于'生存性风险社会'范畴，那么，跟劳动市场和个体化联系在一起的风险社会则属于'生活性风险社会'范畴，二者构成风险社会的一体两面"[4]。

捕捞渔民在某种程度上就可以比拟为企业，他的投资体现在下海捕捞的工具投入上——渔船、船网、燃油等，还有劳力、工具维修和折旧等成本开支，一般说来，每户渔民投资渔船和网具达几万元至十几万元，尤其是在今天捕捞

---

① [德]乌尔里希·贝克. 何博闻译.《风险社会》，南京：译林出版社，2004年2月。

② [德]乌尔里希·贝克，约翰内斯·威尔姆斯. 路国林译.《自由与资本主义——与著名社会学家乌尔里希·贝克对话》，杭州：浙江人民出版社，2001年，第119页。

③ [英]安东尼·吉登斯，克里斯多弗·皮尔森. 尹宏毅译.《现代性——吉登斯访谈录》，北京：新华出版社，2001年，第195页。

④ 肖瑛.《风险社会与中国》，《探索与争鸣》，2012年第4期，第47页。

许可的监管下,渔民捕捞投资甚至要达到百万元以上,这对一家一户型的渔民来讲,投资风险越来越大,如果不转型升级,不但对海洋生态继续造成不可逆转的伤害,就是自身的生存也难以为继,这令渔民处于"生存性风险社会"。而渔民转产转业后重新集聚的海洋渔业捕捞产业地带完全可以由有实力的社会资本进入,形成企业化捕捞经营,不但有利于维持生态保护效果,还可以将转产转业的渔民转化为"渔工",让其上岸而不离海,实现产业工人化,解决风险问题。但现实却发生了变化。由于人口是影响环境变化的重要因素,既然要大力整治生态环境,那减少该环境内的从业人口必须可以带来生态保护的效益,于是"渔民转产转业的越多,生态保护的效果就越明显"的认知效应迅速扩散开来,渔民转产转业演变成农民,海洋生态保护演变成对渔民数量的控制。课题组的调查显示,在没有资本进入的中国海洋捕捞,现今渔民捕捞日维持费用要在 2 万元左右,调查涉及的渔区 80% 的渔船处于亏损状态,15% 勉强持平,而只有不到 5% 的渔船可以赢利,尽管鱼价近两年有了累积 30% 以上的上涨,但可捕鱼类数量却下降了 50%,在这个层面讲,渔民一旦接受"双转"的安排,就让自己处于了"生活性风险社会"之中。

为了对"双转"政策引发的渔民风险社会问题做一个客观、切实的评价,本研究选取了受中越渔业协定影响比较大的,也是渔民转产转业试点城市——湛江雷州市作为评估样本。雷州市是一个海洋渔业大市,东濒南海,西临北部湾,拥有 406 千米海岸线,10 米等深线浅海滩涂面积 150 万亩,与全市陆地耕地面积相等。全市下辖 18 个镇,3 个街道办,11 个国有农、林、盐场,其中沿海镇 13 个,渔业村 135 个。捕捞渔船 2 547 艘,82 145 千瓦,全市渔业人口为 22 万人,渔业劳动力为 5.3 万人,其中捕捞劳力总人数 2.4 万人,捕捞渔民中纯渔民中纯渔民与半渔民农人员的比例为 4:6。渔区生产以海洋捕捞、海水养殖、后勤服务为主。本次调查共涉及雷州市两个纯渔业村和三个半渔半农村,共计调查样本户 120 户。

120 户渔民的基本情况如表 1-1 所示:

表 1-1　雷州市 120 户渔民基本情况

户主年龄	平　均	20 以下	20~29	30~39	40~49	50~59	60 以上
	49 岁	无	5 人	22 人	34 人	41 人	18 人
户主文化	文　盲	小　学	初　中	高　中	大　专	大　学	
	22 人	64 人	29 人	5 人	无	无	

续 表

家庭人口	平均	2人以下	3人	4人	5人	6人	7人以上
	4.9人	6户	14户	29户	22户	36户	13户
家庭劳力	平均	1个	2个	3个	4个	5个	6个以上
	2.7个	6户	48户	42户	18户	5户	1户

120户渔民中转产转业情况如表1-2所示：

表1-2 雷州市120户渔民转产转业情况

项目	户数	规模				投资(万元)				资金来源					收入(万元)			
养殖业	9	5亩	10	15	20	5	10	15	20	国家	省	市	乡	自	3	6	9	10
		5户	1	1	2	4	3	1	1	62万	9	3	1	20	1	6	1	1
加工业	2	大	中	小		10	20			国家	省	市	乡	自	5	10		
			1	1		1	1			3万	4	2		14	1	1		
三产业	1	30平方米				1				国家	省	市	乡	自	1			
		1				1				9万	9				1			
其他	36														0.5	1	1.5	2
															9	25	1	1

接受调查的120户渔民中有48户已经转产转业,占调查户的40%。从转产转业渔民的从业情况来看,从事养殖业的9户,占转产渔民的19%;从事加工业的2户,占4%;从事三产业的1户,占2%;从事其他产业的主要在本地和外地打工的36户,占75%。

从事海水养殖业是渔民转产转业的一条切实可行的出路。我们调查了9户养殖户,养殖规模在5亩、10亩和20亩左右,主要还是5亩为主。投资规模主要在5～10万,15～20万的只有2户。资金来源主要是国家和省的转产转业扶助资金71万,占75%,其次是渔民自有资金20万,占21%,市、县、乡4万,占4.2%。

从事加工业是规避转产转业渔民的文化和技能较低的途径。我们调查的2户转产加工业的仅是中小规模,投资分别在10万和20万,国家和省市虽然有支持,但是自筹资金还占主体。但加工业的投资规模较大,如何支持转产转业渔民从事加工业值得研究,从事三产业也是渔民转产转业的一条有效途径。

不过,这次我们只调查了一户从事商业的转产渔民,其经营规模不算很大,收入也不高。

渔民转产转业是瞬间行动,而海洋生态保护却是长期行动,且海洋生态保护的效果受到各种客观因素的影响。即使是保护了,对海洋鱼类的捕捞仍然是人类必须进行的作业,那就没理由认为海洋生态保护的效果是由渔民转产转业来实现的。而由经济理论的认识,渔民转产转业的行为应直接受到市场利益的控制,而不是生态保护的政策强制。"双转"政策对生态保护的效用到底如何,还未能有权威的评估,但给渔民带来的风险问题已经有所显现,只是一直未能引起重视。

二、生活性风险社会对渔民社会影响的实证分析

渔民所遭遇的风险社会,因"双转"政策而凸显出来,尤其是生活性风险的增加,令渔民有着切实的感受——捕鱼的生计再也不那么好做了。那么,在渔民的个体资源中,无疑家庭收入和社会保障是其可感知问题的最重要因素,因此,研究渔民在"双转"前后的收入和保障变化,可以直接察见生活性风险。同时,渔民对"双转"政策的评价,则可由问题的侧面来证实渔民面对这类风险的反应。

(1)"双转"政策前后的家庭收入与支出。我们对 120 户渔民转产前后家庭收入与支出进行了综合调查,见表 2-1。

表 2-1　雷州市 120 户渔民转产前后家庭收支情况

家庭收入(万元)			家庭支出		
项　目	转产前	转产后	项　目	转产前	转产后
捕捞总收入	1 208.3	74.7	生产支出	945.0	34.2
养殖总收入		24.8	生活支出	174.6	32.2
农业总收入	3.9	3.2	教育支出	18.4	6.6
三产总收入	1.1	3.7	其他支出	3.9	6.7
其他总收入	3.3	14.2			
平均收入	8.2	3.5	平均支出	6.0	1.5

从表中我们可以看出,渔民在转产转业前后家庭收入发生了明显的变化。转产前渔民家庭平均收入 8.2 万元,转产后渔民家庭平均收入 3.5 万元,减少

了 4.7 万元，下降了 57.3%，减少超过 5 成。此外，家庭支出的变化也很大，转产前渔民家庭平均支出 6 万元，转产后渔民家庭平均支出 1.5 万元，减少了 4.5 万元，下降了 75%，减少超过 7 成。

再看渔民转产前后的收入结构。转产前捕捞收入、养殖收入、农业收入、三产收入和其他收入为 99.34:0:0.32:0.27:0.07，转产后收入结构为 61.94:20.56:2.65:3.07:11.77。比较转产前后收入结构，转产前基本都是捕捞业收入，转产后收入结构变化很大，捕捞收入只占 60.94%，养殖收入 20.56%，渔民的收入呈现出多样化。

渔民的支出结构也发生了较大的变化。转产前生产支出、生活支出、教育支出和其他支出为 82.76:15.29:1.61:0.34，转产后支出结构为 42.91:40.40:8.28:8.41。比较转产前后渔民支出结构变化最大的是生产性支出下降，生活支出上升，教育和其他支出比重增加。

转产转业后的渔民消费结构跨度增大，消费支出不断增加，但收入却越来越不确定，且年龄较大，受教育水平较低，又怎么可能不重操旧业以期改变今天的状况呢？

（2）"双转"政策后的社会保障情况。我们进一步对 120 户渔民购买保险情况进行了调查（表 2-2）。虽然我们列出了不少保险种类，但实际情况不如人意。

表 2-2　雷州市 120 户渔民家庭购买保险情况

保险类别	户数	投保金额							
		50 元	100 元	150 元	200 元	250 元	300 元	0.5 万元	1 万元
合作医疗	84	17	55	3	1	2	4		
家庭财产	3							1	2
船东保险	2								2

从参与调查的渔民中可以知道，渔民社会保障的参保率很低，不仅社会保障体系没有覆盖到渔民，而且政策性渔业保险业很少。授受调查的 120 户渔民中只有 2 户参加船东互保这类合作保险，3 户渔民购买了家庭财产商业保险，仅有 84 户渔民购买了合作医疗保险这种属于社会医疗保险性质的保险，而其他社会保障方面还是空白。收入变得不确定，社会保障又不健全，渔民感知的风险也就越来越强烈。

（3）对"双转"政策的评价。为了深入了解渔民对转产转业的看法,对渔民进行了问卷调查,调查结果如表2-3所示。

表2-3　雷州市 120 户渔民对转产转业的评价

转产转业的目标是否实现（效果）			转产转业中存在的问题			你对转产转业的建议		
实现（效果很好）	6	5%	转产转业不划算	2	1.67%	加大政府投入	112	93.33%
基本实现（效果一般）	18	15%	政府资金不到位	4	3.33%	划给养殖水域	10	8.33%
基本没实现（效果差）	42	35%	没有合适的产业	89	74.17%	加大技术培训	46	38.33%
没有实现（效果很差）	35	29.17%	没有文化和技术	28	23.33%	增加保险项目	14	11.67%
不好说	19	15.83%	其　他		.00	其　他	1	0.83%

从调查结果来看,有 64.17% 的渔民户认为"双转"政策的效果不好。除此之外,在调查中还发现有高达 86% 的被调查者认为该政策是一项治标不治本的措施,不能从根本上解决捕捞渔业的问题。仅有 2 户渔民认为转产不划算,4 户认为政府的资金不到位。89 户认为没有合适的产业可以帮自己实施真正的"上岸",占了 120 户渔民的 74.17%;28 户认为是没有文化和技术,占 23.33%。渔民对转产转业最大的期待是政府加大投入,有 112 户,占93.33%;划给养殖水域的有 10 户,占 8.92%;加大技术培训的有 46 户,占38.33;增加保险项目的有 14 户,占 11.67%;其他要求的有 1 户。从政策对象的反馈可以看出,转产转业政策实施的效果基本不明显,甚至是失败的。

由转产转业渔民对政策的评价可知,社会保障是渔民社会遭遇的直接风险,由表 1-1 可知,捕捞渔民具有明显的年龄结构短板——退海渔民基本属于中年到老年的过渡阶段,他们在转产转业中难以保证收入的稳定增长,最终引起以下方面的风险问题:一是家庭养老方式脆弱。传统的完全依靠家庭成员的自筹保障已日渐不足,渔区计划生育和人口老龄化的加速以及渔业经济结构的调整导致养老负担日渐压在生产状况不稳定、转产转业压力沉重的子女身上,老人生活质量难以提高。二是历史的集体补助方式已趋于名存实亡。曾经存在的从渔业队或公社等集体组织领取退休金的方式因渔区经济体制转变、产业结构调整、集体经济能力逐渐薄弱的现状而难以切实实现。三是社区统筹养老方式局限。在乡镇范围内，将个人交费和村社补助相结合，由乡镇政府集中向民政部门投保是社区统筹养老方式的一种尝试，但由于这种方式统筹范围小，调剂受到时空局限，难以保值增值，因而互助共济的功能明显不足。四是我国现行社会养老保险既缺乏对应海洋渔民的特别保障，也欠缺符合海洋渔民实际情况的制度安排。转产转业的渔民之所以对相应政策的评价极低，另一重要因素则是自身社会竞争力的薄弱。调研中，很多渔民反映，世代从事海洋捕捞，从来没有接受过其他劳动技能的培训，更遑论在中年以后去直接学习其他生产作业技能。

三、从政策到渔民的全面应对：消减风险社会的建议

从本质上讲，渔业结构调整、渔民转产转业必须要有资金作为后盾，从渔民转业投资情况来看，一个渔民搞水产养殖需投资几十万元，从事二、三产业也需投资十万至几十万元。而渔业结构调整如发展远洋渔业、水产品加工等投资量更大。近几年，为了发展再生产，多数捕捞渔民都把收入连同家庭积蓄投入到渔船更新改造和设备、网具添置上。据初步统计，20世纪90年代以来，渔民在渔船更新改造等方面共投入资金20多亿元。随着近两年捕捞生产持续滑坡，渔船单位效益下降，大部分渔民均负债经营，已拿不出资金用于转产转业。而且，目前需要转产转业的大多是生产效益低下、负债较重的中小型渔船，这部分渔船由于长期积累下来的债务，要想新借生产资金更加困难，面对调整渔业结构、转产转业是心有余而力不足。

我国海洋渔民大多文化程度低，除海上作业外，技术素质相对较差，属弱势群体，难以寻求和适应新产业、新工作。同时，目前能够适应渔民就业的项目少，除海水养殖可利用少量浅海外，围塘、滩涂多属农、盐民或企业经营，并且少数海岛渔村地处偏僻，交通不便，信息闭塞，经济、社会、人文环境条件相对较差，加之海岛城镇化水平低，二、三产业发展滞后，就业岗位有限，渔民要想跳出渔业，转产转业的空间非常狭窄，能进入发挥渔民优势的产业难度很大。渔船裁减，渔业劳力的分流转移必将成为今后一段时期渔业工作的重点和难点。借用在政治、经济利益决策中分析集体行动选择的悖论理论，也可以推理确认渔民转产转业与隐性社会风险之间的关联。缺少渔民、减少捕捞，在市场上最明显的信号是海产品价格迅速上涨，被鼓励搞深加工产业的转产，因为原材料、人工费用等的上涨，进而价格也提高。于是被利益诱惑放弃捕捞的

渔民重操旧业,以非法捕捞的形式赚取更大的利润,甚至不惜铤而走险。这是个人认知能力的最有效表达,表现在整个渔民集体中,更为迅速影响守法公民的认识——"要不就赚个大的,反正左右都是亏"。对法律规范的遵守最终因个别人的非法赢利而导致渔民的集体行动,秘密进行非法捕捞,可称之为"集体悖论效应"。渔民社会不但在个体上显现出对政策的反抗,就是在群体上也出现了违法行为,这将导致更大的社会风险隐患。

目前,全国各省市县已出台的关于渔民转产转业从事养殖的政策力度比较大,但对转产搞远洋渔业、渔运业及其他行业缺乏相应的政策措施,对淘汰报废、转产转业渔船的补助标准偏低,吸引力不大,手续较烦。渔船盲目扩张的势头尚未真正得到遏制,非法买卖和违规更新改造渔船的事件时有发生,加上渔政对非法捕捞渔船执法不严,个别地方甚至出现了减小船增大船的现象。此外,外来非渔劳力下海捕捞对渔民"双转"工作带来很大冲击。因此,应对这种种的问题与渔民遭遇的隐性社会风险,需要从政策到渔民全面"动手术",系统武装。

首先,在政策层面应做到:

1. 改进支持性政策。目前实施的渔民转产转业政策存在着补贴政策不科学、补贴范围过窄、补贴标准过低等问题,很多转产转业渔民得不到相关补助政策的支持进而丧失了减船转业的积极性。因此,要对现有政策进行改进,延续海洋捕捞渔船报废补助政策,实行对报废捕捞渔船中非船东渔民一定的经济补助,放宽减船功率的补助范围,适度提高对钢质捕捞渔船的报废补助标准。

2. 扩大引导性政策。现行渔民转产转业政策失效的一个重要原因就是渔民转产后出现就业难问题。要通过扩大引导性政策提高渔民就业能力、扩大就业范围,使渔民"离船不离海"、"转业不失业"。这些政策主要包括完善培训政策,包括培训形式多样化、设立渔民子女的助学补贴;落实渔业权保障渔民权益,包括建立渔业准入制度、建立有偿使用海洋生物资源制度、建立捕捞马力指标有偿转让制度、恢复实施原渔业资源增殖保护费收取标准、实施对占用渔场海域的用海单位给予渔民经济补偿;通过项目引进带动相关产业发展,解决转产渔民就业问题。

3. 完善保障性政策。由于渔民的特殊性,现有的保障体系还没有完全覆盖,这也是渔民转产转业的一大隐忧。因此,可以通过完善渔民的保障性政策,将渔民的最低生活保障和养老保险机制纳入社会统筹保障体系，解除渔民的后顾之忧。这些保障性政策主要有渔民最低保障制度、渔民养老、医疗、失业保险制度以及渔业政策性保险制度等。

其次，渔民自身应做到：

1. 增强对子女的技能教育。渔民普通文化素质较低，远离陆地生活，固有的文化传统难以融入城镇化生活。渔民转产转业后，其子女因缺乏除捕捞或与渔业相关的技能，未来就业问题值得深入研究与探讨。一旦其子女难以就业，就会成为社会闲散人员而引起诸多社会问题。因此，提高渔民及其子女的教育水平，增加除渔业以外的生存、竞争技能，是扭转渔民就业形势、安置渔民上岸的重要保障。

2. 积极开展自救，而不是消极抵抗。海中已无鱼是一辈子活在海里的老渔民今天最大的感触，而转产转业对中年渔民直接产生影响，现实告诉我们不可能不遵守自然规律而涸泽而渔，转产转业是恢复生态、促进可持续的正确方向，与其等待政府的点滴救助，不如自我组织生产，开展自救。上岸渔民应看到自身除捕捞以外的其他技能，主动参与服务行业的竞争，从渔民向"渔工"转变，立足水产品加工、渔船渔具维修等熟悉的工种，积极参加各类社会招工的免费培训，在短期内就业以解决日常消费所需开支。

3. 适应岸上生活，注重生活理财。传统海洋渔民习惯了天未明即出海捕鱼，天微明回港口售出，赚出一天甚至几天的生活费用；或者攒足资本，来次远洋捕捞，赚出一年甚至几年的生活开支。但渔民这样的钱受市场波动过大，来得快，去得也快，当天赚的钱又要为第二天的出海做资本。由于日常生活均在船上，几乎没有理财意识，因而要学习善于利用转产转业给付的补助，提供消费者海鲜厨房加工、休闲渔业服务、近海观光捕鱼等新兴消费模式的竞争。

最后，需要社会组织介入帮助渔民自助：

转产转业上岸的渔民，在技能与竞争双重阻碍下，集体利益的选择就远不足于满足个体利益的需要，抛弃政府安排，重新回到自己熟悉且因"双转"政策而赢利更高的捕捞业，即使以身试法也会在所不惜。面对这样的行动选择造成对渔民的二次伤害，以及现有的渔业经营结构尚不足以承担渔民转产转业后的稳定营收需求，那么，安排有利于转化渔民已形成的畏惧情绪，构建当前过渡时期的社会支持，维系渔民社会的价值认识与生活习惯，在保护了海洋生态的同时，也能保障上岸渔民的生存权利，则当属重中之重。党的十八大报告提出,"加快形成政社分开、权责明确、依法自治的现代社会组织体制",强调要"发挥基层各类组织协同作用"、"鼓励引导社会力量兴办教育"、"支持发展慈善事业"、"鼓励社会办医"、"加强民间团体的对外交流"等。显然,以发展社会组织为契机,引进现代社会管理的概念,促进社会力量完善渔民社会的社会组织,以解决渔民遇到的政策性难题,不仅可以引导渔民回归,这尤其为解决各种社会风险、缓和社会矛盾、维护社会公平提供了更为有效、有利的途径与工具。现有渔区,要么靠海或远离陆地,处于自然生发的状态,要么由政府主导打造成专业渔村,与农业生产形成相对场面。地理条件有优势的渔区,在生产捕捞的同时,发展旅游经济取得较好的发展,但这在渔区仅占了极小的比例。与农业区混合的渔区,在转产转业中易受到当地农业生产人员的排挤,尤其是经济作物生产区域。由社会组织来帮助渔民适应农业生产与市场竞争,迅速熟悉农产品的经营与销售,沟通与已有农民的交流与合作,借助渔业合作组织与农业合作组织,游说当地金融机构提供"双转"渔民的小额低息信贷支持,为政府建言从何种角度对上岸渔民的生活进行管理与支持,改变渔民不良社会陋习,尤其是赌博等行为,最终让渔民转变思想认识,能够主动寻找出路,全面参与非渔业生产、农业生产,构建全新的渔民社会。

我国环保 NGO 参与海洋环境治理的激励问题研究

——基于"蓝丝带"海洋保护协会发展的思考

吕建华　　姚小凤*

（中国海洋大学法政学　山东青岛　266100）

摘要：当前我国海洋环境污染形势依然十分严峻，仅靠政府的环保机制，还无法解决严重的地方保护主义和跨界污染。在海洋环境治理中，环保NGO的参与十分必要。作为公众参与环保的中坚力量和领头羊，它不仅能够协助政府监督沿海企业的排污，而且还能够以其自身优势，监督政府切实担负起海洋环境防治的职责。但由于环保NGO的"合法"地位受到限制、角色目标设置不当及一系列激励手段的缺失，环保NGO没有发挥出应有的作用。本文试图从激励角度入手，探讨如何利用一定的激励手段，推动环保NGO积极主动并高效地投身于海洋环境治理中，保护海洋环境，维护海洋生态系统平衡，进而完善海洋环境多元主体参与的网络治理模式。

关键词：海洋环境治理　环保NGO　激励　网络治理模式

　　海洋环境保护关系到人们的切身利益，维系着社会的可持续发展。由于

---

* 吕建华（1964—），女，山东烟台人，中国海洋大学法政学院副教授、硕士生导师、法学博士，研究方向为海洋行政管理；姚小凤，女，中国海洋大学法政学院2013级行政管理专业研究生。

　基金项目：教育部人文社会科学研究规划基金"生态文明建设中的沿海滩涂使用与补偿制度研究"（14YJA810008）。

海洋环境问题具有全民性以及互动性特点，因此环境问题的解决离不开公众参与。随着海洋环境问题日益突出，越来越多的公众意识到海洋环境保护的迫切性，并不断探索参与海洋环境保护的途径。公众参与海洋环境治理是环境保护的需要，是一个国家是否重视和保护公民权利的一个重要标志，它与国家的政治民主进程是紧密联系在一起的。公众参与是环境法的一项基本原则，公众参与的主体主要包括公民个人和社会团体，比起公民个人参与的力量、程度和影响，组织化的环保NGO在参与环境治理活动中有其独特的优势、力量及能力。

环保NGO作为公众的一种组织载体，是联系政府和公众的纽带，不仅能够监督政府违法失职行为，还能通过舆论压力促使企业承担起保护环境的责任，因此其在环保事业中发挥着不可替代的作用。

一、我国环保NGO的参与现状

我国环保NGO的发展始于20世纪90年代，自从1994年我国第一个民间环保NGO——"自然之友"在北京注册以来，中国的环保NGO逐步发展壮大，成为环境保护不可或缺的重要力量。环保NGO参与海洋环境治理是指环保NGO联合公众、新闻媒体、其他社会组织等，通过合理合法途径，代表民众进行各种利益诉求，监督企业和政府各负其责，解决海洋环境发展遇到的问题。但由于一些激励手段的缺失，我国环保NGO参与海洋环境治理存在以下几方面问题：

首先，参与"合法性"不足，面临身份危机。由于双重管理体制的存在，一部分不符合条件的环保NGO，只能到工商部门登记，或以其他"非法"形式存在着。而根据我国相关立法，未获得民政部门认可的环保NGO，无权享受税收优惠。显然，半地下的生存状态，很大程度上阻碍了环保NGO尤其是其中的公益性组织募集捐赠、招收会员或者开展活动，这都导致我国环保NGO面临着"合理性"与"合法性"相矛盾的尴尬处境。① 双重管理体制还暗含着一种风险规避或责任分摊的功效，一旦社团活动出现"纰漏"，不管是登记管理机关还是业务主管单位，都会借自己不是唯一的监管机关而推诿。并且，政府设立的业务主管单位和属地登记制度，形成了对环保NGO的条块管理体制，限

---

① 王蕴波，《环保非政府组织参与环境治理的合法性分析》，《哈尔滨商业大学（社会科学版）》，2005年第3期，第118～120页。

制了其参与的热情。二元监督权的双重负责体制的症结，使得环保NGO面临着随时被单方面终止业务关系而变成非法存在组织的风险，这严重打击了环保NGO参与环境管理的积极性。

其次，责任义务不明确，参与实际效力不足。法律是任何参与者的凭证和权益的保障，缺乏一定法律制度的规定，不仅不能明确组织自身的义务和责任，组织的角色定位和权利类型都得不到明确的界定。我国的非政府法律制度，在立法内容上缺乏整体性架构。概括而言，我国非政府组织立法方面，内容缺陷可以归纳为：重义务，轻权利；重防范，轻培育；重管制，轻自治；重准入，轻运行。[①]这种严格规制，缺少自主发展优势的法律环境是环保NGO发展的很大障碍。并且，我国法律法规对业务主管部门和登记管理机关疏于履行监管职责的规定，没有赋予社团设立者有效的法律救济途径。[②]"没有救济就没有权利"，如果不赋予环保NGO以诉讼主体的法律地位，那么就不可能真正地保障他们的利益，更不可能保障他们利用法律武器维护社会公共利益。

传统管理主义治理模式强调政府是海洋环境治理的唯一权威主体，非政府组织和其他公民是管理的对象，这样会导致政府在海洋环境治理过程中，不仅没有赋予环保NGO参与海洋环境应急管理和日常管理的权利，而且对其设置了一些不当行政任务，致使非政府组织承担了诸多不合理的负担。[③]权利的模糊和负担的加重挫伤了环保NGO参与的积极性和实际效力，海洋环境保护事业大打折扣。

再次，资金短缺，影响范围小且缺乏深度。资金匮乏，一方面是由于双重管理体制存在的弊端，使无法在民政部登记的环保NGO面临筹措资金困难的情形。另一方面，环保NGO的发展缺乏一个长期持续性的捐赠机制来保障日常的活动参与。我国环保NGO的经费来源多元化但不稳定，容易受到外界因素的影响。主要源于会员缴纳的会费、政府财政拨款、企业或个人的捐赠、基金会及国际组织资助、提供服务获得的收入等。国家并未通过采取税收优惠措施激励企业及个人对环保NGO予以捐赠。如《中华人民共和国公益事业捐赠法》规定："单位慈善捐赠在年度应纳税所得额3％以内的部分，准予扣除；

---

① 高丙中，袁瑞军.《中国公民社会发展蓝皮书》，北京大学出版社，2008年，第50页。

② 高丙中，袁瑞军.《中国公民社会发展蓝皮书》，北京大学出版社，2008年，第58页。

③ 肖磊，李建国.《非政府组织参与环境应急管理：现实问题与制度完善》，《青年法苑》，2011年第2期，第124～126页。

个人捐赠额未超过纳税义务人申报的应纳税所得额30%的部分,可以从其应纳税所得额中扣除。"这使得企业界对民间环保NGO捐赠并无积极性。[①] 资金的缺乏使得环保NGO没有能力为其职员提供失业、养老、医疗等福利保障,不能进行定期的培训来提高组织的专业化水平以适应日益变化的海洋环境等。当然,资金缺乏科学管理也是环保NGO资金匮乏的重要原因。由于我国环保NGO现行的预算管理存在着认识滞后、结构分散,预算编制缺乏精确性、科学性及严格的监督与考核,使得环保NGO的资金利用效率低,迟滞了后续工作的有效开展。

第四,信息不对称,难以及时有效地参与海洋环境治理。环保NGO参与海洋环境治理面临着两方面的信息不对称:政府环境信息公布和企业实际排污情况公布。有时政府甚至会因为与企业形成共同利益而相互勾结,即存在逆向选择和道德风险问题。具体实践中,在信息的公开方面形成了所谓的"报喜不报忧"现象。考虑到地方发展前景和个人政绩,部分地方官员会对海洋环境污信息进行瞒报、谎报和压制。部分企业也会顾及自身的经济效益,篡改排污信息,推卸治污责任。信息沟通不顺畅,严重影响了环保组织参与的热情和效力。

由于激励手段的缺失,导致环保NGO在参与实际的海洋环境治理过程中困难重重,出现参与方式单一、参与深度不够、处理问题效率不高等问题。这些缺乏的激励手段,不只包括以上论述部分,环保NGO内部专业化人才的紧缺,缺乏对环保NGO权威性、常规性的监督机制,社会监督不足等也激励缺位的体现。专业人才的缺乏,导致环保NGO因缺乏相应的知识而怯于参与到海洋环境保护。监督机制的疲软,使得环保NGO缺乏提高参与效率和效力的动力,增加社会交易成本。再者,海洋环境的"高综合性,低掌控性"等特点,都成为环保NGO参与海洋环境治理的阻力。

二、运用激励手段推动环保NGO参与海洋环境治理的必要性和可行性分析

海洋环境管理是一个复杂系统的工程,是政府为协调社会发展和海洋环

[①] 吕子瑜.《环保NGO发展现状与对策研究》,《法治与建设和谐社会——2007年全国环境资源法学研讨会论文集》,兰州大学出版社,2007年第8期,第12~15页。

境的关系、保持海洋环境的自然平衡和持续利用，运用行政、法律、经济、科学技术和国际合作等有效手段，依法对影响海洋环境的各种行为进行的调节和控制活动。① 由管理到治理，体现了公共管理方式的转移，更要求建立与之相适应的多元主体治理模式。参与海洋环境治理，人们确立怎样的价值目标和进行怎样的行为选择，在很大程度上取决于制度环境和激励机制的作用。② 要分析激励环保 NGO 参与海洋环境治理的必要性和可行性，笔者认为主要从海洋环境治理不能缺少环保 NGO 的参与和环保 NGO 参与海洋环境治理缺乏一定的激励措施两个角度进行论述。

第一、由于实践中存在"政府失灵"、"市场失灵"的现实和重视经济增长而忽视环境保护的发展意识，海洋环境治理运行过程中不能仅仅依靠市场机制调节，也不能仅仅依靠政府干预，必须使市场机制调节、政府干预以及非政府组织参与三者有机结合，三足鼎立，三管齐下。沿海地方政府往往会为了经济发展，不惜牺牲海洋环境，对那些污染环境但有利于地方 GDP 增加的企业采取包庇的态度。企业也为了自身的利润，将自己的环保责任抛之脑后。并且，政府环保政策的无差异性和现实环境问题的差异性之间无法协调，而市场不会去关注那些无法营利的环保项目，这样就需要有别于政府与企业的环保NGO 去解决环境问题。③ 所以，采取一定的激励措施来推动环保 NGO 积极参与海洋环境治理，监督政府和企业的行为，保护海洋生态平衡，是海洋环境发展的客观需要。

第二、海洋环境治理由于海洋环境污染方式的复杂多样而变得综合性强，并随着时代的发展、科学研究的深入和新的海洋环境问题的出现，将变得愈加丰富。④ 所以，随着海洋环境问题的不断翻新，单靠政府的力量去解决日益复杂的海洋环境难题，维护海洋系统生态平衡，是无法实现的。环保 NGO 作为基于共同的兴趣或理念自发组织起来的组织，对加强人与人之间的交流具有天然的优势。⑤ 并且其本身具有年轻人多、学历层次高、奉献精神强等特征，它

---

① 王琪，王刚等．《海洋行政管理学》，人民出版社，2013 年，第 199～200 页。

② 曾冬梅，邱耕田．《端正激励机制与社会可持续发展》，《中国人民大学学报》，2003 年第44 期，第 33～38 页。

③ 凌定勋，李科．《当前环境管理体系下环保 NGO 角色定位及生存环境探讨》，《海洋科学与管理》，2009 年第 5 期，第 1～9 页。

④ 王琪，王刚等．《海洋行政管理学》，人民出版社，2013 年，第 204 页。

⑤ 冯利，章一琪．《中国草根组织的功能与价值》，社会科学文献出版社，2014 年，第 64 页。

们在培育公民精神、增加社会资本方面起到了巨大的作用，适应了社会发展的理念，对于环保事业的发展和整个社会的和谐稳定，具有不可替代的优势。因此，采取适当的激励措施，推动环保 NGO 参与海洋环境治理，是公民社会发展的必然趋势。

第三、公民参与海洋环境治理的需要。一个国家或地区环保 NGO 数量的多少，反映了一个国家或地区公众参与环保的程度。环保 NGO 发挥作用的大小，反映了其参与环保程度的高低。由此可见，环保 NGO 也是反映公众参与环保事业的一个标杆。[①] 因此，要重视公众参与环保，必须重视环保 NGO。要发挥公众参与在环境友好型社会建设中的作用，就必须发挥环保 NGO 的特有功能。总而言之，推动环保 NGO 参与海洋环境治理，是保护公民参与权利的体现，是引导公众形成海洋环境保护价值观的重要举动，同时也是促进海洋环境决策科学化和民主化的重要途径

综上所述，作为海洋环境治理的重要参与力量，采取一定的激励措施来推动环保 NGO 有效参与，是现实发展的需要，同时也是网络治理理念不断深入的结果。

三、"蓝丝带"海洋保护协会的激励参与现状

"蓝丝带"海洋保护协会是全国首家以海洋环保为主题的民间社会团体。于 2007 年 6 月 1 日在三亚市民政局注册，协会的成立就是希望能充分调动民间力量来保护海洋。在参与环境治理的过程中，其目标是随着社会的发展而变化的。最先立足于对环境污染受害者及其家庭的个体关注，其后逐渐推进至对区域群体环境利益的维护直至环境与经济的宏观可持续发展的实现。[②] 目标的不断更新提高，表明协会不仅是在维护环境的健康发展，更是在维护公民社会的发展和日益觉醒的公民权利。作为致力于环境保护、不以营利为目的自治组织，实现海洋开发和海洋环境保护之间的协调可持续发展是"蓝丝带"海洋保护协会参与海洋环境治理的最终目的。

政府、社会和"蓝丝带"海洋保护协会自身在发展中实施的一些激励手

---

① 彭分文.《环保 NGO：公众参与环境友好型社会建设的生力军》，《湖南行政学院学报（双月刊）》，2009 年第 1 期，第 23～24 页。
② 王蕴波.《环境非政府组织透视》，《哈尔滨商业大学学报（社会科学版）》，2007 年第 6 期，第 45～49 页。

段，值得其他环保NGO的借鉴。首先，人力资本激励。"蓝丝带"海洋保护协会的活动开展，需要公众的认可和支持。脱离了广大公众，便成为无源之水、无本之木。协会在发展过程中不断加强对海洋环保知识的宣传，并进行了环中国海岸线环保宣传的壮举，引起了广大关注并吸引了众多'海洋卫士'的参与，形成了人力资本激励，提高了其社会声誉和认知度。众所周知，人是组织最重要的资源。蓝丝带海洋保护协会不断吸引各专业人才的加入，在全国多个城市成立了保护协会，并加强对内部人士的培训，提高成员的实际参与能力，为各项激励措施的实行奠定了基础。其次，政府授予蓝丝带海洋环保协会的各项荣誉，是对其进一步参与的一种荣誉激励，提高了其社会美誉度。第三，对于"蓝丝带"海洋保护协会检举揭发的污染环境企业以及违法失职的政府部门，给予严厉的处罚，并将相应的处罚信息进行公开，也为其参与海洋环境治理提供了环境激励。第四，"蓝丝带"海洋保护协会作为在海南省民政部门登记的合法组织，避免了其非法存在的身份危机，为协会的发展创造了良好的发展环境，形成了外部环境激励。当然，作为企业负责人建立起来的环保NGO，"蓝丝带"海洋保护协会让我们看到了企业的社会责任和公益与企业的和谐发展。

虽然，近年来"蓝丝带"海洋保护协会已开展了形式多样的海洋保护活动300余次，发放宣传资料几十万册，影响日益增加。但是，由于组织自身存在的弊端、海洋环境治理本身存在的难题，加上相关激励制度缺失，资金保障机制不完善、制度环境不畅通、信息获取困难，缺乏稳定的专业人才支撑等，"蓝丝带"海洋保护协会实际参与往往疲软乏力，参与方式比较单一；仅限于通过开展宣传教育活动，提升民众的环保意识；汇集专家学者调查研究，为政府决策和立法建言献策；针对具体环境污染事件，帮助弱势群体维权等。并且，其社会知名度不够，大多数人对此还比较陌生。每当提到"红丝带"，人们会想到是专注于预防艾滋病的组织。但说到"蓝丝带"，人们脑海中却不会立刻浮现海洋保护的理念。所以，针对环保NGO参与海洋环境治理存在的一系列问题，相关激励措施的不断完善应提上日程。

四、推动环保NGO参与海洋环境治理的激励手段

我们知道，不同的研究视角，对激励有不同的划分，如奥普将理性选择模型中列出的物质的、有形的激励称为硬激励，比如提供职位、廉价的保险等；将

不涉及到物质利益的激励因素称为软激励,比如社会责任感、道德感等。[①] 此外,经济激励、教育激励、荣誉激励、目标激励、期望激励等都是对激励类型的划分。而笔者认为,环保 NGO 参与海洋环境治理有多种激励手段,主要分为三部分:一是政府环保 NGO 参与海洋环境治理提供良好的发展环境,即内外环境激励。二是公众参与和社会监督为环保 NGO 提供人力资本激励和监督激励。三是环保 NGO 内部实施的激励,即组织自身建设和自我监督所带来士气的振奋和效率的提高。当然,在实际的运行过程中,来自政府、社会的激励手段会和环保 NGO 自身的激励形成相互作用的激励链条,从内至外,推动环保 NGO 的组织建设和参与效力,而激励作用的发挥需要通过以下措施来保障。

(一)政府:为环保 NGO 提供和谐发展环境

1. 转变政府管理理念,适应角色转变

随着对海洋环境公共产品生产者与提供者进行的区分和治理理念的不断深入发展,突破了所有公共产品都应该由政府提供甚至直接生产的传统思路,打破了政府无所不包、无所不能的神话。政府涉海部门由以往高高在上、包揽一切的权威,转变成了要主动寻求专家、公众和企业界支持的服务提供者。[②] 政府这种由"命令—控制"到"引导—服务"的管理模式转变和海洋环境公用物品提供者的角色定位,是构建参与海洋环境治理多元主体合作网络的必要前提,也是对环保 NGO 参与海洋环境治理的一种重要激励手段。政府不仅为环保 NGO 提供公平的发展环境,而且通过资源激励等手段,将"支持谁,选择谁,排除谁"的意向明确体现出来,通过资源的提供、激励和监管达到有效的约束。[③] 政府角色的转变,为环保 NGO 有序参与海洋环境治理提供了适宜的内部环境。比起因为理念不合,与当地政府格格不入的其他环保组织,"蓝丝带"海洋保护协会环保协会得到了更多三亚地方政府的支持,拥有了良好的发展环境。

2. 提供良好的制度环境,赋予合法的参与渠道

明确的制度规定是一种保障,但保障本身就可以看作是最基本的激励手

---

① 刘诗林.《社会运动参与的激励因素研究》,《国外社会科学》,2011 年第 1 期,第 71~77 页。

② 高忠文,王琪.《政府在海洋环境公共产品供给中的角色定位分析》,《海洋环境科学》,2008 年第 5 期,第 523~526 页。

③ 高丙中,袁瑞军.《中国公民社会发展蓝皮书》,北京大学出版社,2008 年,第 227 页。

段。首先,适当放宽登记门槛。环保 NGO 注册难,事实上既与程序规范有关,更与各级政府有意无意地打压有关。我国对民间组织实行的是双重管理体制,不仅要登记注册取得合法身份,还要找业务主管单位"挂靠"。在现实生活中,为了减低政治风险和规避责任,加上地方存在的"GDP主义"导向,业务主管单位更倾向批准那些能给自己带来切身利益的非政府组织,使得环保 NGO 受到打压。因此,只有通过登记注册拥有合法地位才能使环保 NGO 参与海洋环境保护没有后顾之忧。其次,要制定并完善相关的法律法规,明确规定环保 NGO 参与海洋环境治理所具有的权利和应该履行的义务,并完善环保 NGO 海洋环境公益诉讼制度。权利和义务的明确对环保 NGO 来说是一种认同和归属,当然也是一种身份认可激励。

3. 增加资金支持,建立长期的制度性捐赠机制

资金的匮乏是影响环保 NGO 参与海洋环境治理的一个重要因素。对非政府组织的经济激励,首先,政府及企业应为环保 NGO 提供资金支持。为此,政府可以建立一定筹备资金的机制,通过排污税、使用者收费、产品税、排污权交易等经济手段,将收取的税费作为支持环保 NGO 运行的固定经费来源;还可以利用政府影响力来提高民众的捐助意识,使更多的社会人士支持环保 NGO 的发展;通过专门法律法规来明确企业在参与社会捐赠方面的权利和义务,通过对税收制度的调整来鼓励企业积极参与社会公益活动,为环保 NGO 捐赠资金;或者规定各地方政府公共财政支出的一定比例用来支持环保事业。其次,引导环保 NGO 提高自身筹措资金的能力。再次,规范基金会的职责,使基金会充分发挥利用自然人、法人或者其他组织捐赠的财产,资助环保 NGO 投身于环境公益事业。环保 NGO 也应充分动员与其目标相一致的企业参与到环保事业中来,以一种平等的合伙关系寻求一定的环保资金,实现双方的共同利益。

4. 畅通监督渠道,及时公开信息

在经济全球化和信息化的时代,瞬息万变的信息是参与任何事件所必不可少的基础条件,已成为社会经济发展的决定因素。信息社会就是信息和知识扮演主角的社会。作为最重要的信息资源的政府信息涵盖全社会信息的80%。[①]信息的清晰和完备,给参与者造就了一份从容和自信,减少因为信息

---

① 冯利,章一琪.《中国草根组织的功能与价值》,社会科学文献出版社,2014年,第104页。

不对称而产生的"囚徒困境"和"以邻为壑"等现象。从信息的视角看,经济机制还可以视为一种信息交换和调整的过程,政府完善信息发布机制,向环保 NGO 提供相应的有价值信息,不仅增加环保 NGO 参与海洋环境治理的机会,还会降低组织因搜集和整理信息而花费的时间和金钱成本。成本降低和信息保障,能有效地激励环保 NGO 积极参与。另一方面,采取相应的经济手段,激励环保 NGO 积极汇报海洋环境治理实践经验以供借鉴。信息沟通机制是一个双向的过程,是政府、企业、环保 NGO 互相沟通的过程。中央政府应为环保 NGO 提供畅通的参与渠道,通过完善环境听证制度、公开制度、公众参与制度,使环保 NGO 参与海洋环境治理有制度化的途径和保障,激励环保 NGO 将声音传到中央。相应的,政府相关部门和媒体只有及时做出正面的回应,才能激发环保 NGO 信息共享、参与环境保护的积极性和主动性。

在政府、企业和环保 NGO 共同参与的海洋环境治理实践中,一方面,对污染环境的企业进行相应的资金处罚,将部分由此得来的资金用于支持环保 NGO 的发展,对环保 NGO 来说不仅是资金方面的支持,更是参与环境的一种激励,这体现了国家对环保事业的重视。另一方面,国家对部分涉海企业提供完善的生产设备、发放环保补贴,是对企业的一种激励手段,同时也是对环保 NGO 的一种激励方式,因为这也意味着政府对环保事业的重视和企业环保意识的增强,从而为环保 NGO 参与海洋环境治理提供了人人支持的发展环境。由此,笔者认为,对多元合作主体其中一方进行的正激励或者负激励,都有可能成为其他合作主体的一种激励手段,不管是经济激励、教育激励,还是竞争激励、荣誉激励。

(二)社会:利用媒体进行宣传和监督,完善荣誉激励和监督激励

1. 加强舆论引导,提高社会声誉

与营利组织不同的是,非政府组织参与管理,出发点不是经济利益,而是一种社会责任,工作效果的好坏也不是以经济指标衡量。因此,非货币激励更为重要。首先,通过舆论引导和宣传,澄清对环保 NGO 角色的正确认识。摆正一些企业和公众认为环保 NGO "管闲事"的偏见,提高社会公众的认可度。其次,对于积极参与海洋环境保护,并做出一些实绩的环保 NGO,授予一定的荣誉称号,提高组织内部成员的自我认同。第三,健全社会动员机制,增加公众支持。笔者认为,要不断健全社会动员机制,唤醒民众的环保意识。扩大主流媒体对其环保理念宣传,促使公众在经济发展和环境保护之间做出理性的选择。持续不断地培育公民的环保意识和志愿参与的精神,建立公众参与机制。

2.加强社会监督,形成监督激励

监督本身也是一种激励机制,能够对代理人的行为表现和努力程度产生直接影响。在环保NGO运作中,组织行为表现会受到来自各方面的外部和内部监督,捐助者和服务对象无疑是最重要的监督群体。[①]为此,应该加强社会的监督,充分利用网络媒体的作用,监督环保NGO资金使用状况和实际的参与效力。首先要加强捐赠者的监督。环保NGO获取物资的重要来源之一就是捐赠者,捐赠者的监督可以使环保NGO合理使用资金并努力完成既定目标,这样才有机会继续捐赠。其次是完善第三方评估机构的监督和新闻媒体的监督。总之,切实有效的监督可以实现环保NGO资金利用率最大化,努力开展更多的海洋环境救济活动。这样才能以组织实际表现筹到更多的善款,保证环保NGO的资金供应,为组织的发展提供必要的经济支持。

（三）环保NGO:塑造组织文化,完善内在激励

内在激励就是指组织成员能够从其所从事的工作或承担的职务中得到自豪、快乐和满足感等,进而会主动地努力敬业。内在激励效应的大小主要与成员自身的价值取向、工作自信心、理想信念和职业伦理等因素有关。[②]所以,环保NGO应从内部着手,采取多种激励手段,推动组织成员积极参与海洋环境治理事业。

首先,明确自己的角色定位,增强归属感。环保NGO以环境保护为行动目标,只有明确自己的价值方向,才能使组织成员树立起与组织目标相同的价值追求,形成对组织的认同感和归属感,并致力于环保事业的发展。其次,吸引专业人才,形成人力资本激励。人是组织中最核心的要素之一,海洋环境治理是一件系统复杂的事情,单凭激情和热情,无法向纵深方向有效开展,需要专业人才的指导和加入。然而,而在草根环保NGO中,专业技术人才缺乏,人才和志愿者信息库的构建也不容乐观。所以,环保NGO应适当提高员工的待遇,推行社会保障制度,吸引并留住环保NGO中的优秀人才,为组织的发展

---

① 黄再胜.《公共部门组织激励理论探析》,《外国经济与管理》,2005年第1期,第41～46页。

② 黄再胜.《公共部门组织激励理论探析》,《外国经济与管理》,2005年第1期,第41～46页。

贡献才智。并通过加强宣传教育来提高组织声誉等方式,充分调动志愿者积极性,吸引专业人才的加入。第三,健全自律机制,并加强内部监督激励。环保 NGO 应建立严格的财务制度,保证财务的透明度,定期向资助人、公众、媒体公开自己的账目。另外,非政府组织还应与社会、与政府建立互动的监督机制。[1] 环保 NGO 组织内部要加强管理者对组织成员的监督力度,内外联动,加强监督激励,对内使组织成员不断提高工作热情和效率,对外使组织不断提高社会知名度和美誉度。当然,环保 NGO 还应不断培养组织成员竞争的文化意识,积极主动争取公众的支持,加强专业化团队建设和自身能力建设。只有能力得到提高,才能承接起政府和社会对其提供的各种激励,才能灵活地参与到海洋环境保护中。

提及激励手段,我们最常见和最容易想到的是经济激励,包括收费、税收、补贴、罚金等。经济激励手段在企业等营利性组织中确实能够发挥不可替代的作用。正如学者黄再胜所言,在非政府组织中,非货币性激励比经济性激励起着更重要的作用。所以,作为非营利的志愿型环保组织,对环保 NGO 采取的激励措施,除了经济激励外,更需要从组织发展的实际环境及组织目标和价值观入手。只有通过政府和社会为环保 NGO 参与海洋环境治理提供适宜的发展环境,明确其权利义务和角色定位,才能提高其社会归属感和认同感,增强其社会美誉度。也只有通过环保 NGO 加强自身建设,完善内部激励,才能真正做到公众满意,公众信赖,从而呼吁更多公众参与海洋环境保护。政府、社会的外部激励和环保 NGO 的内部激励应当相互配合,形成联动机制,综合起来推动环保 NGO 参与海洋环境治理。这样才会严厉打击那些以海洋环境破坏为代价,片面追求经济增长的行为,并推动海洋环境治理多元主体合作网络模式的发展。当然,只有正激励是不够的,一定的负激励手段也是规范环保 NGO 积极有效地参与海洋环境治理的方式。随着社会的发展,激励方式也要因时因地制宜,不断适应发展的环保 NGO 的需求。为保证这些激励手段的实施和环保 NGO 的有效参与,需要社会公众的广泛监督和批评质疑。形成由此,笔者总结,只有综合运用多种激励手段并适时调整,才能提高环保 NGO 独立自主参与海洋环境治理的积极性和能力,实现海洋开发和海洋环境保护之间的协调可持续发展。

---

[1] 宋言奇,罗兴奇.《非政府组织参与环境管理研究》,《江南社会学院学报》,2006 年第 2 期,第 41～45 页。

基于多维决策法的海岸带主体功能区划研究及应用

张珞平[*]　陈伟琪　方秦华　Paolo F. Ricci　母　容　张　冉

蔡静姗　张一帆　黄春秀　于　正　吴侃侃　俞炜炜

（厦门大学环境与生态学院　福建厦门　361005）

摘要：本文剖析了主体功能区划的内涵；遵循生态系统管理以及资源定位等原则构建了基于多维决策法的海湾海岸带主体功能区划技术方法，包括海湾海岸带主体功能区划原则、技术框架和分析方法，并将构建的技术方法应用于福建省厦门湾和罗源湾海岸带地区。

关键词：主体功能区划　海岸带地区　多维决策法　案例研究

一、前言

海岸带地区是人口最集中、社会经济最发达的地带，在国民经济发展中具有重要的战略地位。但是海岸带地区的发展普遍存在资源利用冲突、生态退化等一系列严重问题，对区域可持续发展构成威胁，迫切需要对海岸带区域的发展进行规范。2006 年国家《“十一五”规划纲要》首次明确提出在国土（包括海洋）范围内“推进形成主体功能区”，[①] 以规范区域的发展，并已在国家、省

---

* 张珞平（1954—），男，福建厦门人，厦门大学环境与生态学院教授，研究方向为海洋环境管理。

资助基金：2009 年度海洋公益性行业科研专项——海岸带主体功能区划分技术研究与示范（200905005）。

① 国务院，《中华人民共和国国民经济和社会发展第十一个五年规划纲要》，2006 年。

级等不同层面推行。党的十八大报告更是要求"加快实施主体功能区战略,推动各地区严格按照主体功能定位发展"。[1]

国际上目前较为推崇的海洋与海岸带管理途径是海洋空间规划(Marine Spatial Planning, MSP)。MSP 已在欧洲、澳洲和北美开展了大量研究和实践。[2][3][4] 主体功能区划是我国率先提出的全新区划理念,国际上没有现成的理论和方法体系可以照搬。尽管国内许多学者对主体功能区(划)的相关概念与内涵等 [5][6] 开展了研究;不同空间尺度的区划实证应用包括《全国主体功能区规划》、省级、市级直至县域的主体功能区划研究等。[7] 国内现有的主体功能区划研究主要针对陆地区域,而海洋区域研究偏少。[6]

本文总结现有海陆主体功能区划技术方法以及国外 MSP 的成功经验,创建了基于多维决策(Multi-Dimensional Decision-Making, MDDM)法的海湾海岸带主体功能区划技术方法,并开展了应用研究,为我国开展海岸带主体功能区划工作提供了技术支持。

二、海岸带主体功能区划内涵和技术路线的探讨

(一)主体功能区划的内涵和定义的探讨

目前,主体功能区划的概念和内涵无论在学术界还是在国家层面都还没有一个清晰的界定。国家《"十一五"规划纲要》提出"根据资源环境承载能力、现有开发密度和发展潜力,统筹考虑未来我国人口分布、经济布局、国土利用和城镇化格局,将国土空间划分为优化开发、重点开发、限制开发和禁止开

---

① 胡锦涛.《坚定不移沿着中国特色社会主义道路前进 为全面建成小康社会而奋斗》,北京,2012 年 11 月。

② EHLER C. Conclusions: Benefits, lessons learned, and future challenges of marine spatial planning. Marine Policy, 2008, 32: 840-843.

③ DOUVERE F. The importance of marine spatial planning in advancing ecosystem-based sea use management. Marine Policy, 2008, 32: 762-771.

④ GILLILAND P, PAUL M, LAFFOLEY D. Key elements and steps in the process of developing ecosystem-based marine spatial planning. Marine Policy, 2008, 32: 787-796.

⑤ 高国力.《如何认识我国主体功能区划及其内涵特征》,《中国发展观察》,2007 年第 3 期。

⑥ 朱传耿,等.《地域主体功能区划:理论·方法·实证》,北京:科学出版社,2007 年。

⑦ 母容等.《基于多维决策分析的海湾海岸带主体功能区划技术研究》,《海洋开发与管理》,2013 年第 1 期。

发四类主体功能区"，并明确各个主体功能区的定位、发展方向、开发时序、管制原则等。① 对于这一概念的理解，国内一些学者认为优化开发、重点开发、限制开发和禁止开发就是主体功能，进而认为主体功能区划就是将某一区域划分为优化开发区、重点开发区、限制开发区和禁止开发区。对于这种理解存在诸多疑义：首先，优化、重点、限制和禁止开发是一种开发强度的限制，而不是指开发内容，更不是功能；其次，单纯地划分优化开发区、重点开发区、限制开发区和禁止开发区并不能解决主体功能区的定位、发展方向和开发时序等问题，比如说重点（优化）开发区究竟是重点（优化）开发什么？而限制（禁止）开发是限制（禁止）所有的开发活动吗？诸如此类模糊的概念不利于主体功能区划分技术方法的研究和实践。②

关于主体功能区，有学者认为以某种功能为主所形成的主体功能区不同于空间范围较小、定位相对单一的功能区，是在较大区域范围内以某一功能为主，并且同时兼顾发展其他辅助功能的综合功能区，不完全排斥其他辅助功能或附属功能。③④ 主体功能决定了区域的空间属性和发展方向，是主体功能区的核心和灵魂。⑤ 重点开发是指重点开发那些维护区域主体功能的开发活动；优化开发是指注重优化经济增长的方式、质量和效益的某些开发功能；限制开发是指为了维护主体功能开发，限制那些影响主体功能的开发活动；禁止开发也不是禁止所有的开发活动，而是指禁止那些与区域主体功能定位不符合的开发活动。④ 我们认为：

（1）主体功能是一种社会功能，是确定一个地区应该重点发展何种功能或产业，优化、重点、限制和禁止开发是指对某种功能开发强度的限制，而不是主体功能。②

（2）主体功能区应该是以某一功能为主，同时兼顾其他辅助功能的综合功能区；兼顾功能不能违背/破坏主体功能。②

（3）主体功能区划是区域的战略决策，决定区域的长远目标、社会属性定

---

① 国务院.《中华人民共和国国民经济和社会发展第十一个五年规划纲要》，2006年。

② 母容，等.《基于多维决策分析的海湾海岸带主体功能区划技术研究》，《海洋开发与管理》，2013年第1期。

③ 张莉，冯德显.《河南省主体功能区划分的主导因素研究》，《地域研究与开发》，2007年第2期。

④ 高国力.《如何认识我国主体功能区划及其内涵特征》，《中国发展观察》，2007年第3期。

⑤ 朱传耿，等.《地域主体功能区划：理论·方法·实证》，北京：科学出版社，2007年。

位和发展方向。

（4）主体功能区划的过程首先应该确定主体功能，再确定可兼顾发展的辅助功能。没有功能就无法确定开发强度。重点开发和优化开发是针对主体功能以及主要兼顾功能而言；限制开发和禁止开发针对可能影响主体功能发挥以及生态环境的非主体功能的开发内容。[①]

（二）海洋空间规划的内涵及其技术方法

国际上普遍认为海洋空间规划（MSP）是以生态系统为基础的区域海洋管理措施，是实现以生态系统为基础的海域使用管理的有效工具。[②]美国已将MSP拓展为"海岸带与海洋空间规划（CMSP）"。[③]但目前MSP制定的技术路线尚不成熟，多数应用还是将各行业的规划图进行叠图分析，以需求定位解决现状资源利用冲突问题。[②]IOC关于MSP的技术导则也是采用循序渐进的适应性（Adaptive）管理模式制定MSP。[④]因此，目前MSP仅仅是区域海洋管理的措施和海域使用管理的工具，是以现状需求定位解决现状资源利用冲突问题的手段，而不是政府决策层面的战略决策，无法确定区域的长远发展战略和目标，因此无法确保区域的永续发展。[③]只有统筹考虑海陆特征的海岸带主体功能区划才能立足区域的长远发展战略和目标，才是确保实现海洋与海岸带区域持续发展的战略决策。

（三）现有主体功能区划制定的技术路线

目前我国的主体功能区划多数采用多指标（或多准则）决策技术（Multi-Criteria Decision-Making, MCDM）。[③]尽管MCDM法尽可能考虑多层次、多领域（维度）的变量/指标/准则，以求考虑较全面的信息以支持决策，但我们认为MCDM法存在以下问题：

（1）人为拟定决策的备选方案：MCDM法是以备选方案为导向，但并未设

---

① 母容，等.《基于多维决策分析的海湾海岸带主体功能区划技术研究》，《海洋开发与管理》，2013年第1期。

② DOUVERE F, The importance of marine spatial planning in advancing ecosystem-based sea use management. Marine Policy, 2008, 32: P762-771.

③ US National Ocean Council. National Ocean Policy Implementation Plan. National Ocean Council 2013. http://www.whitehouse.gov/administration/eop/oceans

④ Intergovernmental Oceanographic Commission (IOC). Marine spatial planning: a step-by-step approach toward ecosystem-based management. Pairs: IOC Manual and Guides No. 53, 2009.

计如何拟定决策备选方案（或目标），绝大多数是基于决策者的偏好而设定的，并不是根据决策对象的基本属性、客观环境条件以及一定的价值引导而客观设定，由此得出的决策结果从一开始就无法确保决策的科学性和合理性。[①]

（2）变量／指标／准则／属性的代表性：MCDM法对变量／指标／准则／属性的选取受到区域差异、数据缺失、难以量化、无概率分布、特征因素等影响，代表性问题是MCDM以及基于数据的决策法一个难以解决的问题。首先，若变量／指标／准则／属性选择太多，难以获得数据资料，更难以开展定量的综合评判；若指标选择太少，则难以科学评价和反映决策环境（或研究区域／领域／维度）属性的整体状况，甚至可能歪曲属性的整体状况。其次，若选择普适性的指标或属性则只能放弃特征指标，而特征指标往往是不同决策方案或不同区域决策的最关键因素；若选择特征指标则不同决策方案（或不同区域）无可比性，造成无法进行优选和决策。变量／指标／准则／属性的代表性问题至今仍然是MCDM等方法无法跨越的鸿沟，且不同专业和背景的专家的偏向或选择倾向不同，存在无法避免的人为性和随意性。[②]

（3）评判标准（基准，Criteria／Standard／Threshold）问题：由于各类型变量／指标／准则／属性的不可公度性，缺乏统一量纲，无法综合评判，须对指标进行标准化（规范化）处理。不同决策对象或决策区域的属性状况存在较大差别（特别是生态状况），或准则值缺失，如何制定科学准确的评判标准（基准）一直是MCDM法无法解决的问题。缺乏公认的、科学的评判标准／基准则直接动摇了评判结果，并使得决策结果的正确性和合理性受到质疑。[③]

（4）权重确定问题：由于各个变量／指标／准则／属性间的不可公度性以及相对重要性，须通过赋权进行综合评价。尽管开发了许多确定权重的方法（如层次分析法AHP、主成分分析法、专家评判法、熵权系数法等），但任何权重的确定都夹杂着强烈的人为色彩而无法客观地体现评判结果。即使采用专家评判法，也由于评判指标的代表性、指标评判标准／基准的问题以及专家专业的差异及其对指标选取的偏向等，权重的确定仍然问题重重，权系数无法或难

---

① 张珞平，母容，张冉.《多维决策法：一种新的战略决策方法》，《战略决策研究》，2014年第1期。

② DOUVERE F, The importance of marine spatial planning in advancing ecosystem-based sea use management. Marine Policy, 2008, 32：P762-771.

③ GILLILAND P, PAUL M, LAFFOLEY D. Key elements and steps in the process of developing ecosystem-based marine spatial planning. Marine Policy, 2008, 32：P787-796.

以完全确定。权重的不确定性导致最后的评价结果可能存在较大差异而直接影响决策结果。摆脱属性权重的束缚是 MCDM 法一个必须努力的方向。[①]

国际上的 MSP 普遍采用空间分析技术或 GIS 叠图技术。[①②] 尽管空间分析和 GIS 叠图技术有利于空间规划与管理,但这些技术是海洋管理部门以现状需求定位解决现在的资源利用冲突问题的手段,无法确定区域的长远发展战略和目标等战略决策以确保区域的永续发展。

三、基于 MDDM 法的海湾海岸带主体功能区划技术方法

本项目基于:可持续发展原则;基于生态系统管理原则(Ecosystem-Based Management, EBM);资源定位原则(Resource-Oriented Principle, ROP);陆海统筹原则;维护生态系统健康和生态安全原则;预警预防原则(Precautionary Principle)和公众参与原则的基础上开展海岸带主体功能区划研究。[③]

(一)海湾海岸带主体功能区划技术框架

本项目首先在多年实践的基础上开发了适用于战略决策的新方法——多维决策法(MDDM 法),[①] 然后基于 MDDM 法建立了海岸带主体功能区划技术方法(见图1),其技术框架主要包括以下几个步骤:[④]

第一步:确定决策目标——海岸带地区的主体功能区划及其永续发展。

第二步:基于 EBM,根据生态系统特征划分海岸带主体功能区划范围和基本单元。

第三步:确定"区位、社会、经济、资源、环境、生态、风险"七个主体功能区划决策的环境维度;分维度进行现场调查及资料搜集,搜集所有维度的所有可获得的信息。

第四步:采用传统/经典的评价方法对各个维度中的各个要素/因子/指标进行现状评价和回顾评价,掌握区域各个维度的现状环境条件及其变化趋势;采用专家评判法对各个维度的各层次及其综合结果进行评判,最终得出各

① GILLILAND P, PAUL M, LAFFOLEY D. Key elements and steps in the process of developing ecosystem-based marine spatial planning. Marine Policy, 2008, 32: P787-796.

② MARTIN K S, HALL-ARBER M. The missing layer: Geo-technologies, communities, and implications for marine spatial planning. Marine Policy, 2008, 32: P779-786.

③ 母容, 等.《基于多维决策分析的海湾海岸带主体功能区划技术研究》,《海洋开发与管理》,2013 年第 1 期。

④ 张沁园.《SWOT 分析法在战略管理中的应用》,《企业改革与管理》,2006 年第 2 期。

个维度的综合评判结果。

第五步：SWOT 分析。[①] 根据七个维度的评价结果对海岸带地区存在的优势（strength）、劣势（weakness）、机会（opportunity）、威胁（threaten）等进行分析，确定海岸带区域的发展战略（SO 战略、WO 战略、ST 战略、WT 战略）。

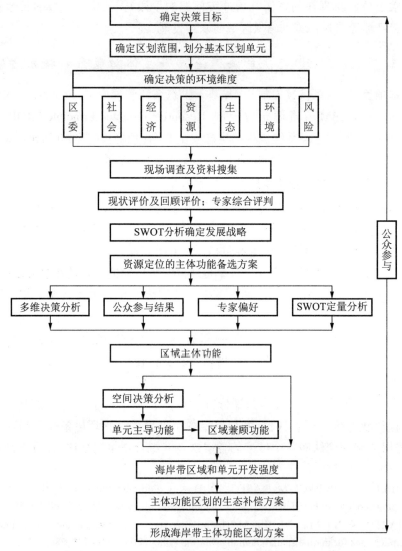

图 1　基于多维决策法的海岸带主体功能区划的技术路线

---

① 张沁园．《SWOT 分析法在战略管理中的应用》，《企业改革与管理》，2006 年第 2 期。

第六步：遵循价值导向思维（Value Focused Thinking，VFT）决策模式，[①]以资源定位原则（ROP）[②]根据区域的优势资源确定主体功能备选方案（决策维度）。

第七步：多维决策分析。[②]根据七个维度的现状评价及回顾性评价结果，以及专家评判得到的各维度综合评价结果，以专家评判法评价拟定的几个主体功能备选方案与七个环境维度可能的联系（影响，置信度；关系），根据多维决策分析模型确定海岸带地区的主体功能。

第八步：开展公众参与，就社会、经济、环境、未来发展方向和主体功能征求公众意见；公众参与贯穿整个功能区划的制定过程。

第九步：各维度根据现状和回顾性评价结果，采用专家评判法对多种主体功能备选方案提出各个维度的偏好。

第十步：分别对备选方案进行 SWOT 定量分析，根据备选方案发展战略的优劣确定海岸带地区的主体功能。

第十一步：综合多维决策分析结果、公众参与结果、专家偏好和 SWOT 定量分析结果，最终确定海岸带地区的主体功能及其兼顾功能。

第十二步：空间决策分析。对于环境条件较复杂的海岸带地区，再次根据资源定位原则、多维决策分析、公众参与结果、专家偏好和 SWOT 分析结果、GIS 空间决策分析等方法和手段确定各子单元的主导功能（及其兼顾功能），以不违背海岸带地区主体功能为基本原则。

第十三步：根据区域主体功能、各单元主导功能及兼顾功能的资源开发强度及其开发潜力、生态环境条件，确定区域和各单元、各种功能的开发强度（优化、重点、限制和禁止开发）。

第十四步：采用环境经济学和生态系统服务价值评估的方法确定对各种被限制和禁止开发的产业（功能）的生态补偿；确定对各种重点和优化开发的产业（功能）今后可能产生的生态环境影响的生态补偿。

第十五步：综合区域整体主体功能区划和各单元主导功能及其兼顾功能，以及各自的开发强度要求，最终形成海岸带区域主体功能区划方案。

---

① 张珞平，母容，张冉．《多维决策法：一种新的战略决策方法》，《战略决策研究》，2014年第 1 期。

② Zhang et al. Resources-Oriented Principle and Sustainability: Theory and Application in China. Environmental Information Archives, 2006, 4: 459-464.

（二）分析／评价方法

（1）区划范围和基本区划单元。

根据 EBM 以及海陆统筹的原则，按照生态系统特征划分海湾海岸带主体功能区划范围以及基本区划单元。海域范围根据海湾生态系统边界划分，陆域范围根据汇入海湾的汇水区划分。海域区划单元的划分主要以水深、地形及海流等物理因素为主确定，陆域单元的划分则根据每个单元海区的汇水区范围并统筹考虑行政区划划分。[①]

（2）海湾海岸带现状和回顾性评价以及维度的综合评价。

海岸带主体功能区划重点考虑区位、社会、经济、资源、环境、生态、风险七个维度对海岸带地区主体功能区划决策的影响。各个维度评价内容见表 1。收集七个维度的所有数据资料，采用传统／经典的评价方法对各个维度中的各个要素／因子／指标进行现状评价和回顾评价，以明确区域各个维度的现状环境条件及其变化趋势。[②]

根据各个维度中的各个要素／因子／指标的现状评价和回顾评价结果，采用专家评判法逐级评价各个维度中各层次要素的综合评价结果，以及维度综合结果，最终得出各个维度的专家综合评判结果。[①]

表 1　现状及回顾性评价内容 [①]

维　度	现状及回顾性评价内容
区　位	自然区位、资源区位、经济区位、社会区位等
经　济	GDP 总量、年均增速，人均 GDP，三产比重等
社　会	政治文明、人口、经济、文化艺术、公共服务设施、人居环境、公众意愿等
资　源	陆地资源（气候资源、土地资源、淡水资源），海域空间资源（港航资源、滩涂资源、岛屿资源），旅游资源，生物资源（渔业资源、珍稀濒危物种资源），矿产资源和能源等
生　态	基础生物生态（如叶绿素 a 和初级生产力、浮游植物、浮游动物、底栖生物、环境微生物），敏感生物生态（如中华白海豚、鹭鸟、红树林、文昌鱼），渔业状况（渔业资源和渔场、产卵场），陆域生态系统（植被、动物和农业生态系统）等
环　境	陆域环境质量，海域环境质量及海域环境容量等

---

① 母容，等.《基于多维决策分析的海湾海岸带主体功能区划技术研究》，《海洋开发与管理》，2013 年第 1 期。

② 母容，等.《基于多维决策分析的海湾海岸带主体功能区划技术研究》，《海洋开发与管理》，2013 年第 1 期。

维　度	现状及回顾性评价内容
风　险	环境风险:台风风暴潮风险,海岸带污染事故风险(船舶溢油风险、油码头溢油风险、以及陆地石油化工企业造成的事故)等
	生态风险:生态系统安全风险,赤潮,外来生物入侵以及生态灾害风险等

（3）基于资源定位原则（ROP）确定主体功能区划的备选方案。

资源定位原则（ROP）最初应用于企业中以帮助决策者确定企业的发展战略,近年来逐步应用在区域决策中。[1] 海岸带区域是一个具有多种资源与环境结构类型的地域。对任何区域而言,总有一种或几种类型资源占据主导或主体地位,这种主导结构类型对区域的发展起着导向作用。[2] 只有依据资源定位原则确定区域的发展方向和发展战略,才有可能真正实现持续发展。[1] 将资源定位原则引入到海岸带主体功能区划决策中,应用最大净效益法和机会成本法识别区域占主导或主体地位的资源结构,科学确定区域的主体功能备选方案。[3]

（4）公众参与。

公众参与贯穿于海岸带主体功能区划的整个过程。公众参与可采取多种参与形式,如调查问卷、公众听证会、热线电话等,就社会、经济、环境、未来发展方向和主体功能征求公众意见。除了公众对于主体功能的直接决策意见外,公众参与的所有意见同时也作为"社会"维度的主要内容。[3]

（5）多维决策（MDDM）法。

MDDM法用多个"维"体现人类分析问题的一般思维方式和评价体系,在综合、全面分析与决策相关的各个维度的基础上辅助决策。MDDM法尤其适用于公共决策和政府决策等战略决策,要求全面分析与决策所涉及的区域或行业的所有环境与发展系统的特点,对各维度所有可获得的指标及其数据进行综合评价,得出该维度的整体评价结论,由此进行决策。多维决策法并不建立在某几个领域（维度）的某几个指标上,而是建立在所有决策维度的所有

---

[1]　Zhang et al. Resources-Oriented Principle and Sustainability: Theory and Application in China. Environmental Information Archives, 2006, 4: 459-464.

[2]　谢强,王红亚.《试论区域持续发展中的资源导向模式》,《地理科学进展》,2000年第1期。

[3]　母容,等.《基于多维决策分析的海湾海岸带主体功能区划技术研究》,《海洋开发与管理》,2013年第1期。

信息基础上，可克服 MCDM 的局限性，确保决策的科学性和可靠性。[①]

在海岸带主体功能区划研究中选取了"区位、社会、经济、资源、环境、生态、风险"七个决策的环境维度，采用专家评判法分别对决策备选方案与七个维度（决策维矩阵与环境维矩阵）的相互影响进行评价。评价内容包括：① 维度对不同主体功能备选方案的影响／支持程度（Impact, I）及其影响的置信度（Confidence, C）；以及维度与不同决策备选方案的关系程度（Relationship, R），可表达为 $[I, C; R]$；② 不同决策备选方案开发对各维度的影响、置信度以及之间的关系 $[I, C; R]$。其中 I 的取值范围：$\{-3, -2, -1, 0, 1, 2, 3\}$；R 的取值范围：$\{0, 1, 2, 3\}$；数值 0、1、2、3 分别指"没有影响／关系"以及"影响／关系的弱、中等、强"，'－' 指负面影响；C 的取值范围：$(0, 1]$，表示置信程度的高低。[②]

将多位（5 位以上）专家对所有影响、置信度、关系给出的值相乘（$I \times C \times R$）后累加得到综合得分，比较海岸带主体功能备选方案综合得分大小，确定海岸带区域的主体功能。[③]

（6）专家偏好分析。

各维度的相关专家根据现状和回顾性评价结果，采用专家评判法对多种主体功能备选方案提出本维度的偏好。某主体功能在多个维度占优势，即可考虑成为海岸带主体功能。[②]

（7）间决策分析。

在海湾海岸带主体功能确定后，各个单元依据资源定位原则、SWOT 分析、多维决策分析、专家偏好、公众参与结果，并结合 GIS 空间分析（空间区位分析，以该单元在整个海岸带区域中的区位优／劣势予以确定）确定各单元的主导功能。[②]

四、案例研究及讨论

本项目研究选取福建省厦门湾和罗源湾海岸带区域作为案例研究区域，

---

① 张珞平，母容，张冉.《多维决策法：一种新的战略决策方法》，《战略决策研究》，2014年第1期。

② 张珞平，母容，张冉.《多维决策法：一种新的战略决策方法》，《战略决策研究》，2014年第1期。

③ 厦门大学课题组.《海湾海岸带主体功能区划研究报告》，《2009年度海洋公益性行业科研专项（200905005）第6子专题报告》，2012年12月。

应用所创建的技术路线和方法开展了这两个海岸带区域的主体功能区划研究。最终确定厦门湾海岸带地区的主体功能为旅游(重点开发),兼顾功能为港口航运(限制开发),并确定了各单元的主导功能及其兼顾功能(图2);确定罗源湾海岸带地区的主体功能为渔业(养殖、优化开发),兼顾功能为港口航运(限制开发)(图3)。[①] 决策结果明确得出了厦门湾与罗源湾海岸带地区的主体功能及其各个分区的主导功能和兼顾功能,给出区域非常明确的发展方向。[①]

案例研究表明,由于 MDDM 法收集了与决策相关的所有维度以及各个维度所有可获得的信息以支持决策,避免了 MCDM 法指标体系筛选的问题,确保决策信息的完整性和科学性。应用专家评判法得到各维度(各要素和整体)的综合评价结果,直接支持最终决策;并采用基于专家评判的 MDDM 法,提高了决策的科学性;避免了 MCDM 法存在的评价标准或阈值确定、权重确定等一系列问题。[①]

五、结论

本文认为主体功能是一种社会功能。主体功能区是一个综合功能区,决定区域的空间社会属性和发展方向。主体功能区划是区域的战略决策,决定区域的长远目标、社会属性定位和发展方向。主体功能区划应首先确定功能,再确定各个功能的开发强度。

本项目遵循基于生态系统管理的理念以及资源定位原则等,创建了多维决策法,构建了基于多维决策分析的海岸带主体功能区划技术方法,并应用于海湾海岸带地区。该技术路线以多维决策法为主,辅以公众参与、专题偏好以及 SWOT 战略分析法,综合制定海岸带主体功能区划决策。

案例研究表明,所创建的基于 MDDM 法的海岸带主体功能区划技术路线和方法可揭示复杂系统的客观综合状况,尤其适用于必须综合考虑社会、经济、生态环境等错综复杂的区域性和综合性战略决策,可避免 MCDM 法的一系列问题。基于 MDDM 法的主体功能区划明确地得出了海岸带地区的主体功能,给出地区与区域非常明确的社会属性和发展方向。

---

① 张珞平,母容,张冉.《多维决策法:一种新的战略决策方法》,《战略决策研究》,2014年第1期。

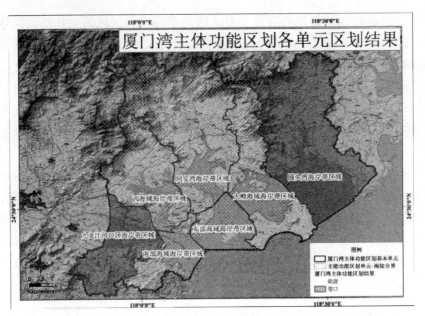

图2 厦门湾海岸带地区主体功能分区区划结果

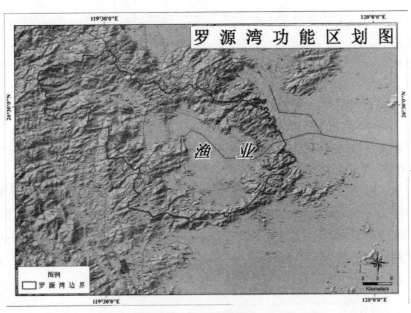

图3 罗源湾海岸带地区主体功能区区划结果

基于产权的海洋渔业资源开发利用效率分析

郑建明 *

（上海海洋大学公共管理研究所　上海　201306）

摘要：自然资源对人类社会的发展所起的作用很大，经济租金最大化原则和产权的完备性是有效开发资源的两大条件。应用经济学理论分析海洋渔业资源产权开发利用的有效性，并以两个渔场之间捕捞努力量分配为例说明产权对于资源经济效率提高的重要性。在分析我国海洋渔业资源产权运行现状及其存在问题的基础上，提出要有效开发我国海洋渔业资源产权的建议：其一，政府要明晰海洋渔业资源的产权关系；其二，根据不同的海洋渔业资源问题，政府要制定不同的产权制度和政策；其三，政府要不断推进海洋渔业资源所有权的多元化

关键词：海洋渔业资源　产权　效率

一、引言

相对于人类开发利用自然资源的需求，自然资源总是表现为稀缺性的。因此人类如何把劳动力良好地配置于自然资源的开发利用，从而使得自然资源有效利用是一个非常重要的问题。在世界上，海洋渔业资源由于被数量相

---

* 郑建明（1976—）男，浙江衢州人，上海海洋大学公共管理研究所副教授、博士，主要从事公共经济与政策、海洋经济与政策研究。

当的船队过度捕捞，已经呈现不可持续和无效的开发利用状态，先进渔具的开发也对其他不是目标种群鱼类和海底造成了严重的影响。这些问题的产生使得人们重新寻求基于生态系统的方法来解决渔业管理问题。渔业管理者强调防止渔业生物过度捕捞，减少幼鱼、非目标种群鱼类和保护鱼类的偶然捕获，保护和增加鱼类的栖息渔场。可见，人们越来越关注海洋渔业资源复杂属性和生态系统管理方法，但是并没有合适的产权制度变化和政府管理制度安排，这无疑不利于海洋渔业经济的发展。在我国，渔业捕捞强度过大，加上环境恶化等原因，导致了我国各个海区的渔业资源衰竭，对我国渔业经济的可持续发展构成了威胁，因此，我国渔业资源管理体制的改革已刻不容缓。

稀缺资源产权问题一直是社会科学研究核心问题之一，产权安排不当会导致经济效率的损失，也会使得公平问题更难解决。海洋渔业资源的特定及其可持续利用产权制度安排也一直受到学者的关注，H Scott Gordon 先后发表了关于开发性进入制度下过度捕捞和渔业资源租金浪费的文章，强调对渔业资源开发利用的研究不能仅仅集中于生物学的研究，不能见物不见人 [1][2]。Garret Hardin 在 *Science* 杂志中发表经典著作"公地悲剧"，说明产权缺失导致自然资源过度开发 [3]。自从 Coase R. H. (1960) 提出明确界定产权非常重要，人们开始认识到对产权的拥有和市场交换是非常有意义的 [4]。但是，对大量和流动性强的海洋渔业资源实施产权必然造成高额的交易成本 [5][6]。在我国，从产权角度研究渔业资源的文献起步较晚也不是很多，王万山（2005）以可再生渔业资源为例，可再生资源代际问题的解决需要有合理的制度安排，过度追求当代人利益会导致可再生资源使用的跨代性失效，并说明需要政府依据其经济特

[1] H. Scott. Gordon, An Economic Approach to the Optimum Utilization of Fisheries Resource[J], Journal of Fisheries Research Board of Canada, 1953, 10 (7): 442-457

[2] H. Scott. Gordon, The economic theory of a common property resource: The fishery[J], Journal of Political Economics, 1954, 62: 124-142

[3] Hadin, G. The tragedy of the commons, Science, 1968, 162: 1243-1248.

[4] S. F. Edwards Property rights to multi-attribute fishery resources[J] Ecological Economics 44 (2003): 309-323.

[5] Eggertsson, T. 1990. Economics Behavior and Institutions. Cambridge University Press, New York.

[6] Leuck, D. L. 1995a. Property rights and the economic logic of wildlife institutions[J]. Natural Resource Journal 35: 625-670.

性进行一定的规制,安排合理的使用制度 ①。杨正勇(2006)对产权管理的个体可转让配额制度的交易成本做了详细的分析,并结合我国海洋渔业资源管理的特征分析个体可转让配额制度实施的影响因素 ②。沈金生、石陈陈(2011)提出了采用集体产权的形式管理海洋渔业资源 ③。通过对文献的回顾,笔者发现在我国研究海洋渔业资源开发产权问题的文献较少。本文在借鉴上述国内外相关文献的基础上,基于产权的视角研究海洋渔业资源开发和利用,以期对我国海洋渔业资源管理提供借鉴。本文余下部分结构安排如下:首先从经济学角度分析海洋渔业资源开发利用的产权问题;其次分析我国海洋渔业资源产权运行现状;最后归纳出相关的结论并提出有效开发利用海洋渔业资源的建议。

二、海洋渔业资源开发利用产权效率的经济理论分析

众所周知,海洋渔业资源是一种可再生资源资源。可再生资源是指能够通过自然力以某一增长率保持或不断增加流量的自然资源,例如:森林、鱼类和各种野生动植物等。资源具有有效性,这决定了人类会不断地利用和开发自然资源;但是另一方面,自然资源又表现为稀缺性,资源的稀缺性是指资源在一定时间周期内只能有限地服务于主体,满足主体一定程度上的需要。如果人们在利用资源的过程中不注意适当地开发,而是采用掠夺式地开发利用资源,则会面临资源的枯竭,最终给社会和人类自身带来损失。经常出现的森林过度砍伐、渔业过度捕捞等现象,主要原因就是人类对资源开发利用认识不够和资源产权不明晰。因此,开发利用资源的产权效率问题就显得非常重要,追求效率乃是一切经济活动追求的核心内容。

自然资源资源的产权安排就是在对自然资源产权界定的基础上选择资源配置的交易方式,产权制度安排不是一成不变的,在经济变化的情况下,产权可以从一种制度安排向另一种制度安排转变。合理地安排资源的产权可以使海洋渔业资源产权主体按照市场原则实现产权重组,为产权的有效配置创造

---

① 王万山.《可再生自然资源代际可持续利用的经济分析与制度安排——以渔业资源为例》,《长江流域资源与环境》,2005 年第 9 期,第 584～588 页。

② 杨正勇.《论个体可转让配额制度的交易成本》,上海:上海科学普及出版社,第 101～125 页。

③ 沈金生,石陈陈.《海洋渔业资源优化与集体产权的经济研究》,《中国海洋大学学报(社会科学版)》,2011 年第 2 期,第 13～18 页。

前提条件。所谓自然资源产权效率是指执行某种自然资源开发利用的产权制度后的收益除去运行该产权制度的成本之后，所获的效益。从某种意义上讲，是一种社会效益，体现的是制度安排的有效性，对自然资源产权的不同配置方式将导致整个资源配置效率的不同。由此可见，一定的产权制度安排决定着一定的资源配置效率，也即产权的效率问题。因此，海洋渔业资源开发利用的产权效率是指为某种渔业资源资产产权制度实施的收益与制定、运行该产权制度的成本之后的效益。

人类开发利用海洋渔业资源的最终目的是获取经济租金，从某种意义上来说，也即人类劳动力与渔业资源之间如何有效结合的问题。对于海洋渔业资源来说，所谓经济租金是指人类开发利用渔业资源过程中，从生产要素中所得的收入超过其在其他场所可能得到的收入部分，简言之，经济租金等于要素收入与其机会成本之差。经济租金在自然资源开发中所起的作用很大，海洋渔业资源开发利用的经济租金最大化原则是非常必要的，因为租金最大化利用原则能使得人类开发利用自然资源达到帕累托有效，这正是最优化理论在自然资源开发利用的具体应用。在缺乏完善私人产权结构情况下，比如共有财产和不完全的产权结构，都会导致渔业资源开发利用无效，主要原因是资源的利用者没有经济动机去获得租金最大化，而是要最大限度地开发利用自然资源。渔业生物资源是可再生资源，人类的捕捞活动直接减少了渔业生物资源的数量，其强度通常用捕捞努力量来衡量[1]。

下面以两个渔场之间捕捞努力量的分配为例，来阐述自然资源开发利用过程中产权配置效率的重要性问题。首先作如下假设：两个渔场是共有财产，渔民可以自由进入，不存在排他性，大家都可以进入渔场捕鱼，即开放式渔场；渔民是理性的经济个体。如果一种物品是共同资源，这意味着在消费上具有竞争性，但是却无法有效排他[2]。而图1中的渔业资源正是共同资源，因此渔民消费该渔业资源会出现不合作问题，导致消费的集体非理性，个别渔民增加该渔业资源的捕捞量会带给其他渔民负的外部效应。

渔民捕捞努力量的配置在两个渔场之间分配如图1所示。曲线 VAPE 表示捕捞努力量平均产量价值，曲线 VMPE 表示捕捞努力量边际产量价值，曲线 OC 表示捕鱼的机会成本。由于渔场可以自由进入，捕鱼者根据 $OC = VAPE_1 = $

---

① 刘新山.《渔业行政管理学》，北京：海洋出版社，2010年，第46页。

② 黄恒学.《公共经济学》，北京：北京大学出版社，第50页。

VAPE₂，获得最大收益，因此 E₁、E₂ 是两个渔场资源开发的长期均衡点，这个时候渔业资源开发的经济租金为零。但根据最优化理论，$OC = VMPE_1 = VMPE_2$，因此 E₁₊、E₂₊ 是两个渔场资源开发利用的有效捕捞点。从上图可以看出，由于渔场可以自由进入，渔民在高额利润的驱动下会不断地增加捕捞努力量，这两个渔场会发生过度捕捞现象。这正是 H Scott Gordon（1954）所描述的渔业资源过度开发，以致经济利润为零，最终达到经济均衡。如果把一部分渔业捕捞努力量转移到其他部门，渔业资源会更加有效地利用，渔业对整个社会经济福利的提高的作用会更大。解决这个问题的关键是，捕捞努力量在两个渔场之间该如何配置，才使得渔业资源经济租金达到最大。在短期，要减少渔船数量很困难的，但是可以通过两个渔场之间捕捞努力量的重新分配，改进资源配置效率，从而达到帕累托改进。从图中可以看出，在渔场1和渔场2之间，如果分别使用相同的努力量，则 $VMPE_1 > VMPE_2$；因此，根据最优化方法，可以重新配置捕捞努力量，使得两个渔场努力量的 VMPE 相等，并且均等于机会成本，这个时候均衡点就会发生改变。E₁ 向 E₁′ 移动，E₂ 向 E₂′ 移动，但是两个渔场总的捕捞努力量不变，即 $E_1 + E_2 = E_{1'} + E_{2'}$。通过上述分析，我们可以知道，在没有明晰私人产权的渔场之间，捕捞努力量会以两种方式无效配置：渔业资源发生过度捕捞现象或者两个渔场之间的捕捞努力量分配无效。因此，要有效开发和利用海洋渔业资源，在清晰界定渔业资源产权的基础上，并且合理分配捕捞努力量。

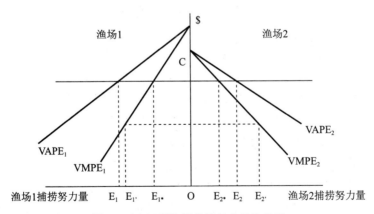

图 1　两个远洋渔场捕捞努力量的分配

如何有效地实行海洋渔业源开发和利用，一直是渔业经济与管理学科的核心问题。随着中国向市场经济渐进步伐的加快，中国海洋渔业资源管理制度也发生了向市场经济驱动的制度变迁,并取得了一定的制度绩效。但是,我国现有的产权制度仍未超出计划经济的氛围,并不能改变海洋渔业资源低效率或无效率供给和配置的现实。产权作为一种制度设计和安排,是用来解决物的归属和物的使用问题的。经济效益和产权制度有着更为直接的关系,经济效益的提高有利于资源的高效利用,有利于资源本身的节约,有利于减慢自然资源耗竭的速度,这样就间接地起到保护自然资源的作用,自然资源可持续开发利用就得以实现。产权是一种物权,使用权对于自然资源开发利用更加重要。自然资源产权是由一系列赋予资源利用的"权利束"所组成的。完备的自然资源产权包括五个方面的特征:(1)排他性,即当一个人拥有一种自然资源时,只有你可以利用该种自然资源,其他任何人不能使用该种资源;(2)完全性,即使用资源的范围和广度要明确;(3)持续期,开发自然资源持续的时间跨度;(4)可转让性,即是否可以把使用自然资源的权利通过市场交易方式转让给其他人;(5)资源享用的份额,即在开发利用自然资源时,享用多少份额的自然资源利用而获益①。海洋渔业资源产权要合理的实施和交易,也必须要满足以上五个条件。

政府在渔业资源产权的演进和制度安排方面起着非常关键的作用,要明晰海洋渔业资源的产权,政府必须要对渔业资源的拥有权和使用权分离,并赋予排他性权利和捕捞份额等其他产权要素,这样就可以使得渔业资源的产权可以实现市场交易,从而使资源租金最大化目标实现,渔业资源开发利用达到有效率。

三、我国海洋渔业资源产权运行的现状分析

1979 年以来,中国曾先后制定了一些渔业资源产权管理的制度,其目的就在于保护渔业资源。我国现行的海洋渔业资源产权保护制度主要由渔业资源增殖保护费制度、捕捞许可证制度、休渔制度、捕捞限额制度和其他制度组成。

(一)海洋渔业资源增殖保护费征收制度

征收渔业资源增殖保护费是一种直接控制的管理制度,海洋渔业资源增殖保护费征收金额由沿海省级人民政府渔业行政主管部门或海区渔政监督管理机构制定。征收渔业资源增殖保护费充分体现出受益者负担费用的原则,

---

① Bromley, W. D, Testing for common versus private property: comment[J], Journal of Environment Economics Management. 1991. 21: 92-96.

即让渔业资源增殖保护费由渔业生产者承担一部分，使资源受益者和费用负担相一致。在渔业资源的公有性特征的前提下，从事渔业资源捕捞生产不需要支付任何利用资源的费用，也是导致渔业捕捞努力量投入过度的原因之一，做好渔业捕捞生产管理中的费用征收制度是非常有必要的。但是，由于我国渔民众多，而且分布分散，广大捕捞渔民的户籍界定不清，法律定位也不明确，导致资源增殖保护费用的成本过高，实施起来有一定难度。

（二）休渔制度

休渔制度属于投入控制制度，包括保护区制度、禁渔区和禁渔期、伏季休渔，该制度主要根据渔业资源的繁殖、生长、发育方面的规律以及资源的开发利用状况，执行相关制度达到渔业资源养护的目的。总的来说，休渔制度既有积极作用，也存在局限性。首先执行伏季休渔措施能够有效保护渔业资源的产卵场、保护幼鱼的生长；休渔制度在一定程度还能够控制或减少渔业资源的总捕捞努力量。但是，休渔制度不能从根本上解决渔业资源过度捕捞问题。其主要原因在于，在禁止期或禁渔区之外，容易产生捕捞努力量的投入高峰，休渔一结束，大量的渔船集中投入到近海的海洋捕捞生产中，伏季休渔的效果很快就被开捕后更大的捕捞强度所抵消；其次，休渔制度不能有效控制渔业总捕捞努力量，对渔业资源的危害很难降低[①]。实践证明，捕捞技术的进步，能够直接导致捕捞努力量的增长，所带来的良好经济效益又会增强渔业生产者增加渔业生产投入的动机。休渔期间，广大渔民会积蓄提高各自的捕捞努力量，使得当前不断枯竭的渔业资源与增加的捕捞努力量之间的矛盾更加严重。

（三）捕捞许可证制度

捕捞许可证属于投入控制制度中的进入限制制度，该制度主要是通过限制入渔的捕捞单元（包括渔船和渔具）的数量或生产能力，目的是将总的捕捞努力量控制在与渔业资源总体增量相适应的水平。我国的捕捞许可制度采取将捕捞许可证与所申请渔船直接对应的"一船一证"制度。捕捞许可证的申请人即是渔船的拥有人，申请人在其申请获得批准后成为捕捞许可证的持证人。持证人对其申请从事的渔业捕捞活动完全负责，并承担相应的法律责任。这种"一船一证"式的制度安排，从理论上讲，有利于通过控制捕捞许可证的发放数量达到控制渔船数量和渔船功率的目标。捕捞许可证制度能在一定程

---

① 黄硕琳.《国际渔业发展的动向》,《上海水产大学学报》,2000年第1期,第22～26页。

度上控制捕捞的努力量，但是许可证通常只规定了渔船的作业类型、作业区域、捕捞品种、渔具数量等，没有对渔船的总捕捞数量做出明确限制。渔民可以通过延长作业时间、改造渔业技术等手段不断增加捕鱼量。另外，我国的捕捞许可证制度由于种种原因，一直没能得到严格的贯彻执行，所以尽管对从事海洋渔业捕捞必须持有捕捞许可证的法律规定已经二十多年，并制定了实施细则和管理办法，但仍有大批"三无"渔船和"三证不齐"渔船从事捕捞作业，捕捞努力量仍然严重过剩，导致渔业资源日趋枯竭。

（四）捕捞限额制度

捕捞限额制度是产出控制制度的一种，它是指在一定的时间内和特定的水域中，对特定的渔业生物资源品种，设定允许捕捞的最大数值。该制度改变了以往将投入控制作为主要渔业管理制度的状况，将渔业的生产结果即渔获量（捕捞量）作为渔业直接管理对象。实施该制度后，以最大生物可持续捕捞量（MSY）或最大经济捕捞量（MEY）为标准，渔业资源管理者首先在科学研究提供的数据基础上，根据渔业资源的再生能力，特别是当前资源水平所能承受的捕捞努力量和渔获量来确定一定时期的总可捕量。如果捕捞量超过所规定的数值，该渔业资源品种的捕捞就会被禁止。捕捞限额制度核心系统中除了总可捕量的确定之外，还包括总可捕量的实施。但是到目前为止，我国的捕捞限额制度还没有真正开始实施，渔业行政管理部门以及相关科研机构正在积极探索中国实施捕捞限额制度的具体方案。

总的来说，我国海洋渔业资源资产权的制度对渔业资源的利用、保护和资源恢复方面起到了一定的作用，但是我国渔业资源日趋枯竭、捕捞努力量分配不合理的问题都没能得到有效解决，海洋渔业仍然存在事实上的自由准入，我国各个海区中重复上演"公地悲剧"的现象就是明证。究其原因，主要是我国海洋渔业资源产权界定不清楚，政府也没有根据渔业资源的属性和产权的特点，安排合理的制度，以适应海洋渔业资源的开发和管理，因此，我国海洋渔业资源产权制度的变革非常必要。

四、结论和政策建议

世界上大多数沿海国家的渔业资源的产权由政府所拥有，政府决定谁拥有捕获权，并制定渔业捕捞的进入和退出权限。由于海洋渔业资源的非排他性特征，在通常情况下，渔民都不是非常愿意遵守政府的规制措施。通过对海洋渔业资源产权理论分析以及我国海洋渔业资源产权运行现状分析,本部分提出海洋渔业资源产权实施建议和政府相关的制度安排。

(一)政府要实现渔业资源的拥有产权和使用权的分离,明晰海洋渔业资源的产权关系

完善海洋渔业资源的使用权制度,确保获得渔业资源使用权的法律主体的合法权益得到保障,在海洋渔业资源开发中运用使用权分配制度,比如把使用权分配给各个渔民、渔船或者海洋渔业合作组织,这些组织内部可以利用市场机制,对捕捞努力量进行合理分配。使用权的合理分配,能够解决海洋渔业资源租金消失和外部性问题,从而达到资源开发租金最大化。

(二)根据不同的海洋渔业资源问题,政府要制定不同的产权制度和政策

由于海洋渔业资源的物理属性和经济属性的复杂性,不同的渔业资源开发会显示出不同的问题特点,因此,要根据具体的资源问题情况解决具体问题,这点非常重要。在海洋渔业资源开发过程中,资源没有得到有效利用的现象非常多,有兼捕性问题、目标鱼类和非目标鱼类之间的捕食问题、鱼类栖息地遭到破坏等,这些问题的产生具有不同的特征原因,如何根据各种问题产生的原因和各类渔业资源特征,安排合理的产权制度是政府解决渔业资源开发无效率的当务之急。

(三)完善渔业法律法规,不断推进海洋渔业资源所有权的多元化

我国要逐步构造国家所有、集体所有、渔民个人所有、渔业组织所有多种形式并存的所有权结构,并对相关主题给予相应的保护。这样就能够充分兼顾多方面的积极性,促进渔业资源租金的充分有效利用,与此同时,也能达到平衡国家和渔民及有关渔业组织之间的经济利益关系。在中央政府和地方政府领导的体制下,可以考虑建渔业社区产权管理体制,加强渔村社区的组织能力建设。行业协会和渔业社区组织更了解本行业、本地的情况,了解当地渔民的需要,可以马上对产生的问题做出反应。因此,要积极发挥渔业协会和渔业产业组织的功能,不断推进产权多元化改革。

公众参与海洋环境政策制定的中美比较
分析

顾　湘 ① 　王芳玺 ② 　郑久华 ③

（① 上海海洋大学人文学院　上海　201306；
② 复旦大学社会学博士后流动站　上海　200433；
③ 上海震旦职业学院　上海　201908）

摘要：公众参与程度已经成为衡量一个国家或者地区海洋环境事业发达程度和海洋环境管理水平高低的一个重要标志，符合国际发展趋势。目前我国公众参与海洋环境政策制定的意识不强，参与的途径不多，方式也比较单一，流于形式。美国公众参与海洋环境政策制定早于我国，有诸多值得借鉴的经验，通过比较可以发现加强海洋环境教育、拓宽参与途径、公开信息、完善法律等方面是提高我国公众参与力度与有效性的关键。

关键词：海洋环境　政策制定　公众参与

　　面对日益复杂的海洋环境问题，世界各国建立了多种海洋环境保护与治理的有效机制，并制定了相应的海洋环境政策，在海洋综合管理过程中发挥着重要的作用。这些政策制定的科学与否直接影响和制约着海洋事业的发展速度和方向，而科学合理的海洋环境政策制定过程是离不开公众积极参与的。海洋环境政策制定过程中的公众参与，是指作为主体的社会公众为表达和实

---

* 顾湘（1978—），女，汉族，上海人，上海海洋大学人文学院副教授，复旦大学社会学博士后流动站博士后，从事资源环境经济与可持续发展、社工机构发展模式等方面的研究。

　　基金项目：中国海洋发展研究中心青年项目（编号：AOCQN201317）、中国博士后科学基金第 55 批面上资助项目（编号：KLH3548022）。

现自身利益诉求,通过制度化和组织化的途径与渠道,影响海洋环境政策和公共生活的过程,它强调参与的公众主体性、参与渠道的制度化和组织化、海洋环境政策的制定者和受政策影响的利益相关者之间的互动性,强调参与过程的有效性,体现公开、互动、协商、有效的原则[①]。广泛的公众参与,是制定合理、科学的海洋环境政策的重要基础和方法。

近年来中国海洋事业迅猛发展,仅仅依靠政府强制力量保护海洋生态环境和进行海洋综合管理的弊端及局限已经逐渐凸显,日益强大的社会需求催生着以政府为主导的公众参与机制的建立和有效运行。我国公众参与海洋环境保护的制度建设正处于起步阶段,实践经验不足。美国自20世纪60年代以后,旨在支持扩大公民参与的民主理论逐渐兴起,在公共政策制定领域迅速发展,近年来美国海洋环境政策制定过程中公众参与的程度越来越高、渠道越来越多、执行力越来越强。尽管中美两国在海洋环境政策目的与政策环境等方面存在较大差异,但两国通过鼓励公众参与以提高海洋环境政策的科学性、合理性、贯彻力、执行力,从而实现保护海洋生态环境、可持续利用海洋资源的终极目标是一致的。因此,在比较的基础上借鉴美国经验,对完善我国公众参与海洋环境制度建设具有重要的作用和意义。

一、美国公众参与海洋环境政策制定的特点分析

美国作为资产阶级民主社会,其政治文化多样、复杂,在经历了20世纪60年代的公民权运动等一系列社会危机后,社会政策制定领域的公民参与开始迅速发展。据统计,到1974年底,公民参与社会项目管理的数量超过60年代末的三倍。在其后的数年中,参与数量再度增长了50%[②]。包括海洋环境在内的各种类型的政策制定过程中,其公民的政治参与程度是世界上最高的。美国政府规定在政策目标确定之后,要求在具体政策制定过程中必须充分发扬民主,广泛听取公民以及来自部门、地方、政策执行单位和各界的意见;在实际决策过程中,必须反复研究、论证政策的过程,以有利于政策的协调和完善,力避主观片面性;同时,公共政策的决策内容和制定过程,在不违反保密和国家安全的情况下,全部向公众公开。具体来说有以下几个特点:

---

① 周红云.《公共政策制定中公众的有效参与》,《人民论坛》,2011年第2期。

② Advisory Commission on Intergovernmental Relations[A]. Citizen participation in the American federal system[Z]. Washington, DC: U. S. Government Printing Office, 1979.

（一）法律和制度保障

美国《国家环境政策法实施条例》对公众参与意见的反馈有非常详细的规定，即主办机关在准备最后的环境影响评价报告书时应考虑来自个人或集体的意见，并且采取以下一种或多种手段予以积极回应：第一，修正可选择方案，包括原方案；第二，制定和评估原先未加认真考虑的方案；第三，补充、改进和修正原先的分析；第四，做出事实资料上的修正；第五，解释所提意见因何不加采用。所有对环境影响评价草案的意见（不论是否被采纳）都应附在最终的环境影响评价报告书中，如果所提意见对环境影响评价草案修改很小，那么联邦机关可以将它们写在勘误表中，或附在环境影响评价报告书中[①]。另外，美国在《2000年海洋条例》中，也明确规定了公众参与的渠道，包括开放式公众听证会，提供文件供讨论等。美国海洋委员会在全国共召开了16次公众听证会，产生了1800项听证材料[②]。作为全国环境保护工作的国家级政府机构，美国环境保护局在制定、实施某项公共政策时，必须遵守1946年国会通过的《行政程序法》通告和评论所要求的步骤。其中对政策制定过程中的公众参与提出了明确的要求：一是"利益相关的团体都必须有机会通过提供数据和书面评议的方式参与规章制定"；二是"在参考相关团体的评议的基础上，部门必须在联邦注册处再次发表拟定规章的通告"；三是"部门要在最终的规章发布30日之后才能实施"，这表明最终规章发表后的30天等待期为受影响的团体提供了在联邦法院向规章提出质疑的机会[③]。

（二）注重强化公民的海洋意识

为振兴、提高和普及海洋科学教育，美国确立了统一的国家推进体制，一方面不断充实教育网络，促进海洋学家与教育者的协作，加强民间团体与联邦政府之间的合作，推进民间和学术界的合作研究，建立各省厅的横向科学研究计划；另一方面积极调整海洋和沿岸各领域的基础研究及应用研究战略。2003年美国皮尤海洋委员会（Pew Ocean Commission）发布了名为《美国活力的海洋》（American Living Oceans）的报告，阐述了海洋知识进入美国课堂的重要意义，敦促美国建立一个"新的海洋文化时代"。2004年国会发布了《21世纪海洋蓝皮书》，阐述和强调了海洋教育对于强化海洋环境意识、增强公众海

---

① American: National Environmental Policy Act. 1969. 12.

② 时磊.《海洋政策制定中的公民参与问题》,《海洋信息》,2007年第4期。

③ 伦纳德·奥托兰诺.《环境管理与影响评价》,化学工业出版社,2004年。

洋认知、培养下一代海洋科学家的重要性。同年，一批从事教育和科研工作的美国专家学者，在网上发起了海洋文化研讨，形成了美国海洋文化指南。该指南后来成了12年中美国小学海洋科学教育的基本原则，为海洋教育进入美国中小学课堂、在美国全国范围内普及和发展海洋文化奠定了基础。指南中指出具有海洋文化的公民应做到如下三点：一是了解海洋基本理论和主要概念；二是能够就海洋话题进行有意义的交流；三是能够分析和理解海洋及海洋资源相关信息，并做出有依据的、可靠的判断[①]。

（三）公共组织积极参与政策的制定

美国公众为维护自身利益而组成的利益群体几乎遍布全国的各个角落，对各级政府的公共决策都产生了重大的影响。包括"压力集团"、院外游说集团、民众行动委员会或者特殊利益团体等公共组织积极向议会进行游说，被视为美国社会各阶层公众向立法机关表达利益诉求的一种传统而有效的方式。以环境保护方面为例，美国环保组织的政治影响力是非常强大的。以开发、享受和保护环境为宗旨的塞雷勒（SIERRA）俱乐部为例，其目前拥有70万俱乐部成员，其活动是组织当地居民反对污染、保护环境，影响当地政府的决策，阻止没有控制的发展。主要通过参与立法过程保护环境，监督法律执行，成立政治委员会，支持对环保有利的候选人，也推荐自己的代表参与竞选。

（四）广泛和公开的公众获得政策信息渠道

美国有特定的法律要求政府包括海洋环境方面在内的所有政策制定要向公众公开，例如1966年颁布的"查询自由法"意味着任何人都有权知道美国政府在做什么。美国的议会大楼是向公众开放的，公民可以自由进入议会大楼参观，索取资讯以及在议会会场旁听。议会各委员会审议法案，大都是在举行听证会后才做出决断。美国大约有9个州规定举行公众听证会是议会委员会审议法案的必经程序，议会委员会的所有会议，除涉及委员会内部事务外，都要向市民公开，议会的会议议程和议员发言记录及时在议会网站上公布。媒体作为连接政府与公众的一个平台，它对议会活动，尤其是重点法案及立法进展情况，一般都进行跟踪报道，有的议会还编印了议会介绍手册、工作程序图表、棋类游戏等，向市民介绍议会知识。此外，议员还通过电话、电子邮件等方式与市民直接联系。

---

① 郭景朋，王雪梅.《美国海洋文化的基本理论和主要概念》,《海洋开发与管理》,2010年第8期。

二、中国公众参与海洋环境政策制定的特点分析

1982年以来，我国逐步建立了海洋环境保护机构，健全了海洋环境政策体系，海洋环境保护事业不断取得新进展。公众参与作为海洋环境公共政策制定的一个重要环节，在我国也得到了广泛的重视，公众参与意识与行动不断增强。1994年，我国政府颁布《中国21世纪议程》，明确规定中国实施可持续发展的总战略，同时强调公众的参与方式和参与程度将决定可持续发展目标的实现进程。1996年，又颁布了《中国海洋21世纪议程》，表明我国政府坚持海洋可持续发展、实施海洋综合管理必须依靠公众参与的态度。1998年，颁布了《中国海洋事业的发展》白皮书，指出我国将在广泛动员社会各界参与海洋资源和环境保护方面继续努力。目前公众参与已成为我国环境保护的一项重要原则，但尚未真正成为一项法律制度，参与程度有待进一步提高。具体来说有以下几个特点：

（一）公众参与缺乏明细的法律和制度保障

《中国海洋21世纪议程》在第十一章《公众参与》中提到，"合理开发海洋资源，保护海洋生态环境，保证海洋的可持续利用，单靠政府职能部门的力量是不够的，还必须有公众的广泛参与……中国在组织民众参与保护海洋资源和环境方面已经做了一些工作……但是，从总体上说，政府职能部门广泛动员民众参与、各界民众自觉保护海洋资源和环境的意识还不强，有组织地动员民众参与的机制尚未形成"[1]。《中国海洋事业的发展》中提到，"海洋综合管理的基本目的是保证海洋环境的健康和资源的可持续利用。为更好地做好这项工作，中国今后将在以下几个方面继续做出努力……广泛动员社会各界参与海洋资源和环境保护，增强广大民众热爱海洋、保护海洋的意识"[2]。但是现有的这些政策都很笼统，没有相应制度规定公众参与是海洋环境政策制定过程中必不可少的环节，也没有一部法律明确规定我国在组织公众参与海洋环境政策的制定方面究竟该如何进行以及具体的参与方式、程序、程度和违规惩罚等。

---

[1] 国家海洋局.《中国海洋21世纪议程》，北京：北京海洋智慧图书有限公司，1996年。

[2] 国务院新闻办公室.《中国海洋事业的发展》，1998年5月。

（二）公众参与海洋环境政策制定的意识相对薄弱

随着公众参与理论的不断完善，公众参与公共管理、政策执行的主动性有了较大的提高。政府管理部门提倡建设服务型政府，主动接受公众监督的意识也逐步加强。但在政策制定中，作为政策制定主体的政府部门会根据自身利益得失选择政策制定的方式甚至内容，会按照符合自己利益的方向选择适当的政策制定模式。Brzezinski 等的研究显示，公众参与海洋渔业资源评估及相关政策听证会的出席率与参会的出行距离与成本息息相关[①]。政府部门往往可以利用这一关系，调控公众的参与程度。目前我国政府在组织公众参与海洋环境政策制定方面已经做了一些工作，但公众的参与大多是在政府或新闻媒体的引导下，或者是认识到某种危害性后的参与，自主性差。而真正意义上的公众参与是实现公众对政府的有效监督[②]。这主要受两方面的影响，一是公众自身的限制，公众海洋意识薄弱，缺乏相应的海洋知识。公共决策往往带有较强的专业技术性，普通公众的相关知识有限，不能保证对政策的制定能够提出可行性意见或建议。同时，公众存在一定的狭隘性和自私性，例如渔民的过度捕捞意愿与禁渔法规之间的矛盾等。二是决策者的限制，我国传统的决策是一种科层制的、自上而下的模式，海洋政策的决策者，即国家海洋行政部门，同其他政府行政部门一样，在长期的执政过程中，习惯于主宰政策制定过程。一方面，对公众缺乏应有的信任，觉得公众的专业性不强，无法做出合理决策；另一方面，在公众参与政策制定过程中，一旦公众的参与影响到部门或个人利益时，他们对公众参与的态度经常就是消极甚至是抵触的。

（三）公共组织参与政策制定的影响力有限

随着我国经济社会的不断变革，公共组织在我国扮演着越来越重要的角色。2005 年底我国拥有环保民间组织 2 768 家[③]，目前比较著名的水环境保护民间组织有：自然之友、达尔文自然求知社、大海环保公社、深圳市蓝色海洋环保协会等。通常，民间环保组织会以公众代言人的身份参与环保部门的各项行政决策听证会，也会借助自行组织的活动与新闻媒体合作对海洋污染治理

---

① Danielle T. Brzezinski, James Wilson, Yong Chen. Voluntary Participation in Regional Fisheries Management Council Meetings[J]. Ecology and Society, 2010. 15.

② 李文超.《公众参与海洋环境治理的能力建设研究》，中国海洋大学，2010 年。

③ 张新华，陈婷.《中美环保 NGO 发展比较及对中国的启示》，《环境科学与管理》，2011年第 8 期。

和生态环境保护的相关决策进行干预,同时在许多公共环境事件中,民间环保组织发起的诉讼案也越来越多。随着涉海环保组织规模和数量的不断壮大,在监督和保护海洋环境过程中的参与度越来越高。2011年的渤海湾漏油事件中,民间环保组织采取依据专业分工协作的策略,持续推进信息的披露,通过借用微博、传统主流媒体以及公开信等方式,扩大该事件的社会关注范围,形成媒体热点。各环保组织分工明确,有的收集各种污染信息,有的跟传统媒体联系紧密,有的充分利用自有媒体的功能,有的实时跟进深入现场调查真实的污染状况。达尔文自然求知社、自然之友等11家民间环保组织再三呼吁国家海洋局等相关政府部门和单位主动并及时公开渤海溢油事故已查明的事实及调查进展,并尽快明确相关赔付方案。同时致信中海油和康菲要求道歉,发起对中海油和康菲的公益诉讼,并向双方提出组织公益考察,确定真实的清污情况,收集证据,为该事件的顺利解决做出了一定的贡献。但目前我国与海洋有关的环保组织数量较少、发展规模有限、活动领域比较狭窄,在国内乃至国际上的影响力较小,制约了涉海环保组织作用的充分发挥。

(四)公众获取海洋环境政策方面的信息渠道狭窄

我国政府在政务的透明化、信息的公开化等方面做了不少努力,《环境信息公开办法(试行)》于2008年5月1日起正式施行,是我国目前唯一专门针对环境信息公开的部门法规,具有一定的法律约束力。其中明确了政府是法律规定的环境信息公开义务的必要承担者,对政府应依法公开的环境信息进行了明确规定。从可操作性和可实施性的角度出发,各市环保局的网站是目前环境信息的主要发布平台。2010年对全国116个城市的环保局网站信息公开情况进行评估,结果显示,政府环境公开的信息量少和更新缓慢等问题普遍存在;信息的权威性、真实性、可靠性水平仍亟待提高;部分官方环保网站平台落后,人性化程度低,难搜到有用信息;政府主动公开以常规环境信息为主,敏感问题则有限①。可见目前我国公众获取环境政策方面的信息渠道比较单一,海洋环境政策方面的信息更是少之又少,海洋环境信息范围狭窄严重制约公众广泛、有效地参与海洋综合管理。参与政府管理是公众的权利,而要求公众支持政策、决策和方案,就必须允许公众拥有海洋环境方面的足够信息。

---

① Advisory Commission on Intergovernmental Relations[A]. Citizen participation in the American federal system[Z]. Washington, DC: U. S. Government Printing Office, 1979

三、美国海洋环境政策制定过程中的公众参与对中国的启示

在公众参与海洋环境政策的制定方面,我国与美国有较大不同,在法律与制度保障方面,美国已经确立了相对完备的法律和制度体系,高度重视公众反馈的意见,并采取合适的途径加以采纳,而我国亟待建立一部甚至多部对公众参与海洋环境政策制定的具体方式、程序、程度等方面提出明确规定的法律或法规;在公民的海洋意识方面,美国政府比较重视教育投入,而我国政府的重视程度仍然有待提高;在公众参与程度方面,美国很多公众组织和利益团体积极参与到政策的制定过程中,而我国的公众参与积极性不高,相关公共组织影响力也有限;在公众获取信息方面,美国公众可以通过多种渠道和途径了解政策的制定过程并参与,而我国信息公开尚处于起步阶段,还有待进一步完善,公众获取有关信息十分有限,不利于参与政策的制定。综上所述,借鉴美国的先进经验,能够为加强和改进我国海洋环境政策制定中的公众参与提供一些有益的启示。

(一)大力普及海洋知识,加强公民海洋意识教育

公众提高参与海洋环境政策制定的能力,首先必须具备一定的海洋环境知识。针对我国公众海洋知识普遍缺乏、海洋意识和海洋法制观念比较淡薄的情况,应加大海洋法律、法规宣传教育力度,利用各种宣传手段普及海洋法律、法规和海洋知识。教育部制定相应的规章制度,要求从基础教育到高等教育,都应设立海洋教育通识课程,有条件的城市建立更多的海洋博物馆和海洋水族馆,使青少年从小就接受海洋知识的教育,形成全社会关注海洋、开发海洋、利用海洋、保护海洋的良好氛围,不断提高公众对海洋可持续发展战略的认识,最终为公众有效参与海洋环境政策奠定基础。

(二)创新参与形式,充分发挥环保组织的作用

环保组织作为一种代表社会公益力量的民间组织,它不仅独立于政府之外,而且还具有整合社会资源、促进公民参与的能力。加强和促进海洋环境保护类民间组织参与海洋环境政策的制定过程,有利于提高海洋环境政策的公正性、民主性科学性。海洋环境保护类民间组织主体一般包括沿海居民、海洋权益维护者、海洋环境爱好者、海洋专家和学者、海洋行政部门下设的非政府机构等。不同于海洋行政部门的宏观管理和调控,环保组织掌握着一部分与公民生活和生产密切相关的微观的、具体层面的信息,往往是自下而上地思考和解决海洋环境保护问题,可以为海洋环境政策的制定和完善提供更翔实的

数据和资料。因此,行政管理部门应该牵头整合更多的民间海洋环保组织积极参与海洋环境政策的制定。

（三）信息公开,扩大公众的知情权

海洋环境政策信息对公众开放的程度,在某种意义上决定了公众参与制定海洋环境政策的程度,也决定了海洋环境政策是否符合海洋可持续发展的需要。一个成熟的公众社会中,政府应采取各种方式向公众发布信息,为公众提供相关资讯,满足公众的知情权,这是促使和保证公众参与的先决条件,信息公开的程度和获取信息的途径直接影响公众参与的广度和深度。海洋行政主管部门应尝试建立新闻发言人、公告等信息公开制度,使海洋环境政策更加透明,增加公众的海洋知识,在不涉及国家安全和机密的前提下,所有海洋环境政策都应及时地向社会公开,不但政策内容要公开,而且决策程序也要公开,鼓励公众反馈意见。因为决策程序公开本身就体现了公众和行政主管部门之间的信任合作关系,而信任合作关系的建立能从根本上消除抵触与冲突,增进和谐社会的构建,最终有利于海洋环境政策的有效实施。

（四）拓宽公众参与海洋环境政策制定的渠道

互联网为公众参与政策制定提供了一个更加方便、快捷的途径,使公众直接参与公共政策的制定过程成为可能。因此,在海洋环境政策制定的过程中应首先在网络上发布的草案,积极宣传鼓励公民更多关注和参与讨论,使政策的讨论被无限放大,确保尽可能多的利益相关个人和群体都能积极参与,通过网络这种参政议政的新渠道,共同为制定、修改和完善海洋环境政策集思广益。但网络是把双刃剑,在方便公众参与海洋环境政策制定的同时,也可能产生和传播虚假信息等误导公众,对海洋环境政策的制定造成阻碍。因此必须通过增强网络信息基础设施和安全建设、建立健全网络环境下公众参与政策制定的制度化、健全网络伦理道德规范体系建设和法律建设等措施,为公众通过网络有效参加海洋环境政策的制定提供一个健康、安全的环境。

（五）完善公众参与政策制定的法律和制度

完善的法律和制度是保证公众有效参与海洋环境政策制定的前提,将公众参与过程中涉及的所有步骤都逐步明确规范,并将其纳入立法体系中,通过法律保障公众参与权力得以实现和保障公众参与的渠道畅通。公众参与海洋环境政策制定方面目前所需要完善的制度还有许多,如建立征集公众建议制度、完善社会公示制度、完善社会听证制度、完善公众参与方式、完善政策监控

机制等。完善公众参与的制度和程序,将激发公众参与海洋环境政策制定的热情,培养和增强公众的民主意识、参政议政能力,还可以使海洋行政主管部门与公众之间沟通畅通,制定的海洋环境政策更有利于公众的利益,也能使政策在后期的实施过程中所受到的阻力最小。

我国海洋渔民养老风险的复合治理机制研究

——基于风险社会理论的分析框架

汪连杰[*]

（中国海洋大学法政学院　山东青岛　266100）

摘要：我国海洋渔民的养老形势日益严峻,养老保障体系却迟迟没有建立。无论从风险载体上,还是从退休风险和疾病风险上看,我国渔民都比农民承受更大的养老风险。目前,我国渔民的养老风险保障机制不仅没有得到足够的重视,还存在着很大的问题。由于风险影响因素的多样性,使得单个主体难以有效解决渔民的养老风险,基于风险社会理论以及风险的复合治理,本文构建了一个包括国家主体、社会主体、社区主体和市场主体的四维复合治理模型,各主体之间进行有效的沟通和协作,有利于解决我国渔民的养老风险。最后,文章根据渔民养老的复合治理框架,构建了我国渔民养老风险的治理体系。

关键词：渔民养老风险养老保障风险治理

一、问题的提出

我国习惯上把"农、林、牧、副、渔"五种农业类型统称为传统的大农业,而渔业作为其中重要的组成部分,对于保护我国海洋资源和促进海洋经济发展起到了举足轻重的作用。近年来,"三农问题"得到了政府和学者的广泛关注,

---

* 汪连杰(1990—),男,河南信阳人,中国海洋大学法政学院社会保障专业 2013 年硕士研究生。

不仅提出了大量有价值的政策建议,农村的社会保障制度也不断得以完善。然而,长期以来,我国的"三渔问题"却没有引起足够的重视,逐渐被边缘化。近年来,我国的老龄化水平不断提高,截止到 2013 年底,我国老龄人口已经突破 2 亿。[①]受到经济发展水平和基础设施的限制,农民养老形势更加严峻,而与农民相比,无论是在增收潜力还是资源利用方面,渔民实际上比农民承受更多的养老风险。而政府却缺乏针对渔民养老特殊性的政策,渔民的养老保险层次低,保障体系存在很大问题,使得渔民的养老形势不容乐观。

目前,我国学者关于海洋渔民养老风险的研究较少,大多数学者的研究比较笼统,缺乏一定的针对性。其研究视角主要可以分为两个部分。其一,从渔民社会保障构建的大角度入手,养老风险保障方面只作为其研究的一部分。例如,王建友(2013)认为,我国现有渔民承担的社会风险大于农民,而享受的社会保障却不如农民,应该建立相应的养老保障制度,使渔民获得公平性的增长机会。[②]王艳玲,王珊珊,郭丹华(2009)指出,我国海洋渔民从事海洋捕捞和海水养殖两种生产活动,因此,从事海洋渔业活动比其他行业需要面对更为复杂的生产经营风险,甚至是生存风险。所以,需要建立包括海洋渔民社会养老保险在内的健全的海洋渔民社会保障体系。[③]韩立民,陈自强(2008)也指出需要构建包括养老保障在内的渔民社会保障体系。[④]其二,一些学者从我国渔民养老风险的特殊性入手,构建渔民社会养老保险体系。比较有代表性的有,陈莉莉(2009)通过对舟山渔民的生存状况调查,指出了渔民社会养老保险制度的设计的基本原则和具体实现路径。[⑤]蒋舟燕、吕琦(2010)认为,目前我国渔村的社会保障投入明显不足,所以,应该通过提高筹资能力、落实待遇、加强

---

① 李培林.《社会蓝皮书—2014 年中国社会形势分析与预测》,社会科学文献出版社,2013 年,第 54 页。

② 王建友.《以包容性增长理念构建渔民初级社会保障体系》,《农业经济与管理》,2013年第 6 卷 22 期,第 88~94 页。

③ 王艳玲,王珊珊,郭丹华.《基于海洋渔民风险承担状况的中国渔民社会保障措施》,《大连海事大学学报》,2009 第 8 卷 5 期,第 1~5 页。

④ 韩立民,陈自强.《平安渔业建设中渔区社会保障体系建设研究》,《中国渔业经济》,2009 第 1 卷 27 期,第 98~103 页。

⑤ 陈莉莉.《适合舟山渔区渔民需要的社会养老保险制度的建构》,《海洋开发与管理》,2009 年第 26 卷 8 期第 75~79 页。

宣传这三个方面,完善渔民社会养老保险。[1] 学者的这些研究大部分过分强调渔民与农民相类似的一面,而对于渔民养老风险的特殊性强调较少,也缺乏针对渔民的养老风险保障体系的构建。另外,在理论视角方面,大部分学者的研究缺乏理论深度,有的学者从社会学的角度入手,而经济学,公共管理学的研究视角基本处于空白。

本文通过渔民养老同农民的对比研究后指出,在养老问题上,我国渔民比农民承受更大的社会风险,而基于风险社会理论,文章构建了一个四维的养老风险的复合治理模型,主要包括社区、市场、民间社会和国家四个维度。最后通过对我国渔民养老风险治理机制的分析,构建我国渔民养老风险保障体系。

二、我国海洋渔民比农民遭受更多的养老风险

目前,我国渔民的养老保障是纳入到农民大体系中的,但是,具体来看,渔民养老不仅具有农民养老的普遍性,一定程度上还具有自己的特殊性。所以,在同等制度条件下,我国渔民比农民承受更大的养老风险,养老形势更加严峻,其主要差别可以体现在以下三个方面:

(一)在风险承受载体上,渔民和农民相比有着本质差别

农民拥有土地作为基础的生产资料,通过土地劳作,获得包括生活来源、就业机会、社会发展及后续继承等在内的一系列社会保障。"土地在充当农业家庭中最重要生产要素的同时,也成为包括从事非农产业活动人口在内的全体农村居民最基本生活保障的主要依托。"[2]虽然农民对于土地没有产权,却拥有一定期限的使用权,并且这种使用权具有明显的排他性特征,具有私人物品的特性。农民在自己的土地上劳作,任何其他人不得干涉。而渔民的生产场所是海洋,而海洋资源一定程度上具有公共物品的属性,即具有非竞争性和非排他性的特征。近年来,随着海洋渔业资源的过渡捕捞,渔业资源日益枯竭,加上中韩、中日渔业协定的实施,使得我国传统渔场面积缩小,渔民的生存状况更加恶化。基础生产资源性质上的本质差别,一方面使得渔民在年轻时需要更多的投入生产,积累更多的养老资金,为退休之后养老做准备。另一方面,与渔民能够持续从土地中获得经济来源相比,渔民在退休之后,一方面就丧失

---

[1] 蒋舟燕,吕琦.《完善海岛新型渔农村养老保险制度探究》,《渔业经济研究》,2010 年第 1 期,第 21～24 页。

[2] 张晓鸥.《渔民迫切需要国家提供社会保障》,《调研世界》,2005 年第 7 期,第 43 页。

了全部的经济来源,在养老上需要更多的保障。另一方面,渔民在退休之后,没有任何的风险承担载体,在遭遇养老风险时,只能向外界寻求帮助。

(二)在疾病风险上,渔民比农民更容易遭受疾病侵袭

近年来,党和政府十分重视渔民的伤病治疗工作,投资兴建和扩建了渔区医院,在渔政船上配备了专职医生和常用药品,但这些措施与数以几十万计的从事海洋渔业的渔民来说,仍是杯水车薪。由于渔民的生产条件和生产活动的环境十分恶劣,使得渔民不仅遭遇生命风险,而且患病的概率也远大于农民。随着渔业资源的衰退和减少,海洋渔业作业渔场不断向外延伸,一般距渔港在200～500千米,海上作业渔民一旦发生工伤疾病等情况,抢救治疗十分不便。每逢鱼汛期间,因渔场距大陆和渔港较远,伤病渔民后送不及,即使在陆地上属一般疾病工伤的伤病,也往往造成严重后果。有时因船上渔民缺乏起码的急救治疗知识和药品,而致终生伤残,失去劳动能力的现象时有发生。另外,由于长期从事海上劳动,渔民的饮食结构和饮食习惯都存在很大的问题(如表1),从表1可以看出,与对照组相比,我国渔民饮酒比例高,饮食不规律,食物构成中,动物脂肪类比重非常大,饮食结构极不合理。这些都是影响渔民身体健康的重要因素。

表 1　渔民生活饮食情况分析

组别(%)	调查人数	饮酒者(%)	酒量(%)		日常用餐时间(%)			食物构成	
			〈250 g/d	=250 g/d	按时	基本按时	不按时	动物性	植物性
渔民组	269	74 135*	15 124	57 199*	0 174**	7 181**	91 145**	99 126**	0 174**
对照组	84	60 171	17 186	42 186	67 186	22 162	9 152	20 124	79 176

表1来源:马志忠,等.渔民职业有关疾病对健康的影响调查[J].中国公共卫生.2001.渔民组为1982年之后在册的某渔业生产队从事海上渔业活动的渔民。对照组为当地未从事渔业生产活动的非渔民人群。

(三)在退休风险上,渔民比农民有更为明显的界限

由于生产方式的不同,农民和渔民在退休年龄上有着明显的差别。农民在土地上进行作业,可以根据自己的体能状况进行调整,并没有明显的退休年龄,所以,即使上了年纪的农民,仍然可以通过劳作获取一定的经济来源。而渔民则不同,在鱼汛旺季或者遭遇风暴等特殊情况,渔民不仅经历很高的风险,还需要渔民在生产活动中付出极强的体力和耐力。随着年龄的增长,渔民的各方面技能下降,到了一定年龄,已经不适合继续在船上作业。据资料显示,

一般男性渔民在六十岁左右，甚至更早就离海上岸，不再继续从事海上作业。这种明显的退休年龄，跟农民相比，有着巨大的差别。所以，退休年龄界限的差别，使得渔民养老比农民具有更大的风险。

三、我国渔民养老风险保障机制的发展现状

长期以来，我国渔民的养老保障制度的发展比较缓慢，从新中国成立以来，大致分为三个阶段。第一阶段是新中国成立初期到改革开放前（1949～1978），这一时期，渔村实行集体保障机制，以计划经济体制为主体，渔民为集体劳动，生产所得全部归集体所有，集体为渔民提供一系列的养老保障。第二阶段是从改革开放到社会主义市场经济体制的建立（1978～1993），这一时期实行渔村和家庭保障相结合的机制。渔民进行渔业生产，除向集体缴纳一部分生产外，其余全部归家庭所有。集体经济日益萎靡，保障作用弱化，家庭在渔民养老中发挥主体作用。第三阶段，从1993年至今，是以渔民家庭养老保障为基础的多元化的养老保障体系发展时期。市场经济得到快速发展，但渔民的收入增长速度逐渐放缓，受到多方面因素的影响，渔民的养老保障呈现多元化的发展趋势。随着经济水平的提高，为解决渔民的养老风险，一些渔业地区建立了区域性的渔民保险制度，渔民养老保险制度得到了一定程度的发展，但总体而言，渔民的养老问题仍然越来越突出，很大程度上制约了渔业经济和渔民生活水平的提高。由于渔业生产不景气和全球老龄化的影响，渔民的养老基本上靠家庭供养，一些沿海地区建立了渔民养老保险制度，但全方位的渔民养老保险体系还未形成，地区性养老保险制度如表2所示。

表2　我国主要地区渔民养老保险制度

主要地区	主要内容	保障水平	筹资主体	资金来源
山东地区的渔民养老保险制度	渔民加入农村社会养老保险和政府一定的财政补贴	一般	个人、政府	水域滩涂出让金、政府补贴、个人
浙江地区的渔民养老保险制度	"奖保金"普惠制、农村社会养老保险和养老补助	较高	个人、集体、政府	水域滩涂出让金、政府补贴、个人
广东地区的渔民养老保险制度	养老保险实行三方共同分担模式，区政府10%，镇政府20%，渔民70%	较低	个人为主，集体和政府为辅	个人和政府补贴、补偿性收入

从表2中可以看出，渔民养老保险制度主要以农村社会养老保险为主，没

有超出农民的范畴,由于保障水平低等一系列原因,农村社会养老保险在很大程度上难以保证渔民的老年生活。随着渔区经济发展水平的提高,针对渔民的特殊性,也开展了一些补充性的助老举措。但是总体而言,我国渔民养老还存在一系列问题。

(一)渔民养老保险保障水平低,保险基金保值增值困难

随着计划经济的破产,渔区集体经济逐渐趋于解体,我国渔民的养老方式以家庭养老为主。随着海洋渔业资源竞争的日益加剧和渔民老龄化水平的提高,家庭养老越来越难以满足渔民的养老需求,于是,一些渔区开始建立渔民养老保险制度,旨在为渔民提供基本的养老保障。但是由于渔村经济发展水平有限,养老保险制度保障水平较低,根本无法满足基本的养老需求。主要表现在三个方面:一是养老保险的保险标准低,与城区相比有一定差距,根本无法满足老年渔民的基本生活。二是渔村对于渔民养老保险的宣传不足。长期以来,渔民都习惯于家庭养老,对于养老保险的认识不足,加上渔村集体经济的衰弱,地方政策的公信力也不高。第三,近年来,海洋资源的过度捕捞使得海洋渔业发展速度缓慢,渔民的生存状况恶化,收入水平低,使得一些渔民没有经济能力参与渔民养老保险。另外,农村社会养老保险基金的保值增值,是决定农村社会养老保险制度能否维持的关键因素。[①] 一些地区性的养老保险规模小,保值增值压力大。这一系列的原因使得渔民养老保险发挥的作用有限,无法为渔民提供一定的养老保障。

(二)渔民对于养老保险的认识不足,参保的积极性不高

渔民对于养老保险的认识不足主要体现在三个方面:其一,对于渔民来说,受到科学文化水平限制,一些渔民对于养老保险的认识不足,对于养老保险缺乏信任,缺乏参加社会保险的意识,或者根本不愿意参与养老保险。另一方面,一些地方基层政府对于渔民养老保险的重视不足,缺乏对于中国社会保障体系系统知识的了解,对于社会保障和渔民养老保险发挥作用认识不够。其三,对于渔民养老保险的宣传不到位。这一系列的原因使得渔民参与农村社会养老保险的比例不高。以浙江舟山为例,全市共有渔民劳动力 86 985 人,其中16~45 周岁 61 682 人,46~59 周岁 25 303 人,60 岁以上老年渔民 13 486 人,保障对象共计 100 471 人,然而实际参加各类养老保险的人数却不到总人数的

---

① 蒋舟燕,吕琦.《完善海岛新型渔农村养老保险制度探究》,《渔业经济研究》,2010 年第1 期,第 23 页。

30%。[1]部分渔民没有任何的养老保障，退休后的生活水平受到制约。

（三）渔村集体经济趋于解体，集体养老不容乐观

经济发展水平决定了渔民的养老保障水平，20 世纪 90 年代以来，随着计划经济的解体和社会主义市场经济的建立，渔村的产业结构进行了调整，由以集体经济为主向个体私营经济方向发展，部分渔区以船为单位实行股份制或私人制，生产资料归渔民个人所有。[2]渔区推行股份合作制以后，集体经济日益衰弱，加上村集体一定程度上失去了必要的行政手段和物质基础，在渔村的号召力下降，渔村的集体养老形式名存实亡。于是，大部分渔村村社按照集体积累及社员资产份额，有的给老人发放一次性生活补助费，有的采取每月发放退休生活补助费的办法。随着经营主体、分配制度的变化，原来依附于集体经济的渔民生活保障体系趋于解体，村集体经济名存实亡，依靠集体的补助来维持生活已越来越难。渔村集体经济的衰落，使得依附于集体经济的渔村社会保障制度发挥作用的空间越来越有限。

四、我国海洋渔民的风险治理模型及体系构建

我国渔民遭遇的养老风险更加严峻，而关于渔民养老风险的治理体制却迟迟没有建立，本文在渔民养老风险和目前养老保障的基础之上，构建了我国渔民的四维福利治理主体模型框架，并通过治理主题的相互协作，从而构建我国海洋渔民的养老风险治理体系。

（一）基于风险社会理论的四维复合治理体系的框架设计

随着近代社会的发展和我国市场经济体制的建立，人类的风险逐渐由自然风险向社会风险转变，而人在风险中的主体性逐渐体现出来，风险社会理论应运而生。贝克（1986）和吉登斯（1998）发展了风险社会理论，逐步成为制度主义风险社会理论的两翼。该理论认为，从根源上讲，风险是内生的，是各种社会制度，尤其是工业制度、法律制度、技术和应用科学等正常运行的结果。所以，在风险社会中，单纯依靠现有的任何单个治理机制是无法完成的，因此需要建立起新的治理机制，实现风险共担和共存的秩序。复合治理必须由多

---

[1] 陈莉莉．《论适合渔民需要的社会养老保险制度的建构——基于舟山渔区的调查》，《浙江万里学院报》，2009 年 22 卷 4 期，第 69 页。

[2] 张义浩，宋富军．《舟山渔区海洋捕捞渔民养老保障体系研究》，《渔业经济研究》，2008 年第 1 期，第 42 页。

个治理主体共同参与,其中包括国家、非政府组织、企业、家庭、个人等在内的所有的组织和行为者都是治理的参与者。各参与者之间是一种合作互补的关系,只有相互合作,才能有效地发挥作用,并弥补相互的缺陷。[①]我国渔民的养老风险也是多种原因共同作用的结果,其中自然灾害、收入水平、国家政策等等因素都在一定程度上决定了渔民的养老水平,加上渔民养老多样性的需求,使得单个治理主体根本无法完全解决渔民的养老保障问题,需要多个主体的协作和沟通。基于风险社会理论的复合治理,本文构建了一个四维度治理主体框架图(图1)。对于渔民的养老保障,需要社区主体、市场主体、民间社会主体和政府主体的相互合作,社会主体主要为渔民提供精神上和物质上的需求,市场主体主要满足渔民养老多样性的需求,民间社会主体主要为渔民提供物质上的援助,而国家主体主要为渔民提供制度上的保证。各主体之间进行协作,有效地解决渔民的养老问题。

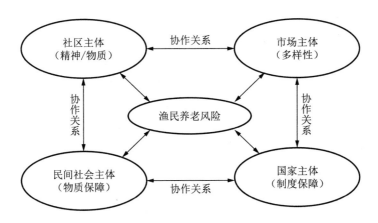

图1 我国渔民养老风险的四维复合治理模型

(二)我国海洋渔民养老风险的复合治理体系的构建

关于我国渔民的养老保障体系,目前还没有统一的政策性文件,因此,应该以老年渔民为中心,以解决老年渔民的养老风险为目的,构建我国渔民的养老保障体系。我国渔民的养老保障需要多元主体的共同参与,国家作为养老保障的主体,需要为渔民养老保障提供制度保障;农村社区作为渔民养老的直接主体,通过家庭和集体,为渔民提供精神慰藉和经济来源;社会主体和市场

[①] 彭华民.《西方社会福利理论前沿》,中国社会出版社,2009年,第292~293页。

主体为渔民养老提供补充性的养老资源。基于四维复合治理主体,构建我国渔民的养老保障体系(图2)。

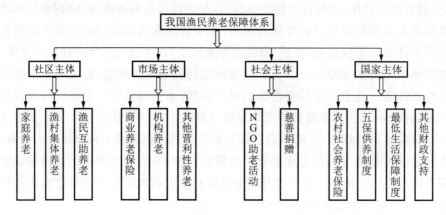

图 2　我国海洋渔民养老风险治理体系

（1）社区主体是渔民养老风险治理的基础保证。

社区作为渔民生活的载体,在渔民生活和生产中起到至关重要的作用。社区主体为渔民提供的养老保障主要可以分为三个方面。第一,家庭养老。在我国渔民养老保障中,家庭养老仍然是养老的主要方式,家庭及朋友为老龄渔民提供的非正式的养老支持是老龄渔民提供最直接的帮助。此外,家庭为老年渔民提供的精神慰藉是任何养老组织和养老方式都无法替代的。第二,渔村的集体养老和老年人的福利事业。渔村的集体养老主要指的是基层自治组织为老龄渔民提供一定的经济来源,渔区推行股份制改革以来,按照股份份额,有的一次性为老年渔民提供生活补助费,有的按月领取补贴。另外,渔村组织的老年人的福利事业和敬老助老活动,主要包括生活照料和养老院建设,为渔民养老提供一定的物质和生活保障。第三,渔民互助养老。主要是指渔民参加渔业合作组织,渔业互助社等集体互助组织,在渔民年老时,为渔民提供的经济补贴以及举办其他一些助老活动。

（2）市场主体是渔民养老风险治理的发展方向。

市场经济的快速发展,我国的养老方式也开始呈现多元化的发展趋势,市场主体在渔民养老中发挥的作用也将越来越突出。市场主体进入养老领域,不仅成为制度化养老方式的重要补充,也能够满足多元化的养老需求。市场主体提供的养老保障主要包括商业性的养老保险、机构养老和其他营利性的养老方式。商业性的养老保险是社会养老保险的重要补充,机构养老为一些

"三无老人"、"失独老人"提供一定的养老场所,也可以满足一些高层次的养老需求。但是,近年来,随着海水污染,海洋渔业资源的枯竭,我国渔民的生存环境恶化,渔民收入增收潜力不大。大部分渔民无力购买商业性的养老保险,机构养老发挥作用的范围也十分有限。随着经济的发展和渔民的生活水平的提高,渔民对于养老的需求也越来越多样化,从以往的以生活照料为主向包括生活照料、精神慰藉和医疗保健等在内一系列的养老需求发展。市场主体的多元化供给必定成为未来渔民养老的发展方向。

（3）社会主体是渔民养老风险治理的重要补充。

现阶段,我国"大政府,小社会"的现实状况使得社会的发育并不完善,社会主体为渔民养老提供的支持还十分有限,但是,随着政府大力建设社会主义和谐社会以及市场经济的快速发展,我国社会主体在渔民的养老事业发挥的作用必将会越来越突出。社会主体能为渔民提供的养老支持主要包括一些非营利组织的志愿性助老活动和社会组织的慈善捐赠。社会的慈善捐赠还可以引入竞争机制,应用类似于商业活动的模式,开展各项慈善活动,做强做大渔民养老的慈善事业。一是在渔村进行募捐活动,建立慈善援助项目库,从中选择一批有影响力的项目到社会上募捐;二是策划公共活动,如义卖、义演、义诊、义展等募捐;三是创办慈善论坛,知识竞赛等社会活动,开展慈善宣传;四是建立慈善投资平台,引导企业投资慈善,让社会关注到渔民的养老事业。社会主体提供的养老支持虽然不是渔民主要的养老来源,但是作为重要的补充来源,一定程度上有利于减轻渔民和渔村的养老负担。

（4）国家主体是渔民养老风险治理的制度保障。

国家和政府是渔民养老的坚强后盾。现阶段,我国"强政府,弱社会"的现实情况使得政府在社会成员的社会风险防范方面处于主导地位,而渔民养老的准公共产品的属性更决定了养老保障中政府不可替代的作用。在渔民养老风险治理体系中,政府站在宏观的角度,为渔民养老制定法律政策和中长期发展规划,提供科学规范化的管理和监督,进行一定的资金投入等。渔民养老的国家主体主要包括举办农村社会养老保险制度、农村五保供养制度和最低生活保障制度以及其他一些养老的财政支持等,农村社会养老制度是渔民养老的主要制度保证。农村五保供养制度和最低生活保障制度能够为渔民"三无"人员和贫困渔民提供一定的物质帮助,改善他们的生活水平。国家主体提供的这些制度是渔民养老的制度基础。但是应当看到,这些制度一定程度上只能保障老年渔民的基本生活,无法满足老年渔民更高水平的养老要求。